LA AGRICULTURA VIAJERA

CULTIVOS Y MANUFACTURAS DE PLANTAS INDUSTRIALES Y ALIMENTARIAS EN ESPAÑA Y EN LA AMÉRICA VIRREINAL

La realización de este libro ha sido
posible gracias a la colaboración de: Real Jardín Botánico (CSIC)
Ministerio de Agricultura, Pesca y Alimentación
CETARSA
Tabacalera, S.A.
Lunwerg Editores

ISBN: 84-7782-090-2
Depósito Legal: B-14900-1990

Lunwerg Editores, S.A.
Beethoven, 12 - 08021 BARCELONA. Tel. 201 59 33
Manuel Silvela, 12 - 28010 MADRID. Tel. 593 00 58
Printed in Spain

LA AGRICULTURA VIAJERA

CULTIVOS Y MANUFACTURAS DE PLANTAS INDUSTRIALES Y ALIMENTARIAS EN ESPAÑA Y EN LA AMÉRICA VIRREINAL

Edición a cargo de

JOAQUÍN FERNÁNDEZ PÉREZ
IGNACIO GONZÁLEZ TASCÓN

Consejo Superior de Investigaciones Científicas
REAL JARDIN BOTANICO

MINISTERIO DE AGRICULTURA PESCA Y ALIMENTACION

A todos los protagonistas anónimos
de la gran aventura del conocimiento humano

PRÓLOGO

El descubrimiento de América trajo consigo un intercambio tal en todos los aspectos a uno y otro lado del Atlántico, que no hubo área de la vida de ambas comunidades, americana y europea, que no lo acusara. Partiendo de esta relación entre el Viejo y Nuevo Mundo, se modificaron actitudes sociales y culturales; comportamientos agrícolas e industriales que imprimieron un nuevo signo a una época que se iniciaba y que desde entonces hasta hoy ha hecho de la curiosidad, la indagación y la comunicación sus rasgos distintivos.

La exposición que se presenta en este catálogo revela la importancia y el alcance que tuvo, en una y otra dirección, la transferencia de tecnologías (técnicas de cultivo, procesos de transformación, máquinas, etc.), de plantas, animales, usos y costumbres alimentarias, y su incidencia sobre la demografía y la vida social y cultural.

La escasez de exposiciones divulgativas sobre temas de carácter histórico-tecnológico en nuestro país constituye una buena razón para celebrar esta muestra, con la que se quiere dar a conocer la importancia que las plantas del Nuevo Mundo tuvieron en la alimentación y en la industria del Viejo continente.

Como en otras ocasiones, la colaboración entre diferentes Organismos hace posible que una idea se materialice. Tabacalera, CETARSA, Ministerio de Agricultura, Pesca y Alimentación y el Real Jardín Botánico (CSIC), han aunado sus esfuerzos en esta ocasión para que la exposición y el catálogo vean la luz.

Felipe García Ortiz
Director General de Servicios
del Ministerio de Agricultura, Pesca y Alimentación.

PRESENTACIÓN

«El botiquín, preciado tesoro, pues aparte de su valor curativo había de ser una mina de oro para el barbero o el matasanos de la expedición, iba a lomo de bestia o de algún indio de servicio, celosamente vigilado. Pero pasados los primeros días, cuando empezaban las asperezas del camino, cuando la selva se espesaba, los ríos eran infranqueables y empezaban a caer calamidades sobre la expedición, los soldados se olvidaban del matalotaje, y la botica, o rodaba por un despeñadero, o quedaba en el fango, o arrastraba las aguas de un torrente.

Entonces a los castellanos no les quedaba más remedio que las posibles medicinas caseras y los ensalmos, las curas heroicas o atenerse a los procedimientos empleados por los indios...». De este modo explicaba el antropólogo J. Pérez de Barradas, en su obra *«Plantas mágicas americanas»*, cómo los conquistadores y los colonizadores se vieron obligados a aprender la medicina tradicional indígena, especialmente el empleo de plantas del Nuevo Mundo supuestamente curativas. Resulta mucho más sencillo imaginarse cómo los mismos colonizadores aprendieron el uso de plantas de interés alimentario.

Los europeos fueron incorporando los datos facilitados por los indígenas y, a través de diversos ensayos, consiguieron, a veces, resultados más satisfactorios a partir de las mismas plantas. El paso del tiempo permitió ir descubriendo nuevas especies útiles, seleccionando mejor algunas variedades y desarrollando procesos y manufacturas más adecuadas, hasta conseguir una agricultura competitiva y una industria de transformación pujante incluso antes de la llegada de la independencia.

Toda esta tarea de experimentación e innovación —investigación científica y desarrollo tecnológico, en el sentido moderno— llevada a cabo por los españoles en la época colonial es prácticamente desconocida para el gran público. Aunque saber que tanto la caña de azúcar como el café no son plantas americanas es de cultura general, ya no lo es tanto conocer cómo se las ingeniaron durante los siglos XVII, XVIII y XIX para producir el cacao o el chocolate, el rapé, los cigarros o los cigarrillos de tabaco, el café preparado para infusión, las fibras para tejer o los tintes para teñir esas fibras, etc.

Este Real Jardín Botánico embarcado como está en la tarea de divulgar el mundo vegetal —su riqueza, diversidad, importancia, etc.— aceptó con agrado este nuevo reto: estudiar y explicar algunos aspectos de la tecnología de la explotación de las plantas americanas, o cultivadas en la América hispana, durante la época colonial.

La idea tuvo su origen en una serie de conversaciones con los distinguidos y entusiastas historiadores de la ciencia y de la técnica, Joaquín Fernández Pérez e Ignacio González Tascón —quienes se convertirían posteriormente en comisarios de la muestra—. La idea fue poco a poco madurando hasta que se convirtió en proyecto que ellos mismos se encargaron de redactar. Comentando dicho proyecto con Felipe García Ortiz —Director General de Servicios del Ministerio de Agricultura Pesca y Alimentación— y con su colaborador Cristóbal

Gómez Benito, fue luego financiado por el M.A.P.A. y las compañías Tabacalera S.A. y C.E.T.A.R.S.A., gracias a las fructíferas gestiones del Director General, que comprendió el interés que para su Ministerio podría tener, especialmente en fechas próximas al año 1992.

A pesar del esfuerzo realizado por describir la mayor cantidad posible de procesos industriales y de plantas cultivadas, somos conscientes de que sólo se ha podido atender a los más importantes, y aún así casi siempre de un modo parcial. La razón es bien sencilla, ni el plazo de tiempo disponible —un año aproximadamente—, ni la magnitud del presupuesto, ni el tamaño de la sala —Pabellón Villanueva del Real Jardín Botánico—, ni el tamaño del equipo responsable del trabajo, permitían abarcar más. Pero el Real Jardín Botánico tiene el propósito, si consigue el apoyo económico suficiente, de seguir trabajando en esta línea de divulgación. Aún así, esta obra se concibió no sólo como catálogo de la exposición propiamente dicha, sino como complemento para explicar aquellos aspectos que, como acabamos de decir, no han podido ser considerados en la exposición. El elenco de artículos que dan cuerpo a este libro ofrecen una excelente panorámica del cultivo y manufactura tradicional en España y la América hispana.

En cualquier caso, con independencia de lo que el futuro nos depare, hoy estamos obligados a dejar pública constancia de nuestra gratitud a todas aquellas instituciones y personas que han hecho posible que este libro llegue a sus manos y la exposición se haya abierto al público. Mencionaré en primer lugar a nuestros patrocinadores —M.A.P.A., Tabacalera, S.A. y C.E.T.A.R.S.A.— ya que entre los tres han aportado el total del presupuesto presentado, aunque luego el I.V.A. haya hecho lo suyo para mermarlo claramente. En segundo lugar destacaremos a quiénes nos han cedido material como Tabacalera S.A., Escuela Técnica Superior de Ingenieros de Caminos (Madrid), Servicio Geográfico del Ejército, Museo Etnológico Nacional y Museo Nacional del Pueblo Español, Museo de la Farmacia Hispana de la Universidad Complutense y Calcografía Nacional entre las instituciones; debo mencionar también a quienes nos prestaron diferentes objetos singulares como Romul Gavarró, Miguel Jiménez Yanguas, y mis buenos amigos Ana Roquero, estudiosa de los tintes y tejidos americanos y Miguel de la Quadra-Salcedo, buen conocedor de la América hispana y sus culturas. Los comisarios de la muestra han tenido que soportar las incongruencias de los trámites administrativos para la adquisición de compromisos económicos y la ejecución de los gastos. Estos complejos trámites han afectado también al diseñador del montaje —Carlos Expósito— y sobre todo a los maquetistas de los ingenios dirigidos por Félix Moyano y a la empresa encargada de la edición —Lunwerg Editores— y a la del montaje que han tenido que trabajar con cierta incertidumbre inicial, y con un plazo de tiempo excesivamente breve para realizar una obra de estas características. Todos los trámites administrativos fueron finalmente a parar a manos de nuestro gerente, José Antonio Alcaín, quien, al igual que gran parte del personal del jardín, ha visto incrementado, no poco, su habitual trabajo cotidiano. A todos ellos, muy sinceramente, ¡gracias!

Santiago Castroviejo
Director del Real Jardín Botánico de Madrid

INDICE

MINISTERIO DE AGRICULTURA PESCA Y ALIMENTACION
Ministro: Excmo. Sr. Don Carlos Romero Herrera
Director General de Servicios: Ilmo. Sr. Don Felipe García Ortiz
Jefe del Area de Estudios: Sr. Don Cristóbal Gómez Benito

TABACALERA
Presidente: Ilmo. Sr. D. Miguel Angel del Valle-Inclán

CETARSA
Presidente: Ilmo. Sr. D. Alfonso García Santacruz

CONSEJO SUPERIOR DE INVESTIGACIONES CIENTIFICAS
Presidente: Ilmo. Sr. Don Emilio Muñoz Ruiz
Director del Real Jardín Botánico: Ilmo. Sr. Don Santiago Castroviejo Bolivar

EXPOSICION
Comisarios: Joaquín Fernández Pérez
Ignacio González Tascón
Secretaría: Alfredo Baratas
Maquetas: Taller de Félix Moyano
Diseño de Montaje: Carlos Expósito
Realización del Montaje: Macarrón, S.A.

CATALOGO
Patrocinio de la Edición: Ministerio de Agricultura Pesca y Alimentación
Tabacalera, S.A.
CETARSA
Edición a cargo de: Joaquín Fernández Pérez
Ignacio González Tascón
Fotografías: Mercedes Gómez Montejano
Pablo Linés Viñuales
Eupalinos
Santiago Moreno
Servicio Fotográfico del Museo Nacional del Pueblo Español
Edita: Lunwerg Editores, S.A.

AGRADECIMIENTOS

Toda empresa humana acaba contando con la colaboración desinteresada e inestimable de muchas personas. Su generosidad ha permitido llevar a cabo este Catálogo y esta Exposición, por ello nuestro agradecimiento a José Antonio Alcaín, Isabel Azcárate, Pilar Barraca, Pedro Manuel Bergés, Luis Blanco Vila, Juan Carlos Cádiz, José Luis Crespo, Juan Carrete, Romul Gavarró, María Luisa García Ochoa, Miguel Giménez Yanguas, Concepción Herrero, Miguel Jerez, Bernardo Fernández Alcázar, Manuel Fernández Rivilla, Ernesto Fernández Sanmartín, Aurora de Miguel, Consolación Morales, Rosario Parra, Francisco Pelayo, Javier Puerto, Miguel de la Quadra-Salcedo, Pilar Romero de Tejada, Ana Roquero, Joaquín Royo, Belén Sánchez, Carmen Téllez, Begoña Torres, Mauricio Velayos y Ana María Verde.

LA AGRICULTURA VIAJERA

A lo largo del siglo XVI, españoles y portugueses se enfrentaron, en sus aventuras ultramarinas, a territorios de clima, vegetación y población, que dejaron honda huella en sus vidas.

Ellos enriquecieron la lengua castellana con términos procedentes del náhuatl, quechua, aymará, así como con voces tomadas de los pueblos caribes.

Tabaco, cacahuete, nopal, cacao, chocolate, chicle, caucho, hule, patata o papa, tomate, son algunos ejemplos que traspasaron nuestro modo de hablar para incorporarse, a través del castellano, a otras lenguas europeas.

También fueron llegando semillas del Viejo Mundo. Los cultivos y las manufacturas viajaron en uno y otro sentido: la Agricultura se hizo viajera, atravesando por primera vez el proceloso océano.

Clérigos y soldados, marineros y cosmógrafos, se convirtieron en cronistas perplejos de un mundo al revés, poblado por gentes que desconocían los puentes de arco y las bóvedas de cañón, pero capaces de tender gigantescos puentes colgantes de fibras vegetales con los que salvaban abismos insondables, socavados por ríos tempestuosos, imposibles de cruzar con las técnicas entonces vigentes en Europa.

Pueblos que ignoraban la rueda hidráulica, y el molino de rodezno, difundido hasta la última aldea castellana en la época medieval, fueron capaces de fabricar harinas de yuca, maíz, plátanos secos y de deshidratar la patata, para poder conservarla durante mucho tiempo.

Los citados cronistas vertieron por vez primera al castellano observaciones alucinadas: ciudades lacustres de huertos flotantes (las chinampas del valle de Anáhuac); calzadas enlosadas inverosímiles con puentes colgantes en los Caminos Reales que arrancaban de Cuzco, capital de los incas; pueblos de hábitos alimentarios extraños, como los omaguas comedores de bolas de arcilla, aderezadas con alguna que otra raíz, gusano o grasa de caimán, pero a la vez hábiles fabricantes de jeringas de caucho, de quienes aprendieron los portugueses y más tarde los ingleses; plantas de uso versátil como el maguey o árbol de las maravillas, del que se obtenían las maromas para fabricar puentes, las agujas para coser, el aguamiel medicinal, y fermentado el pulque festivo, las tejas de las casas, y de su raíz, un jabón natural —el amole— para lavar sus tejidos.

Arboles de maderas tintóreas, constituyeron una nueva materia prima para la fabricación de pinturas de toda índole; una de ellas, el palo de brasil —de color encendido, como las brasas— dió nombre al mayor país del continente, el Brasil.

El Padre José de Acosta, a finales ya de este siglo prodigioso, testimonia con asombro el lugar donde se encontraban los confines del mundo, allí donde el tiempo se confunde y altera, según lo recorrieran los navegantes portugueses asentandos en Cantón o los españoles llegados a las islas Filipinas.

«Y es cosa maravillosa que, con haber tan poca distancia, traen un día entero de diferencia en su cuenta: de suerte que en Macán es domingo al mismo tiempo que en Manila es sábado; y así en lo demás, siempre los de Macán y la China llevan un día delantero, y los de las Filipinas le llevan atrasado... A algunos ha maravillado esta variedad, y les parece que es yerro de los unos o de los otros; y no lo es, sino cuenta verdadera y bien observada. Porque según los diferentes caminos por donde han ido los unos y los otros, es forzoso cuando se encuentran tener un día de diferencia.»

Indígenas americanos y colonos europeos buscaron en el vastísimo mundo que se vislumbraba el aprovechamiento de las plantas nunca antes vistas para alimentarse, curarse, fabricar tejidos y teñirlos con esmero, fabricar escalofriantes puentes de hamacas, procurarse placeres y hábitos nuevos —el tabaco y el chocolate que pronto inundarán Europa— desarrollar la curiosidad científica —La Condamine, Humboldt, Darwin— y enriquecerse con la minería, la agricultura y el comercio. No es casual que ya Sebastián de Covarrubias, en el primer diccionario de nuestro idioma —impreso en 1611— recogía la voz *indiano*, como *«el que ha ido a las Indias, que de ordinario estos buelven ricos.»*

A la vez las plantas útiles y los sistemas desarrollados para su aprovechamiento del Viejo Mundo se aclimataron en las Indias. Aparecieron tierras de pan llevar, naranjales, olivares, viñedos, marjales de caña dulce,... etc.; se fabricaron molinos, almazaras, lagares, ingenios,... etc.; que transformaron el territorio y la vida cotidiana de los americanos.

De la diversidad y riqueza inagotable del mundo vegetal hispanoamericano y de su transformación, esta obra es, sin duda, una pálida y fragmentaria muestra; esperamos que al menos en ella se vislumbre la grandeza y miseria de sus protagonistas.

Joaquín Fernández Pérez - Ignacio González Tascón
Comisarios de la Exposición.

LA TRANSFORMACIÓN ECOLÓGICA INDIANA

JUSTO DEL RÍO

«Los vinos son allí de varias calidades; unos blancos, otros cubiertos, y otros tintos; y entre todos algunos exquisitos, y generosos, surtiéndose de ellos de la costa de la Nasca, Pisco, Lucumba y Chile. De esta última parte se lleva el más selecto, y de distintas calidades, entre las cuales va algún moscatel; el de Nasca es blanco, y el que menos consumo tiene allí, porque los demás le son superiores en calidad y gusto; el que se gasta más es el de Pisco, de donde también se llevan todos los aguardientes que se consumen en Lima...

Jorge Juan y Antonio de Ulloa, *Relación Histórica del Viaje a la América Meridional*, vol. II, pág. 137.

Introducción

Hasta la fecha, cuando se ha hablado del descubrimineto de América, se ha tendido a narrar las aventuras descubridoras, las proezas militares o la historia religiosa y evangelizadora. Poco se ha investigado sobre los aspectos materiales e inmateriales de la cultura de los hombres que llevaron a cabo la colonización. Nuestro propósito es tratar de ofrecer una nueva versión, más oculta, sobre otra «conquista» menos patética o heróica, pero más representativa de lo que realmente supuso el contacto entre el Viejo y Nuevo Mundo.

A lo largo de la historia, los pueblos siempre han emigrado y se han desplazado acompañándose no sólo de sus armas y herramientas, sino, también, de las plantas, animales y alimentos propios de su medio. En este sentido, los descubrimientos geográficos que se llevaron a cabo en los siglos XV-XVI, abriendo nuevas tierras a la expansión europea, mostraron un espacio virgen que no tardaría en ser ocupado por los ganados y plantas de los que se alimentaban los hombres allí trasladados. Estos elementos se convirtieron en medios de imposición militar y económica —piénsese, por ejemplo, en el caballo y el perro como armas de guerra o en las tierras que arrebataron el trigo y otros vegetales al maíz o la yuca— y en mecanismos de aculturación, a través de la imposición de tributos pagaderos en vegetales europeos, y mediante la compulsión del servicio personal obligatorio en huertas y estancias. La introducción de dichos recursos en sociedades primitivas suponía para éstas un salto cultural, casi en el vacío, de varios miles de años que separaban su neolítico —entendiéndolo como una evolución natural y normal que es casi inexistente en la realidad histórica— de las modernas sociedades del Renacimiento europeo. Sólo de esta forma podemos comprender el choque que supuso para los pueblos indios cambiar la coa por la azada y el arado, o modificar una alimentación basada en la caza y recolección o en una pequeña gama de plantas, por un diferente pero mayor número de componentes nutritivos.

No nos cabe duda que, entre los verdaderos protagonistas del cambio sociocultural producido en América tras el descubrimiento, hubo dos elementos europeos, ganados y plantas, que tuvieron gran importancia. Por la natural inercia reproductiva, estos representantes culturales fueron los auténticos ocupadores del suelo, los verdaderos colonizadores de las nuevas tierras. En esta línea de pensamiento, el propósito de este artículo es mostrar, aunque sólo sea resumidamente, algunos aspectos sobre la introducción de los vegetales que transformaron el medio americano a lo largo de los siglos XVI y XVII.

Los primeros ensayos con plantas españolas

Casi todos los cronistas colombinos coinciden en señalar que cuando el Almirante realizó su segundo viaje al Nuevo Mundo se proveyó de todo tipo de plantas. Llevó trigo, sarmientos de vides, cañas de azúcar, retoños de árboles frutales y una gran variedad de simientes de legumbres y hortalizas. Pero, después de este primer intento de aclimatación, no tardó en evidenciarse que el comportamiento de las plantas europeas, bajo los rigores del trópico, era completamente anormal. A los primeros elogios de Guillermo Coma o de Hernando Colón sobre la fecundidad y exuberancia que producía el clima, se sucedieron los comentarios más tristes y pesimistas de aquellos que veían, una y otra vez, fracasar todos los intentos que se llevaron a cabo para hacer fructificar los vegetales[1].

Contaba Anglería que en 1494, después de haberse fundado la Isabela, primera ciudad del Nuevo Mundo, en los huertos que se amojonaron en sus contornos, los españoles sembraron «todo género de verduras como rábanos, lechugas, coles, borrajas y otras semejantes», recolectándolas a los dieciséis días de plantadas. Los melones, calabazas, cohombros y «otras cosas así» tardaban algo más en madurar, cogiéndolas a los treinta y seis días[2].

Pero no todos los vegetales prosperaron con la misma facilidad. En el Caribe, en general, tanto los cereales, como la mayoría de los frutales, no consiguieron adaptarse. Sólo los cítricos y una pequeña parte de las hortalizas progresaron. Sin embargo, la actividad incansable de múltiples colonos terminó por vencer a la intrépida naturaleza. En poco tiempo, la Española se convirtió en el centro aclimatador de un buen número de especies, propagándose desde ella las siembras y plantaciones a las demás islas y, después, al continente. Santo Domingo ocupó un lugar privilegiado en la historia de este primer y trascendental enriquecimiento del Nuevo Mundo y a esta ciudad nos hemos de referir frecuentemente como punto de partida de los vegetales. Dos focos poblacionales más actuaron de puente entre Sevilla y América en esta irradiación de las plantas, nos referimos a La Antigua del Darién, sustituida después por Nombre de Dios, y a Veracruz. Hacia estos puertos llegaron, desde el Guadalquivir o la Española, los barcos que transportaban los retoños y semillas que demandaban los pobladores de las jóvenes ciudades indianas. Con todo, no se piense que la aclimatación en América de vegetales útiles fue un proceso rápido. En realidad, fue una labor lenta y laboriosa, de muchos años. Tan sólo después de un siglo de colonización pudo señalar el padre Acosta los beneficios del contacto entre los dos mundos que separaba el Atlántico:

> «Mejor han sido pagadas las Indias en lo que toca a plantas que en otras mercaderías porque las que han venido a España son pocas y dánse mal; las que han pasado de España son muchas y dánse bien. No sé si digamos que lo hace la bondad de las plantas para dar gloria a lo de acá, o si digamos que lo hace la tierra, para que sea la gloria de allá. En conclusión, cuasi cuanto bueno hay que se produce en España hay allá (a) y en partes aventajado y en otra no tal; trigo, cebada, hortaliza, verdura y legumbres de todas suertes como son lechugas, berzas, rábanos, cebollas, perejil, nabos, zanahoras, berenjenas, escarolas, acelgas, espinacas, garbanzos, habas, lentejas y finalmente, cuando por acá se da de esto casero (cultivado) y de provecho, porque han sido cuidadosos los que han ido en llevar semillas de todo, y a todo ha respondido bien la tierra, aunque en diversas partes de uno más que de otros, en algunas poco. De árboles, los que más generalmente se han dado y con más abundancia son los naranjos, limas, cidras y frutas de este linaje. Hay ya en algunas partes montañas y bosques de naranjales...»[3]

El trigo

En el siglo XVI era, seguramente, el vegetal más importante en la alimentación, condicionando su falta o abundancia buena parte de la vida del hombre europeo. El trigo era el alimento más arraigado en la nutrición popular y su sustitución resultaba muy difícil. En organismos habituados al pan —«de cada día»— el cambio o la ausencia de este sustento producía trastornos digestivos, debilitamiento y, en muchos casos, la muerte. En suma, puede decirse, la costumbre alimenticia tiende a mantenerse invariable en el espacio y evoluciona muy lentamente en el tiempo.

La ausencia de trigo en América debió llamar mucho la atención a los primeros descubridores. Por este motivo, Colón lo llevó en su segundo viaje para sembrarlo en la Española. Sin embargo, su adaptación fue muy difícil a causa de las especiales condiciones climatológi-

Mercado de frutas y hortalizas del puente de Roldán, en la ciudad de México. El Museo Universal. 1869, *pag. 301. Hemeroteca Municipal, Madrid.*

cas imperantes en el Caribe. Anglería sintetizó la opinión de la mayoría de los españoles residentes en el Nuevo Mundo tras los primeros ensayos en tierras dominicas: «algunos dicen que, en general, no se lleva bien el trigo»[4].

Esta circunstancia provocó un verdadero trauma psicológico entre los hombres que experimentaron su aclimatación, fue causa de una contrariedad más para el desarrollo de las nacientes poblaciones y explica también los repetidos ensayos e intentos que después se sucedieron para obtener cosechas que bastasen para el consumo de la población asentada en la Española. La autosuficiencia alimenticia fue muy deseada, porque en unas tierras tan distantes de España, dada la pequeñez de las naves y lo largo de la navegación, además de dañarse las remesas de grano remitidas, se encarecía notablemente el costo de la vida.

Los colonos llegaron a pensar que, tal vez, experimentando con variedades de ciclo vegetativo corto, como era el trigo tremesino, podrían conseguir cosechas de este cereal. Lo cierto es que los ensayos fueron casi contínuos desde 1509 hasta 1514 y siguieron practicándose con posterioridad —hasta la década de 1570— con idénticos resultados[5]. Por ejemplo, aún en 1576, el doctor Cuenca, presidente de la Audiencia de Santo Domingo, manifestaba que «para que cese esta mala comida del caçabí es menester enviar trigo para sembrar...»[6]

En contraposición a todas las dificultades que hubo para obtener producciones de trigo en las Antillas y América Central; en Nueva España, Perú y Nueva Granada la planta fructificó maravillosamente. En México, hacia 1523-1524, un negro llamado Juan Garrido, al servicio de Hernán Cortés, obtuvo los primeros granos a las afueras de la ciudad, en Coyoacán. Según cuenta Gómara, «sembró en un huerto tres granos de trigo que halló en un saco de arroz, nacieron dos y uno de ellos tuvo ciento ochenta granos»[7]. Con posterioridad, a través de un lento proceso de aculturación de la población nativa, las siembras fueron propagándose por la meseta central novohispana, gracias al tributo que abonaban las encomiendas de indios.

Una vez que terminó el proceso de conquista en los restantes territorios americanos, dado que a los españoles les costaba mucho trabajo habituar sus estómagos a otros alimentos, la irradiación de este cereal fue paralela a los avances de la colonización. Conforme fueron incorporándose nuevas tierras al dominio castellano, fue penetrando en los suelos vírgenes.

Allí donde se intalaban las huestes, donde se fundaban ciudades, siempre y cuando era posible, pronto aparecieron los trigales. Durante la primera mitad del siglo XVI se expandieron desde el valle de México hacia el norte, hasta Guadalajara y las inhóspitas tierras de Zacatecas. Por el sur, hasta Santiago de Guatemala, Santa María de Comayagua e, incluso, San Salvador.

En el virreinato peruano, doña Inés Muñoz o doña María de Escobar sembraban los primeros granos en Lima, sobre 1535-1536. Algunos años después, el padre José de Rixi hacía lo mismo en Quito[8]. Desde estos focos, la planta siguió progresando y penetrando en todas las direcciones en las que era arrojada a la tierra por colonos y encomenderos. Desde Lima se extendió por todos los valles costeros primero y, después, por la sierra, siguiendo el camino de Arequipa hasta las tierras cercanas a Cuzco. A principios de la década de 1540 ya se cultivaba en Charcas (La Paz) y, con anterioridad a 1545, en Santiago de Chile. A mediados de la década de 1550 era sembrado en la meseta de Bogotá y, seguramente, con algunos años de anterioridad, ya se había llevado a las ciudades fundadas en Venezuela, a Coro y El Tocuyo.

Desde España fue igualmente transportado hasta el Río de la Plata al tiempo de la expedición de don Pedro de Mendoza, aunque, con anterioridad, Sebastián Caboto había hecho algunos ensayos en la desembocadura del citado río. Desde Buenos Aires y, más probablemente, desde Asunción, como centros irradiadores de la conquista, se fue extendiendo siguiendo el vance colonizador[9].

A principios del XVII Vázquez de Espinosa señalaba las siguientes regiones como principales zonas productoras de América: en Venezuela, Caracas y Coro; en Nueva España, Xalapa, Tepeaca, Puebla de los Angeles y los valles de Atlixco, San Pablo, Oaxaca y México; en Nueva Galicia, Guadalajara; Fresnillo, Durango y Saltillo, en Nueva Vizcaya; Apaneca, Ataco, Sonsonate y Santiago, en Guatemala; Tegucigalpa en Honduras; Nombre de Jesús, Córdoba, Pamplona, Mérida, Propayán, Loja y Tunja en Nueva Granada; Trujillo, Saña, Santa, Chanca, Cañete, Arequipa, Moquegua, Locumba, Xaquixaguana, Yucay, Cochabamba, Mataca, Misque, Pocona, etc., en el Perú; en Chile, casi todos sus valles y en Charcas, Córdoba, Salta, Corrientes, Santa Fe, Mendoza y Buenos Aires[10].

La cebada

Llegó al Nuevo Mundo junto con el trigo pero, al igual que aconteció con éste último, todos los intentos que se hicieron por aclimatarla en las tierras calientes fracasaron estrepitosamente. Sin embargo, otras causas influyeron en el corto desarrollo que tuvo este cultivo durante buena parte del siglo XVI. Entre ellas destacamos la presencia del maíz como un ventajoso competidor —más barato, abundante y fácil de cultivar para los indios— y la diferencia climatológica con respecto a España. La abundancia de hierbas y ausencia de otoños e inviernos —en el marco climático del trópico—, suplía el consumo que se hacía en la Península en estas estaciones.

Ya en el continente, a partir de la segunda mitad del siglo XVI, este cereal se propagó, especialmente, por las regiones de clima frío y por las tierras comarcanas a los grandes centros poblaciones. A lo largo del siglo XVII fueron famosas en el virreinato peruano las siembras que se hacían en las cercanías de Lima y Trujillo, Charcas, Chachapoyas, Huánuco, Quito y en las cercanías de Potosí. Especial importancia tuvieron en la Sierra, por las frecuentes heladas que quemaban el maíz[11].

El arroz

Algo más tarde que el trigo, pero con mejores resultados, fue llevada y sembrada a la Española la simiente del arroz, alimento de gran importancia en la nutrición que era desconocido en las Antillas.

El desarrollo del cultivo de esta planta, traída a la Península desde el Extremo Oriente por los árabes, comenzó a practicarse en el Caribe como alternativa al fracaso de los cereales. Los primeros ensayos de aclimatación de que tenemos constancia datan de 1512, aunque también se realizaron experimentaciones en 1520 y a lo largo de las décadas siguientes[12]. Muy probablemente, desde la Española se irradió por el resto de las Antillas y zonas continentales colonizadas, sobre todo, por las tierras bajas y de dominio tropical, es decir, por aquellas regiones en las que no habían progresado el trigo y la cebada.

Campos sembrados de caña de azúcar, maíz y trigo en la hacienda de San Pedro Tenayaque, perteneciente al capitán Esteban de González de Cosío. José Martín Ortiz. 1786. Archivo General de Indias, México, 714

A fines del XVI y durante el siglo XVII, las principales zonas productoras de la América española eran, además de las Antillas, Veracruz y ciertas partes de la costa caribeña de Nueva España, las tierras centroamericanas cercanas a Portobelo y Panamá; Santa Marta, Antioquía y Cáceres en Nueva Granada y Saña y Lambayeque en Perú[13].

Legumbres

Dentro del género de las legumbres incluimos los frutos que se obtenían en vainas: garbanzos, habas, lentejas y fríjoles de Castilla. De todos ellos los que tenían mayor consumo en el siglo XVI eran los garbanzos y las habas, seguidos de las alubias blancas, variedad que se conocía ya en España y que aparece citada también en algunos documentos con el nombre de «judías», con anterioridad a la llegada de los fríjoles americanos.

En el Caribe, según narraban los primeros cronistas, todas las legumbres después de nacidas, languidecían y se secaban antes de que granase el fruto. Hubo de esperarse a que la colonización llegara a las tierras continentales de Nueva España y Perú para que progresasen estos cultivos. Como el garbanzo era de consumo muy corriente en el cocido, los españoles procuraron cultivarlo en todos los climas propicios. Tras un prolongado tiempo de ausencia de referencias documentales, significativo de la inadaptación de la planta, pronto advertimos su presencia en las tierras de clima no tropical. En México, la demanda superó en todo momento a la oferta, pues la mayor parte de la producción estuvo en manos de los indios y éstos no se mostraron muy partidarios de dicha siembra.

Muy distinta fue la situación en Perú, especialmente en las zonas de sierra. En el caso de las habas, los nativos de Cuzco y Chucuitos aprendieron que eran muy convenientes para el abasto de sus pueblos, pues aguantaban mejor que el maíz las bajas temperaturas. El vegetal no tardó en extenderse por la costa, desde Guayaquil a Santiago de Chile. En Ecuador lo sembraban con coa en los lugares húmedos, tal y como se había practicado el cultivo del maíz.

La lenteja se daba bien en muchos sitios y fue generalizándose progresivamente. En Nueva España destacaban las siembras del valle de México, especialmente las de Tacuba, Tacubaya y Coyoacán. En Perú se consumían muchas, aunque, proporcionalmente al gasto de otras legumbres, la demanda era pequeña. En el siglo XVII la mayoría de las lentejas consumidas en Lima procedían de Chile.

Respecto a los fríjoles de Castilla, nacían sólo en las tierras calientes y templadas, consumiéndose verdes más que secos. Se comían cuando estaban tiernos, cocidos y guisados con aceite y vinagre pues —según escribía el padre Cobo—, de esta forma suplían la falta que tenían de espárragos[14].

Hortalizas

La gran mayoría de las variedades cultivadas en las huertas españolas fueron llevadas a las Antillas en los años siguientes al descubrimiento. Más tarde, a partir de mediados de la década de 1510, se trasladaron a América Central, a la Antigua del Darién, primera ciudad fundada en el continente. Respecto a su aclimatación, una buena parte de ellas, dada la fertilidad del suelo y la templanza del clima, se desarrollaban exuberantemente, pero sin ofrecer semillas con las que renovar su siembra. En consecuencia, se hizo necesaria la importación anual de sus simientes desde España. Pero de ello no dejan constancia las crónicas pues, por ejemplo, para pertrechar la armada que llevó Pedrarias Dávila a Castilla del Oro, la Casa de Contratación adquirió en 1514 doce celemines de «simientes de toda hortaliza»[15]. Sin embargo, algo después, refiriéndose a las sementeras hechas en la Antigua del Darién por la gente de Pedrarias, durante 1514-1515, Anglería sólo anotaba en sus *Décadas* el aspecto positivo del transplante:

> «Los sembrados y todas las hortalizas crecen admirablemente en Urabá. Llevan a aquellas tierras semillas de todas las cosas, ramos de plantas, retoños, varetas y mugrones (injertos) de algunos árboles, como hemos dicho también, cuadrúpedos y aves. ¡Oh qué admirable fertilidad!. A los veinte días cogen el fruto de los cochombros y de otras tantas verduras»[16].

En Nueva España había algunas verduras y hortalizas nativas que sustituyeron, al menos temporalmente, a las variedades peninsulares. Sin embargo, a mediados del siglo XVI la mayoría de las huertas de México, Puebla de los Angeles, Antequera (después llamada Oaxaca), Colima y las restantes ciudades pobladas por españoles contaban entre sus cultivos con las hortalizas y especies aromáticas castellanas más consumidas: lechugas, coles, cardo, ajonjolí, cebollinos, perejil, colino, culantro, rábanos, mastuerzo...[17]

Algo más tarde, a finales del siglo XVI, y refiriéndose más concretamente a la plantación de verduras en el virreinato peruano, el padre Acosta describía sus impresiones con estas palabras:

> «Algunas cosas de acá, parecen darse mejor en Indias, porque cebollas, ajos y zanahorias no se dan mejor en España que en el Perú... Rábanos más gruesos que el brazo de un hombre, y muy tiernos y de buen sabor, muchas veces los vimos»[18].

Tanto sobresalían algunas variedades de las transplantadas a las nuevas tierras que Garcilaso, tal vez exagerando las virtudes de su patria, contaba anécdoticamente que las primeras escarolas y espinacas sembradas en Lima «apenas alcanzaba un hombre con las manos los pimpollos dellas; y se cerraron tanto que no podía ender un caballo por ellas». Es más, según seguía diciendo el citado autor, «... en un valle llamado Cusapa había un rábano de tan estraña grandeza que a la sombra de sus hojas estaban atados cinco caballos... El rábano era tan grueso que apenas lo ceñía un hombre con los brazos... en esa misma jornada vi en el valle de Ica un melón que pesó cuatro arrobas y tres libras y se tomó por fe y testimonio ante escribano, porque se diese crédito a cosa tan monstruosa...»[19]. Resulta difícil creerlo pero, el empleo de hipérboles era una forma de ponderar las virtudes de las tierras americanas y ésta fue una costumbre muy usual en los cronistas. Por ejemplo, Vázquez de Espinosa llegó a decir que en Coro (Venezuela) producían repollos que pesaban más de una arroba[20].

Por su parte, el padre Cobo consignaba a mediados del XVII en su *Historia del Nuevo Mundo* que «las coles, lechugas, escarolas, borrajas, espárragos, espinacas, acelgas, perejil, orégano y otras especies, nacen ya copiosamente en todas estas Indias, a donde se truxeron de España luego al principio de su pacificación»[21].

Ya en el siglo XIX el viajero y escritor alemán Alejandro de Humboldt se admiraba del modo y forma en que los españoles del XVI habían extendido el cultivo de los vegetales europeos desde un extremo a otro del continente americano[22]. Esta propagación no sólo se debió a los distintos pobladores que fueron asentándose en las recién fundadas ciudades, sino, sobre todo, a la laboriosa y oculta labor de los eclesiásticos y, principalmente, de los

Pueblo de Bogotá. (Detalle parcial). Alonso Ruiz Galdanes y Juan Aguilar Rendón. 1614. *Archivo General de Indias. Panamá, Santa Fé y Quito, 336.*

religiosos misioneros. Las huertas de los conventos y curatos fueron los semilleros de las nuevas especies, actuando la casa matriz de almácigo desde donde eran extendidas las plantas por toda la geografía indiana en la que se establecían dominicos, franciscanos, agustinos y tantos otros religiosos. Los mismos conquistadores se dedicaron a la vida de campo, procurando enseñar a los indios que tenían encomendados los cultivos que, en aquella especie de destierro, les recordaban y hacían añorar su Extremadura, Andalucía o Castilla. Comprendiendo la estima en que eran tenidas las plantas podemos entender que se ofreciesen misas, se celebrase con gran júbilo el nacimiento o maduración de las primeras frutas europeas y se agasajase y convidase sólo a los más amigos con ellas. Sirvan un par de ejemplos que ofrece el Inca Garcilaso con admirable sencillez: don Andrés, su padre, invitaba a sus antiguos compañeros de hueste a degustar los tres primeros espárragos que nacieron en el Cuzco. A su vez, otro viejo camarada de éste, le remitía treinta indios cargados de uvas para que las repartiese entre todos los caballeros de Cuzco «para que todos gozasen del fruto de su trabajo... por ser fruta nueva de España... —a lo que añadía el cronista— yo gocé buena parte de las uvas, porque mi padre me eligió por embajador del capitán Bartolomé de Terrazas y con dos pajecillos indios, llevé a cada casa principal dos fuentes dellas»[23].

Vid y olivo

Junto con el trigo, los frutos de estas dos plantas eran los alimentos más representativos de la cultura mediterránea. Por este motivo, no es extraño que fuesen las especies con las que se hicieron un mayor número de ensayos de cultivo y aclimatación en el ámbito americano. Este comportamiento era lógico porque, tanto el pan como el vino y el aceite, eran los tres componentes básicos de la dieta castellana, determinando su desarrollo o fracaso la estabilidad de muchas de las ciudades fundadas. Ciertamente, allí donde dichos vegetales no fructificaron y no hubo recursos para importar de Sevilla sus frutos, fue muy difícil la permanencia de la población. Sobre todo, a partir de mediados del siglo XVI, cuando el proceso inflacionario que afectaba a España encareció enormemente los precios de los productos básicos.

Hacia 1550 el olivo no prosperaba aún en América, pero sí lo hacía la vid. Desde Sevilla y Canarias se llevaron plantones a Santo Domingo a lo largo de la última década del XV y durante las primeras del XVI. Su aclimatación fué muy lenta, porque con la humedad del trópico las parras brotaban todo el año y, rápidamente, envejecían y dejaban de dar frutos. De cualquier forma, este temporal arraigo en el Caribe —también se cultivaron en Puerto Rico, Jamaica y Cuba— sirvió para que los barcos que navegaban rumbo a Veracruz o Nombre de Dios tomasen los sarmientos que necesitaban los pobladores de las ciudades fundadas en el continente. En Nueva España, se desarrollaron en los valles de México, San Pablo, Atlixco y Cuernavaca. Sin embargo, al coincidir la recolección con la estación de las lluvias, la uva no maduraba. En consecuencia, el cultivo no llegó a ser rentable, no pudiendo competir con los caldos andaluces.

También progresaron en Guatemala y Panamá ciertas variedades de vid, pero la planta no llegó a ser productiva hasta que no se naturalizó en zonas de clima semejante al de su «habitat» mediterráneo: los valles costeros del virreinato peruano y de Chile, ciertos valles andinos y del nordeste del actual territorio argentino y, posteriormente, en California.

Desde las tierras limeñas que bordeaban al Rimac, donde se habían producido los primeros frutos a principios de 1550 por mano de Hernando de Montenegro, se llevó la vid a Huamanga, Arequipa, Cuzco, Quito, etc. Del valor y estimación que llegó a tener la planta nos da idea el hecho de que las primeras parras trasplantadas a Chile se vendieron a tres mil pesos y sus primeros sarmientos a cien castellanos cada uno[24]. Estas sumas eran verdaderas fortunas pues, como patrón de comparación, advertimos que a mediados del XVI un hombre no solía ganar al año mucho más de 150-200 pesos. Era lógico que, siendo los precios de venta tan astronómicos, se guardasen con gente armada.

Respecto a la obtención de vinos, parece que en 1560 Pedro López de Cazalla, natural de Llerena (Badajoz), consiguió producir el primer mosto del Cuzco, pisando sus uvas en una artesa a falta de mejor lagar. Sin embargo, con anterioridad, ya se habían exprimido caldos en otras ciudades peruanas, en Huamanga y Arequipa. En las décadas de 1570-1580 el cultivo se extendía, prácticamente, por todos los valles costeros peruanos. Por entonces, algunos de ellos ya se habían especializado en dicha producción: Nasca, Ica, Arequipa y Pisco fueron los que más sobresalieron. La consecuencia inmediata fue que, como decía el cronista, «luego que mostró la experiencia la grande abundancia con que se daba vino en este reino, se dieron los españoles a plantar gran cantidad de viñas... y vale ya tan barato (en 1652) el vino (en 1652), que en los valles donde se coge vale de tres a cuatro pesos la arroba»[25].

Estas producciones comenzaron a exportarse desde el último tercio del XVI y principios del XVII a Panamá, Nueva Granada, Guatemala e, incluso, hasta Nueva España. Con la gran fructificación de las viñas, los precios no tardaron en bajar y, bien pronto, se vieron sus repercusiones en el comercio de vinos andaluces. Las consecuencias parecían ser tan graves que, las protestas de mercaderes y productores en el Consejo de Indias arreciaron. La Corona, viendo que también disminuían sus ingresos, se vio obligada a dictar una serie de medidas restrictivas de este cultivo desde fines del XVI hasta los primeros años del XVII. Sin embargo, tal normativa no llegó a cumplirse. Es más, en la segunda década del citado siglo, las vides estaba propagadas por toda América. Por aquellas fechas, en Nueva España, producían uvas en Querétaro. Las viñas también eran importantes en el norte de Michoacán, concretamente, en los pueblos de Apaseo el Alto y Apaseo el Bajo y en Nueva Vizcaya, en torno a las minas de Fresnillo, Durango y Saltillo[26]. Del mismo modo, en Venezuela, Colombia y Panamá[27] cultivaban algunas parras que daban fruto cada cuatro meses. Aunque, por los citados años, sólo en Perú obtenían vinos. El valle del Ingenio producía anualmente 70.000 botijas; el de Nasca más de 30.000; en Pisco, 12.000 el valle de Cazalla, 150.000 el de Cóndor y más de 100.000 el de Chunchanga. Sólo Ica sobrepasaba las 400.000 botijas de vino anuales, mientras que otros valles cercanos a Arequipa como el de Siguas producía 70.000 y el de Vitor 100.000. En Santa Cruz de la Sierra, el valle de Misque llegaba a las 100.000 botijas. En Chile, las tierras cercanas a Santiago producían, ya en 1614, más de 200.000 botijas[28].

Olivo.
F.P. Chaumeton.
Flore Medicale. 1814.
Real Jardín Botánico, Madrid.

Respecto al olivo, aunque desconocemos las fechas concretas en que fué llevado a América, sabemos que, con anterioridad a 1509, se habían plantado determinadas cantidades en las cercanías de Santo Domingo. Sin embargo, el árbol no ofreció fruto en todo el ámbito antillano por imposibilidad climática. En Nueva España, no obstante los esfuerzos hechos, no se hizo aceite y tampoco se generalizó el cultivo fuera del valle de México. En este último lugar había, a principios del siglo XVII, según decir de Vázquez de Espinosa, «muy buenos olivares donde se cogía cantidad de aceituna para comer»[29]. Con todo, este árbol, al igual que la vid, únicamente prosperó en los valles costeros peruano-chilenos.

Durante toda la conquista del incario la mayoría de los españoles tuvieron que guisar con manteca de cerdo o importar el aceite de Andalucía. Este último era transportado en botijas que llegaban muy mermadas y se vendían muy caras por los grandes costes del largo viaje. Los buenos precios de las muy demandadas aceitunas y del mismo aceite actuaron de incentivo, y, en consecuencia, no tardó en aparecer un sector agrario que sustituyese a dichas importaciones en ciertas zonas costeras del Perú y en el norte de Chile.

El origen de todos los olivares que surgieron en la costa del llamado Mar del Sur fue único. En 1560 don Antonio de Rivera, vecino de Lima y procurador del virreinato, compró más de cien posturas de olivos en la comarca sevillana del Aljarafe. Llevándolos en medias tinas desde el Guadalquivir a Nombre de Dios (Centroamérica), fueron transportados por tierra hasta Panamá y embarcados de nuevo en este puerto del Pacífico hasta el Callao. Cuando don Antonio llegó a Lima, a pesar del gran cuidado que puso en el transporte y remisión de las plantas, sólo quedaban tres ejemplares vivos. Con todo, para asegurarse el feliz crecimiento de los nuevos árboles, dice Garcilaso que «tenía más de cien negros y treinta perros que de día y de noche velasen en guarda de sus nuevas y preciadas posturas. Acaeció que otros que velaban más que los perros, o por consentimiento de alguno de los negros que estaría cohechado (según se sospechó) le hurtaron una noche una planta de las tres, la cual en pocos días amaneció en Chile, seiscientas leguas de la ciudad de los Reyes donde estuvo tres años criando hijos con tan próspero suceso de aquel reino que no ponían renuevo por delgado que fuese que no prendiese y que en muy en breve tiempo no se hiciese muy hermoso olivo»[30].

No terminó aquí la odisea del joven olivo andaluz pues, transcurridos tres años y después de pregonadas sucesivas cartas de excomunión para el ladrón de la planta, repareció en la huerta de don Antonio de Rivera.

A principios del siglo XVII los olivares se extendían por toda la costa pacífica, desde Quito a Santiago de Chile. Concretamente, las zonas productoras al comenzar la citada centuria eran Trujillo, Lambayeque, Guambacho, Guarmey, La Barranca, Guaura, Callao-Lima, Chancay; cerca de Arequipa, las lomas de este nombre y el valle de Chala, la provincia de las Ubinas, el puerto de Hilay y el valle de los Sauces. Siguiendo la costa hacia el sur, los valles de Locumba y Asapa, próximos a Arica. Y, ya en Chile, La Serena y distintos valles que separaban a esta ciudad de Santiago[31].

A mediados del XVII decía el padre Cobo que «muchos años pasaron sin que se cogiese aceite, aunque se cogía buena cantidad de aceitunas, porque toda se conservaba en salmuera y se vendía para muchas partes así desde reino como fuera de él, la cual como fruta tenía salida, y los dueños de olivares ganaban más vendiéndola de esta manera que haciendo aceite de ella, hasta que de pocos años a esta parte, habiendo venido en muy grande aumento los olivares, y recogiéndose gran copia de aceita, se comenzó a hacerlo aceite, como se hace ya en muchas partes de este Reino, y muy bueno, y en gran cantidad»[32].

Tanto habían progresado los olivares que, sobre 1650, había explotaciones en las cercanías de Lima que producían más de tres mil arrobas de aceite. Sin embargo, existía otro argumento más a favor de estos árboles. Como por las escasas precipitaciones que había en la costa fué necesario regarlos, adquirieron enormes proporciones. Dada la aridez de los llanos y la ausencia de bosques, las podas para obtener combustible eran muy abundantes y, aunque esto provocaba el que las cosechas fuesen muy irregulares, se aseguró un abasto importante de leña[33].

En el siglo XVII, entre los grandes benefactores de este cultivo, se encontraban las órdenes religiosas y, entre éstas, la Compañía de Jesús. De todos los olivares que tuvieron los jesuitas era famoso uno que les donó el limeño don Diego de Porras junto al Rimac. Esta finca se llamaba «San Juan», poseía un molino de aceite y tenía una extensión de tres cuartos de legua en cuadra[34].

Variedades de ciruelas de Mallorca. Cristóbal Vilella. Colección escogida de varias frutas y plantas de que abunda la Isla de Mallorca. 1772. *Manuscrito del Archivo del Palacio Real.*

Organografía de la vid. Simón de Rojas Clemente. Ensayo sobre las variedades de la vid común que vegetan en Andalucía. 1807. *Real Jardín Botánico. Madrid.*

Lino y cáñamo

Durante el siglo XVI la aclimatación de estas dos plantas fue muy dificultosa porque los indígenas utilizaron el algodón para los géneros que en Europa se hacían con lino y, en lugar del cáñamo del Viejo Continente, usaban otra fibra análoga obtenida de la cabuya del magüey, la pita.

El cáñamo era cultivado principalmente para la fabricación de jarcias y sogas para las flotas. Con este fin se introdujo y fomentó en distintos territorios. A fines del siglo XVI y durante la centuria siguiente prosperó en las tierras de Veracruz, en algunas zonas costeras de Nueva Granada, en Quito y, sobre todo, en Chile[35].

En el virreinato peruano la introducción de estos cultivos fue algo más tardía que en Nueva España. La causa de ello estaba, sin duda, en las Guerras Civiles que asolaron la tierra durante las dos décadas posteriores a la conquista. Garcilaso nos proporciona el nombre de una de las muchas mujeres que introdujeron las semillas en el Perú. Según el citado autor, doña Catalina de Retes, natural de Sanlúcar de Barrameda y vecina del Cuzco, esperaba en 1560 que le llegaran de España ciertas partidas de simiente de linaza que había encargado para sembrarlas en sus tierras. Que sus ilusiones eran firmes lo demuestra el hecho de que junto con las semillas pidiese la remisión de un telar con el que tenía pensado hacer los lienzos que pudiera. Sin embargo, según decir del mismo cronista, se sembraba poco, porque las mujeres no se habían aplicado a hilarlo[36].

Desde fines del XVI, en Nueva Granada, destacaban las producciones de lino de algunos encomenderos de Tunja, especialmente, las de Diego de Vargas, en su encomienda de Tutasa y las de Antonio de Castro en el pueblo de Ceniza[37]. Durante todo el siglo XVII siguió explotándose el lino —sólo para uso casero— en algunas zonas cercanas a Tunja[38] y Pamplona, no vendiéndose por ser pequeña la producción[39]. En esta centuria, también fue introducido en el Río de la Plata, pero casi no se cultivaba. Al parecer, al igual que ocurrió en Perú, las mujeres no eran aficionadas a hilarlo y preferían la lana de oveja. En 1619 se dictó una Real Cédula para que los colonos fuese obligados a plantar cáñamo en esta gobernación. La Corona entendía que la tierra era «muy aparejada» y resultaban necesarias ciertas producciones para abastecer a los barcos que navegaban hacia Buenos Aires. Sin embargo, en el Río de la Plata no hubo progreso de este cultivo hasta el siglo XVIII[40].

En la América Austral, donde verdaderamente progresó el cáñamo fue en Chile. De todas las zonas productoras destacaba el famoso valle de Quillota. Allí se abasteció toda la flota de la Mar del Sur desde finales del siglo XVI. En esta comarca de las cercanías de Valparaiso produjeron además, todas las cuerdas que gastaba el ejército de Chile y las jarcías de la mayor parte de los navios que surcaron el Pacífico durante los siglos XVI y XVII. La producción llegó a ser tan elevada que en 1614 rondó los 1.270 quintales, aumentándose progresivamente esta cantidad a lo largo de la centuria[41].

Naranjos y limoneros

Los cítricos fueron los primeros árboles aclimatados en las Antillas. Su progreso fue tan rápido que en 1515 decía Oviedo que ya se habían propagado por la Española, Puerto Rico, Jamaica, Cuba y por aquellos territorios de Tierra Firme donde se asentaron los españoles[42].

En el Caribe encontraron un medio tan favorable que no tardaron en aparecer grandes bosques de naranjos y limones silvestres. Por esta circunstancia, algunos autores pensaron que se trataba de plantas autóctonas y pusieron en duda su introducción por mano de los españoles. Actualmente no cabe duda que fueron llevados en los últimos años del siglo XV y los primeros del XVI. Esta afirmación la corroboraba a fines de la citada centuria el padre Acosta de esta forma:

> «De árboles, los que más generalmente se han dado, y con más abundancia, son naranjos, limas, cidras y frutas de este linaje. Hay ya en algunas partes montañas y bosques de naranjales, lo cual haciéndome maravilla pregunté en una isla (en la Española) ¿quién había llenado los campos de tanto naranjo?. Respondiéronme que acaso había hecho, porque cayéndose algunas naranjas y pudriéndose la fruta, había brotado de su simiente»[43].

En el siglo XVII otro autor español describía el progreso de los cítricos con no menos elocuentes palabras. La tierra caliente del Nuevo Mundo era tan a propósito para criar «este linaje de frutas de zumo, que Dios crió para regalo del hombre, que parecen haber estado todas estas plantas en las demás regiones del mundo como desterradas y fuera de su naturaleza, hasta que llegaron a esta tierra; la cual les es tan natural que ninguna otra planta así de las propias como de las extranjeras y peregrinas, abraza mejor y conserva más tenazmente. Lo cual cuanta verdad tenga, testifican las grandes montañas y bosques que se han hecho en estas Indias de naranjos, limones y demás árboles de este género, naciendo en lugares desiertos e incultos cual si fueran plantas silvestres, las que de suyo son tan domésticas y hortenses, que se plantan y cultivan en todo el mundo con gran diligencia y regalo... En la primera tierra poblada de españoles en que desembarqué, cuando vine a las Indias, que fue un pueblo de la isla Española llamado Yagüana, me maravillé mucho y los demás que venían conmigo de España, que caminando de la mar al pueblo, que estaba como media legua de la mar adentro, entre los árboles silvestres que en el camino había que era de montaña cerrada, topásemos muchos limones ceutíes que en grandes racimos, entre las ramas de otros árboles, pendían sobre el camino y casi nos daban en las cabezas, que esparcían por el bosque su suave fragancia»[44].

Estas notas de admiración del padre Cobo, en contraposición con el silencio que guardan las crónicas y documentos de los primeros años del siglo XVI, demuestran que estos maravillosas arboledas no eran anteriores a la llegada de los primeros viajes colombinos. Del mismo modo, su rápida y fácil propagación por todas las regiones de la América española, explica la escasa presencia de estos vegetales en las fuentes documentales que describen el traslado de plantas.

A principios del XVII, los cítricos se extendían desde las Antillas a México y, desde este último lugar, tanto al norte, como al sur. Naranjas, limas, cidras, toronjas y limones eran producidos en Santiago de Guatemala, Realejo (Nicaragua), Puerto Belo, Panamá, Cartagena de Indias, Santa Marta, Coro, Caracas, Quito, Trujillo, Lima y todas las ciudades costeras del Perú, La Paz, La Rioja, Córdoba, Asunción...[45].

Otros frutales

Ya en los primeros viajes —a partir de 1493—, los colonos llevaban distintas frutas, semillas y podones de árboles que después sembraban en las tierras que recibían. Para ade-

Naranjo.
F.P. Chaumeton. Flore Medicale. 1814.
Real Jardín Botánico. Madrid.

lantar en su cultivo, desde finales de la década de 1510, comenzaron a enviarse plantones en medios toneles llenos de tierra en las naves que practicaron la Carrera de Indias.

Una de las plantas que primero se aclimató en Indias fue la palmera datilera. Habiéndose exportado muchos dátiles para la alimentación de las expediciones iniciales, de sus huesos fructificaron los primeros ejemplares en Santo Domingo. Sin embargo, con la humedad del trópico, el fruto no maduraba y no se aprovechaba. Por esta causa, en momentos posteriores, siguió propagándose por el mismo sistema de huesos. Que sepamos, así nacieron en 1530 las primeras palmeras de Nueva España, en el monasterio de Cubahunahuac (Cuernavaca)[46], introduciéndose de la misma forma en el Perú, poco después de su conquista. En la Lima de mediados del XVII los dátiles eran consumidos ya de diversas formas: cocidos, asados y en conserva[47].

Como es natural, los árboles fructificaron mejor o peor dependiendo del tipo de suelo y de otras condiciones ambientales más o menos favorables para su vegetación. Por ejemplo, mientras que algunos como la higuera o el membrillo no consiguieron prosperar con satisfacción en las Antillas, otros, como los duraznos, albaricoques, manzanas y peras, ni siquiera se aclimataron. En el Caribe, aconteció lo mismo con el moral, pero, dada la enorme demanda de la seda, se sucedieron los ensayos para adaptarlo después en Nueva España. En efecto, en consecutivas flotas a lo largo de las décadas de 1520-1530, la Corona ordenó la remisión a Veracruz de moreras chinas, árbol que había sido llevado a Granada por los árabes. Con el objeto de obtener sedas en este virreinato, Cortés solicitó algunos esquejes en 1523 y distintas autoridades eclesiásticas en postreros momentos. Como consecuencia del éxito que pareció tener el gusano, a mediados de la década de 1530 se produjo una verdadera irradiación, especialmente, por las provincias de Tlaxcala y Mixteca[48]. En Perú, con anterioridad a 1560, los españoles también plantaron morales y trasladaron huevos de gusanos, pero según manifestaba el Inca, «no se pudo labrar la seda por un inconveniente muy grande que tiene»[49]. El problema no era otro que el nacimiento de los gusanos cuando las moreras perdían sus hojas.

Algunas especies se desarrollaron con tal prodigalidad y llegaron a tomar un desarrollo tan inusitado que, en determinadas regiones de Indias, rondaban lo sobrenatural. Por ejemplo, según cuentan las crónicas, en Lima se criaron algunas granadas mayores que una botija aceitera[49]. En el XVII las más famosas eran producidas en los valles de Catacáos y Zaña, aunque el árbol, partiendo de los focos antillanos, donde se había aclimatado, estaba extendido desde San Agustín de la Florida hasta Santiago de Chile[51]

Otro frutal de similar irradiación fue la higuera. A principios del siglo XVII era cultivado en los valles de México y Oaxaca, Santiago de Guatemala, Panamá, Cartagena de Indias, Quito, Riobamba, Trujillo, Chachapoyas y en todas las restantes tierras costeras pobladas por españoles, hasta Chile. Fueron famosas las brevas que recolectaban por Navidad en Arequipa y las pasas que se hacían en el valle de Mages, «las mayores y mejores pasas de todo el Perú», según decir de Vázquez de Espinosa[52].

Refiriéndose al continente, a fines del XVI decía el padre Acosta que «también se han dado bien los duraznos y sus consortes los melocotones y priscos y albaricoques, aunque éstos más en Nueva España; en Perú fuera los duraznos, de esto otro hay poco (lleváronse después, en el siglo XVII) y menos en las islas (Antillas). Manzanas y peras se dan, pero moderadamente, ciruelas muy cortamente; higos en abundancia mayormente en Perú, membrillo en todas partes... granadas también bastantes, aunque todas dulces, agrias no se han dado bien. Melocotones en parte son muy buenos como en Tierra Firme, y algunas partes del Perú. Guindas ni cerezas hasta ahora no han tenido dicha de hallar entrada en Indias; no creo que sea por falta de cuidado o acierto»[52]. Sin embargo, nos consta por el padre Cobo que en Nueva España producían guindas, probablemente, antes de finalizar el XVI[54]. Garcilaso añade que en 1580 el mercader limeño Gaspar de Alcocer llevó al Perú plantas de guindas y cerezas, aunque el resultado fue infructuoso[55]. Los primeros guindos arraigados en la América Austral fueron sembrados en Buenos Aires hacia 1610. Apenas una década después, habían llegado a Tucumán y, atravesando los Andes, se introdujeron en Chile. En posteriores años, siguiendo la costa, llegaron a Perú, a la provincia de Guaylas, propagándose por las zonas de sierra no demasiado frías[56].

Granado.
F.P. Chaumeton. Flore Medicale. 1814.
Real Jardín Botánico. Madrid.

Castaños y nogales prosperaron en las huertas que había a las afueras México, casi con toda seguridad, entre el último tercio del XVI y las postrimerías del XVII. Sin embargo, hacia 1650, aún no estaban alcimatados ni en el Perú ni en el Río de la Plata[57].

En Perú, por ser su conquista más tardía, y como consecuencia de las posteriores Guerras Civiles, la introducción de frutales fue bastante más tardía (muchos en las postrimerías del XVI y principios del XVII). Sin embargo, hubo árboles como los cítricos, la higuera o el granado, que comenzaron a cultivarse desde los primeros años de la década de 1540. Los melocotones no los vio el padre Cobo hasta 1609, año en el que Gonzalo Guillén hijo le mostró varios ejemplares que tenía en su huerta. Del mismo modo, el albaricoque debió introducirse en las últimas décadas del XVI. En la Nueva España de principios del XVII llegaron a tener, además de los albaricoques comunes, una segunda variedad llamada «damacenos», mayores y de mejor gusto que los anteriores. También contaban en este último virreinato con más especies de priscos, destacando y siendo estimados los llamados «amarillos» más que los denominados «blancos»[58].

De las distintas clases de peras conocidas en España, aún a mediados del siglo XVII, sólo había en algunos valles costeros del Perú una de muy pequeño tamaño denominada «cermeña». En Nueva España existían algunas variedades más, haciéndose ensayos aún en 1620 para aclimatar una tipología que en Castilla se denominaba «bergamota». Estas últimas, por las mismas fechas o muy poco después, se llevaron desde Sevilla a Buenos Aires. Con posterioridad, fueron trasplantadas desde el Río de la Plata a Chile. En esta capitanía, a mediados del XVII, ya habían progresado bastante, transportándose desde Santiago a Lima algunas posturas en 1645[59].

En Chile se producían las mejores camuesas de todo el Nuevo Mundo, aunque el árbol también se extendió por la mayoría de las regiones pobladas. En 1618 era cultivado en algunas huertas de México y en la mayoría de las de Perú. En este último virreinato destacaban las producciones de los valles del Moquegua, Huamanga y Arequipa[60].

Sin ninguna duda, el frutal que peor se aclimató en América fue el ciruelo. Aún en 1650 los españoles no habían conseguido obtener en todo el virreinato peruano una sola cosecha que pudiera llamarse importante, ofreciendo el árbol por maravilla alguna que otra fruta pues, aunque florecía, cuajaban muy pocas flores. Algo parecido ocurría en las productivas huertas chilenas. Sin embargo, en Nueva España, además de disponer de tres variedades, consiguieron obtener buenas producciones injertándolos en duraznos[61].

Flores

Se transplantaron y aclimataron una gran variedad de ellas. El padre Cobo nos informa de las especies trasladadas más prolijamente: rosas de todas clases, clavellinas rojas y marisaladas (blancas punteadas de rojo), azucenas, lirios, cárdenos, alelíes de todos los colores, malvalocas, «maravillas», etc. Prueba de la estimación en que eran tenidas es que, para su mejor consecución, las primicias de ellas fueron puestas bajo los auspicios divinos. Así se hizo, por lo menos, con la primera rosa que floreció en Perú en 1552. Cuenta el cronista que «como cosa deseada se puso gran cuidado y diligencia en sembrarla para que se lograse y perpetuase en esta tierra, y con este intento se dijo una misa con la semilla puesta sobre el altar, para que con la bendición del sacerdote tuviese feliz suceso... Nacidos los rosales y brotadas las primeras rosas, se hizo en la iglesia mayor una gran fiesta, y en ella fray Jerónimo de Loaysa, arzobispo de Lima, colocó la primera rosa abierta en tierra en la mano de una escultura de la Virgen que en el citado templo se veneraba»[62].

Una variedad de malvaloca, cuyas flores eran muy apreciadas en el medievo y en la Edad Moderna, fue llevada al Perú hacia 1570, introduciéndose en 1651 en Quito una segunda tipología de esta planta. Parecida demanda tenía la retama o genista, trasladada desde España a Arequipa en 1580 por Melchor de Avalos[63]

Las flores no eran estimadas únicamente por sus fragancias. En realidad, el gran uso que se hacía, por ejemplo, de las rosas —o de otras muchas como las amapolas, etc.— estaba relacionado con su empleo en la farmacopea, fundamentalmente para la elaboración de agua rosada y otros medicamentos. Esta era una de las principales motivaciones que inducían a su aclimatación. Claro está, en una sociedad tan religiosa, también contaba el abundante uso que de ellas hacían las iglesias para decorar altares y retablos.

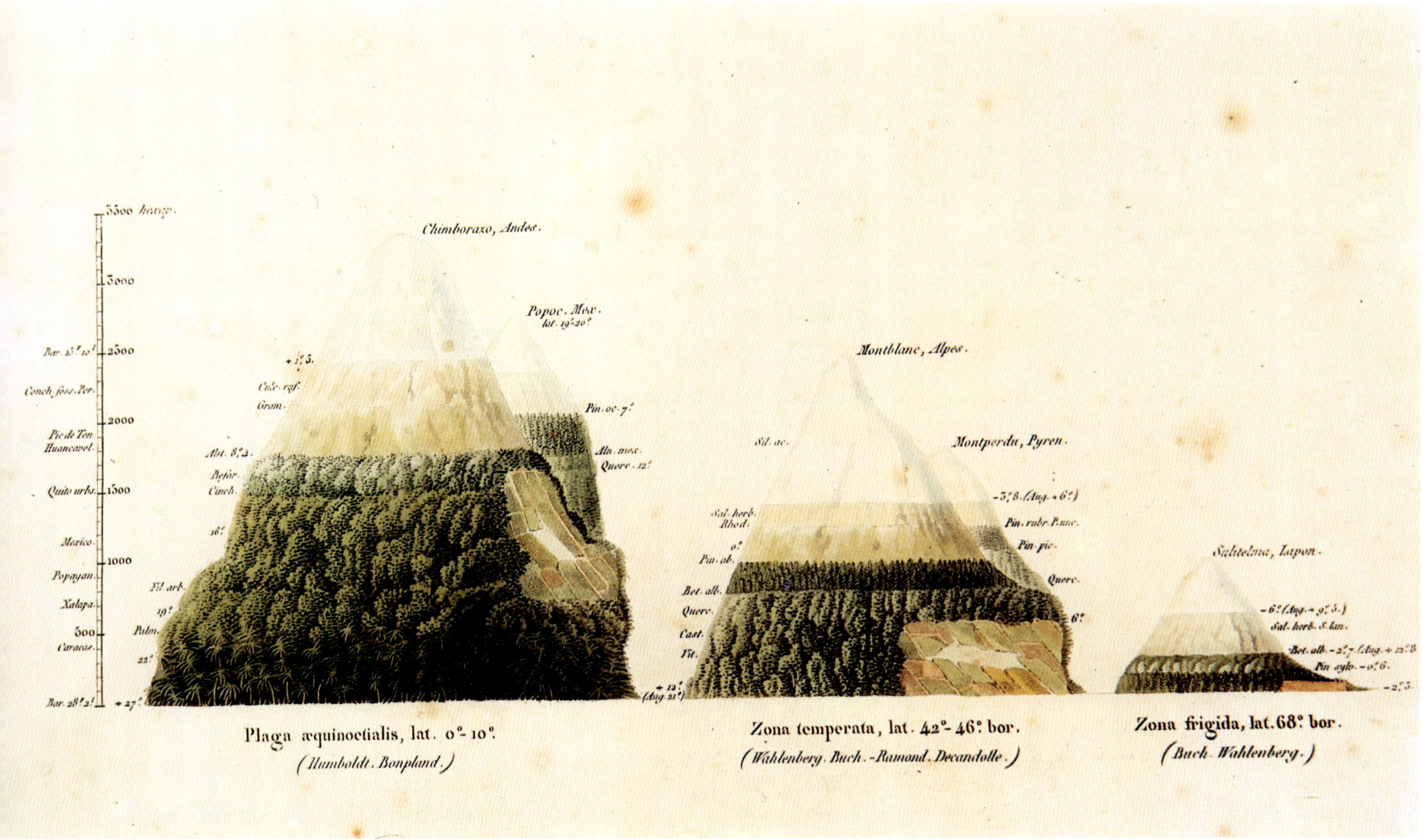

Distribución de la vegetación según la altura. Voyage de Humboldt et Bompland, Sexieme parte. Botanique. Nova Genera et Species Plantarum. *Tomo I.* 1815. *Real Jardín Botánico, Madrid.*

Plantas aromáticas y medicinales

A pesar de los escasos datos que tenemos sobre estos vegetales nos consta que su introducción fue más tardía que otras variedades más necesarias.

Sabemos por algunas crónicas que la hierbabuena fue aclimatada en el hospital de Santa Ana de la ciudad de Lima, lugar desde donde se extendió por todos los valles peruanos donde había abundancia de agua. La planta comenzó a sembrarse en las huertas y en las orillas de las acequias y demás lugares húmedos. Siguiendo el curso de las aguas, no transcurrió mucho tiempo hasta que se irradiase su semilla por las riberas de los ríos y llegara a tierras totalmente deshabitadas. De esta forma, la hierbabuena, la mostaza y la manzanilla, se propagaron en estado salvaje y resultaron sumamente dañosas para otros cultivos. Garcilaso decía que habían cundido tanto en algunos valles que «han vencido las fuerzas y la diligencia humana, todo cuanto se ha hecho para arrancarlas, y han prevalecido de tal manera que han borrado el nombre antiguo de los valles, y forzándolos que se llamen de su nombre como el valle de la Yerba Buena en la costa de la mar...»[64]

La albahaca creció con tal prodigalidad en Indias que algunos autores llegaron a admitir que sólo era necesario enterrar la semilla en la tierra y regarla un poco. En un corto espacio de tiempo, brotaba con gran fuerza y prosperaba sin cuidado alguno, haciéndose también salvaje[65].

Las visnagas eran empleadas para limpiar y refrescar la dentadura. De las primeras que crecieron en el Perú, con anterioridad a 1560, decía el Inca Garcilaso que regaló el capitán Bartolomé de Terrazas a su padre tres ejemplares de los recogidos por él. Pero sólo se sacaban a la mesa cuando había algún nuevo convidado «y por gran magnificencia se les daba una pajuela dellas»[66].

Otras especies transplantadas fueron la mejorana y el toronjil, esta última variedad en tiempos del virrey don Francisco de Toledo, hacia 1570. El tomillo fue aclimatado antes en Nueva España que en Perú, donde, hacia 1650, aún no había llegado. La semilla del trebol, empleada como purgante, fue llevada en los primeros años pero, en el siglo XVII, se había expansionado tanto que constituía una auténtica plaga en los sembrados de trigo, siendo practicamente imposible su total erradicación. El perejil, orégano y poleo fueron de aclimatación rápida y general, convirtiéndose las dos últimas variedades en hierbas silvestres en muchas partes[67].

Desde fechas muy tempranas comenzaron a cultivarse en las huertas de México y Perú, especialmente, multitud de plantas aromáticas y medicinales: hinojo, salvia, ruda, zavila, adormideras, taragontias, etc. Respecto al romero, no consta que se intentó aclimatar a principios de la década de 1520 pero, que sepamos, sólo se consiguió su introducción en 1579. Al parecer, el limeño Alonso Gutiérrez transportó este año desde España ciertas semillas o matas que después sembró con bastante éxito en una huerta que tenía dentro de su casa. Del anís sabemos que fué arraigado en el Cuzco en torno a 1555-1560 y, probablemente, con anterioridad, en alguno de los valles cercanos a Lima o Trujillo. De él decía Garcilaso que «se echaba en el pan por cosa de mucha estima como si fuera el néctar o la ambrosia de los poetas»[68].

Plantas de origen asiático o africano

Lo reseñado sólo es una pequeña muestra de las más de 300 especies vegetales transbordadas, casi todas las conocidas en España. Además, hubo un buen número de variedades de origen asiático o africano, no naturalizadas en la Península, que fueron llevadas a Indias. Por ejemplo, aunque ya existían ciertos tipos de plataneras en América, en 1516 fray Tomás de Verlanga transportó a la Española el llamado plátano de Guinea desde las Canarias, lugar donde se habían aclimatado algunas especies procedentes de las vecinas costas africanas[69].

Especial relevancia tuvieron algunas especies y plantas tintóreas. La primera droga introducida en el Nuevo Mundo fue la cañafístola, conocido purgante que se importaba de Asia, se aclimató en Santo Domingo sobre 1512-1514 y desde esta isla fue trasladado hasta Puerto Rico, Cuba, Jamaica, Panamá, Venezuela y buena parte de la cuenca caribeña[70].

Algo después, sobre 1535-1536, dos alemanes, Enrique Sayler y Alberto Quon, intentaron arraigar en Nueva España, en la provincia de Tlaxcala, pastel y azafrán. El primer vegetal se cultivaba en ciertas regiones de Francia y Alemania y servía para obtener tintes azules. Del azafrán, ya aclimatado en Castilla, se conseguían tintes amarillos y condimento para las comidas[71].

Otra especie de origen asiático, el jengibre, se trasplantó a Indias en dos fechas distintas y por diversas personas. En torno a 1550, por mano de don Francisco de Mendoza, se sembraban en Nueva España los plantones que robó Guido de Labaceres a los portugueses en la expedición que capitaneó Ruy López de Villalobos a las islas de la Especiería (1545). Con posterioridad, Rodrigo Peláez consiguió llevar algunos esquejes, en un barco negrero, desde Cabo Verde a la Española, plantándolos en Santo Domingo a principios de la década de 1560[72].

Antes de finalizar el siglo XVI y una vez que se estableció un mayor contacto con Asia, a través del Galeón de Manila, fueron llegando a Acapulco algunas especies de plantas, especialmente, los tamarindos y distintas variedades de naranjas de la China.

Conclusiones

Podríamos seguir citando otro significativo número de variedades florales transbordadas a América en los siglos XVI y XVII pero, ante la necesidad de limitar la extensión de este trabajo, terminaremos señalando las consecuencias de tal aporte vegetativo. En el ámbito del enriquecimiento de la flora, por encima de todo, se produjo una mejora de la alimentación, al menos en teoría. Aunque, para los pueblos nativos, más que nada, los nuevos cultivos supusieron una transformación socioeconómica. En un breve espacio de tiempo pasaron de la subsistencia a una economía de mercado. Este cambio trajo consigo beneficios técnicos, dietéticos, demográficos, culturales, etc. Sin embargo, la implantación de la agricultura euro-

Limonero.
F.P. Chaumenton. Flore Medicale. 1814.
Real Jardín Botánico. Madrid.

pea llevó aparejado, en un corto espacio de tiempo, una notable alteración de la propiedad del suelo y una sustancial transformación del espacio pues, se tendió a sustituir las especies autóctonas por las importadas. En algunos sitios las consecuencias ecológicas fueron terribles. Por ejemplo, en el Caribe, al introducirse la caña azucarera, dada la contínua necesidad de leña para obtener azúcar, prácticamente desaparecieron los bosques. En Nueva España, al ocuparse los mejores suelos para el cultivo del trigo, los indios tuvieron que realizar sus siembras de maíz en las tierras altas, las cuales fueron taladas y se erosionaron rápidamente. En Perú, los cultivos hortícolas poblaron los semidesérticos valles costeros pero, alteraron notablemente el ecosistema de los llanos, sobre todo, porque las especies autóctonas fueron las primeras en cortarse para obtener madera. En definitiva, el cultivo de nuevas plantas amplió el choque cultural que supuso la conquista. Con ellas se introdujo un modelo distinto de alimentación, compeliéndose a los nativos a participar en un modo de producción desconocido para ellos, en una economía que tendía a la obtención de ganancias y a la ocupación y acaparación de grandes cantidades de suelo en detrimento de los más débiles.

NOTAS

1. Gil, Juan y Varela, Consuelo: *Carta de particulares a Colón y Relaciones coetáneas.* Madrid, Alianza Editorial, 1984, pp. 151-235. Véanse las «Fuentes documentales del segundo viaje»
2. Ibid., p. 65.
3. Acosta, José de: *Historia Natural y Moral de las Indias.* Sevilla, 1590, t. I, cap. XXVI. Creemos que no es conveniente sustituir por otros términos las palabras que emplearon los antiguos autores y doctos viajeros para estudiar este asunto en sus respectivos tiempos. Por este motivo, en adelante, emplearemos las comillas para reseñar las opiniones que considereremos oportuno citar.
4. Mártir de Anglería, Pedro: *Décadas del Nuevo Mundo.* México, José Porrúa e Hijos, 1964, década I, lib. III, p. 130.
5. R.C. a los oficiales de la Casa de Contratación ordenando la remisión de 100 fanegas de trigo tremesino, Valladolid 14-XI-1509. AGI, Indiferente General, leg. 418, lib. 2, f. 122.
6. Carta del doctor Cuenta, 17-VII-576. AGI, Santo Domingo, leg. 50, ramo 3, doc. núm. 63.
7. López de Gómara, Francisco: *Historia General de las Indias. Conquista de México.* Barcelona, Ediciones Orbis, 1985, t. II, p. 335.
8. García Mercadal, José: *Lo que España llevó a América.* Madrid, Taurus, 1959, pp. 43-44.
9. López de Gómara, Francisco: *Historia General de las Indias. Hispania Victrix.* Barcelona, Edit. Orbis, 1985, t. I, p. 140.
10. Vázquez de Espinosa, Antonio: *Compendio y descripción de las Indias Occidentales.* Washington, The Smithsonian Institution, 1948, pp. 84-680.
11. Cobo, Bernabé: *Historia del Nuevo Mundo.* Madrid, Atlas, 1953, cap. XXXVI, p. 110-111.
12. Puente y Olea, Manuel de la: *Los trabajos geográficos de la Casa de Contratación.* Sevilla, Escuela Tipográfica y Librería Salesianos, 1900, pp. 384-385.
13. Cobo, ob. cit., cap. XXXVI, p. 111.
14. Ibid., cap. XXXVII, p. 110.
15. García Mercadal, ob. cit., p. 47.
16. Década II, lib. IX, p. 271.
17. Puente y Olea, ob., cit., p. 386.
18. Ob. cit., t. I, p. 364.
19. Garcilaso de la Vega: *Los comentarios reales de los Incas.* Lima, Imprenta y librería Sanmartín, 1919, t. III, cap. XXIX, pp. 78-80.
20. Ob. cit., p. 85.
21. Ob. cit., cap. XLII, p. 129.
22. *Ensayo político sobre el reino de la Nueva España.* México, Edit. Pedro Robredo, 1941, t. I, p. 362.
23. Ob. cit., cap. XXV, p. 70.
24. Cappa, Ricardo: *Industria agrícola-pecuaria llevada a América por los españoles.* Madrid, Imprenta del Asilo de Huérfanos, 1915, p. 298.
25. Cobo. ob. cit., cap. XV, p. 64.
26. Vázquez de Espinosa, ob. cit., pp. 158, 160, 162 y 178-179.
27. Ibid., p. 84, 283, 294 y ss.
28. Ibid., p. 347-676.
29. Ibid., pp. 159-160.
30. Ob. cit., cap. XXVII, pp. 74-75.
31. Vázquez de Espinosa, ob. cit., pp. 365-677.
32. Cobo, ob. cit., cap. XVI, p. 71.
33. Ibid., pp. 71-72.
34. Relación de las propiedades que tienen los religiosos del arzobispado de Lima. AGI, Indiferente General, leg. 3018.
35. Tudela, José de: *El legado de España a América.* Madrid, Edit. Pegaso, 1954, p. 687.

36. Ob. cit., cap. XXX, p. 82.

37. AGI, Santa Fe, leg. 56-A, ramo 1, doc. núm. 12 h.

38. Relación geográfica de Tunja, 1610. Colección de Documentos Inéditos de América y Oceanía (1ª edición), t. IX, p. 428.

39. Vázquez de Espinosa, ob. cit., p. 303.

40. R.C., dada en Guadalapue el 1-XI-1619, al gobernador del Río de la Plata para que procure el cultivo de cáñamo. Barras y Aragón, Francisco de las: *Sobre la introducción en América de vegetales útiles: dos documentos acerca del jengibre.* Zaragoza, Asociación Española para el Progreso de las Ciencias, 1940, p. 6. Zavala, Silvio: *Orígenes de la colonización en el Río de la Plata.* México, El Colegio de México, 1977, p. 446.

41. Vázquez de Espinosa, ob. cit., p. 677.

42. *Historia General y Natural de las Indias.* Madrid, Ediciones Atlas, 1959, t. I, lib. VIII, cap. I.

43. Ob. cit., t. I, p. 411.

44. Cobo, ob. cit., cap. XXIII, pp. 85-86.

45. Vázquez de Espinosa, ob. cit., pp. 206-634.

46. Río Moreno, Justo L. del: *Los inicios de la agricultura europea en el Nuevo Mundo.* Tesis doctoral en publicación. Sevilla, 1990.

47. Cobo, ob. cit., cap. XVII, p. 73.

48. Puente y Olea, ob. cit., p. 395.

49. Ob. cit., cap. XXX, p. 83.

50. Garcilaso, ob. cit., cap. XXVIII, p. 76.

51. Cobo, ob. cit, cap. XIX, p. 77.

52. Ob. cit, pp. 461-465.

53. Ob. cit., lib. IV, cap. LI, que titula: «De las plantas y frutas que se han llevado de España a las Indias».

54. Ob. cit., cap. XX, p. 97.

55. Ob. cit., cap. XXVIII, p. 77.

56. Cobo, cob. cit., cap. XXX, p. 97.

57. Ibid., cap. XXXII, p. 99.

58. Ibid., cap. XXII, pp. 82-84.

59. Ibid., cap. XXIV, pp. 88-89.

60. Vázquez de Espinosa, ob. cit., pp. 466, 476, 486, 574, 678 y ss.

61. Ibid., pp. 611 y 678. Cobo, ob. cit., cap. XXV, pp. 90-91.

62. Cobo, ob. cit., cap. XXXIX, p. 115.

63. Ibid., cap. XXXIII, pp. 100-101.

64. Garcilaso. ob. cit., cap. XXIX, pp. 78-79.

65. Cobo, ob. cit., cap. XL, p. 122.

66. Ob. cit., cap. XXX, p. 83.

67. Cobo, ob. cit., cap. XL, pp. 122-124.

68. Ob. cit., cap. XXX, p. 83.

69. Cobo, ob. cit., cap. XLVI, p. 143.

70. Mártir de Anglería, ob. cit., década VII, lib. IX, p. 636.

71. Instrucciones a don Antonio de Mendoza, 17-IV-1535. AGI, Indiferente General, leg. 415, f. 63.

72. Capitulación firmada con don Francisco de Mendoza, 21-III-1559. AGI, Indiferente General, leg. 738, doc. núm. 47. Probanza de Rodrigo Peláez, Santo Domingo 22-III-1959. AGI, Santo Domingo, leg. 78, ramo 3, doc. núm. 28 A.

LA ACLIMATACIÓN DE PLANTAS AMERICANAS EN LOS JARDINES PENINSULARES

A. GONZÁLEZ BUENO
Facultad de Farmacia. Universidad Complutense Madrid

«Si nuestros antepasados no hubieran sido sumamente diligentes en apropiarse, y propagar en su patria los vegetales útiles de los países extranjeros; tal vez careceríamos aún de los frutos más deliciosos, y de las plantas más apreciables, que poseemos ahora con tanto provecho y complacencia, por la razón de haber ellos cuidado de connaturalizarlas en el suelo y clima Español.»

C. Gómez Ortega. *Instruccion... de transportar plantas vivas.* Madrid, 1779.

Hacia el descubrimiento de la Naturaleza del Nuevo Mundo: Las plantas americanas en la literatura europea de los siglos XVI y XVII

La introducción de las producciones procedentes del Nuevo Mundo en Europa produjo una imagen cambiante del concepto de Naturaleza, tanto en las ciencias teóricas, ocupadas de su descripción, como en las prácticas, interesadas en su explotación. De los reinos naturales, el mineral fue el de más rápido impacto en la economía de los países colonizadores; pero el vegetal, con su mayor diversidad, gozó de la especial atención de exploradores y viajeros, cuyos comentarios impulsaron cambios de magnitud conceptual más considerables que los motivados por la explotación mineral.

En la incitación a estos cambios conceptuales, el mundo vegetal contó con la gran ventaja que supone su posible cultivo, mucho menos complejo que el animal; asunto éste de importancia, conocida la parca transmisión de las noticias relatadas por nuestros cronistas y exploradores del XVI, de modo que muchos botánicos europeos supieron de la existencia de vegetales americanos por su presencia en huertos y jardines, desconociendo su procedencia geográfica,[1] así los «tagetes», «siliquastrum» y «turcino frumento» comentados por Leonhart Fuchs (Fuchsius, 1501-1566) en su *De historia stirpium...* (Basilea, 1542)[2] o por Hieronymus Bock (Tragus, 1498-1554) en *Kreuterbuch* (=*De stirpium...*) (Strasbourg, 1546).[3]

Esto es, los huertos alemanes de mediados del XVI disponían ya de algunos guisantes, pimientos y maíz, éste en distintas variedades, según se desprende del texto de L. Fuchs[4] y cuya introducción en Alemania debió ser posterior al reinado de Carlos V, a raíz del comentario de H. Bock.[5] Ciertamente su procedencia no está consignada y su denominación intenta conformarse, con las disponibles en los textos clásicos, a supuestas plantas árabes o griegas. América está descubierta y sus plantas cultivadas en algunos jardines centroeuropeos, el de De Loewenstein aludido en las descripciones de H. Bock, entre otros,[6] pero distará de ser bien conocida e interpretada.

No son los botánicos germánicos los únicos en divulgar las plantas americanas por la Europa renacentista, también el francés Jean Ruel (Ruellius, 1474-1537) deja noticia del cultivo en aquellos jardines de plantas americanas; el «Gaiacum», «Bersilicum» y «Milium» son descritos en *De Natura Stirpium...* (París, 1536),[7] del maíz se fecha su introducción en tierras francesas diez años antes.

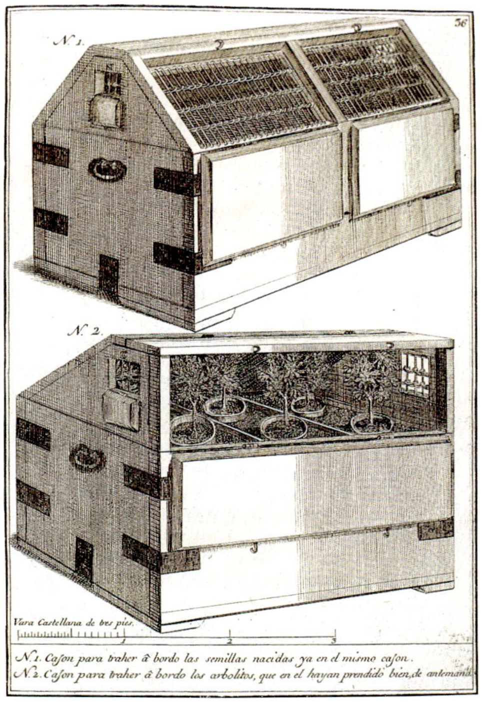

Grabado de dos cajones para el transporte de plantas en barco. Casimiro Gómez Ortega. Archivo General de Indias. Ingenios y Muestras, 242.

Jardín de aclimatación de Sanlúcar de Barrameda. Simón de Rojas Clemente. Ensayo sobre las variantes de la vid común que vegetan en Andalucía. 1807. *Real Jardín Botánico, Madrid.*

Y también en la península italiana, los *Commentarii in VI Dioscorides Libros...* de P. Matthioli (1501-1577), dados a la imprenta en Venecia (1544) y luego tantas veces reeditados, incluyen en el capítulo dedicado a «De Ebanus», un comentario al «Guayaci», considerando este palo una variedad de la madera oriental, ya en este mismo Libro I añade un comentario a la «higuera de la India» donde alude a un nopal americano, según él bien aclimatado ya cuando estudiaba en Gorizia; luego, en su Libro II, al tratar de las calabazas, se ocupa de unas «cucurbita indica», algo más sabrosas que las comunes en Italia; junto a la pimienta y el clavo añade un «piper indicus» y, en un capítulo posterior, se refiere a los «claveles de la India», a los que asimila, con dudas, a la «Othonna» descrita en P. Dioscorides; conoce también una zarzaparrilla americana y, por supuesto, el maíz.[8]

La edición que M. Laguna (h. 1510-1559) hiciera de la obra dioscoreana (Amberes, 1555) coincide, en estos extremos, con lo expuesto por P. Matthioli, sin diferenciar entre las producciones de las dos Indias, antes bien, intentando englobar ambas floras dentro de una misma común.[9]

El viaje de Ch. L'Ecluses por la Península (1564-1565), la obra de N. Monardes (h. 1493-1588) y los jardines españoles renacentistas

La originalidad de la flora americana habría de ser reconocida en los años centrales del siglo XVI; con anterioridad Gonzalo Fernández de Oviedo (1478-1557) había dado a los tórculos un *Sumario de la natural y general historia de las Indias* (Toledo, 1526) y la primera parte de su *Historia general y natural de las Indias...* (Sevilla, 1535), en ellos hay presentes algo más que noticias aisladas, se estructura una historia global, «la primera semblanza científica de un mundo nuevo» en palabras de E. Alvarez López,[10] pero ésta no habría de gozar de la difusión merecida entre los botánicos renacentistas; pese a las muchas ediciones conocidas de ambos textos,[11] apenas queda constancia de su utilización entre sus coetáneos quienes obvian los comentarios del madrileño en sus escritos.

La superación de los saberes clásicos, un proceso de magnitud mayor y más compleja que el que ahora nos ocupa,[12] predispuso la aceptación de un distinto contingente florístico para las dos Indias; la visión de G. Fernández de Oviedo sería conocida a través de Nicolás Monardes (h. 1493-1588),[13] muy en especial con los resúmenes que de su obra hiciera Charles de L'Escluses (Clusius, 1526-1609).[14] No parece que Clusius conociera el texto de N. Monardes durante su viaje por España (1564-1565), sino en el que emprendiera por Inglaterra en 1571, pese a ello sí queda constancia de sus relaciones con botánicos españoles, y de su contacto directo con los jardines privados de aclimatación ya existentes en nuestro suelo;[15] en Valencia Juan Plaza pudo mostrarle un árbol de aguacate, denominado por él «mamay», otro le fue enseñado por Simón Tovar en Sevilla; también en Valencia conoce un «Aloe americana», el «maguey» o «metl» americano, denominado por los valencianos «fil» y «aguja», y otras plantas americanas más, cultivadas en el convento de Jesús, extramuros de la Ciudad, cercano a Patraix;[16] durante este viaje vio cultivada la «Canna indica»[17] en alguno de los monaterios que visitó, y la batata, de la cual cita tres variedades cultivadas en Málaga, Sevilla y Cádiz,[18] un dato éste procedente de la obra de Oviedo. Tras su estancia en España seguiría recibiendo información sobre las producciones americanas: Simón de Tovar le envió diversidad de legumbres, «almendras del Perú» y varios racimos de «molle»,[19] si bien sabemos que no fueron las plantas exóticas el grueso de los envíos del sevillano, sino las autóctonas cultivadas en su jardín, del cual Clusius conoció índices de siembra; más plantas americanas recibió de su corresponsal Juan de Castañeda, las listas de estos envíos incluidas en su correspondencia (1600-1604) son extensas,[20] sin duda fue este médico su principal proveedor, ayudado por un licenciado Zamorano «examinador de Maestros en la carrera de Indias», compadre de Castañeda y coleccionista, como él, de curiosidades americanas, también en un jardín con plantas exóticas.

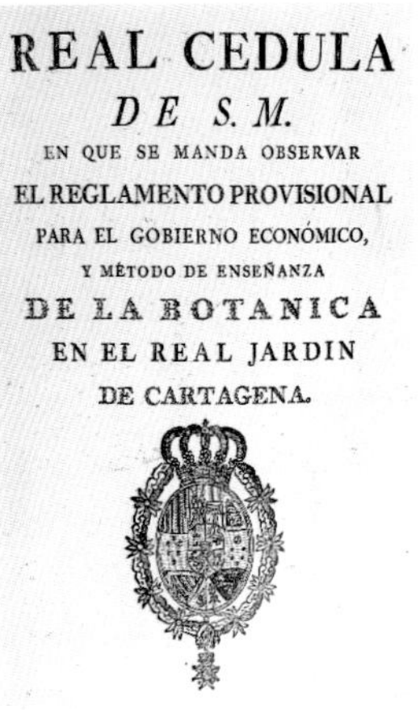
REAL CEDULA
DE S. M.
EN QUE SE MANDA OBSERVAR
EL REGLAMENTO PROVISIONAL
PARA EL GOBIERNO ECONÓMICO,
Y MÉTODO DE ENSEÑANZA
DE LA BOTANICA
EN EL REAL JARDIN
DE CARTAGENA.

Real Cédula con el Reglamento y Método de Enseñanza de la Botánica del Jardín Botánico de Cartagena. Archivo Base Naval, Cartagena.

Bien a través de N. Monardes, bien de Clusio, las plantas americanas comenzaron a ser conocidas e identificadas entre las aclimatadas en los jardines y huertos europeos; Rembert Dodoens (Dodonaeus, 1516-1585) incluirá en su *Stirpium historiae...* (Antuerpiae, 1583) los tagetes, mechoacan, algodón, zarzaparrilla, tabaco, pimiento, maíz, nopal y tomate, si bien no a todos (algodón, zarzaparrilla, nopal y tomate, p.ej.) les reconocerá su origen americano;[21] indicaciones similares se encuentran en *Plantarum seu Stirpium historia...* (Anturerpiae, 1576) de Matthias de l'Obel (Lobelius, 1538-1616) o en *Historia generalis plantarum...* (Lugdini, 1586-1587) de Jacques Dalechamp (1513-1588) por citar los autores más representativos de este final del XVI.

Cabe preguntarse el por qué del éxito de la obra de N. Monardes entre sus coetáneos europeos; además de la comentada predisposición a reconocer la diversidad de las floras exóticas frente a lo descrito por los clásicos, la razón puede residir en el discurso farmacológico mantenido por el sevillano en sus textos, algo sobre lo cual E. Alvarez López llamara la atención[22] y que A.G. Morton ha señalado, generalizando para el periodo, «which made the strongest impression on contemporanies, and which were, after gold and silver and spices, the most eagerly sought of colonial products»;[23] las razones aludidas giran en torno a su inmediato uso, conocido el material en estado seco y de amplia disponibilidad en los mercados.

El conocimiento de la naturaleza vegetal americana se difunde, como vemos, favorecido por su carácter medicinal, mas la aclimatación del producto se vincula a su carácter comestible u ornamental, como sugeríamos con los ejemplos precedentes. Y esta disociación tendrá su interés por cuanto mientras los comestibles y ornamentales llegan a ser bien conocidos y utilizados ya en el siglo XVI —baste recordar el uso en la cocina italiana desde 1550 de las «manzanas del amor»[24]— las plantas medicinales carecen de buenas descripciones botánicas, repitiéndose, ya en las Farmacopeas españolas del XVIII, el mismo intento de relocalizar en las tierras americanas las producciones de las indias orientales.

La expedición de Felipe II a Nueva España (1570-1577) y la difusión de la obra de Francisco Hernández

El nombramiento, en enero de 1570, de Francisco Hernández (1517-1587) como «Protomédico general de nuestras indias, islas y tierra firme del mar Océano», con la orden expresa de:

> «que en la primera flota que destos reinos partieran para la Nueva España os embarqueis y vais a aquella tierra primero que a otra ninguna de las dichas Indias, porque se tiene relación de que en ella hay mas cantidad de plantas e yerbas y otras semillas medicinales que en otra parte.»

supone el primer intento de la Corona española por conocer las producciones de sus territorios coloniales.

La elección de F. Hernández no parece casual, su conocida relación personal con J. Turriano, J. Herrera y B. Arias Montano, y sus trabajos previos en el Hospital del Monasterio de Guadalupe y en el de la Santa Cruz de Toledo, además de sus labores en la Huerta de Palacio Real durante su periodo de médico de Corte (1557-1570), previo a su partida para Nueva España, parecen justificaciones suficientes para el comentario con que Felipe II hace acompañar su nombramiento:

> «por la noticia y esperiencia que de cosas semejantes tenéis y para que acatando vuestras letras y vuestras ciencias y lo que nos habeis servido y esperamos que nos serviréis en esto que vais a emprender.»[25]

Su expedición, bien conocida,[26] transcurrió entre 1570 y 1577; a su vuelta a la Península, F. Hernández trajo consigo, además de sus manuscritos y herbario, plantas vivas en barriles y cubetas listas para ser transplantadas.[27] Sabemos del interés real por hacerse presentar estos árboles exóticos y del posterior permiso regio para que éstos fueran plantados en los jardines de los Reales Alcázares[28] al cuidado de su alcaide, entonces Enrique de Guzmán, II duque de Olivares.

Las siembras de F. Hernández tienen tan aciago destino como el resto de su obra:

> «Lo que toca a las plantas que V.M. mandó quedasen en Sevilla, de quince vinieron plantas en pipas, están vivas seis, y entrellas el árbol del bálsamo, que es de mucha importancia, y la tuna que cría la grana. De las simientes quedaron sembradas y encargadas al alcaide casi sesenta diversidades y una sola nascida, que son las azucenas de aquellla tierra, que no ha dado lugar a mas el rigor del tiempo, y quedaron otras tantas para que se tornen a sembrar por la primavera...»[29]

Portada del libro de Hieronymus Bock (Tragus), Kreuterbuch. 1546.
Real Jardín Botánico, Madrid.

El destino de sus manuscritos es sobradamente conocido; en poder de Nardo Antonio Recco, quien realizó un «extracto» anotando las indicaciones farmacológicas obtenidas por F. Hernández, fue depositado en el Monasterio de San Lorenzo de El Escorial, donde un incendio habría de destruirlos en 1671. Una copia del «extracto» de Recco, «traducida y aumentada» fue dada a la luz por Francisco Ximénez en México;[30] otra copia del «extracto» fue utilizada por los miembros de la Academia dei Lincei para redactar una muy personal edición.[31] Otros fragmentos del manuscrito hernandino fueron integrados en sus obras por compiladores del XVIII, en la *Historia Naturae Maxime Peregrinae...* (Amberes, 1635) del jesuita Juan Eusebio Nieremberg, entre otros[32].

Una versión ajustada al manuscrito de F. Hernández no saldría de tórculos hasta que C. Gómez Ortega se ocupara del texto desempolvado por Juan Bautista Muñoz en la Biblioteca del Colegio Imperial de Madrid (h. 1770).[33] Sólo entonces todas las plantas descritas por F. Hernández, no sólo las utilitarias, fueron divulgadas; las necesidades de los estudiosos, y los deseos de la Corona, eran ya muy otros a los que hicieron recomendable el «extracto» de N.A. Recco. La España ilustrada había iniciado el redescubrimiento de la Naturaleza americana.

El redescubrimiento de la Naturaleza del Nuevo Mundo. Las plantas americanas en la España ilustrada

La reforma ilustrada concede un papel relevante a las colonias españolas en el nuevo programa político-económico; la sola explotación de las riquezas se intentará transformar en una ambiciosa red comercial, a imagen del imperio inglés, destinada a fortalecer la Hacienda peninsular y a monopolizar el mercado colonial, en un intento de competir con las otras potencias europeas[34].

Este utópico proyecto, difícil de compaginar con las prerrogativas concedidas por la Corona a compañías de capital privado interesadas en la comercialización de productos coloniales,[35] exige el conocimiento previo de los materiales disponibles, sus características, usos y formas de explotación. Requería, en definitiva, una labor de inventario y catalogación de la Naturaleza americana aún no disponible pese a los esfuerzos de siglos anteriores; y para ello se hacía preciso disponer de una infraestructura técnica y de la preparación científica adecuada, objetivos éstos que el Gobierno de Floridablanca intentaría cubrir en el último cuarto del siglo XVIII.[36]

La infraestructura quedaría legalmente creada con la R.O. de 25-VII-1774, donde se dispone el traslado del Real Jardín desde el marginal Soto de Migas Calientes al centro cultural diseñado por el Conde de Aranda en el Paseo del Prado; esta institución, subordinada a la capacidad técnica de C. Gómez Ortega (1740-1818), habría de convertirse en la coordinadora del programa de las expediciones botánicas americanas.[37]

La preparación científica habría de venir de manos extranjeras; la primera ocasión propicia será una petición del Ministro francés A.R. Turgot, presentada ante J. Gálvez, el Ministro español de Indias, a comienzos de 1776,[38] solicitando realizar un viaje científico a los vastos territorios del virreinato del Perú. El modelo no es nuevo, antes bien, parece una constante del programa ideado para regenerar la Ciencia española, piénsese en el periodo formativo de J. Juan y A. Ulloa en la expedición dirigida por Ch. La Condamine (1735-1744);[39] tampoco los objetivos a lograr:

> «Ce ministre vous destine, Monsieur, à une Commision secrète; autant que j'en puis juger c'est un voyage de très long-cours, et pour aller chercher des productions qu'on voudroit naturaliser dans nos climats. Ce qui me fait croire cela, c'est que M. Turgot má demandé un mémoire détaillé des plantes et arbres étrangers utiles dans les Arts ou pour la nourriture des hommes qui pourroient se cultiver en Corse ou en Provence.»[40]

La aclimatación de vegetales útiles en Córcega, la isla obtenida de la República de Génova tras el acuerdo firmado en Versalles el 15-V-1768, y a la que ya se había destinado al abate Rozier con la misión de introducir el árbol del té.[41] Y es que, desde los años centrales del siglo XVII, las potencias europeas despliegan las más diversas estrategias para aumentar sus dominios coloniales en un intento de mantener sus mercados y sobrevivir a las duras crisis de subsistencia vital y económica, sufridas por la Europa de fines del XVII y aún durante el XVIII; no es casual el intento de introducir, en las respectivas Metrópolis, nuevas plantas con las que paliar los problemas derivados de la insuficiente producción alimenticia, A.R. Turgot, y los otros fisiócratas, encontrarán en la Naturaleza el origen de toda riqueza, y esta mentalidad habría de pesar, con mucho, en las iniciativas expedicionarias emprendidas por Francia y, de su mano, por España.

Esta renovada necesidad de conocer las producciones naturales americanas estará presente en el momento de redactar, en 1776, la «Instrucción...» que habrían de observar los botánicos de la Expedición al Virreinato del Perú:

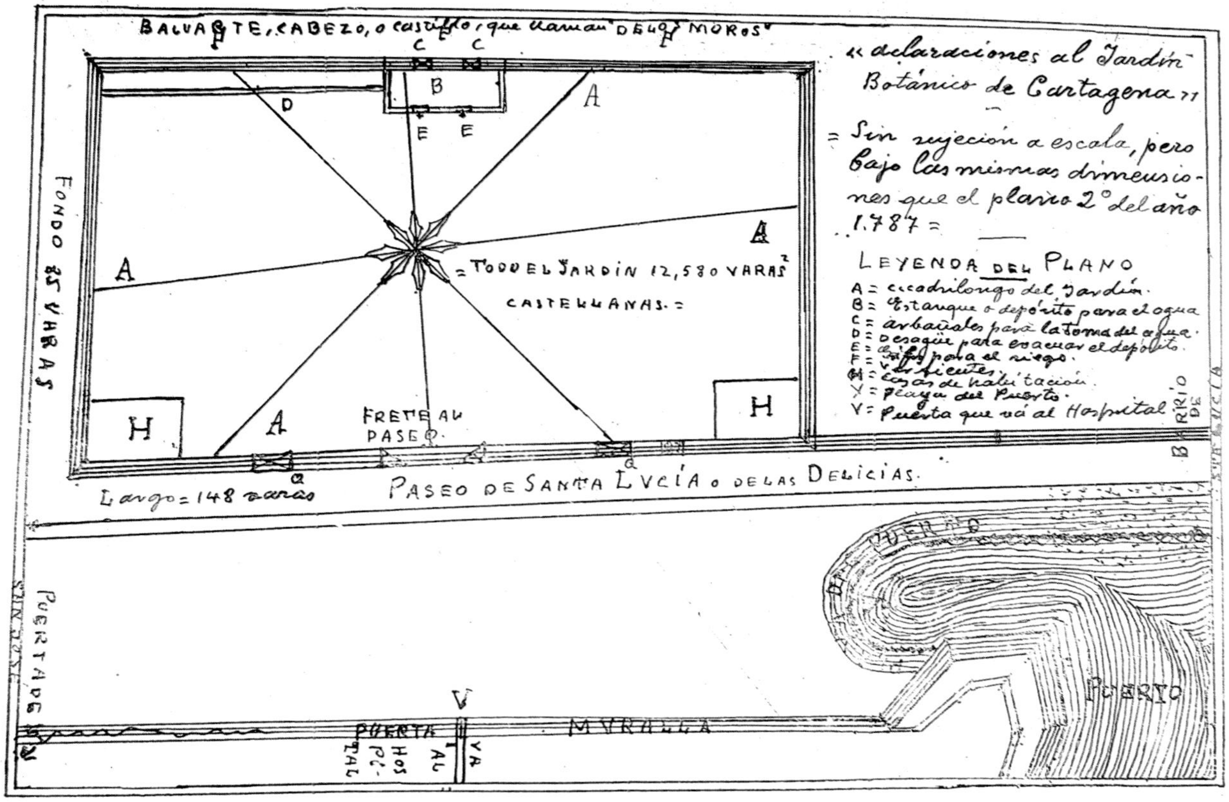

Plano del Jardín Botánico de Cartagena. Archivo Base Naval. Cartagena.

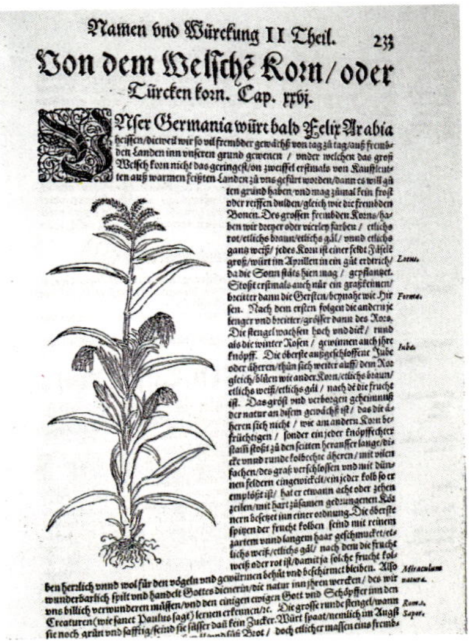
Namen vnd Würckung II Theil. 233
Von dem Welschẽ Korn/oder Türcken korn. Cap. xxvj.

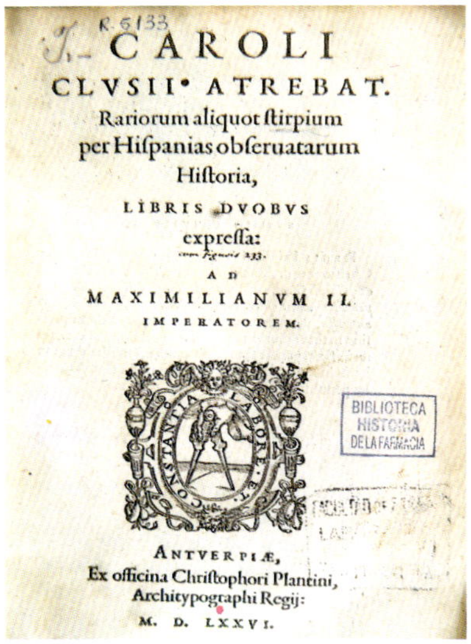
CAROLI CLVSII• ATREBAT. Rariorum aliquot ſtirpium per Hiſpanias obſeruatarum Hiſtoria, LIBRIS DVOBVS expreſſa: AD MAXIMILIANVM II. IMPERATOREM.

ANTVERPIÆ, Ex officina Chriſtophori Plantini, Architypographi Regij: M. D. LXXVI.

Planta del maíz llamado «turcico frumento». H. Bock. Kreuterbuch. 1546. *Real Jardín Botánico, Madrid.*

Portada del libro de C. Clusio, Rariorum aliquot stirpium per Hispanias observatarum Historia. 1576. *Real Jardín Botánico, Madrid.*

Canna indica. *C. Clusio:* Rariorum aliquot stirpium per Hispanias observatarum Historia. 1576. *Real Jardín Botánico, Madrid.*

«No será inutil advertir, que el cuidado, y estudio principal lo han de llevar las plantas, y simples poco o nada conocidos en España, o que tengan alguna singularidad distintiva, y que se crean de utilidad a la medicina, en el Comercio, o en las artes; y también aquellos vegetales los quales aunque se tiene noticia de ellos por el uso que se hace en Europa de sus resinas, gomas, bálsamos, raíces y demás partes o productos, no están bien determinados por los Botánicos.»[42]

e inspiraría también la *Instruccion sobre el modo más seguro y económico de transportar plantas vivas...* redactada por C. Gómez Ortega, e impresa en 1779; un texto donde la influencia del irlandés J. Ellis (1711-1776) está patente.[43]

Es la misma actitud que lleva a redactar la Real disposición de Carlos III para la recolección de objetos de Ultramar, también de 1779, donde el interés de la Corona se centra en:

«... la adquisición y multiplicación en España de los árboles, arbustos y plantas útiles de sus vastos dominios de América é Islas Filipinas, considerando S.M. este asunto como un objeto, no solo de loable curiosidad y ornato, sino también de manifiesta importancia para los progresos de la enseñanza en sus Jardines Botánicos, de la Medicina, de la Agricultura, y en general de muchas Artes y Ciencias Físicas».

para concluir:

«Ultimamente, no excuso expresar a V. que el Rey quiere que los que sucedan a V. en este mando, queden con el cuidado de continuar el mismo encargo, hasta que se logre connaturalizar en España los vegetales útiles, que se adapten á la fecunda y benigna variedad de sus terrenos.»[44]

Queda atrás la sola actitud coleccionista con la que P. Franco Dávila elabora, apenas dos años antes, en 1776, su *Instruccion... (para) hacer escoger, preparar y enviar á Madrid todas las producciones curiosas de la Naturaleza.*[45] Ahora hay una decidida vocación comercial, no sólo estética o curiosa

«Si en cada Paquebot del Correo maritimo de Canarias, Habana, Cartagena, y Buenos Ayres se traxera un caxon de estos con algunas plantas de las mas apreciables de aquellas regiones, nos haríamos dueños en pocos años de la mayor parte de las riquezas vegetables de la América Española, que tienen sobre los minerales la ventaja de poderse propagar y multiplicar al infinito una vez poseídos y connaturalizados.»[46]

afirma C. Gómez Ortega en su *Instruccion...* de 1779. Quedan por fijar cuáles son los productos a connaturalizar y los medios para lograrlo, pero la opción está tomada; con cierto retraso frente a las otras potencias europeas, España asume la necesidad de inventariar y comercializar, tras su aclimatación, las riquezas vegetales de sus colonias. La Corona Borbónica retoma así la vieja gloria de la dinastía Austríaca, se inicia el redescubrimiento de la Naturaleza americana.

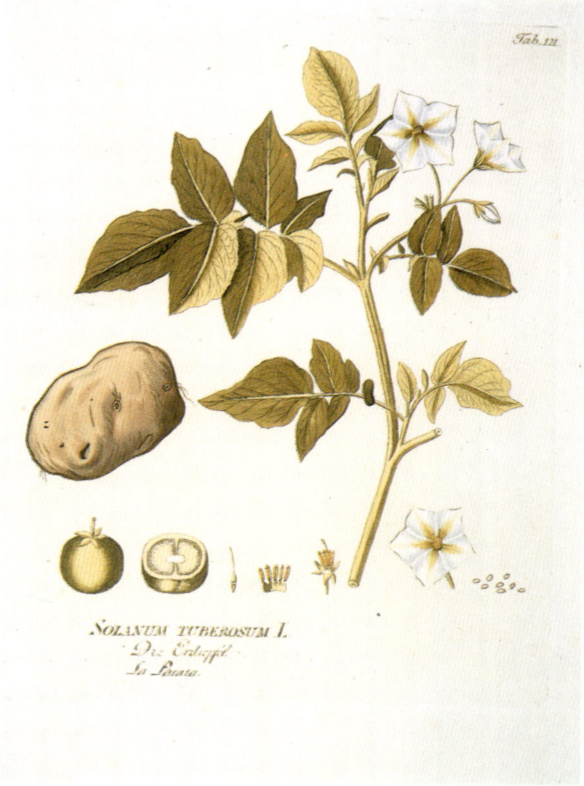

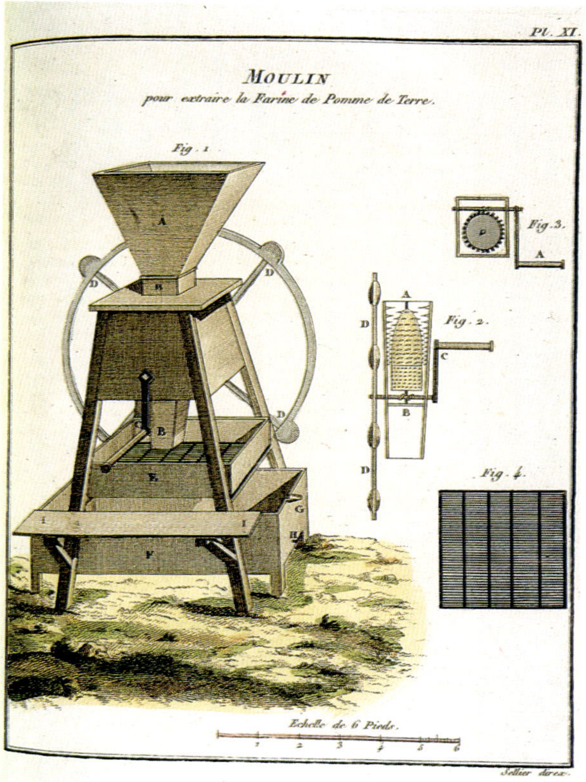

Planta de la patata. Joseph Jacobi Plenck. Icones Plantarum Medicinalium. 1788. *Biblioteca Facultad de Farmacia, Universidad Complutense.*

Molino para patatas. Rey Desplanazu. Ouevres d'Agriculture et d'Economie Rurale. 1801. *Real Jardín Botánico. Madrid.*

Los centros de aclimatación en el proyecto de C. Gómez Ortega

> «De esta forma viene á ser un Jardín Botánico el centro de las corresponsalías de su clase, de los experimentos útiles en punto de Botánica y Agricultura, y de propagación de las plantas dignas de multiplicarse.»[47]

Así concibe C. Gómez Ortega el Real Jardín de Madrid, una concepción de marcado cariz centralista que concilia bien con el espíritu ilustrado; mas ¿dónde ubicar los jardines receptores del producto americano para su aclimatación? La solución la propone el primer catedrático en el capítulo introductorio a su *Instruccion...* de 1779, aquelllos donde la introducción de plantas exóticas es ya una realidad:

> «En nuestros días hemos visto prosperar ya las *Ananas* en los Reales Jardines de Aranjuez por la diligencia de D. Esteban Botelou, y de su hijo; y en Valencia al ayre libre los deliciosos *Chirimoyos* del Perú, que llevan flor y fruto casi todos los meses del año en el Jardín de D. Pedro Joseph Mayoral, Arcediano de aquella Iglesia Metropolitana (...)
>
> Solo en Valencia se han conseguido muchas y bien lozanas especies de los pocos granos (de arroz) que cuidé enviar á aquel Ilustrísimo Señor Arzobispo, que en su Jardín Botánico de Puzol lo mandó sembrar (...)
>
> Finalmente, no debemos omitir, que al Jardín Botánico de S. Juan de Espí, cerca de Barcelona, que cultivaba el célebre Dr. Salvador, se debe el primer impulso de la introducción en Cataluña del *Sen de España*, que después procuró multiplicar D. Antonio Palau, actual Profesor segundo de Botánica, y yo hago cultivar con igual suceso en las riberas del Tajo, y en las inmediaciones de Madrid.»[48]

Así pues, jardines privados ilustrados y los Reales de Madrid y Aranjuez. Pronto la oferta habría de diversificarse, aunque mantendría este carácter de aclimatación en jardines privados al que hemos aludido; desaparecerá la huerta de Pedro José Mayoral y perderá prestigio el jardín de San Juan de Espí, al eclipsarse la dinastía Salvador,[49] otros vendrán a ocupar este espacio: el que por iniciativa de J. Gálvez cuidará Andrés Palacios en Córdoba, entre 1783 y 1787,[50] el ubicado en el Colegio-Seminario de San Telmo de Málaga, atendido por el presbítero José Ortega Monroy,[51] el que en Carmona (Sevilla) mantuviera Cándido María

Trigueros, al menos desde 1783,[52] y, muy especialmente rico en plantas americanas, la hacienda malagueña del Marqués de Sonora.[53]

Sobre todos, a los que en mayor o menor cantidad C. Gómez Ortega envió semillas americanas, destaca la huerta-jardín de Francisco Fabián y Fuero, Arzobispo de Valencia, creada en 1776 en su casa-palacio de Puzol. El jardín de Puzol tiene para nosotros un doble interés, no sólo por ser el más favorecido con los envíos del primer catedrático, sino también, y quizás ello explique la actitud de C. Gómez Ortega, por tener en él entrada otras semillas exóticas, envío de religiosos americanos con quienes el arzobispo mantenía correspondencia, posiblemente establecida tras su estancia en Nueva España.[54] Sabemos de las relaciones entre este jardín y el de Madrid con anterioridad a 1779, éstas se mantienen hasta 1788.[55]

A los jardines particulares reseñados caben añadirse los mantenidos por el ejército; sabemos de los intentos de aclimatación llevados a cabo por Pedro Pérez Rosales, al menos entre 1784 y 1786, en Málaga[56] y del establecido por Luis Blet en Algeciras, mientras duró el bloqueo de Gibraltar (1779-1782),[57] son jardines de corta vida, en donde la aclimatación de plantas americanas es tan peregrina como su existencia. Sólo uno de los jardines botánicos militares parece nacer con clara vocación aclimatadora, el establecido por el Ministerio de Marina en Cartagena.

La Real Cédula de 1787 por la cual se dota de un *Reglamento Provisional para el Gobierno... en el Real Jardín de Cartagena* recoge explícitamente esta misión aclimatadora:

Portada del libro de F. L. Gilii y G. Xuarez, Observazzioni Fitologiche supra alcune Piante Exotiche. 1790. *Real Jardín Botánico, Madrid.*

> «Considerando mi real ánimo las ventajas que deben resultar al Estado, al bien de mis vasallos, y al crédito nacional en el estudio de las Ciencias Naturales de multiplicar en el Reino los útiles establecimientos de jardines botánicos, especialmente en las ciudades de las provincias meridionales de la península, que por su inmediación a los puertos de mar, ofrecen la proporción de poderse criar en ellas con facilidad el crecido número y variedad de vegetales que se encuentran esparcidos, no sólo por toda España, sino también por mis vastos dominios de Indias, donde actualmente se están haciendo de mi orden y á mis expensas diversas expediciones Botánicas para el reconocimiento, y recolección de las Plantas más exquisitas y apreciables, que trasladadas, acogidas y cuidadas en los insinuados Jardines de las Costas meridionales se acostumbran insensiblemente á nuestros climas, y propagándose se transplanten y connaturalicen, en los terrenos de España que sean más adecuados a su naturaleza...»[58]

Y para tal fin envían los jardines reales de Madrid y Aranjuez los «pies de árboles» necesarios; el jardín de Cartagena tuvo todos los beneplácitos para convertirse en el centro de aclimatación por excelencia, los esperanzadores proyectos de su primer director, Gregorio Bacas (1752-1794), tan próximo a C. Gómez Ortega, quedaron frustrados en 1800.[59]

Las expediciones botánicas ilustradas y los envíos de semillas al Real Jardín de Madrid

Quedan comentados los espacios destinados a connaturalizar los vegetales americanos, pero ¿cuáles fueron elegidos?. La *Instruccion...* de C. Gómez Ortega enumera, en su último artículo, un listado comentado «de algunas plantas, que con preferencia merecen traerse a España, de diversos países, especialmente de América»[60]. El inventario, no muy extenso, muestra un cierto desconocimiento geográfico del área donde crece el vegetal y, desde luego, de su caracterización botánica; en él abundan los táxones de utilidad medicinal (73 —41.2%—), seguidos a cierta distancia de los de uso alimenticio (40 —22.6%—) e industrial (40 —22.6%—), primordialmente maderables; muy de lejos, siguen otras buscadas por su carácter ornamental (24 —13.5%—).

Las expediciones organizadas bajo el directo control de C. Gómez Ortega: la dirigida por H. Ruíz en los Virreinatos de Perú y Chile (1777-1788) y la posterior de M. Sessé por el Virreinaito de México (1787-1803), responden con sus envíos de plantas, en macetas y semillas, a los deseos de aclimatación mostrados por el primer catedrático del Real Jardín. Un estudio de los vegetales enviados para su connaturalización en la Península muestra similitudes 'a grosso modo' entre lo solicitado por C. Gómez Ortega y las macetas remitidas por los expedicionarios; no coinciden los táxones, mucho más diversos en los envíos de quienes estudiaban directamente la flora americana, mas sí las acciones y utilidades solicitadas.

Centrándonos en la expedición al Virreinato del Perú, la más afín a los propósitos del primer catedrático del Real Jardín, los envíos en macetas corresponden a plantas eminen-

Planta del tomate. Joseph Jacobi Plenck. Icones Plantarum Medicinalium. 1788. *Biblioteca Facultad de Farmacia, Universidad Complutense.*

temente útiles, aun cuando las sólo interesantes por su rareza florística no se descuiden; y entre las medicinales siempre las de acción farmacológica más deseada: febrífugos y antivenereos.

Esto en cuanto a las de más perentoria necesidad de aclimatación, pero junto a las macetas viajan cajas con semillas, y entre éstas no se aprecia ya esa selección comentada para las macetas; entre las semillas enviadas sobresalen las plantas necesitadas de descripción botánica sin otra utilidad conocida; los porcentajes de estas plantas en semilla con virtudes explícitas son similares a los de los totales de la flora reconocida; esto es, no se observa direccionalidad en el envío de semillas como sí queda probada en la remisión de macetas.

Un análisis de los libros anuales de siembras en el Real Jardín de Madrid permite mantener una conclusion semejante; se planta todo lo recibido, en un intento de aclimatar no sólo lo conocidamente útil, sino también aquello que la posterior experiencia pudiera mostrar de valor. No hay pues, al menos con nuestros datos actuales, una clara orientación en la siembra de plantas americanas en el Jardín de Madrid, si bien lo enviado en macetas trate de ser especialmente protegido.

Pero el Real Jardín no recibe sólo envíos de plantas americanas de sus expedicionarios, aun cuando este contingente suponga el mayor porcentaje de lo remitido. Ya vimos las ocasionales remesas del Jardín de Puzol (no sólo novo-hispanas, también peruanas y chilenas); también de otros botánicos participantes en viajes de exploración (L. Nee, B. Boldó), de sus corresponsales distribuidos por tierras americanas, y aún de otros particulares, algunos claramente interesados en la extensión de cultivos agrícolas americanos en la Península.[61]

Los jardines agrícolas: Aranjuez, Sanlúcar de Barrameda y los proyectados por F.A. Zea

Una R.O. de Fernando VI, fechada en 1750, revitaliza la antigua huerta de la Primavera de la Encomienda de Alpagés, comprada en 1535 para ser huerta-jardín de la Casa Real en Aranjuez; su utilidad priscina fue dar satisfacción al monarca en sus paseos fluviales y juegos de artificio; luego, una R.O. de Carlos III (2-IX-1772) la convertiría en Jardín el Príncipe, seguiría siendo lugar de diversión fluvial para la Real Familia, pero la labor arquitectónica y paisajística emprendida por Juan de Villanueva, y el hacer jardinero de Pablo Boutelou, supieron convertirlo en un centro útil, no sólo de representación.[62]

La introducción de árboles exóticos en el Jardín del Príncipe tiene su inicio en 1780, tras el nombramiento de Pablo Boutelou como Jardinero mayor de este Real Sitio; el espacio tuvo una decidida vocación paisajística, de ornato, aun cuando la utilidad esté presente en los planos del Jardín datados en 1784;[63] en ellos, junto a las huertas-jardín, tan caras a la jardinería ilustrada, aparecen bosquetes naturales a la inglesa entre los que tiene cabida una «isla americana» donde crecieron ejemplares arbóreos traídos, primordialmente, de la América septentrional: Virginia, Lousiana, rara vez de las «montañas nevadas» de México. Son plantas ornamentales, cuyo destino queda fielmente trazado en palabras de Esteban Boutelou:

> «... esperamos que muchas otras adapten al pais los periodos de vegetación, y conquistemos de este modo nuevos colonos para el adorno de nuestros jardines, y repoblación de las alamedas y bosques del reyno.»[64]

La experiencia de aclimatación en Aranjuez tuvo un duro golpe tras las heladas del otoño de 1801:

> «... se yelan las mas simientes de los arboles americanos. Así resultó en dicho año que se helaron las simientes de pananas, nogal americano, catalpa, acacia de tres puntas, magnolia, fresno de Luisiana, guayacana, y otras muchas que omito.»[65]

El Jardín contó con el decidio apoyo de Antonio Porlier, desde que sustituyera a J. Gálvez en la cúpula del Ministerio de Indias tras la muerte de éste en 1787, prueba de ello es el envío de los preciados macetones con canelos filipinos, recibidos en Cádiz en septiembre de 1787, aun cuando el propio C. Gómez Ortega hiciera desaforados esfuerzos por mantener tan exquisita producción en los jardines bajo su dominio: Cartagena, Valencia y Madrid.

Piña americana. Joseph Jacobi Plenck. Icones Plantarum Medicinalium. 1788. *Biblioteca Facultad de Farmacia. Universidad Complutense.*

Chirimoyo. F.L. Gilii y G. Xuarez. Observazzioni Fitologiche supra alcune Piante Exotiche. 1790. *Real Jardín Botánico, Madrid.*

Pimiento. Joseph Jacobi Plenck. Icones Plantarum Medicinalium. 1788. *Biblioteca Facultad de Farmacia, Universidad Complutense.*

En definitiva, una lucha por el control de la Botánica americana que, desde la muerte de J. Gálvez, parecía perdida para el primer catedrático del Real Jardín.[66]

La aclimatación de plantas americanas en jardines agrícolas se continuó en el de Sanlúcar de Barrameda (Cádiz), instalado, por R.O. de 3-V-1806, en las huertas de Regina Caeli; este jardín, dedicado fundamentalmente a la experimentación y mejora agrícola, nace encuadrado en una futura (nunca completada) red de centros de aclimatación dedicada a tales fines. José María Romero, secretario de la Sociedad Económica de Amigos del País de Sanlúcar, impulsora del proyecto, comenta en el discurso inaugural del Jardín:

> «Aprueba [S.M.] se establezcan viveros, uno en Chile y otro en el de Santa Fee, y quiere se repare y conserve el de Tenerife, para que por estas Escalas puedan lograrse en el Jardín las aclimataciones que se desean. Se encargará a los Embajadores, Ministros y Cónsules en Países extranjeros adquieran y remitan a este Jardín las semillas y plantas útiles.»[67]

Los listados de semillas disponibles en este Jardín (que habría de llamarse de la Paz en honor a M. Godoy y desaparecía tras el motín de Aranjuez de 1808) permiten asegurar su empleo para aclimatar plantas peninsulares: forrajeras en su mayor parte, tintóreas y medicinales otras, además de una conocida escuela de vides;[68] pero también sabemos de los intentos de aclimatar exóticas, algunas macaronésicas, otras mediterráneo-orientales, las más americanas, de éstas la práctica totalidad de origen mexicano, algunas peruanas y aún otras de la América septentrional enviadas a Sanlúcar por el Jardín de Aranjuez, su centro matriz; así, junto a las plantas que A.J. Cavanilles describiera en sus *Icones et descriptiones plantarum...* (Madrid, 1791-1801) se intentó el cultivo, frustrado por otra parte, de cedros de México, zamaque de Virginia, cedro enano de Virginia, tulipán de Virginia y otras más, entre ellas la polémica quina del Perú.[69]

Un jardín de aclimatación muy en la línea de los deseos gubernamentales expresados en la «Real Orden... para que se funden veinte y quatro establecimientos con el principal objeto de ilustrar y fomentar la Agricultura, siendo dirigidos por alumnos del Real Jardín Botánico de Madrid», que vería la luz en la Gaceta del 14 de enero de 1806; aunque nunca sería hecha realidad, es demostrativa, por el solo hecho de hacerse pública, de los nuevos horizontes del Jardín de Madrid, proclamados, este mismo 1086, por E. Boutelou desde el *Semanario de Agricultura y Artes dirigido a los Párrocos,* modelo de la prensa agraria ilustrada:[70]

> «Son utilísimas las colecciones de plantas raras que en los jardines botánicos se cultivan para la instrucción pública y grandeza del Soberano; pero son unos verdaderos manantiales de prosperidad siempre que se logre por su medio algún vegetal ó árbol útil a las ártes ó en la economía doméstica, á lo qual deven dirigirse principalmente las ideas de semejantes establecimientos; y con mucha satisfacción veo que las miras benéficas de mi sabio amigo Don Francisco Antonio Zea, Director y Profesor del Real Jardín de Madrid se dirigen á un fin tan importante.»[71]

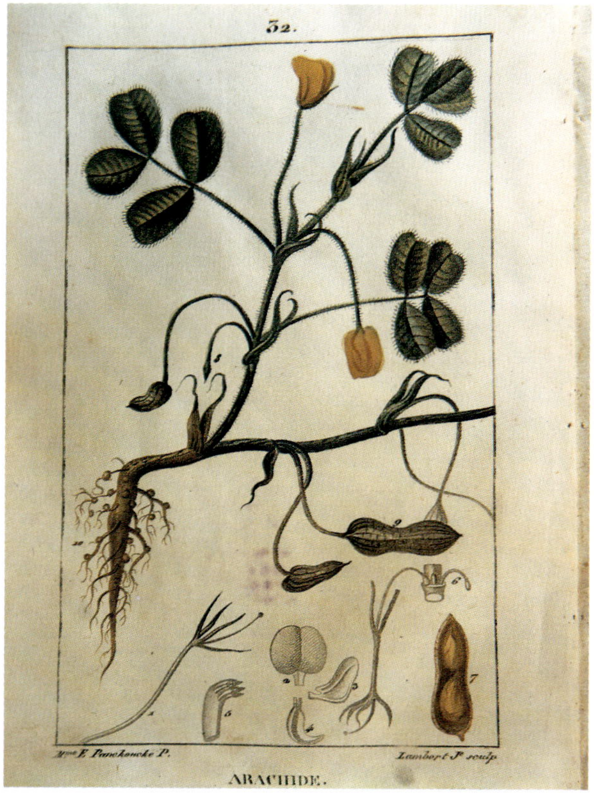

Planta del cacahuete (Arachis hypogea). *F.P. Chaumeton.* Flore Medicale. 1814. Real Jardín Botánico, Madrid.

Aloe elongata. *Joseph Jacobi Plenck.* Icones Plantarum Medicinalium. 1788. *Biblioteca Facultad de Farmacia. Universidad Complutense.*

NOTAS

1. Seguimos los comentarios de E. Alvárez López. *Las plantas de América en la Botánica europea del siglo XVI. Revista de Indias, 6 (20)*, págs. 221-288. Madrid. 1945.

2. Cf. los comentarios a los capítulos: *De Arthemisia* (cap. 13, pág. 40 B), *De Siliquastro* (cap. 280, pág. 731) y *De Turcico Frumento* (cap. 318, pág. 824 C). Utilizamos la edición impresa en Basileae: in Officina insingriniana, 1542.

3. Sobre el *Turcico frumento* cf. el Libro II, cap. 26; un comentario a *Garyophylli indici* (= *Indianische Negelin oder Samat rosklin*, probablemente *Tagetes patula L.*) en Libro II, cap. 145; sobre *Siliquastrum* en Libro II, cap. 148.

4. Cf. el capítulo dedicado al maíz (*Tagetes frumento*) en *Op. cit.* nota 2.

5. El comentario en *Op. cit.* nota 3, libro II, cap. 26.

6. La alusión en *Op. cit.* nota 3, Libro II, cap. 148.

7. En la edición de 1538 (Basileae: in offic. Frobeniana) el comentario sobre *Gaiacum* junto a *Hebenus, Gaiacum, Bersilicum* en el Libro I, cap. 45 (págs. 120-123). Sobre el *Milium* en Libro II, cap. 27 (págs. 320-322), allí comenta *Hodie Gallie in hortis ostentationes gratia serunt (...) quod milium sarracenicum* quasi peregrinum moninant

8. Cf. el capítulo dedicado a *De Ebanus*, en Libro I, cap. 111, con comentarios sobre el guayaco y la zarzaparrilla; sobre *Piper indicus* en Libro II, cap. 153; sobre los claveles de India en Libro II, cap. 178; sobre el maíz, en Libro II, cap. 78; la *cucurbita indica* comentada en Libro II, cap. 127. Citamos por la edición impresa en Venetiis: Ex Officina Valgrisiana, 1569.

9. En la edición de Salamanca (Mathias Gust, 1563): *Siliquastrum* en Libro I, cap. 5; *Balsamo* en Libro I, cap. 18; *Guayaco* en Libro I, cap. 109; *Zarzaparilla* en Libro I, cap. 109; *Coco* en Libro I, cap. 111; *Tuna* en Libro I, cap. 144; *Maíz* en Libro II, cap. 135; *Algodón* en Libro III, cap. 16.

10. E. Alvarez López. *Acerca de la obra de Fernández de Oviedo. Boletín Real Sociedad Española Historia Natural*, 56, págs. 287-298. Madrid, 1957. Sobre este mismo tema, y del mismo historiador, cf. también el *Estudio preliminar y notas* a su edición de *De la Natural Historia de las Indias.* Madrid, 1942, además de los artículos citados por él mismo en estas aportaciones. De interés la introducción de J. Pérez de Tudela a su edición de *La Historia general de las Indias* publicada en la Biblioteca de Autores Españoles. 5 vols. Madrid, 1959.

11. Sobre las ediciones de estas obras remitimos a J.M. López Piñero & als. *Los impresos científicos españoles de los siglos XV y XVI. Inventario, bibliometría y thesaurus.* Valencia, 1982.

12. Cf. el capítulo *Renascence of Botany in Europe: from Herbal to Flora (1483 to 1623)*. en A.G. Morton. *History of Botanical Science*. págs. 115-164. London, 1981.

13. Sobre la obra y personalidad de N. Monardes cf. F. Guerra. *Nicolás Bautista Monardes. Su vida y su obra (ca. 1493-1588)*. México, 1961.

14. Impreso en Amberes, por C. Plantin, en 1576, bajo el título *De simplicibus medicamentis en Occidentalis India delatis*..., en principio sólo la primera parte del texto (la única disponible), luego se fue completando la obra. Clusius fue también comentarista de Cristobal de Acosta y García da Orta.

15. Sobre sus relaciones con los botánicos españoles, además del texto clásico de I.J. Asso —*Clarorum Hispaniensium atque exteriorum Epistolae*. Zaragoza, 1793— el comentario de Ch. Backer y L.J. Vandewide Geut. *Le botaniste flamand Carolus Clusius (1526-1609) et ses relations avec l'Espagne*. En: G. Folch y F.J. Puerto (coords.) *Medicamento. Historia y Sociedad*. págs. 183-186. Madrid, 1982. Un estudio de la situación científica de la España del momento en J.M. López Piñeiro. *Ciencia y técnica en la España de los siglos XVI y XVII*. Barcelona, 1979.

16. Ch. L'Escluses. *Rariorum aliquot stirpium per Hispanias observatarum historia*... Antuerpiae: ex officina Christophori Plantini, 1576. —cf. pág. 444—. Sobre la estancia de Clusio en tierras valencianas y sus contactos con Juan Plaza, cf. J.M. Camarasa. *Botánica i botanics dels paisos catalans*. Barcelona, 1989 (págs. 22-24). El comentario a *De Aloe Americana* en Libro II, cap. 77 (págs. 442-444).

17. Ch. L'Escluses. *Op. cit.* nota 16. *De Canna Indica recentiorum*. en Libro II, cap. 24 (págs. 328-330).

18. Ch. L'Escluses. *Op. cit.* nota 16. *De Batatas*. en Libro II, cap. 18 (págs. 297-299).

19. Una traducción al castellano de la correspondencia entre Clusius y S. Tovar, realizada sobre lo publicado por I.J. Asso (*Op. cit.* nota 15), en G. López Andújar y M.A. Fernández Negrí. *Cartas de Simón de Tovar al botánico Charles L'Ecluse. Traducción y comentario. Boletín Sociedad Española Historia de la Farmacia. 36 (144)* págs. 203-212. Madrid, 1985. Las comentaristas consideran las plantas americanas como *árboles y arbusto del Indico*.

20. Al menos 52 en una fechada en Sevilla, el 17-IX-1600, y 17 en otra de 13-III-1602. Un listado e intento de actualización nomenclatural en E. Alvarez López. *Op. cit.* nota 1.

21. También recogerá las aclimataciones de plantas procedentes de dominios franceses; el *Arbore vitae dicta* (Thuja occidentalis L.) plantado en los jardines de Fointnebleau, en tiempos de Francisco I, procedentes del actual Canadá (cf. R. Dodonaei. *Stirpium Historiae pemptades sex sive libri XXX*... Pemptada VI, libro V, cap. 9).

22. E. Alvarez López. *Op. cit.* nota 1.

23. A.G. Morton. *Op. cit.* nota 12, pág. 119.

24. G.A. McCue. *The history of the use of the tomato: an annoted bibliography. Annals Missouri Botanical Gardens, 39*, págs. 289-348. Missouri, 1952.

25. El título de Protomédico, de donde procede el entrecomillado, en Archivo General de Indias (A.G.I.) Audiencia de Lima, leg. 569. Transcrito parcialmente en G. Somolinos d'Ardois. *Capítulos de Historia Médica Mexicana, V. El primer explorador científico de la Naturaleza y la Medicina de México*. México, 1982. Del tema se ocupa, con mayor extensión, G. Somolinos d'Ardois. *Vida y obra de Francisco Hernández* [= Obras completas de Francisco Hernández. vol. 1]. México, 1960.

26. Además de las *Op. cit.* nota 25, G. Somolinos d'Ardois. *El viaje del doctor Francisco Hernández por la Nueva España. Anales Instituto de Biología (México), 22 (2)*, págs. 435-484. México, 1951 y N. Lee Benson. *The ill fated works of Francisco Hernández. University of Texas Library, Chronicle, 5 (2)*, págs. 17-27. Texas, 1953.

27. La relación de las plantas transportadas en A.G.I., Indiferente General, leg. 1094. Transcrito en G. Somolinos d'Ardois. *Op. cit.* nota 25 (1960), págs. 250-251.

28. El dato, repetidamente reseñado, proviene del testimonio del anónimo (Antonio de León y Pinelo ?) autor del *Indice general de los papeles del Consejo de Indias para la Historia General de las Indias*. Manuscrito, Real Academia de la Historia (Sign: d. 95).

29. *Memorial pidiendo mercedes [de Francisco Hernández a Felipe II]* s.f. Reproducido en G. Somolinos d'Ardolis. *Op. cit.* nota 25 (1960), págs. 264-266.

30. F. Ximénez. *Quatro Libros, de la Naturaleza y Virtudes de las plantas y animales que estan recibidos para uso de Medicina en la Nueva España... con lo que el Doctor Francisco Hernández escribió en lengua latina... Traducido y anotados... por...* México, 1615.

31. *Rerum medicarum Novae Hispaniae Thesaurus*... Roma, 1628.

32. Un estudio en G. Somolinos d'Ardois. *Bibliografía del Dr. Francisco Hernández. Revista Internacional de Bibliografía, 7 (1)*, págs. 1-76. México, 1957. Una revisión en G. Somolinos d'Ardois. *Op. cit.* nota 25 (1960).

33. *Francisci hernandi... Opera, cum edita, tum inedita, ad autographifidem et integritatem expressa*. Madrid, 1790. La versión incluye sólo tres de los cinco volúmenes previstos, una edición completa disponible en las *Obras completas de Francisco Hernández* publicadas por la Universidad Autónoma Nacional de México (1960-1966).

34. Esta situación ha sido analizada, entre otros, por A. Domínguez Ortiz. *Sociedad y Estado en el siglo XVIII español*. Madrid, 1981. G. Anes. *Economía e Ilustración en la España del siglo XVIII*. Madrid, 1969. M. Izard. *Comercio libre, guerras coloniales y mercado americano*. En: J. Nadal y G. Tortella (eds.). *Agricultura, comercio colonial y crecimiento económico en la España contemporánea*. Barcelona, 1974. M. Artola. *América en el pensamiento español del siglo XVIII. Revista de Indias 29 (115-116)*, págs. 51-79. Madrid, 1969. G. Céspedes del Castillo. *La nueva política colonial del despotismo ilustrado. Cuadernos del Seminario Floridablanca*, 2, págs. 155-171. Murcia, 1988.

35. Así, por ejemplo, la Sociedad Guipuzcoana de Caracas, ocupada de la explotación del cacao americano, creada en 1738 (cf. R. Basterra. *Los navíos de la Ilustración*. Madrid, 1970. —en especial, págs. 43-47—).

36. Un estudio del proyecto que comentamos en F.J. Puerto Sarmiento. *La ilusión quebrada. Botánica, Sanidad y Política científica en la España ilustrada*. Barcelona, 1988.

37. Sobre el traslado del Real Jardín madrileño cf. C. Añón Felíu. *Noticias sobre los Jardines Botánicos de Migas Calientes y El Prado. Anales Instituto Estudios Madrileños. 21*, págs. 91-116. Madrid, 1984. Sobre C. Gómez Ortega cf. F.J. Puerto Sarmiento. *Casimiro Gómez Ortega. La sombra del poder. Boletín Sociedad Española Historia de la Farmacia, 38 (149-150)*, págs. 147-153. Madrid, 1987.

38. Informe de [Fernando Magallón] a [José de Gálvez], s.f. [anterior a 23-II-1776]. A.G.I. Audiencia de Lima, leg. 606. (A.R. Steele. *Flores para el Rey. La Expedición de Ruiz y Pavón y la Flora del Perú*. Barcelona, 1982, cf. pág. 295).

39. A. Lafuente. *Las políticas y los métodos de internacionalización de la ciencia española durante el siglo XVIII. Revista de Occidente, 82*, págs. 29-42. Madrid, 1988. También A. Lafuente y J.L. Peset. *Las actividades e instituciones científicas en la España ilustrada*. En: M. Sellés, J.L. Peset y A. Lafuente (comp.). *Carlos III y la Ciencia de la Ilustración*. págs. 29-79. Madrid, 1988.

40. Carta de André Thouin a Joseph Dombey, [VIII-1775], reproducida en E.T. Hamy. *Joseph Dombey, médecin, naturaliste, archélogue, explorateur du Perou, du Chili, du Bresil (1778-1785). Sa vie, san ouvre, sa correspondence*. París, 1905. c.f. págs. 3-4).

41. J.P. Clement. *La participación francesa en la Expedición Botánica al Perú (1777-1778)*. En: A. González Bueno (ed.). *La Expedición Botánica al Virreinato del Perú (1777-1788)*. págs. 19-40. Barcelona, 1988.

42. La *Instrucción*... transcrita en A.J. Barreiro (ed.). *Relación del viaje hecho a los Reynos del Perú y Chile por los Botánicos y Dibuxantes enviados para aquella expedición*... págs. 365-375. Madrid, 1931.

43. J. Ellis. *Directions for bringing over seeds and plants... London, 1770. El diseño de los cajones para el transporte* de plantas es idéntico al de una acuarela anónima conservada en los Archives Nationales, Fonds Marine, Paris (reproducida en J. Brosse. *La vuelta al mundo de los exploradores*. Barcelona, 1985, pág. 85).

44. La R.O. transcrita en F. Barras de Aragón. *Noticias acerca de las órdenes y disposiciones dictadas en el siglo XVIII para la recolección en Indias de ejemplares con destino al Real Gabinete de Historia Natural. Boletín Sociedad Española de Historia Natural, 15*, págs. 230-234. Madrid, 1915. El documento (21-III-1779) en A.G.I., Sección Indiferente General, leg. 1545.

45. La *Instrucción*... de P. Franco Dávila transcrita por A Romero Castillo. *Don Pedro Franco Dávila (1771-1786)*. Guayaquil, 1986 (págs., 19-42).

46. C. Gómez Ortega. *Instruccion... de transportar plantas vivas*. Madrid, 1779. (cf. pág. 22).

47. C. Gómez Ortega *Op. cit.* nota 46, págs. 9-10.

48. C. Gómez Ortega *Op. cit.* nota 46, págs. 4, 9, 10.

49. Sobre la decadencia de los Salvador cf. O. Bolós. *Los estudios taxonómicos y florísticos en Cataluña. V Simposio de Flora Europea. Universidad Hispalense*, págs. 295-300. Sevilla, 1969. También C. Casas Sicart. *Aproximació a la Història de la Botànica. L'Escola Catalana de Botànica*. Bellaterra, 1982.

50. A.F. García González y V. Rodríguez García. *Proyectos de jardines botánicos para aclimatar plantas americanas en Andalucía: 1780-1800. Actas I Congreso de Historia de Andalucía*. (Andalucía Moderna) vol. 3 págs. 229-238. Córdoba, 1978. La documentación en A.G.I., Sección Indiferente General, leg. 1545; la correspondencia entre A. Palacios y A. Palau en R.J.B. leg. I, 20, 4, 1.

51. Cf. F. García González y V.Rodríguez García. *Op. cit.* nota 50. No fue el único jardín establecido en Málaga (cf. F.J. Puerto. *Op. cit.* nota 36) aunque sí el de más activa labor aclimatadora.

52. Sobre la correspondencia mantenida etre C. Gómez Ortega y C.M. Trigueros cf. R. Basante Pol y M.M. Castillo Tello. *La correspondencia dirigida a D. Casimiro Gómez Ortega por D. Candido María Trigueros. Boletín Sociedad Española de Historia de la Farmacia 32(127)*, págs. 137-147. Madrid, 1981. La documentación se conserva en R.J.B. legs. I, 20, 6, 13/17. Una biografía de C.M. Trigueros en F. Aguilar Piñal. *Candido María Triguero: un ilustrado*. Madrid, 1987.

53. Cf. el comentario de A.F. Aguilera Narváez a A. Porlier en F. García González y V. Rodríguez García. *Op. cit.* nota 50.

54. Fue Arzobispo de la Puebla de los Angeles. (Cf. F. Aguilar Piñal. *Bibliografía de autores españoles del siglo XVIII*

vol. 3, págs. 239-242. Madrid, 1984. Sobre esta huerta-jardín cf. J. Fernández Pérez, A. Gomis, J. Lacalle y F. Pelayo. *El aprovechamiento por parte de España de las materias primas agrícolas de América en los siglos XVIII y XIX: La polémica del cultivo del cacahuete. Actas I Congreso Sociedad Española Historia de las Ciencias*, págs. 201-221. Madrid, 1980.

55. La correspondencia extractada por R.M. Basante Pol y M.M. Castillo Tello. *La correspondencia dirigida a D. Casimiro Gómez Ortega desde Valencia en el periodo 1783-1788. Boletín Sociedad Española de Historia de la Farmacia. 32 (130)*, págs. 13-144. Madrid, 1982. En gran parte mantenida con M. Peris, la documentación en R.J.B. legs. I, 20, 4, 4/27 y leg. I, 20, 1, 12.

56. La correspondencia de P. Pérez Rosales con el jardín de Madrid en R.J.B. legs. I, 21, 4, 1/4.

57. Una biografía de Luis Blet en M.E. Alegre Pérez. *Notas para una biografía: Luis Blet y Gazel (1742-1808). Boletín Sociedad Española Historia de la Farmacia, 30 (118)*, págs. 161-168. Madrid, 1979. En este mismo jardín trabajó Luis Née, a quienes algunos autores atribuyen el único catálogo de plantas conocido (cf. F. Muñoz Garmendia. *Miscelanea sobre Luis Nee y la botánica en la Expedición Malaspina*. En: *La Expedición Malaspina 1789-1794. Viaje a América y Oceanía en las corbetas Descubierta* y *Atrevida*. págs. LXXXIV-XCIII. Madrid, 1984. Una actualización en Ib. *Algo más sobre Neé y sus aportaciones a la Botánica*. En: *La Botánica en la Expedición Malaspina. 1789-1794*. págs. 59-70. Madrid, 1989.

58. Sobre el Jardín Botánico de Cartagena cf. A. Merck Bañón. *Gregorio Bacas y el Jardín Botánico de Cartagena*. Valencia, s.f. [1948]. La Real Cédula transcrita en págs. 80-85.

59. Cf. A. Merck Bañón. *Op. cit.* nota 58. También F.J. Puerto. *Op. cit.* Nota 36.

60. C. Gómez Ortega. *Op. cit.* nota 46, págs. 37-70.

61. Así, p. ej., la *Remesa de semillas recibida de Truxillo del Perú..... a 15 de octubre de 1798* incluida en el *Index seminum* de 1790; un total de 33 semillas, todas cereales o leguminosas.

62. Sobre este Jardín cf. E. Boutelou. *Historia de los viveros de Aranjuez. Semanario de Agricultura y Artes, 19*, págs. 209-213; 234-239. Madrid, 1806. Sobre lo allí plantado cf. Cl. Boutelou y E. Boutelou. *Noticia de algunos árboles exóticos cultivados en Aranjuez. Semanario de Agricultura y Artes, 9*, págs. 329-337; 345-352. Madrid, 1801. Cl. Boutelou. *Razón de las especies más caras de árboles que se cultivan al aire libre en los jardines de Aranjuez y el método de propagarlos. Anales de Historia Natural, 4*, págs. 263-284. Madrid, 1801.

63. Los planos estudiados por C.M. Correcher. *Jardines de Aranjuez (II) Jardín del Príncipe. Reales Sitios, 19 (73)*, págs. 21-38, Madrid, 1982.

64. E. Boutelou. *Op. cit.* nota 62, pág. 234.

65. Cl. Boutelou y E. Boutelou. *Op. cit.* nota 62, pág. 348.

66. Cf. F.J. Puerto. *Op. cit.* nota 36.

67. El discurso, inédito, en R.J.B. leg. I, 27, 7, 4.

68. E. Boutelou. *Memoria sobre el cultivo de la vid en Sanlúcar de Barrameda*, Madrid, 1807. S. Rojas Clemente. *Ensayo sobre las variedades de la vid... en Andalucía*. Madrid, 1807. Ambos trabajaron en el Jardín de la Paz.

69. Los listados de plantas en R.J.B. legs. I, 22, 7, 1; I, 23, 1, 27. Estudiados por A. González Bueno. *EL Jardín de la Paz. Cádiz e Iberoamérica, 3*, págs. 30-34. Cádiz, 1985.

70. Cf. J. Fernández Pérez & als. *Op. cit.* nota 54. También F. Díez Rodríguez. *Prensa agraria en la España de la Ilustración. El Semanario de Agricultura y Artes dirigido a los Párrocos (1797-1808)*. Madrid, 1980.

71. E. Boutelou. *Op. cit.* nota 62, pág. 234. Sobre el cambio de orientación botánica del Real Jardín de Madrid cf. A. González Bueno. *Los estudios criptogámicos en España (1800-1820): Una aproximación a la escuela Botánica de A.J. Cavanilles. Llull, 11 (20)*, págs. 51-74. Zaragoza, 1988. También el Oficio de P. Ceballos a F.A. Zea (San Lorenzo, 18-XII-1809). R.J.B. leg. I, 23, 2, 16: *La primera atención de los que dirijen los establecimientos botánicos será la de enseñar Agricultura a los Propietarios de su distrito* y F.A. Zea. *Discurso acerca del mérito y utilidad de la Botánica leído en el Real Jardín el 17 de abril... [1805]*. Madrid, 1805.

EL TABACO: DEL USO MEDICINAL A LA INDUSTRIALIZACIÓN

JOSÉ MANUEL RODRÍGUEZ GORDILLO
Archivo de Tabacalera, S.A. Sevilla

> «El tabaco, que ha tenido más de dos siglos hace sus antagonistas, y ha sido la manzana de la discordia que ha mantenido en guerra a muchos sabios, tienen ya a casi todos los hombres por panegiristas, raro es ya el que no tenga conforme si razón con las narices o con el paladar.»
>
> Francisco de Requena, *Descripción de Guayaquil*, año 1774.

El tabaco fue, posiblemente, una de las primeras plantas no conocidas en el Viejo Mundo, que encontraron los navegantes españoles a su llegada a América en 1492. Independientemente de un primer avistamiento, que se supone tuvo lugar días después de su arribada a aquellas tierras (15 de octubre), Colón y sus compañeros lo «conocieron», es decir, supieron de su uso habitual entre los indígenas americanos, el día 6 de noviembre durante su estancia en la bahía de Manatí o Sabanalamar. En sus alrededores, según cuenta el almirante, vieron Rodrigo de Jerez y Luis de Torres «mucha gente que atravesaba a sus pueblos, mugeres y hombres, con un tizón en la mano, yerbas para tomar sus sahumerios que acostumbran».[1]

¿Eran tales hierbas hojas de tabaco? Parece que sí, pues el padre Las Casas al describir el acontecimiento con mucha precisión años más tarde, lo confirmaba plenamente: «mujeres y hombres —escribe— siempre los hombres con un tizón en las manos, y ciertas hierbas para tomar sus sahumerios, que son unas hierbas secas metidas en una cierta hoja, seca también, a manera de mosquete hecho de papel,...; y encendido por una parte d'él, por la otra chupan o sorben, y reciben con el resuello para adentro aquel humo, con el cual se adormecen las carnes y cuasi emborracha, y asi diz que no sienten el cansancio. Estos mosquetes, o como los llamaremos llaman ellos tabácos»[2]. Parece evidente, pues, que el «torcido» caribeño, el original cigarro indígena, era ya una realidad hace quinientos años.

Pero no sólo el cigarro; también el uso de pipas y pequeños tubos bifurcados, el consumo en polvo, el masticado de hojas de tabaco y otros varios hábitos fueron advertidos por aquellos primeros navegantes entre las distintas comunidades índigenas americanas. En realidad, la planta y sus diversos usos estaban extendidos por casi todas las latitudes del Nuevo Mundo. Los mayas la llamaron *kutz*, los aztecas *pisietl* y *yelt*, *dugat* los tabascos, *sairi* en Perú, *yuri* en Colombia, *peti* en Trinidad, *petum* en Brasil, *pety* en Paraguay, *uppowoo* en Virginia, etc. Practicamente todas las comunidades la conocían y estaban habituados a su uso a veces placentero, a veces ritual, en ocasiones mágico[3].

A partir de aquel primer contacto ¿cómo se produjo la trasculturación del tabaco a Europa? Hoy sabemos que su introducción en el Viejo Mundo se fue produciendo al unísono con el incremento de las relaciones y experiencias entre ambos lados del Atlántico. Se discute aún, no obstante, cómo se produjo su aceptación por los conquistadores, la forma de penetración en nuestro país, los usos que arraigaron con mayor celeridad, las capas sociales que primero se habituaron al placer del tabaco; sin embargo, ciertos aspectos pueden ya concretarse.

Sabemos que nuestros marinos, pilotos y descubridores fueron los responsables de la asimilación de la nueva planta y los introductores de sus diferentes usos en las nuevas colonias. Conocemos los numerosos estudios que los botánicos y científicos hispanos y europeos realizaron para un conocimiento cada vez mejor de la nueva realidad americana. Llegamos a entrever, en fin, que el uso medicinal y ornamental que se hizo del tabaco por espacio de más de un siglo fue preparando el camino para la expansión posterior del hábito placentero que hoy todos conocemos.

Los precursores

En un principio los españoles debieron quedar atónitos ante aquellas «ahumadas» que los indígenas realizaban por boca y nariz y hubo quien las vinculó con aspectos demoníacos. La sensación duraría aún largo tiempo en ciertos ambientes. Pese a todo, pronto debieron probar alguna de sus variantes. Tampoco fue mejor; el humo les produjo una sensación «como si hubieran llenado sus bocas con pimienta en polvo».

Sin embargo, el proceso no sólo no se detuvo, sino que el tabaco arraigó entre los navegantes españoles con celeridad inusitada. Las Casas pudo ya escribir: «Españoles cognoscí yo en esta Isla Española que los acostumbran tomar [los tabacos] que siendo reprendidos por ello, diciéndoles que aquello era vicio, respondían que no era de su mano dejallos»[4]. Juan de Cárdenas antes de finalizar el siglo XVI, refiriéndose entonces a Nueva España, apuntó: «También hay algunos que se huelgan de andarlo chupando el cigarro cada rato, y destos digo que si lo usan a pura necesidad de verse libres de algun dolor, o por fatigarles algun paroxismo y fuerza de algún mal, a estos tales deveseles permitir, pero unos mocetonazos y hombres viciosos que de puro vicio no lo quieren dejar de chupar... son dignos de reprehensión»[5]. Y Juan de Castro al finalizar el primer cuarto del XVII señalaba: «... que no ai parte en toda la India donde no se use. Tanto que la gente más illustre, de valor, i rica lo tienen en tal vicio, que se afirma entre los vicios no aver otro semejante, ni el de beber, ni juego, ni mujeres»[6].

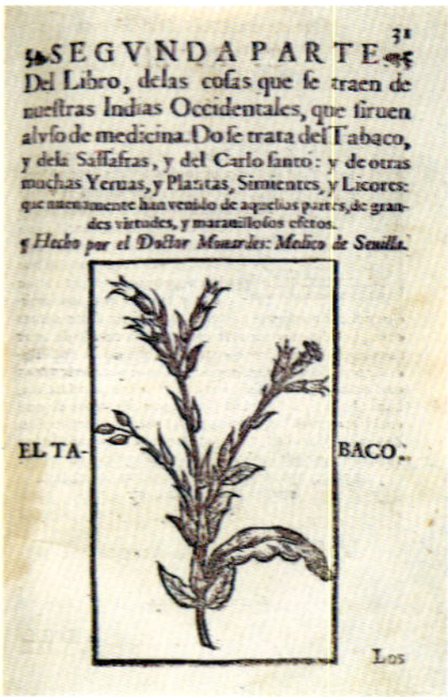

Planta del tabaco. Nicolás Monardes. Primera y Segunda y Tercera partes de la Historia Medicinal de las Cosas que se traen de nuestras Indias Occidentales que sirven en Medicina. 1574. *Real Jardín Botánico, Madrid.*

El uso medicinal

Mientras tanto, creo que a lo largo de todos estos años no puede hablarse del tabaco en Europa fuera del marco puramente científico. Suponemos que las primeras simientes de la nueva planta debieron llegar pronto a España (Cádiz-Sevilla) y sabemos que su progresiva aclimatación corrió a cargo de médicos e investigadores deseosos de conocer sus condiciones y propiedades fundamentales. También con bastante celeridad fue conocida en Portugal y pronto en Francia, de donde se transmitiría al resto del continente[7]. Ellos fueron los difusores del uso medicinal del tabaco[8].

Conviene recordar que esta modalidad de empleo fue repetidamente constatada por los españoles entre los indígenas americanos desde los primeros momentos de su llegada al Nuevo Mundo. Colón tan sólo llegó a señalar el gran aprecio en que aquellos pueblos tenían al tabaco y su consideración como beneficioso para la salud: «... fallé un hombre en una almadia que se paseaba de la isla Santa Maria a la Fernandina, y traia... un poco de su pan, que sería tanto como el puño, y una calabaza de agua, y un pedazo de tierra bermeja hecha en polvo y luego amasada, y varias hojas secas que debe ser cosa muy apreciada entre ellos, porque ya me trajeron en San Salvador dellas en presente...»[9]. El padre Las Casas incorporó la evidencia de que los indios se adormecían y «cuasi emborrachaban» con el humo del tabaco y que «no sentían el cansancio»[10]. Luego serían decenas los testimonios obtenidos sobre estos diversos usos medicinales del tabaco: el fraile Ramón Pané, compañero de Colón, en la isla La Española; Américo Vespuci en la costa de Venezuela (Isla Margarita); también en esta región Alonso Niño y Cristóbal Guerra; Pedro Alvarez Cabral en Brasil; Grijalva en el Yucatán; Bernardino de Sahagún en Nueva España; y así un largo etcétera.

No obstante, es preciso resaltar que no todos estos testimonios eran acertados. Existe la certeza de que algunos, al menos, no hacían referencia al tabaco, sino a otra de las muchas plantas que los indígenas empleaban de forma similar a aquél. Es el caso, por ejemplo, del fraile Jerónimo R. Pané durante el segundo viaje del almirante en 1493, y de Fernández de Oviedo en 1535. En ambos casos los autores confunden el polvo de *coboba*, es decir, la

Secadero de tabaco empleado en las plantaciones entre Córdoba y Orizaba, México. Detalle. 1768. Archivo General de Indias, México, 750.

semilla de la *Anadenanthera peregrina*, que los taínos utilizaban en las Antillas y los arauacos y tupis en Tierra Firme, con el polvo de las hojas de tabaco (*Nicotiana tabacum*). Algo similar ocurre con A. Vespucci, que en su *Mundus Novus* (1503) cita el hábito de mascar el tabaco entre los indígenas, cuando en realidad se trataba de hojas de coca (*Erythroxylon coca y E. truxillense*).

No es de extrañar, por tanto, que al unísono con estas experiencias varias obras europeas y españolas incluyeran las primeras referencias relativas al tabaco, analizando básicamente sus características botánicas y sus propiedades medicinales. En Francia A. Thevet y, algo después, Liebault y Nicot; en los Países Bajos Dodoens; en Italia Mattioli y Benzoni; en Inglaterra P. Pena y M. de L'Obel y en España N. Monardes, J. de Cárdemas. F. Hernández y J. Fragoso fueron la avanzada de este movimiento que culminaría con la aceptación generalizada del tabaco[11].

El autor de influjo más trascendente fue, sin duda, el médico hispalense N. Monardes, posiblemente el primer cultivador del tabaco en nuestro país en su jardín botánico de la sevillana calle Sierpes. Él explicó magistralmente cuanto debía saberse de aquella maravillosa planta: la siembra, el cultivo, sus caracteres, las flores, etc.; pero, sobre todo, sus excepcionales virtudes y su aplicación en múltiples afecciones: dolores de cabeza y reumáticos, males de pecho, cólicos intestinales, dolores de estómago y articulares, de muelas y de matriz, lombrices, sabañones, heridas envenenadas, llagas, tiña, etc. Entre él y, evidentemente, J. Nicot, extendieron a Europa la idea de que el tabaco era la panacea universal.

Desde entonces farmacopeas, herbarios, diccionarios y libros de medicina fueron publicados en múltiples ediciones conteniendo cada vez mayor número de fórmulas y prácticas para el uso medicinal del tabaco. A veces esas recetas eran extremadamente sencillas, pero en otras ocasiones alcanzaban un sorprendente grado de sofisticación. Ya en 1529 Bernardino de Sahagún había recogido que para *dolores de cabeza* persistentes «aspire el olor de hojas verdes de piciete» y para un *catarro* «tome la planta llamada piciete, hojas verdes o en polvo, y frótelo por el interior de la boca con el dedo». En 1567, Liebault mantenía que para una llaga en la cara se trate con un vendaje de nicotinana y para culebrilla, postillas abiertas, heridas, úlceras gangrenadas, etc., se triture la hoja de la planta en un mortero limpio y póngase la pulpa y jugos sobre la parte enferma. Pero fue en 1571 cuando Monardes dio a conocer su extraordinario repertorio; para unir y cerrar heridas «seque hojas de piciete y conviertálas en polvo»; para aliviar la tortícolis «coloque hojas calientes sobre la rigidez o el dolor»; para dolores de pecho «una decoción de la hierba mezcladas con azúcar y almíbar y tomadas en pequeñas cantidades»; para dolor de estómago «aplique las hojas muy calientes», etc. Los ejemplos ocuparían varias páginas[12].

El éxito de estas opiniones quedó reflejado en las numerosas ediciones que de la obra de Monardes se realizaron por toda Europa. Es indudable que durante varias décadas el tabaco gozó de un extraordinario prestigio entre la clase científica del Viejo Mundo. Pero conviene también poner de relieve en este breve relato que muy pronto comenzaron a aparecer en frente las opiniones contrarias poniendo de relieves los efectos nocivos del nuevo hábito. Desde las primeras décadas del siglo XVII podemos decir que la polémica estaba servida[13].

La introducción del uso placentero en España

Todo parece indicar que en la vida cotidiana el tabaco continuaba siendo un desconocido. Lo era aún a comienzos del último cuarto del siglo XVI. Un texto no utilizado hasta ahora corrobora esta afirmación y por ello, aunque pertenece a un convenio hispano-portugués de los primeros años del XVIII, su referencia aquí es oportuna: «... en el concordato que se hizo entre los señores reyes de Castilla y Portugal en tiempo del rey D. Sebastián declarándose los casos en los que los delincuentes se habían de entregar de parte a parte y la restitución de los hurtos, *no se podía comprender el género del tabaco quentonces no había cuando se hizo el concordato*, y después acá se ha introducido, de manera que así en Portugal como en Castilla son sus estancos una de las principales rentas de las Coronas...»[14].

Pero seguía siendo desconocido, al parecer, todavía, y esto es aun más sorprendente, unos treinta años más tarde, en 1608, cuando un anónimo cronista sevillano podía apuntar lacónicamente: «comenzó a verse el tabaco; usábanlo en humo negros bozales»[15].

¿Era esto realmente así? ¿Cómo entender entonces el cúmulo de medidas, disposiciones y viviendas tabaqueras que pueden recogerse en torno a estas fechas y en las inmediatas venideras? ¿Se extraña el cronista del uso del tabaco o quizá de su variante en humo? ¿Se puede aceptar un giro semejante en poco más de dos décadas en los hábitos de una comunidad?

Más bien parece evidente que mediaba un abismo entre el ámbito de la normativa legal, bien entre naciones, bien dentro sólo del país, siempre retrasada en relación a los comportamientos reales de sus habitantes, y el de la vida cotidiana que abría el camino a las experiencias y sensaciones procedentes del Nuevo Mundo.

Lo cierto es que gracias a su empleo medicinal, que habituó a no pocos a su consumo, y a su creciente aceptación ornamental[16], durante las primeras décadas del siglo XVII se asiste a una eclosión extraordinaria de la actividad tabaquera; al menos, así parece si juzgamos la situación a través de las medidas, normas y disposiciones que se adoptaron en aquellos años[17]. Un signo revelador fue, sin duda, la creación de una fábrica de tabacos en Sevilla hacia 1620, la primera industria europea del ramo. Pero el acontecimiento de mayor trascendencia en la vida española y que habla bien a las claras de la expansión del nuevo hábito placentero es, obviamente, la implantación del estanco del tabaco a fines del año 1636[18]. Con ello lo que empezó siendo una experiencia vinculada puramente al ámbito del negocio americano alcanzaba carta de naturaleza en la mayor parte del país. A partir de aquel momento se iniciaba una nueva etapa en la vida de la exótica planta americana.

¿Cómo se había producido esta primera expansión del tabaco en nuestro país?, ¿en qué sectores de la sociedad española de manera más inmediata?, ¿a través de qué vías se produjo su desarrollo?, y, finalmente, ¿con qué tipos de labores se iniciaron los españoles en el consumo de tabaco?

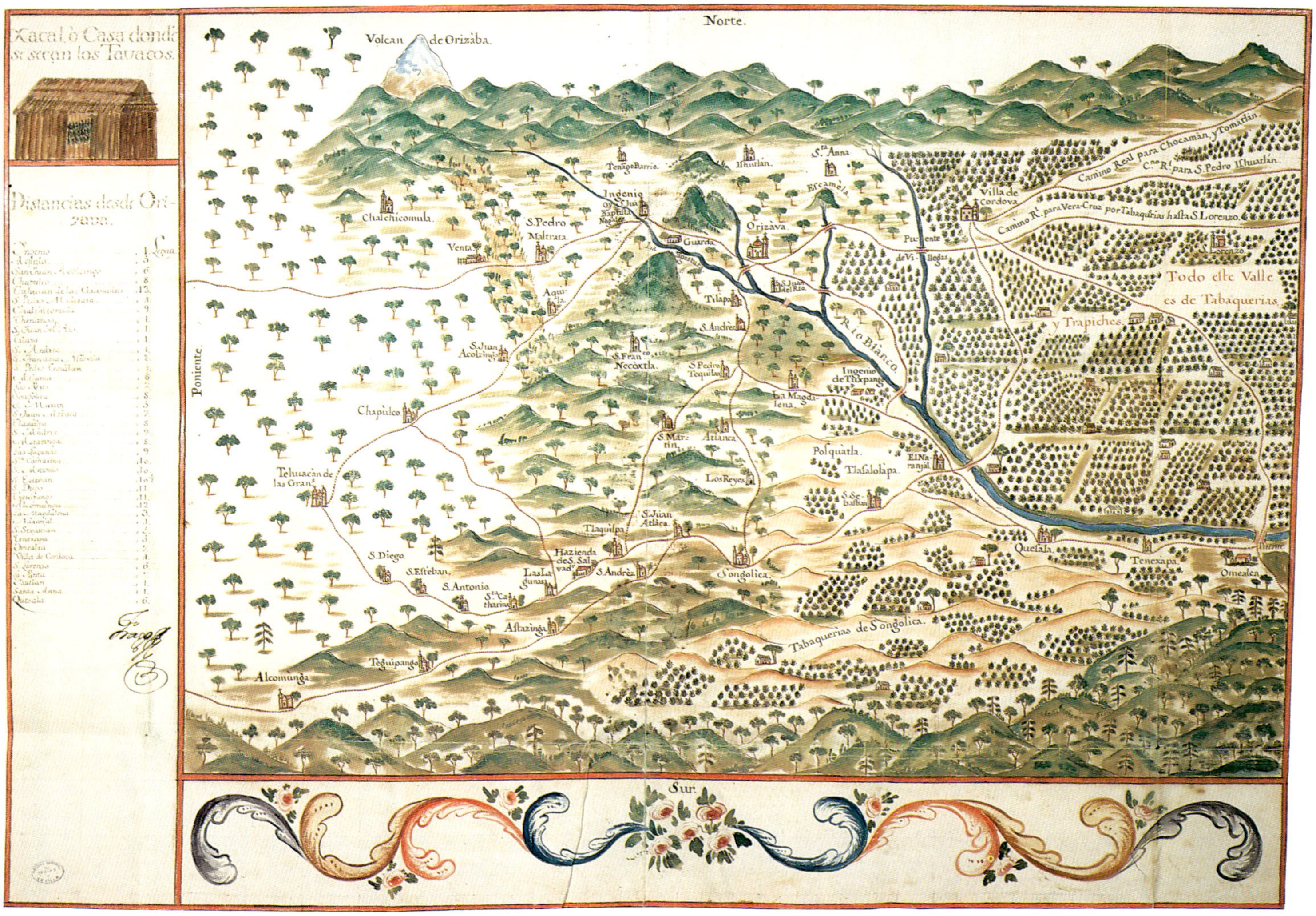

Campos cultivados de tabaco entre Córdoba y Orizaba, en México. Se aprecian además, en las riberas del río Blanco algunos ingenios de azúcar. Año 1768. *Archivo General de Indias, México, 750.*

Porque lo que ciertos testimonios ponen de relieve es que, en la práctica, su uso ya se había generalizado al finalizar el primer cuarto del siglo XVII[19]. Veamos cuál pudo ser el proceso, pues creo entrever una cierta singularidad en el caso español con relación al mismo fenómeno en otros países.

Hace algo más de un siglo García de Torres refiriéndose a este tema, apuntaba la idea de que el tabaco en España «de los monasterios y de los palacios comenzaba a llevarse a más modestas viviendas, alcanzando en breve espacio aumento considerable las remesas que las Colonias hacían»[20]. Era, por tanto, lo que se podría denominar *la expansión desde arriba*, en íntima relación con el proceso seguido en los restantes países del Viejo Mundo.

A mediados de este siglo Pérez Vidal vino a proponer una nueva consideración. Tras aceptar que la introducción del tabaco en Europa se realizó a través de las capas altas de la sociedad —«El tabaco en otros países europeos, decía, empezó a ser hierba de príncipes...»— defendía con relación a España que: «... la principal corriente importadora del tabaco en la Península se produjo por las capas más bajas y humildes de la sociedad. Por las capas elevadas, pudo entrar el tabaco como una simple curiosidad; cuando más, como remedio para tal cual dolencia; por las capas modestas, en cambio, la planta circuló pronto bajo la capa de remedio, como objeto de insaciable vicio»[21]. Era, pues, si nos atenemos a la misma terminología, *la expansión desde abajo* o, si se quiere, esencialmente desde abajo.

Pero ¿podemos seguir manteniendo estas ideas en la actualidad? A mi modo de ver creo que ambas opiniones son excesivamente simplistas y que adolecen de una evidente falta de penetración en la evolución real del fenómeno.

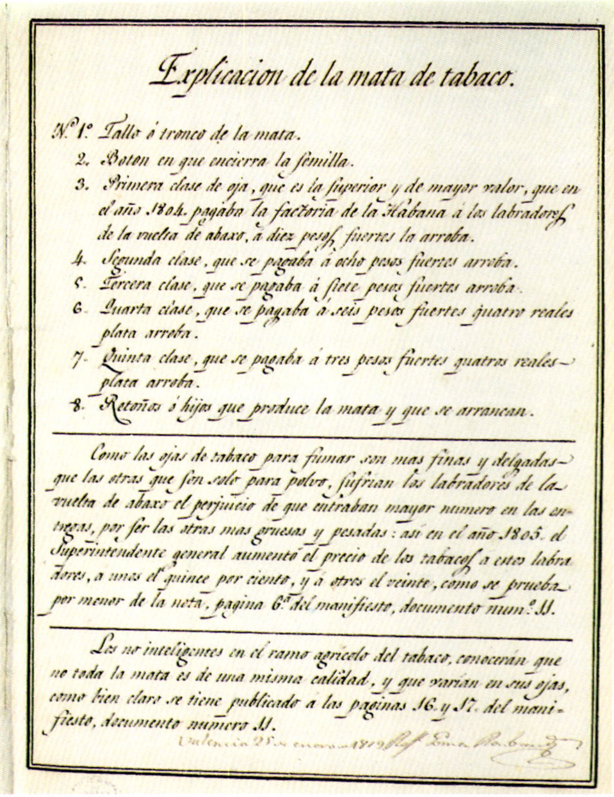

Explicacion de la mata de tabaco.

N.º 1.º Tallo ó tronco de la mata.
2. Boton en que encierra la semilla.
3. Primera clase de oja, que es la superior y de mayor valor, que en el año 1804 pagaba la factoria de la Habana á los labradores de la vuelta de abaxo, á diez pesos fuertes la arroba.
4. Segunda clase, que se pagaba á ocho pesos fuertes arroba.
5. Tercera clase, que se pagaba á siete pesos fuertes arroba.
6. Quarta clase, que se pagaba á seis pesos fuertes quatro reales plata arroba.
7. Quinta clase, que se pagaba á tres pesos fuertes quatros reales plata arroba.
8. Retoños ó hijos que produce la mata y que se arrancan.

Como las ojas de tabaco para fumar son mas finas y delgadas que las otras que son solo para polvo, sufrian los labradores de la vuelta de abaxo el perjuicio de que entraban mayor numero en las entregas, por ser las otras mas gruesas y pesadas: asi en el año 1805 el Superintendente general aumentó el precio de los tabacos á estos labradores, á unos el quince por ciento, y á otros el veinte, como se prueba por menor de la nota, pagina 6.ª del manifiesto, documento num.º 11.

Los no inteligentes en el ramo agricola del tabaco, conocerán que no toda la mata es de una misma calidad, y que varian en sus ojas, como bien claro se tiene publicado á las paginas 16 y 17 del manifiesto, documento numero 11.

Nota de tabaco de la isla de Cuba, con explicación sobre la calidad de las diferentes hojas, por Rafael Gómez Ronbaud. 1819. *Archivo General de Indias, Ingenios y Muestras, 100.*

Sin duda puede afirmarse que el uso del tabaco fue en principio cosa vulgar y de gente de bajo nivel. Castro lo apunta: «Este fue un uso de nuestra Hespaña, que en principio fue tenido por cosa mui vil i baxa, y cosa de esclavos y bebedores de taberna, i gente de poca consideración...»[22]. No obstante tengo el convencimiento de que el arraigo como hábito placentero generalizado en España precisó de ambas vías, siendo la aristocrática aunque algo más tardía, como luego veremos, mucho más activa y penetrante de lo que Pérez Vidal pudo llegar a imaginar, pero sin que fuera la exclusiva tal como apuntaba García de Torres. Si nuestros privilegiados pudieron empezar a fumar (tomar tabaco) por snobismo, los españoles de a pie debieron hacerlo justamente como una más de las experiencias vividas durante el proceso de descubrimiento y transmisión de la realidad americana hacia el Viejo Continente.

Para recalcar mi impresión está también el hecho de que a esta doble corriente se unió un especial acomodamiento, hábito o costumbre de cada uno de los dos grandes grupos de la sociedad española de la época (privilegiados y no privilegiados) a diferentes tipos de labores de tabaco de las que entonces se conocían. Ello no supone una adscripción total y sin fisuras en cada caso, pero sí, al menos, un uso prioritario que ayuda a reafirmar mi impresión en este proceso. Como quiera que nunca se ha destacado hasta ahora, bien conviene detenerse un poco en todo ello de la mano de varios testimonios de aquellos años.

En relación al arraigo de este uso placentero entre las capas bajas de la población, no hay dudas del destacado papel de *navegantes* y *esclavos negros*. Los textos son concluyentes.

1. Ya Fernández de Oviedo, aludiendo a los esclavos, decía que lo «crían —el tabaco— en las haciendas y heredamientos de sus amos... y tomas las mismas ahumadas o tabacos, porque dicen que cuando dejan de trabajar y toman el tabaco se les quita el cansancio»[23].
2. N. Monardes, refiriéndose al mismo grupo, alude a que «Ha venido el negocio a tanto que sus amos los castigan por ello y les queman el tabaco porque no usen dello, y ellos se van a los arcabucos y partes escondidas para hacerlo, que como no se pueden emborrachar de vino, porque no lo tienen, huelgan de emborracharse con el humo del tabaco»[24].

Planta del proyecto de ampliación de veinte piedras para moler tabaco en la Real Fábrica de San Pedro de Sevilla. Archivo General de Simancas. Mapas, planos y dibujos, XIV-105.

Planta de la primitiva fábrica de tabacos de San Pedro en Sevilla. Archivo Municipal de Sevilla.

Plantas del definitivo proyecto para las nuevas Fábricas de Tabacos de Sevilla, obra de Sebastián Vann der Borcht. Archivo General de Simancas. Mapas, planos y dibujos.

Planta de las Reales Fábricas de Tabacos de Sevilla 1808. *Están indicadas las diversas dependencias entonces existentes, así como el foso de resguardo del edificio. Archivo de la Fábrica de Tabacos de Sevilla.*

3. Un primer testimonio de comienzos del XVII es aun más esclarecedor. En el año 1606 la prohibición de siembras de tabaco en las islas y zona costera continental del Caribe[25] provoca una curiosa determinación del cabildo catedral de Santo Domingo. Al realizar la exposición de los inconvenientes de tal medida apunta en lugar destacado la necesidad que los esclavos tenían del tabaco por ser «... de complexión fria y melancólica y andar en su mayoría desnudos»; para éstos, se apuntaba, era su principal mantenimiento, suplía en ellos la falta de comida sirviéndoles de sustento y de medicina. «Tomando el humo por la boca y el polvo por la nariz lograban calor y refocilación». Si les faltaba, concluía el informe, se podría temer un alzamiento.
4. Por las mismas fechas recordemos el testimonio del cronista sevillano: «Comenzó a verse el tabaco; usábanlo en humo negros bozales»[26]
5. Por último, Pedro de Rojas también en la capital hispalense y entrada ya la segunda mitad del XVII, narraba que «... en jueves 27 de octubre de 1667 años, a las quatro de la tarde, se quemó el molino (de pólvora) y Almacenes, y mató un negro que avia quedado solo en ellos, a quien atribuyeron este daño. Dizen que fue a tomar tabaco en humo cerca de la casa, y el ascua que se cayo, o lo encendido del tabaco, que caio, devio hazer el daño. Otros dicen, que aviendo sacado pólvora del Almazen, un barril della, que no estaba bien rebatido fue dejando reguero, y alli cayo el asqua y prendio en el Almazen y Molino. Ello no se pudo saber porque el negro estaba solo, y este perecio»[27]

Parece evidente, pues, el convencimiento que todos los testimonios manifiestan sobre la relación esclavos con el consumo de la variante de tabaco en humo.

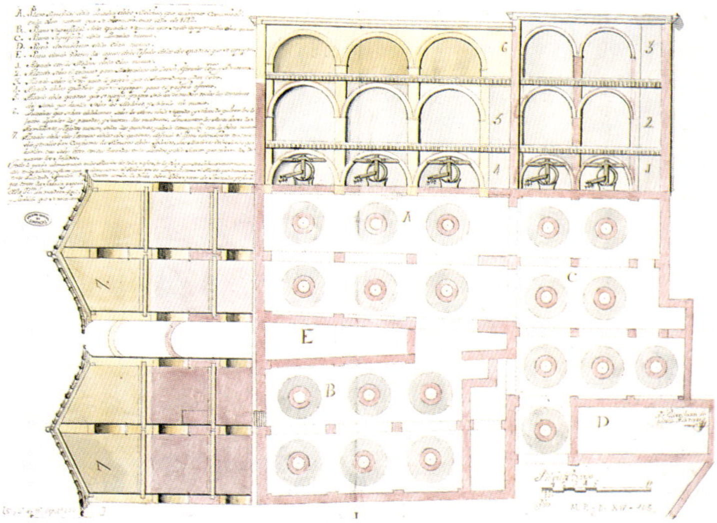

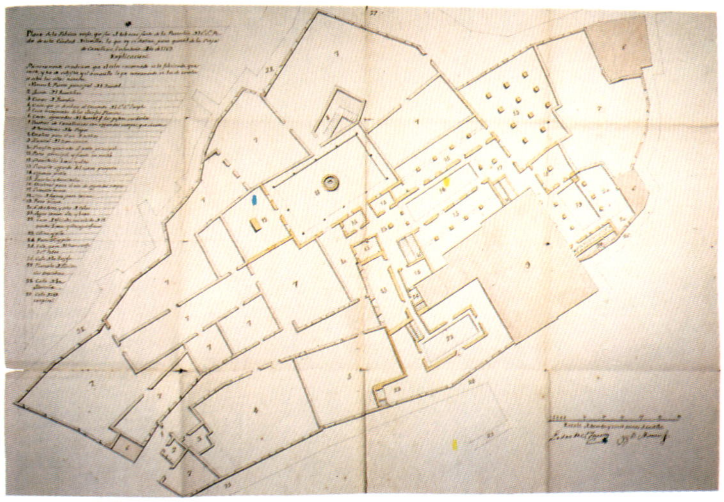

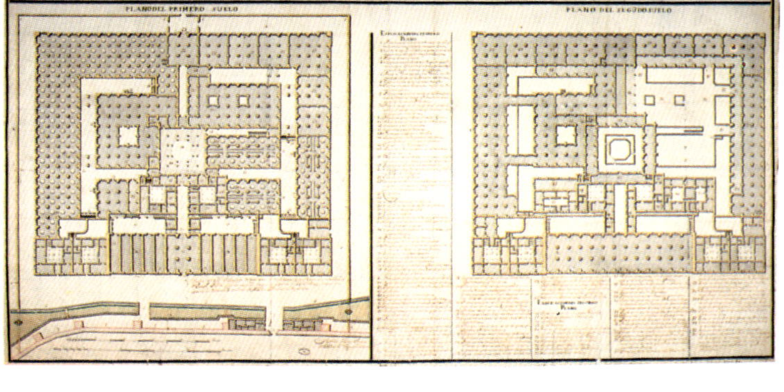

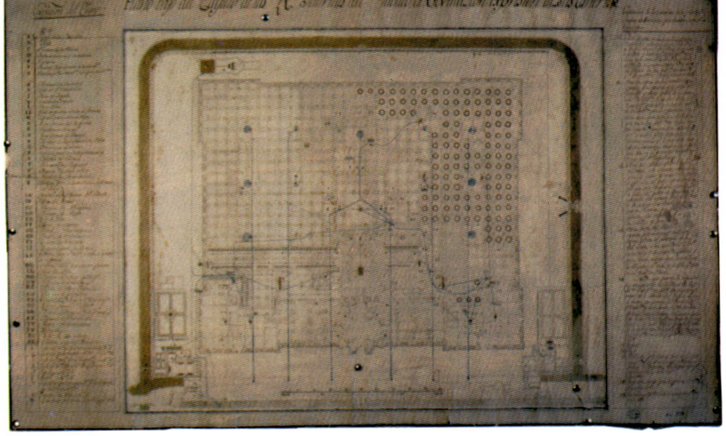

Por lo que hace a *marinos* y *navegantes* también es generalmente aceptado su papel introductor, pero tan sólo he podido manejar un testimonio concluyente. El ya citado J. de Castro recogía: «El uso del Tabaco (de más de la experiencia de la gente de la tierra donde se empeçó a usar de su polvo) quien mas que otros lo ampliaron, fueron los marineros i toda la gente que caminava por la mar. Porque como gente, que a todo tiempo esta recibiendo humidad de los vapores de sus caminos (con lo qual abundavan de flegmas en grande cantidad) pareceles vino mui acomodado un medicamento tal qual lo es este, para ir desflegmando i despidiendo las tales humidades»[28].

Conviene recoger, finalmente, que el propio Castro refiriéndose a la experiencia global de la introducción del tabaco alude a que en un principio «... usavanle solo en polvo... mas ia... no hallareis quien se acuerde del polvo; esto en comparación de el tomar el humo»[29]. En definitiva, nuestros marinos, navegantes, patrones, etc. por un lado, y los esclavos de otro, fueron una vía esencial de trasculturación del tabaco hacia España y aunque iniciaron su hábito básicamente con el consumo de polvo, andando el tiempo la mayoría se había habituado a consumirlo en humo.

El panorama cambia radicalmente cuando nos aproximamos a otros sectores de la sociedad española. Los testimonios son algo más tardíos, pero numerosos y, según creo, igualmente concluyentes.

1. En el año 1664 el mariscal francés Grammont viene a España para concertar el matrimonio de su rey, Luis XIV, con María Teresa, hija de Felipe IV. Un miembro de su séquito, Bertaut, dice de los españoles de entonces: «Los creía galantes, y no lo son. No digo eso a causa de sus trajes, que son todos de mala traza por la manera como están hechos, ni a causa de los grandes anteojos que llevan siempre sobre la nariz por la calle, en las iglesias y en las casas adonde van a hacer visita; ni a causa del tabaco, *que toman todos en polvo*, y del que siempre tienen las narices llenas, lo que hace que no lleven más que pañuelos de lana de tela gris y puntada como la tela de la China. Porque, en fin, todo eso es la moda del país, y no se encuentra tan ridículo cuando uno se ha acostumbrado»[30].
2. Unos años después, en 1672, otro escritor francés, A. Jouvin, describía así a nuestros antepasados: «... sus trajes son de tafetán negro, estrechos y ajustados a sus cuerpos, con una pequeña capa, que recogen por bajo del brazo izquierdo, llevando una larga espada al mismo lado y el puñal al otro, del que se sirven muy diestramente; su faltriquera, *llena de tabaco en polvo*, que guardan en una cajita de plata y que presentan a sus amigos cuando hablan con ellos»[31].
3. Por último, al finalizar el siglo, año 1692, se incendia el Coliseo hispalense. Un cronista anónimo apunta sobre el suceso: «La pérdida de menudencias, como caxetas de tabaco, lienços, y otros dijesillos... fue mui abundante»[32].

Jamba de la puerta principal de las Reales Fábricas de Tabaco de Sevilla, hoy Universidad.
Arriba: Molino de tabaco en las Reales Fábricas de Sevilla.
Centro: Indio fumando.
Abajo: Grupo de diferentes labores de tabaco: cigarros, rollo, caja de polvo, ...etc.

A la vista de tales testimonios ¿qué puede pensarse? No parece aventurado establecer que aquellos españoles cercanos al séquito de un embajador, los otros con traje de tafetán y que incluyen una larga espada en su indumentaria o los poseedores de cajitas de plata para llevar el polvo de tabaco puedan ser otros que miembros de los grupos privilegiados o muy próximos de la sociedad española de la época. En ellos, posiblemente por una entrada algo más tardía en el hábito del uso placentero del tabaco, como parece deducirse de los testimonios, debió arraigar más el consumo de tabaco en polvo, frente a aquellos otros elementos del pueblo llano atraídos en mayor medida por el de humo. Luego, una vez establecido el vínculo, el comportamiento de clase haría el resto; pocos integrantes de uno de estos grupos se atreverían a manifestar otras preferencias.

Estamos, por tanto, ante una doble vía de penetración del hábito placentero del tabaco casi paralela y prácticamente coetánea; pero una doble vía también con claras connotaciones sociológicas, muy en consonancia con la mentalidad, usos, comportamientos y costumbres de la época.

Inicios de la actividad manufacturera

Desde comienzos del siglo XVII, decíamos, se regula en nuestro país la actividad industrial en torno al tabaco. No fue sino una más de las disposiciones que se adoptaron en aquellos años vitales, pero es el capítulo al que debemos en este estudio mayor atención.

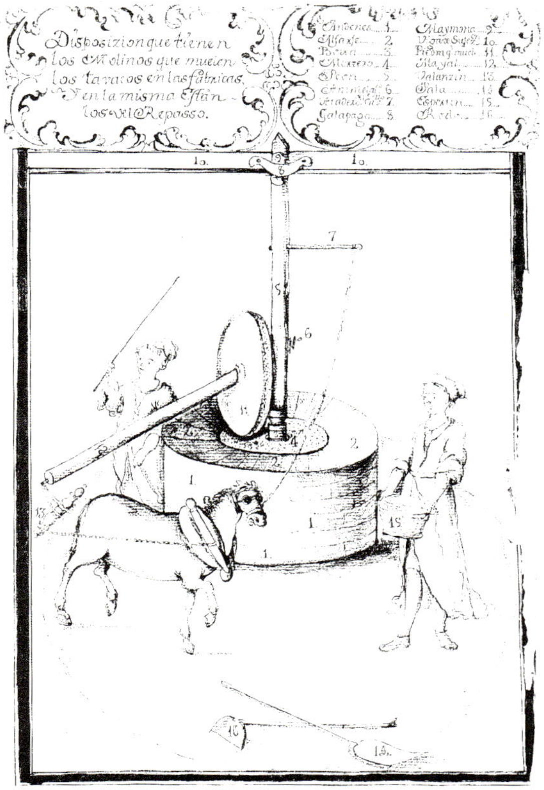

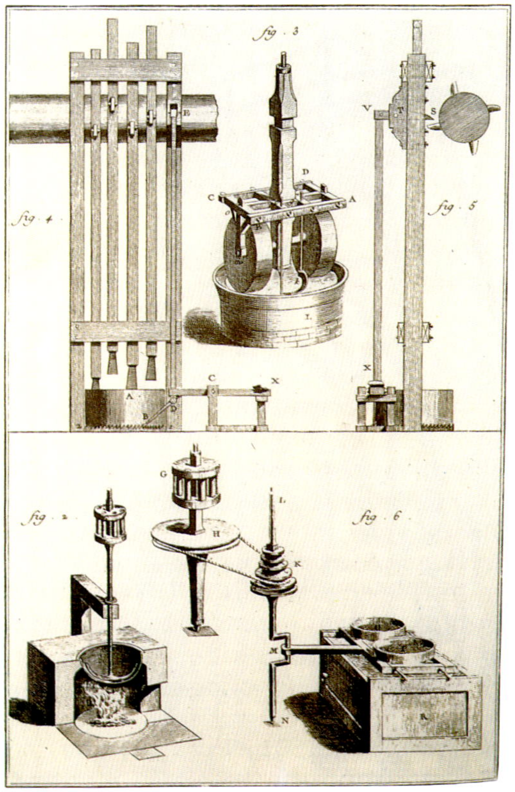

Molino de tabaco de las Reales Fábricas de Sevilla. Archivo General de Simancas.

Arriba centro: Molino de tabaco. Láminas de la Encyclopédie ou dictionnaire raisonné des sciences, des arts et des métiers de Diderot y D'Alambert. 1747-1750.

Estos inicios son aún poco conocidos. Carecemos de noticias fidelignas sobre los primeros talleres artesanos implantados para su transformación durante la etapa inicial de libertad que vivió el tabaco entre nosotros. Tampoco tenemos muchas referencias a la concentración que de todos esos obradores realizó la autoridad municipal contribuyendo a establecer el embrión de la primitiva fábrica sevillana de San Pedro[33]. La única noticia mil veces repetida, y aún ésta bastante difusa, es que hacia 1620 se inició la producción industrial de tabaco de la mano de un armenio de nombre Caraffa[34]. Hoy en día bien podemos establecer, como certeramente adelantó Domínguez Ortíz, la posibilidad de que Caraffa no fuera sino el arrendador de la actividad ya concentrada y no el gestor de tan importante medida[35]. Esto sólo nos puede dar idea de nuestro estado actual de conocimientos.

Sea como fuere cabría preguntarse qué tipos de labores de tabaco se ejecutaban en aquellos momentos y en qué forma se realizaban tales labores.

Es seguro que las nuevas dependencias estaban vinculadas en exclusiva a la producción de tabaco polvo; es más, aún habrían de estarlo prácticamente a lo largo de toda la centuria. No hay una sola referencia a la elaboración de cigarros durante la mayor parte del siglo. Debieron pesar o, quizás, ser determinantes de esta situación cuanto hemos dicho sobre el arraigo de esta modalidad entre las clases de mayor poder adquisitivo; también su complejo y dilatado proceso fabril y la dificultad para su elaboración por los propios consumidores.

El tabaco polvo en un primer momento se obtenía de la molienda de las hojas de tabaco que con antelación se habían secado convenientemente. Sin embargo, tras el amplio desarrollo de las últimas décadas entre los españoles, el proceso era ya bastante más complejo con sucesivos molidos, cernidos meticulosos, mezcla del polvo con otros productos de olor y color, secados y oreos en diferentes fases, etc. Muy sintéticamente se puede decir que una buena manufactura pasaba por los siguientes pasos o *beneficios*: secado de la hoja a su llegada de América (*avellanado*); primer molido y cernido en las *cuadras de monte*; moja del tabaco con otros aderezos; oreo de polvo a la sombra en los *entresuelos* y remolido final con su consiguiente cernido en las *cuadras* de *repaso* con el que culminaba la labor. Estoy convencido de que el elevado costo de estas tareas y, por tanto, el precio final del producto debió pesar decisivamente en las preferencias tabaqueras de los distintos grupos de la sociedad española durante muchos años. Luego con la producción de otras labores más populares el sentido de la demanda pudo cambiar hacia una aceptación generalizada del tabaco polvo[36].

Desde mediados de la centuria nuestra información comienza a ser rigurosa gracias a los fondos documentales conservados en el Archivo Histórico de la Fábrica de Tabacos de Sevilla. Por ella sabemos el corto nivel de actividad existente aún en aquellos momentos y el atrasado proceso artesanal todavía imperante. He escrito en otro lugar que el recinto fabril constaba entonces tan sólo «de una 'fábrica de atarazana' de pequeñas dimensiones y un conjunto de patios, almacenes y cuadras»[37]. Ello obliga a afrontar el creciente consumo recurriendo en gran medida al denominado *polvomonte de Indias*, tabaco procedente de Cuba que sólo precisaba de un último remolido o aderezo en las instalaciones sevillanas antes de darse al consumo.

Ante esta situación la actividad manufacturera había comenzado en estos años un proceso de tímido despegue tecnológico. Frente al tradicional molido de las hojas de tabaco en *morteros* de hierro manuales, por otro lado aún muy numerosos en la nueva fábrica, han aparecido ya los primeros *molinos* de tracción animal con piedras de «cal y pez»[38].

Independientemente del enorme avance que ello representaba en la producción, creo entender que también supuso una diversificación temporal importante en las actividades productivas. Pienso que durante esta etapa de uso indistinto de *morteros* y *molinos*, estos últimos debieron emplearse en las tareas denominadas de *monte*, es decir, en el primer molido general a todos los tabacos tras su entrada en fábrica, mientras que los *morteros* se utilizaban en las de *repaso*, o sea, para el remolido final con que se concluía la labor y que tan sólo recibían las mejores calidades de tabaco polvo. Fuera de esto el proceso se nos antoja aún enormemente embrionario, pues casi nada parece apuntar todavía a los extremos cuidados, atenciones y primores desarrollados durante la centuria inmediata.

Si éste fue prácticamente el punto de partida de nuestra industria tabaquera ¿qué podemos apuntar sobre su desarrollo ulterior? He tratado de sistematizar en lo posible una periodificación de sus actividades a lo largo del marco cronológico que se ha impuesto a esta exposición (hasta fines del siglo XIX), y, aunque con dificultades, algo puede establecerse.

Grosso modo cabría contraponer dos grandes períodos: uno inicial, que abarcaría en la práctica hasta fines del XVIII, de claro predominio del tabaco polvo, y otro posterior, que comprendería todo el XIX (y, por supuesto, el resto del tiempo transcurrido hasta nuestros días) caracterizado por el triunfo del tabaco de humo.

Es evidente que en fenómenos como el hábito placentero del tabaco, que se enmarca dentro de la estructura de los comportamientos en una sociedad, de las modas y gustos, o, si se quiere, en el campo de las mentalidades, no se producen cambios vertiginosos o repentinos y, mucho menos, en el espacio temporal de este estudio. Con ello quiero apuntar que en medio de estos dos grandes períodos y sirviendo de bisagra entre ambos, debemos contemplar una etapa —1750 a 1800 aproximadamente— de recomposición del hábito de fumar, de influjos externos (europeos, pero, sobre todo, coloniales) y de tanteos, durante el cual con tendencia absolutamente concluyente se produjo esta evolución. En síntesis, con anterioridad a esta etapa, dominio sin apelativos del tabaco polvo —primer gran período—; en ella, convivencia de estas labores con un fuerte arraigo y expansión extraordinaria de los tabacos de humo (*cigarros*); y después —segundo gran período— imposición casi absoluta de éstos.

Si nos detenemos a pensar, de alguna manera ello supondría un retorno a los orígenes: se había empezado, tal como apuntaban los testimonios conservados, con el tabaco de humo en el marco colonial y en el ámbito de la Carrera de Indias; se pasó luego al predominio de las labores de polvo (¿influjo de la moda y usos burgués-aristocráticos?) y, por último, se vuelve al hábito de fumar propiamente dicho (verdadera democratización del tabaco), que es el imperante hasta nuestros días.

Alguna reflexión, pienso, cabría en este momento en relación con la viabilidad de estos procesos sólo constatables a nivel oficial, o si, por el contrario, no estaríamos ante una nueva escisión entre dicho nivel y la realidad cotidiana, oculta en gran medida a las fuentes, pero mucho más fluida y adaptable a las apetencias de la sociedad. Quiero decir, si a nivel de la calle no se pudo producir una continua expansión de los cigarros, aunque de menor nivel, abastecida, claro es, por el enorme incremento del comercio ilegal y del contrabando, mientras que a nivel oficial las ventas y los resultados de la renta del tabaco denotaban el

Máquina para moler tabaco con cuatro asientos de dos piedras cada uno. Obra de J. Sardinero. Sevilla, 1769. Biblioteca del Palacio Real, Madrid.

Atahona para granzas de tabaco. Obra de J. Sardinero. Sevilla, 1769. Biblioteca del Palacio Real, Madrid.

Máquina para moler tabaco con dos asientos de dos piedras cada uno. Obra de J. Sardinero. Sevilla:, 1769. Biblioteca del Palacio Real:, Madrid.

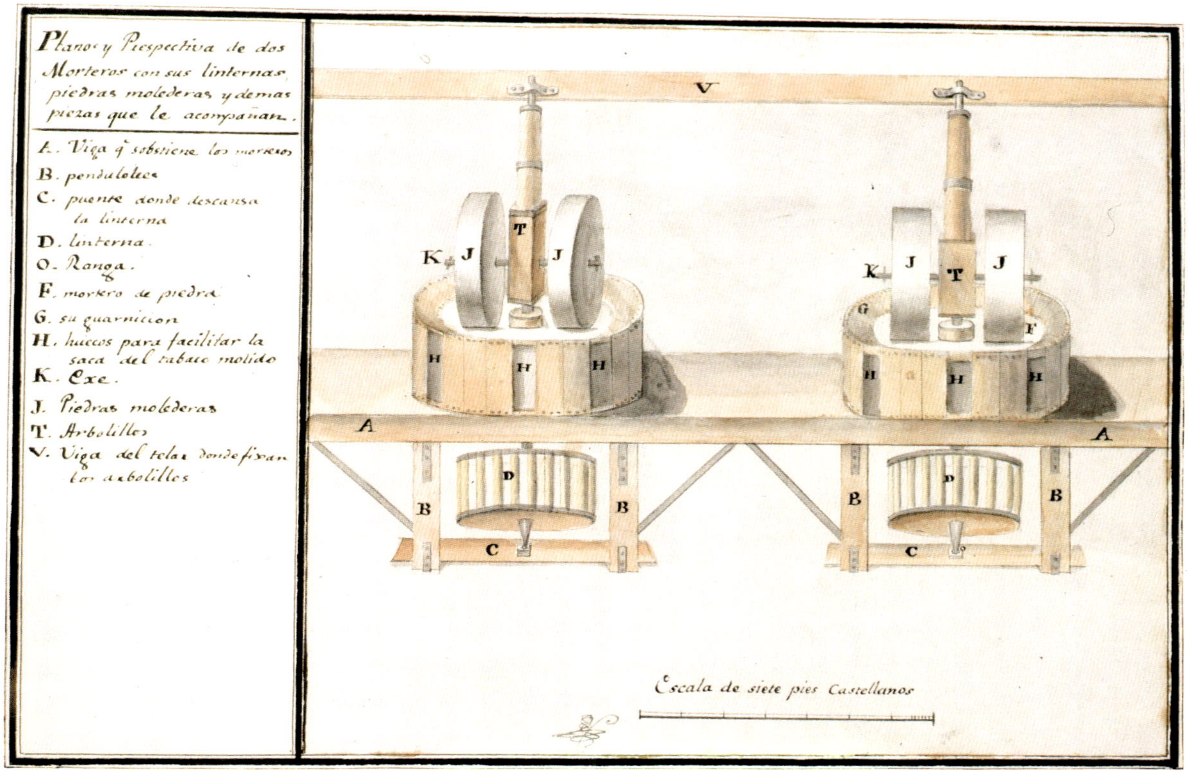

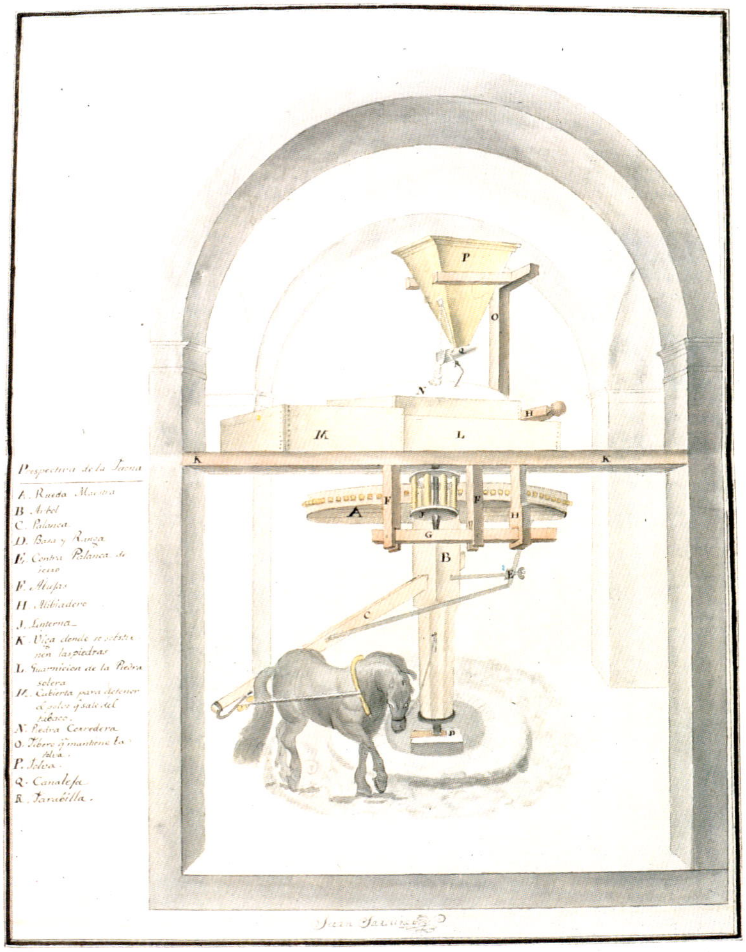

claro predominio del tabaco polvo que todos conocemos. Aún no lo sabemos y difícil será conocerlo con mayor exactitud, pero sobre ello habrá que estar, pese a la uniformidad de las fuentes oficiales.

El triunfo del tabaco polvo

El primer siglo de predominio del tabaco polvo coincidió con la etapa de consolidación de la industria sevillana. Durante unas décadas no debió ser único centro productor, pues existen noticias de otros pequeños núcleos manufactureros en el país, pero era con seguridad desde fecha bien temprana el más importante. Este papel se consolidó en tres momentos o hitos fundamentales durante aquellos cien años, que hemos de considerar como etapas de un mismo proceso: el que supuso el paso de la renta del tabaco de manos de los arrendadores y financieros particulares al control directo por parte de la Real Hacienda.

El primero de ellos se dio entre abril del año 1684 y fin de marzo de 1685, único momento a lo largo del siglo XVII en que la monarquía optó por ejercer directamente la administración de la renta. Aquel intento, por otra parte fallido al cumplirse la primera anualidad, sirvió para situar a la fábrica sevillana de San Pedro como único centro productor de tabacos en el país, del que habrían de abastecerse todas las *administraciones, partidos y lugares* dependientes de la renta. Ello supuso un refrendo oficial de enorme trascendencia pero, no obstante, debido al carácter esporádico de la medida, a la anarquía administrativa reinante y al decisivo peso de los fuertes intereses perjudicados durante la fallida experiencia no alcanzó a ser definitivo[39].

El segundo hito vino a coincidir con la entronización de la nueva dinastía Borbón y con el inmediato deseo de reforzar en el ámbito del tabaco, lo que tan sólo había sido una pretensión efímera quince o dieciséis años antes. La Real Cédula de 9 de abril de 1701 y el resto de la normativa entonces establecida (instrucciones, disposiciones antifraude, etc.) serviría para situar a la Real Hacienda, en un proceso ya sin posible retorno, al frente de la renta del tabaco y, consecuentemente, a reforzar el papel de la fábrica sevillana como eje de la misma. Las noticias sobre cierres de otros centros fabriles, la incautación de pertrechos en diferentes lugares del país, la planificación de las actividades en San Pedro, etc. confirman este nuevo espaldarazo a la preeminencia de la manufactura hispalense. Con todo, no debemos olvidar que aún escapaban muchos territorios peninsulares al control de la renta y que la misma Guerra de Sucesión española imponía graves restricciones a la eficacia de tales medidas. Fue, pues, otro gran avance, pero en definitiva no tan determinante como desearan nuestros gobernantes.

Finalmente, el tercer hito y el que a la postre resultaría el más decisivo, llegaría con la imposición de la que las fuentes llaman la «universal administración», a partir de 1° de septiembre de 1731. Desde este momento, y de la mano de la nueva *Instrucción* implantada el 17 de mayo de 1727, no quedaron resquicios al control efectivo de la monarquía sobre el mundo del tabaco. Ello se confirmaría años después con la *Instrucción general* de 26 de enero de 1740, que impuso la normativa legal que habría de regir en el ámbito de la renta hasta bien entrado el siglo XIX y que además sirvió de modelo para la implantación del estanco del tabaco en los principales territorios americanos.

¿De qué manera se evidenció este proceso de consolidación en nuestra industria tabaquera? Sin lugar a dudas, si tuviésemos que concretarlo en un solo término, éste sería de *expansión*. Expansión en las instalaciones fabriles; expansión en el número de hombres, pertrechos y máquinas; expansión tecnológica y en la calidad de las labores; expansión, por último, en la producción.

Todo ello responde al sentido de la evolución de la demanda española de tabacos durante el período, que, tanto por la generalización de su uso placentero, como por las innovaciones político-administrativas cruciales que se desarrollaron (decretos de Nueva Planta), necesitaron de una constante respuesta del lado de la producción. Y es que no podemos dejar de recordar que durante todo el período de vigencia del uso del tabaco polvo, Sevilla fue único centro productor oficial; de él dependía el abastecimiento de la demanda interna, bien con su propia producción —lo que era más habitual y copaba un altísimo porcentaje de los consumos—, bien con el refinado de la procedente del mundo colonial —mucho más inestable y en cantidades cada vez menos importantes—.

Conocemos ya relativamente bien el ritmo y las condiciones de esta espectacular expansión, que no se detuvo un sólo instante durante toda la larga centuria transcurrida entre 1647 y 1758.

a) Su primer reflejo estuvo en las *instalaciones fabriles*. Partiendo del reducido embrión inicial en que se concentraron los pequeños obradores existentes en la ciudad —es decir, el núcleo de las casas de la Galera o, lo que es igual, «la fábrica de atarazana» y unas pocas dependencias más, antes citadas—, se produjeron continuas ampliaciones para poder adecuar la producción a la demanda.

Sobre el apunte inicial que realizó Carrera Sanabria[40], mis aportaciones documentales más recientes[41] y la sistematización del proceso realizada por Oliver Carlos[42], nos permiten conocer ya con bastante exactitud aquel desarrollo, tanto en su evolución, como en la distribución de las piezas que se fueron incorporando de la gran manzana que finalmente ocuparía la fábrica por completo. Las ampliaciones se realizarían al ritmo que indican las siguientes fechas:

1669-72	1714-16
1685-87	1726-27
1688	1740
1701-03	

Como era lógico prever algunas de las reformas de mayor envergadura coincidieron o se desarrollaron muy próximas a los diferentes hitos administrativos antes señalados. Así las de 1685-87, 1701-03, 1726-27 y 1740. Eran en cada momento concreto la respuesta única y lógica a la creciente responsabilidad que cada uno de ellos representaron para la primitiva industria sevillana de San Pedro. Tan sólo al final y coincidiendo con los dos últimos proyectos expansivos se atacaría la definitiva solución a tantos problemas: el traslado a un nuevo edificio.

En la mayoría de los planes de ampliación se trató simplemente de adecuar nuevos espacios en los que poder ubicar máquinas, almacenes, cuadras, pajares y demás elementos necesarios para la actividad fabril. Y todo ello con un tono de precariedad y falta de sentido orgánico realmente sorprendentes. En este capítulo entrarían los proyectos realizados en 1669-72, 1688, 1701-03, 1714-16 y 1740. Aún así, la expansión supuso en ocasiones, triplicar la zona de producción, aunque fuera, claro es, partiendo de una base muy reducida. Fue el caso, por ejemplo, de la primera de ellas, pues «se erigió entre 1669 y 1670 otra nave similar —a la primitiva atarazana—... En 1671-72 se agregó una nueva nave de parecidas proporciones y dos años después otra más...»[43]. Muy importantes fueron también las de 1701-03, 1714-16 y 1740, pues en cada una de ellas la expansión lograda con la incorporación de diferentes casas, mesones y solares se aproximó a las 1.000 varas cuadradas, es decir, unos 700 m^2 de extensión.

Otros proyectos aparte del desarrollo espacial plantearon la posibilidad de vertebrar y reorganizar aquel maremagnum industrial, en un intento de racionalizar la producción convertida a cada paso en un mar de dificultades, agobios e incomodidades sin número por la falta de un desarrollo lógico de las instalaciones. Fue el caso de los proyectos de 1685-87 y de 1726-27. En el primero de ellos, aparte del aumento de la superficie puramente fabril, se remodeló una gran parte de las dependencias interiores, pues se rehizo el complejo administrativo (contaduría, caja y tesorería) y se realizaron obras menores para aposentos, pajares, etc.[44]. El segundo plan sufrió largas vicisitudes. Pensado años antes como la gran remodelación necesaria para la vieja fábrica, fue perdiendo proporciones y viabilidad a medida que otras soluciones fueron encontrando eco en la administración central: primero el traslado completo de las instalaciones a un edificio existente capaz de darles cabida; luego la ya citada construcción de una nueva fábrica[45]. Al fin se realizó como simple ampliación de compromiso en tanto se ejecutaban las nuevas instalaciones, pero aún entonces el proyecto sufrió grandes altibajos. Al cabo de siete años de dilaciones y debates desde el planteamiento inicial, el ingeniero Ignacio Sala planificó y acometió las obras creando el modelo estructural que habría de caracterizar, andando el tiempo, al nuevo edificio que habría de construirse extramuros de la capital andaluza: una retícula formada por cuadrados de 7 varas de lado, cada uno de los cuales daba acogida a un *molino*. Con tales obras la manzana que daba acogida a la fábrica no albergaba otras posibilidades de expansión; estaba colmada en toda su capacidad. Si las necesidades productivas aumentaban se imponía el traslado. Así hubo de hacerse.

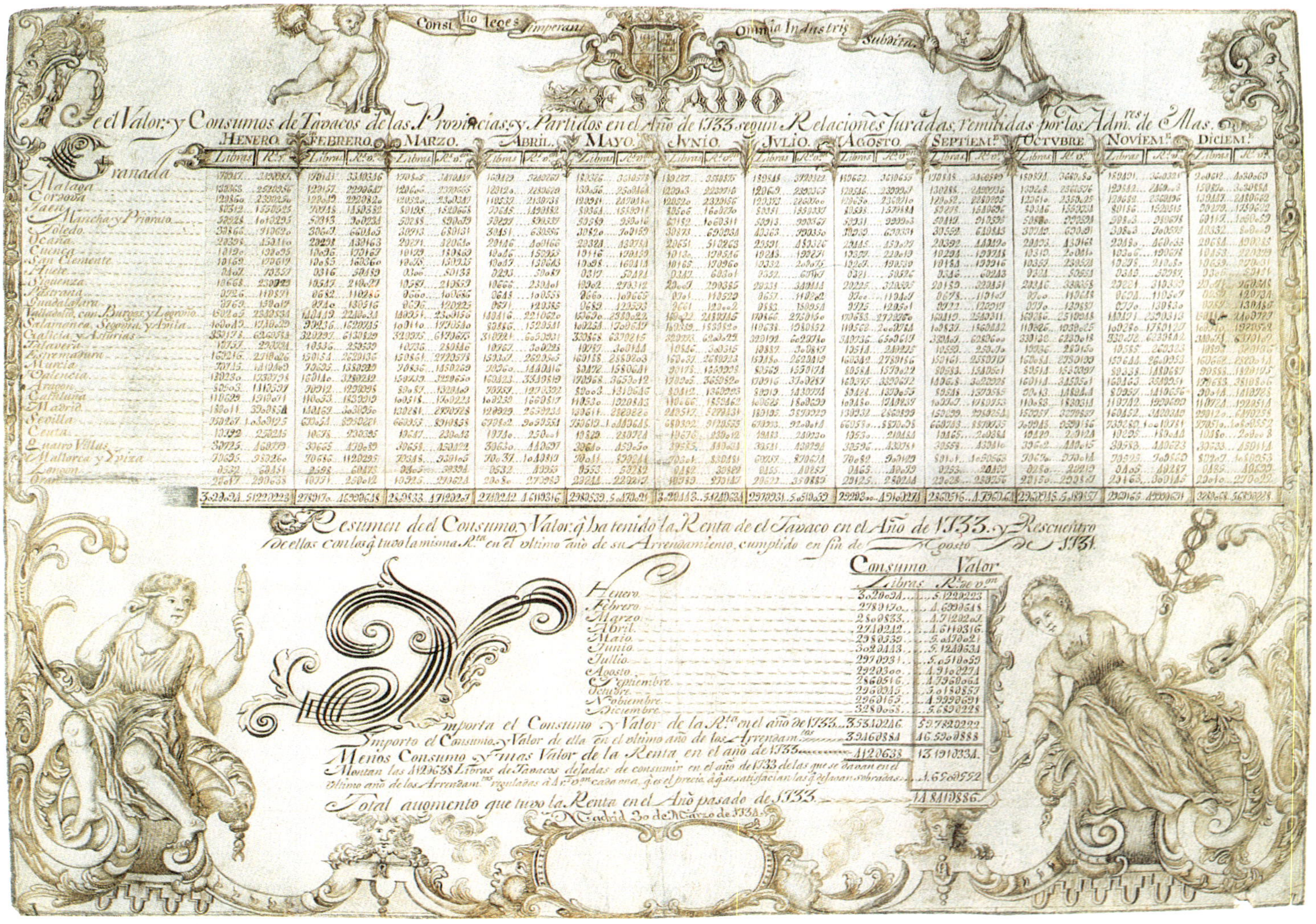
Consilio leges imperant — Omnia industris subdita

ESTADO

del Valor y Consumos de Tabacos de las Provincias y Partidos en el Año de 1733 según Relaciones Juradas, remitidas por los Adm.res de Ellas.

Resumen de el Consumo y Valor q. ha tenido la Renta de el Tabaco en el Año de 1733. y Rescuentro de ellos con lo q. tuvo la misma R.ta en el ultimo año de su Arrendamiento, cumplido en fin de Agosto de 1731.

Cuadro resumen de la venta de tabaco. 1733. Archivo General de Simancas.

La construcción de las nuevas fábricas de tabacos es, creo yo, el mejor reflejo de la coyuntura expansiva de aquellos años. Ha sido habitual mantener grandilocuentes afirmaciones en torno al nuevo centro: la mayor fábrica europea del momento, el edificio civil español más grande del XVIII, la manufactura de tabacos de mayores proporciones, etc.

Es evidente que hay una gran dosis de verdad, pero también mucho de gratuidad en algunas de tales afirmaciones; ello no puede ocultar, no obstante, la importancia real de la nueva fábrica en la actividad tabaquera española.

No quiero detenerme por enésima vez en este tema, por otro lado ya suficientemente conocido[46], sino tan sólo realizar algunas reflexiones para finalizar el análisis del desarrollo de las instalaciones como primer aspecto de la expansión.

Oliver Carlos apunta con acierto que la solución a los continuos agobios de la producción a la altura de los años centrales del siglo XVIII «tuvo que ser forzosamente distinta, agotada la política de ampliaciones [en San Pedro], no hubo más remedio que reanudar e impulsar hasta su conclusión las obras de la Nueva Fábrica»[47]. Es cierto, pero a la vez insuficiente.

Evidentemente se habían colmado las posibilidades de espacio en las instalaciones que habían concentrado la actividad manufacturera por espacio de más de un siglo. Pero creo que es necesario apuntar también el clímax existente en el mundo de la renta del tabaco en aquel período; ello es reflejo, en parte, de la coyuntura económica del país, pero también de otras dos componentes esenciales: la incorporación de nuevos territorios al control de la renta y el aumento generalizado de los consumos en todas las regiones españolas[48]. Unas cifras del negocio tabaquero pueden ayudarnos a comprender la situación:

Cuadro I
Evolución de la Renta de Tabaco

años	Total consumo *(libras)*	Total ingresos *(reales de vellón)*
1701-02	1.075.000	—
1712	1.779.658	20.885.979
1722	3.084.282	34.367.884
1732	3.500.252	59.081.855
1737	3.850.193	51.173.030
1740	3.200.289	70.127.467[49]

Con tales datos quedaba claro la mayor liberalidad de nuestros gobernantes a la hora de acometer nuevos y costosos empeños. ¿Cómo no dar respuestas ambiciosas a una realidad tan exultante como la que indicaban los ejercicios inmediatos de la renta? ¿Alguien puede extrañarse del momento elegido para el proyecto del nuevo edificio ante la realidad del cuadro adjunto? Cierto es que las ampliaciones de San Pedro era cada vez más precarias, menos decisorias, pero no debemos olvidar que en 1725 aún eran posibles y que, sin embargo, se decide firmemente realizar una acción hasta entonces no manejada: salir a otras instalaciones que eviten tantos temores, que racionalicen la producción y que posibiliten el abastecimiento de la demanda con toda amplitud y a plena satisfacción.

b) *Expansión del número de pertrechos, máquinas y hombres.*

¿Qué podemos resumir aquí sobre estos temas?

Inicialmente es preciso apuntar que nuestra información es mucho más escueta y en algunos aspectos muy parcial y poco rigurosa. Diríamos que en algún tema y en unos años concretos casi no sabemos nada todavía —así en el número de operarios durante las primeras décadas de la segunda mitad del siglo XVII—, pero en otros sí puede plantearse ya una idea aproximada de lo que representó este primer siglo al que ahora nos referimos.

Nuestro conocimiento es suficiente en relación a las máquinas y pertrechos existentes en la manufactura sevillana de tabacos. He estudiado estos temas en otros trabajos y señalado sus principales aspectos. ¿Qué se puede puntualizar aquí con la brevedad que requiere esta colaboración? Resumiendo en lo posible plantearé sólo dos puntos.

En primer lugar la evidente expansión a lo largo de todo el período: se constata un crecimiento espectacular entre las dos fechas externas establecidas, según las cifras siguientes:

Cuadro II
Evolución del número de pertrechos
(Fábrica de Tabacos de San Pedro. Sevilla)

Años	Molinos	Morteros	Caballos
1647	3	26	5
1700	34	10	73
1750	100	—	257[50]

Todo ello, como no podía ser menos, en íntima relación con la ampliación continuada de las instalaciones a partir del primitivo núcleo de «las casas de la Galera».

En segundo lugar una cierta periodificación dentro de este proceso en dos etapas. Si observamos la evolución en la segunda mitad del siglo XVII los *molinos* de los primeros años se han multiplicado por algo más de ocho y los caballos son quince veces más numerosos; los *morteros*, en cambio, casi han desaparecido con tan sólo 10 en funcionamiento.

Durante la primera mitad del XVIII, aunque la expansión continúa, los pertrechos industriales no aumentan tanto: los *molinos* sólo se triplican, en tanto que los animales de tiro superan algo esta cota, pues alcanzan un coeficiente de crecimiento de 3,5.

Claro es que en esta evolución inciden otras consideraciones que enmascaran la realidad. Nuevas tecnologías, aunque dentro de un proceso industrial muy similar, pudieron obviar que el crecimiento de los elementos que estudiamos tuviera que ser el único exponente de la expansión. A ello volveré inmediatamente. Además es importante poner de relieve que la segunda etapa de expansión más moderada coincide con el inicial desarrollo de los cigarros. Sin duda una parte importante de la demanda se desviaría hacia estas labores, con lo que el desarrollo manifiesto del consumo en aquellos años no tuvo por qué seguir incidiendo en exclusiva sobre la producción de polvo; sus medios de producción continuaron aumentando, pero no tuvieron por qué hacerlo al ritmo de la demanda.

Para concluir, ¿qué número de trabajadores se ocupaban en las faenas de la fábrica? Quizá sea conveniente poner de relieve en este momento que durante todo este período estamos hablando siempre de hombres y que en ningún caso aparecen mujeres trabajando en las labores de tabaco. Este será un fenómeno mucho más tardío en Sevilla. No podía ser de otra manera tratándoses de la producción de tabaco polvo, para la que se necesitaban exclusivamente brazos rudos que pudieran manejar los útiles y máquinas tantas veces citados: piedras de *molinos*, caballos y machos, grandes fardos de tabaco (*tercios, matules, corachas*, etc.) las artesas de la moja, etc. Ello hará que cuando se inicie decididamente la elaboración industrial de cigarros en la segunda etapa de este período, se busquen operarios para su manufactura. ¿A quién podría ocurrírsele concentrar centenares de trabajadores de polvo con docenas de operarias de cigarros en aquellas fechas? Esta circunstancia marcaría la vida de la fábrica sevillana durante algo más de un siglo.

No tenemos una sola referencia del número de operarios que trabajaban a mediados del XVII, pero sí podemos realizar algunas conjeturas. El problema parte de establecer si, pese a las diferencias en el tiempo, es posible aceptar una estructura constante en las principales labores que se realizaban en la manufactura sevillana. Dado que sabemos que en ciertos casos es posible (*cuadras de monte*, artesas, etc.), pero en otros no (*azoteas, entresuelos*, etc.), es imprescindible ofrecer cifras distintas para un mismo momento, aunque siempre serán ajustadas y rigurosas con las actividades que se contemplen.

Una valoración que creo bastante aproximada nos daría una cifra en torno a 25/30 operarios para esta fecha inicial. Para ello he contado con la actividad de los tres *molinos* en funcionamiento (2 capataces, 2 tenientes y 8 jornaleros), una sola artesa en la *moja*, que estimo sería suficiente (1 capataz, 1 teniente y 4 jornaleros), unos pocos operarios de *azoteas*, 1 picapedrero, 1 caballerizo y poco más. Pero es evidente que en los días de actividad de los *morteros* manuales la cifra debería casi duplicarse. El problema radica en que desconocemos la asiduidad de esta labor y, por tanto, su incidencia en el cómputo diario de trabajadores.

No obstante, a la vista del corto número de *molinos* —que entiendo se dedicarían al primer y más general molido en *monte*—, interpreto que los *morteros* trabajarían todos los días o, al menos, con mucha frecuencia. Por último, indicar que la jornada nocturna debió ser una respuesta frecuente al aumento de la demanda, aunque desconocemos su empleo más o menos habitual en estas fechas.

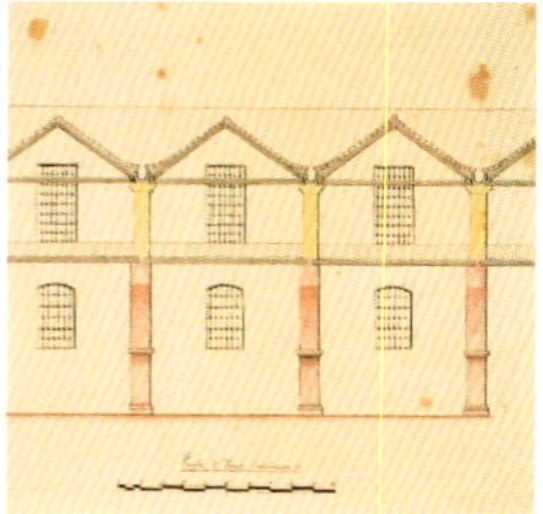

Andén del muelle de la Fábrica de Tabacos de La Habana. Servicio Histórico Militar, plano n.º 11.785. (Ficha 056/126).

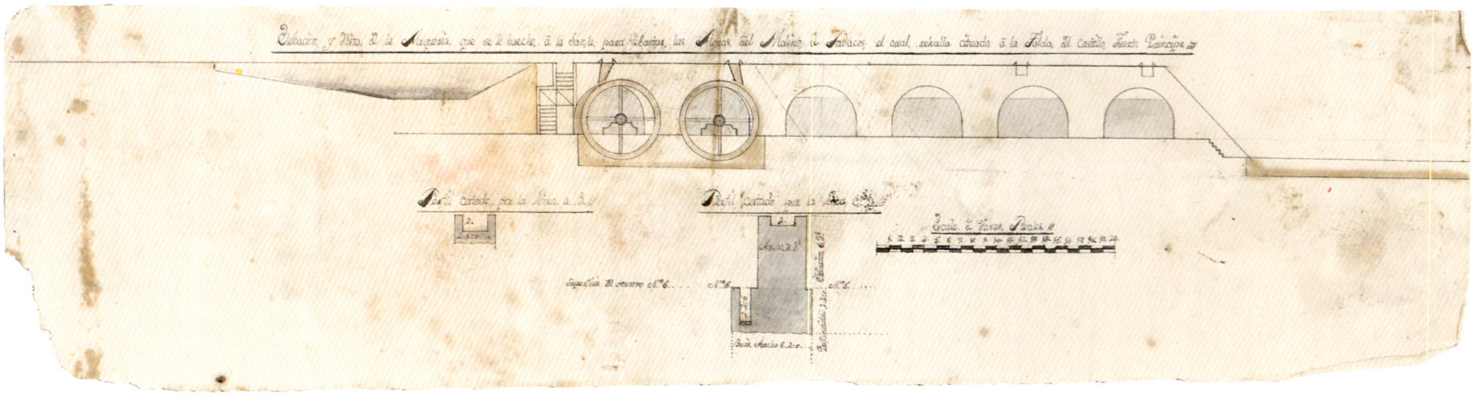

Alguno de los escasos molinos de tabaco que utilizaron energía hidráulica se establecieron en la falda del Castillo del Príncipe, en La Habana. El agua derivaba de la Zanja Real, el tradicional acueducto de la ciudad. Servicio Histórico Militar, plano n.º 11673 (3).

A comienzos del XVIII la información es completa en este campo. La documentación diaria sobre las actividades fabriles desde la entronización de los Borbones y especialmente tras la Real Cédula de 9 de abril de 1701, nos permite un conocimiento pormenorizado de aquella realidad[51]. Señalaré sólo el aspecto que aquí nos interesa en el contexto de la expansión que se produjo en el colectivo de trabajadores y operarios.

En aquellas fechas había ya una clara estabilidad en el número de trabajadores, aunque existieran oscilaciones entre un mínimo de 160 y un máximo de 200 en una jornada normal. En el mes elegido como promedio dentro del año 1701 —septiembre— los extremos fueron de 162 y 195 respectivamente; el día medio en las 23 jornadas diurnas en que se trabajó fue de 171,4 entre capataces, tenientes y jornaleros.

La cifra sería equívoca si no apuntásemos que también se trabaja de noche; exactamente 19 en aquel mes de septiembre. El número de jornaleros fluctuó entre 69 y 109, por tanto diferencia muy similar a la que se daba durante el trabajo diurno. El valor medio entre todas las noches fue de poco más de 85 operarios.

En conjunto, pues, una cifra de trabajadores que en los días de doble jornada oscilaba entre 235 y 296 individuos, con una media para estos días en torno a los 255. Junto a éstos es preciso tener en cuenta el corto grupo de cigarreros que comenzaba a arraigar por aquel entonces en la manufactura hispalense. Imposible dar en la actualidad una cifra siquiera aproximada de aquel pequeño colectivo; tal vez un par de docenas si nos atenemos a las escasas referencias que conozco.

Al finalizar este primer siglo que ahora contemplamos se ha producido un nuevo salto espectacular. ¿Qué realidad encontramos a la altura de 1750? En el conjunto del año el número de operarios en la fábrica de tabaco polvo fluctúa entre el mínimo de 659 (28 de septiembre) y el máximo de 844 (1º de junio); el promedio anual alcanza ya los 776 operarios[52].

También se trabaja durante gran número de noches, aunque con menor asiduidad que 50 años antes. Así, por ejemplo, no se recurrió a ello desde 1º de enero a mediados de abril, salvo en la noche del 2 del primero de estos meses. Era la demostración palpable de que aún entonces los agobios continuaban atenazando las posibilidades expansivas de la industria sevillana. Tal como ocurriera a comienzos de la centuria, aún entonces la solución fue un nuevo proceso de ampliación, en este caso a las nuevas instalaciones extramuros de la capital, ya tantas veces citadas. El número de operarios en estas jornadas nocturnas se mantuvo entre un mínimo de 162 (23, 25 y 30 de septiembre) y un máximo de 372 (22 de junio); el día promedio reunió a 190 operarios.

En conjunto, pues, un colectivo que se mantenía entre 718 y 815 trabajadores durante los primeros meses de jornada sólo diurna, pero que alcanza como mínimo los 900 trabajadores al implantarse las nocturnas y que muchos días supera con creces los 1.000 e incluso llega a los 1.100 operarios laborantes en las distintas faenas de la fábrica.

En la manufactura de cigarros se emplean ya un numeroso grupo de jornaleros, pues estas labores habían iniciado ya una extraordinaria expansión durante la mitad del siglo. Estimo en torno al centenar de cigarreros los que trabajan al comienzo de la década de los cincuenta. Por tanto, en el conjunto de ambas fábricas un total de 1.200 operarios[53].

Fachada principal de la fábrica de puros y cigarros de México. Antonio González Velázquez. 1793. Archivo General de Indias, México, 702.

La comparación entre las cifras apuntadas para las diversas fechas elegidas es bien elocuente. De los 25, 30 ó 50 operarios del año 1647 a los 1.000 ó 1.200 de un siglo más tarde media un abismo. El mismo, en otro orden de cosas, que el que existiera entre el inicial embrión de nuestra industria tabaquera en aquellas casas de la collación de San Pedro y la magnificencia de las nuevas fábricas extramuros de la capital entre San Telmo y el convento de San Diego. No era simplemente la consecuencia lógica de un desarrollo espectacular, sino junto a ello la consolidación de un hábito convertido con el paso del tiempo en una de las principales rentas de la corona española. Sin duda, una expansión única entre las actividades económica de nuestro país.

c) La *renovación tecnológica* más que servir para constatar la expansión de nuestra industria tabaquera es una manifestación que debemos añadir al fenómeno. En realidad, participa de ambos cometidos; apoyó el despegue fulgurante de esta actividad, pero es al mismo tiempo un buen exponente del grado de desarrollo alcanzado. Se trata en cualquier caso, de un análisis complejo. Es difícil calibrar la calidad de las mejoras proyectadas; también es complicado alcanzar a conocer el ritmo de implantación de cada nuevo ensayo, y no lo es menos saber la renovación, que cada uno llegó a significar.

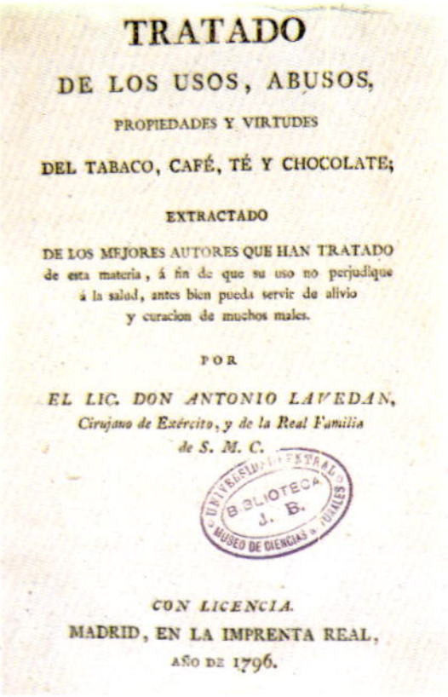
TRATADO
DE LOS USOS, ABUSOS,
PROPIEDADES Y VIRTUDES
DEL TABACO, CAFÉ, TÉ Y CHOCOLATE;
EXTRACTADO
DE LOS MEJORES AUTORES QUE HAN TRATADO
de esta materia, á fin de que su uso no perjudique
á la salud, antes bien pueda servir de alivio
y curacion de muchos males.
POR
EL LIC. DON ANTONIO LAVEDAN,
Cirujano de Exército, y de la Real Familia
de S. M. C.
CON LICENCIA.
MADRID, EN LA IMPRENTA REAL,
AÑO DE 1796.

Portada del libro de Antonio Lavedan, Tratado de los usos, abusos, propiedades y virtudes del tabaco, café, té y chocolate. *Madrid, Imp. Real.* 1796. *Real Jardín Botánico, Madrid.*

Podemos imaginar un casi permanente desarrollo tecnológico en el panorama de la producción tabaquera que llevamos esbozado hasta aquí; unas veces serían avances trascendentes, otras muchas simples retoques, pero una actividad constante. Era parte de la respuesta lógica planteada por la Administración, técnicos, arbitristas y particulares ante la expansión de la demanda. Hemos visto desarrollarse las instalaciones y aumentar vertiginosamente el número de operarios y máquinas, pero como pese a todo ello los agobios continuaban sólo cabía la posibilidad de aumentar la productividad, es decir, la renovación tecnológica.

Claro es que cabría una consideración a este respecto. Toda renovación no tiende directamente al aumento de la producción; en cierta medida también trata de perfeccionar la calidad de las labores, ya sea diversificándolas, ya mejorándolas, ya alcanzando ambas cosas a un tiempo. El resultado es en definitiva muy similar, pues tanto con el aumento, como con la cualificación de las labores el beneficio crece y el rendimiento de la actividad es mayor; pero, en cierto sentido, son aspectos diferentes en el proceso de desarrollo.

¿Qué ocurrió en el mundo de la renta del tabaco en el período 1647-1750? Algo de todo lo dicho al mismo tiempo, dado el movimiento expansivo y la intensidad que alcanzó en esta primera centuria. Veamos el panorama de los avances técnicos.

Hemos apuntado ya que desde los mismos orígenes de nuestra industria se constata una decisiva innovación: la sustitución de los *morteros* manuales por *molinos* de tracción animal. Las décadas siguientes corroboraron el fenómeno con el fuerte incremento de éstos y la retracción de aquéllos. Pero ¿supuso esta situación el abandono definitivo de la primitiva práctica? Sabemos que no, pues al menos estaban aún en pleno funcionamiento en los años iniciales del siglo XVIII: en todas las jornadas diurnas durante el año 1701 trabajaban en ellos unos 25 operarios con los salarios más elevados del colectivo jornalero (8 reales); nunca aparecen durante las noches[54].

He indicado en otra lugar, y lo apunté ya más arriba, la posibilidad de que los *morteros* se especializasen en el *repaso* de los mejores tabacos ante la irrupción de los *molinos*[55]. Si así fue, parece que desde fecha temprana debieron entrar en competencia con una variante de *molino* montado con piedras de jaspe que se dedicó a esta actividad con enormes ventajas en relación a sus competidores manuales. No sabemos en qué momento debió ocurrir tal cosa, pero es ya una práctica arraigada en 1701 cuando encontramos tres *cuadras* de *molinos* con 12, 14 y 16 operarios moledores —característica siempre de las tareas del *repaso*—, frente a otras nueve con un número de trabajadores que oscilan entre tres y seis según los casos —estructura habitual en las tareas de *monte*—. La misma correlación entre el número de *cuadras* de uno y otro tipo reafirma el arraigo ya de los hábitos tradicionales en las labores del tabaco polvo sevillano. He llegado a pensar si los *morteros* no estarían dedicados en exclusiva a moler el color (almagre), que se diluía en el agua de las artesas para mezclarlo y amasarlo con el polvo de tabaco, antes de que los *molinos* también los desplazaran de esta tarea.

La implantación progresiva, pero generalizada como vemos, de estas máquinas de moler mucho más productivas no paralizó la renovación tecnológica; muy al contrario debió dar alas a multitud de arbitrios, sugerencias e innovaciones de todo tipo. Toda la segunda parte del período que estamos contemplando —entre 1700 y 1750— es una permanente suce-

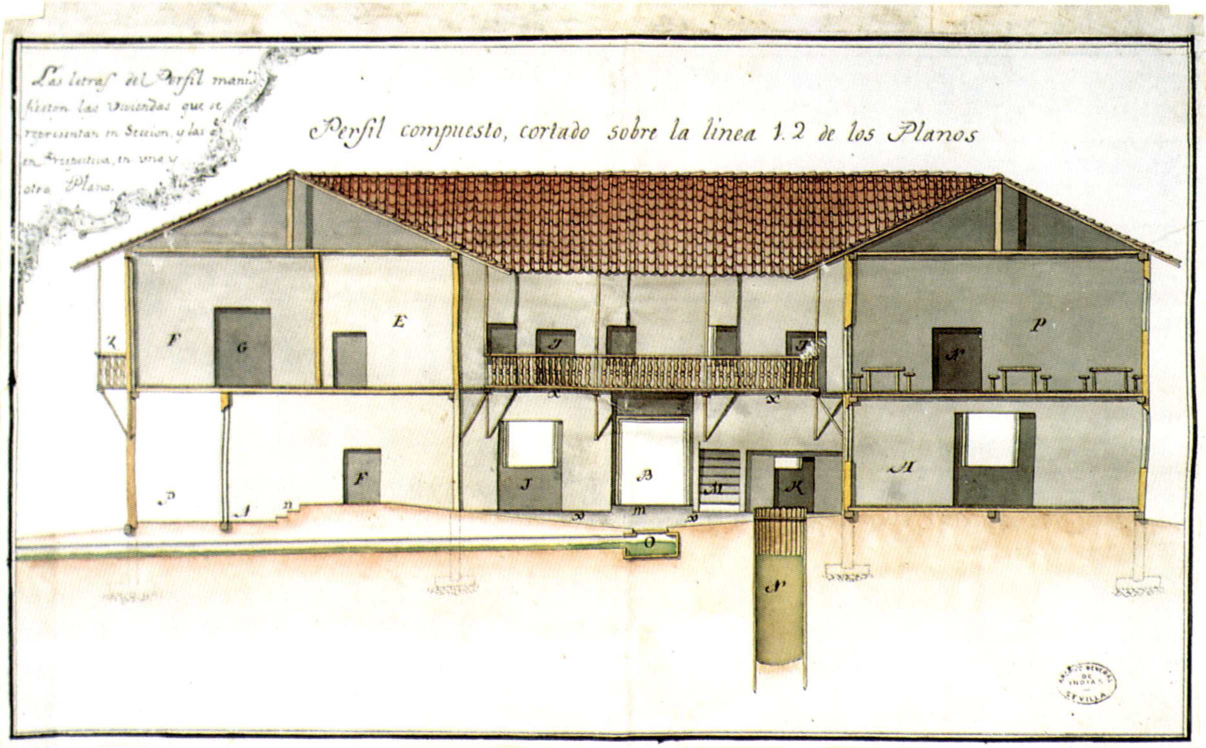

Proyecto de una nueva fábrica de tabaco en Guayaquil (Ecuador). 1788. *Archivo General de Indias, Panamá, Santa Fé y Quito, 361.*

sión de ensayos, unas veces lógicos, los más enteramente fantasiosos, que pretendían un único fin: lograr un aumento de la producción que acabase con los agobios permanentes de la renta.

Sólo conozco algunos de tales ensayos, mientras que de otros muchos únicamente tengo leves referencias. Resumiendo casi al esquematismo hay que apuntar que estos esfuerzos lograron primero el *molino* de dos piedras; más adelante la máquina en la que sólo un animal de tiro podía mover dos *molinos* también con dos piedras cada uno, y, finalmente, en los años del traslado a las nuevas fábricas, el «ingenio maravilloso» que duplicaba al anterior: un único animal moviendo cuatro asientos de *molino* con dos piedras cada uno. Puedo certificar que el primero de estos ensayos fue un éxito con múltiples implicaciones[56], pero desconozco aún la eficacia de los otros dos.

Junto a estos proyectos también se plantearon otros varios ingenios centrados en los cernidos de los tabacos, sin duda una de las actividades o *beneficios* básicos para la calidad de las labores de polvo que se pretendían obtener. En todo el período ninguno alcanzó la trascendencia y los avances productivos logrados por el propuesto por Otto de Helvingg, mediante el cual un sólo operario podía mover sin más ayuda varias cajas de cedazos, tanto en las *cuadras de monte*, como en las del *repaso*.

Pero también, decíamos, mejora de las labores. En este campo ¡qué diferencias entre unas fechas y otras! No es difícil imaginarnos el maremagnum de los primeros momentos de la concentración industrial en San Pedro. Yo me atrevería a extenderlo también a las primeras décadas de la manufactura sevillana cuando cae en manos de los administradores y financieros que la arriendan. Los indicios son abundantes para todos los diferentes procesos fabriles. Se alude al descuido en el secado (*avellanado*) en las azoteas, a la despreocupación en los cernidos, al abandono en el recambio de las telas de los cedazos y a la indebida utilización de éstas, a los excesos en la *moja*, a las adulteraciones, al *embotado* inadecuado del polvo con demasiada humedad, etc., etc.

Paulatinamente se plantean las mejoras adecuadas a medida que se constata un creciente desarrollo de los consumos, y cuando la Real Hacienda pasa a controlar esta actividad el progreso es constante. Las instrucciones oficiales para las diferentes prácticas son el mejor reflejo de estas medidas. Son textos escuetos al principio: unos pocos capítulos en el ensayo de control directo abortado en 1684-85, en 1701 y aún en 1715; más extensos desde la reorganización de la renta entre 1727 y 1731 porque la industria ha experimentado una considerable diversificación de actividades, y con decenas de páginas los reglamentos que se imponen tras las medidas centralizadoras de 1740-43[57].

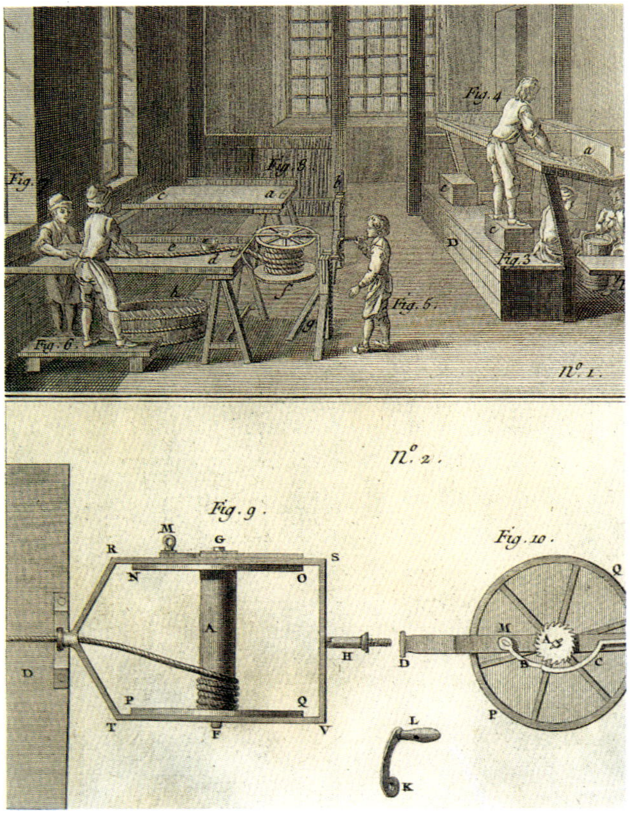

Elaboración del tabaco.
Dictionaire Raisonné des Sciences, des Arts et des Metiers (recueil des Planches).
1751-1780.
Real Jardín Botánic, Madrid.

Elaboración del tabaco.
P. Pomet. Histoire Generale des Drogues.
1694.
Real Jardín Botánico, Madrid.

Debido a ello aparecerán un sin fin de nuevas labores que a veces coexisten y otras, en cambio, se alternan y suceden en la producción. Proceden en parte de las diferentes calidades de hojas que con el desarrollo se van empleando y en parte de los cuidados y atenciones extremados con que se realizan los *beneficios* en la fábrica. Así, entre otros muchos, se reduce el secado en las *azoteas* a los días soleados, pero huyendo del estío y de aquellos en que el fuerte calor disipa y adultera la calidad de las hojas; se decreta la recogia diaria de éstas al anochecer y su retorno cada mañana a las *azoteas* para evitar perjuicios no deseados; se regulan las moliendas con atención especial a la abundancia de granzas en las diferentes labores, cuidando el exceso de calor provocado por el tiempo de más en las piedras o atendiendo a la mezcla de diferentes labores; se establecen normas estrictas en el uso de las telas, en su montaje en los aros de los cedazos, en el cambio apresurado de éstas para facilitar la labor de los operarios; en la cantidad de libras que han de molerse cada día en una *cuadra* de *monte* o de *repaso*, las diferencias que debía haber según las labores a realizar (*fino, exquisito, cucarachero, grosso, palillo*, etc.), según la estación climatológica, etc. En suma, un compendio de disposiones, medidas, controles y cuidados que ponen de relieve el enorme valor que las autoridades responsables de la Real Hacienda y, en particular, los dirigentes de la renta conceden a la actividad manufacturera en torno al tabaco. Todo un complejísimo proceso tecnológico y cultural que casi nos permite plantearnos la interrogante de si habría alguna semejanza entre las labores producidas al comienzo y al fin de este largo siglo.

d) El resultado de los procesos anteriores no fue otro que la *expansión de la producción* durante el siglo que estudiamos. Difícil calibrar este tema, especialmente durante las primeras décadas, pues con tantas lagunas en nuestra información ¿cómo conocer las cifras del resultado final de toda la actividad fabril?

Tenemos referencias sobre las *tareas* labradas por un *molino* o por una *cuadra* en una jornada normal de trabajo y con sus diferentes variantes según la estación del año, pero son muy posteriores; casi de fines del periodo. ¿Nos pueden ser válidas? Sabemos, al menos, de la implantación de los *molinos*. Podría por ello pensarse en una producción muy similar para cada una de estas unidades de producción en cada momento concreto a lo largo de todos estos años. Pero las crecientes atenciones a la calidad y los extremados cuidados ¿redu-

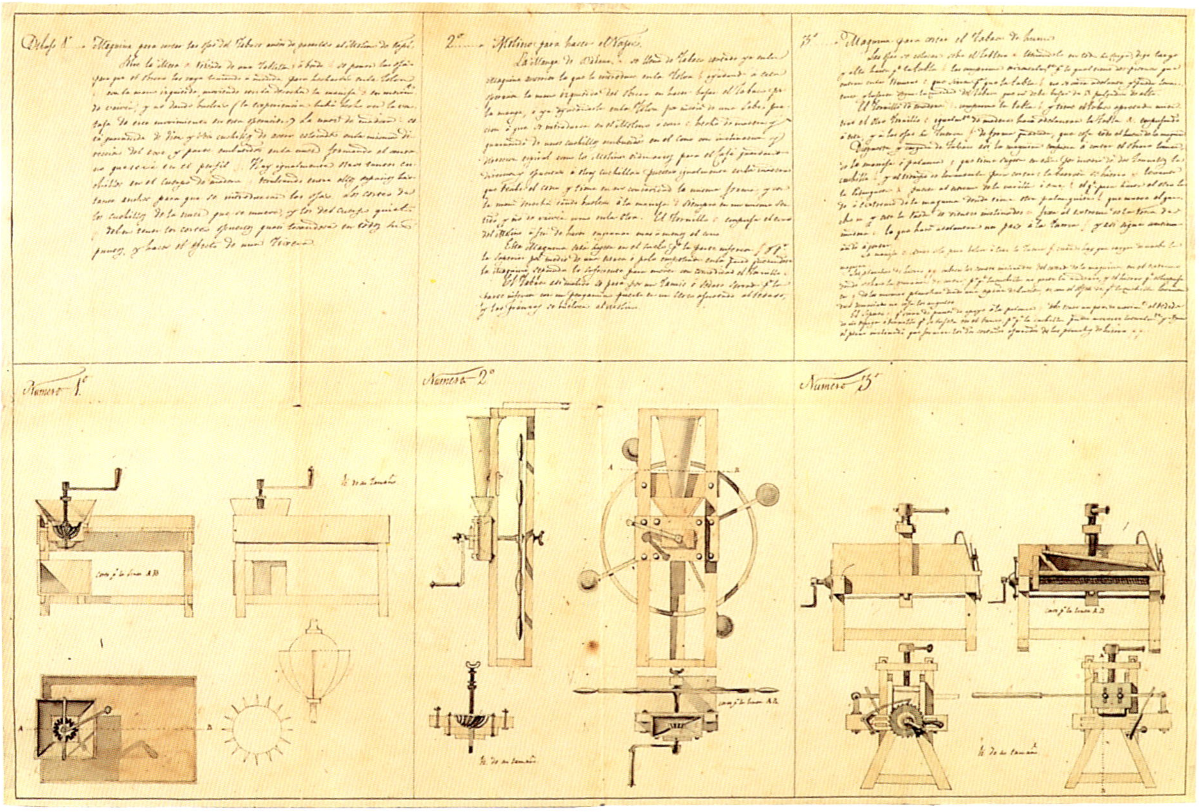

Máquinas para rapé (1.ª y 2.ª) y para cortar hebras de tabaco (3.ª) en las Reales Fábricas de Sevilla. Archivo de la Fábrica de Tabacos de Sevilla.

jeron o acrecentaron la producción en cada una de estas máquinas?. Porque la perfección con frecuencia demanda precauciones, atenciones, menor ritmo y ello reduce la eficacia, aunque no el valor de la producción. Pudiera ser entonces que el atolondramiento de los primeros años, las imperfecciones o, si se quiere, la vulgaridad de las *tareas*, produjera peores labores, pero en cantidad mayor o muy similar al período en que éstas comenzaron a perfeccionarse. Es, por tanto, muy difícil, por no decir imposible, conocer la producción de tabaco polvo a comienzos de esta etapa. Aparte sabemos que no existían labores industriales de cigarros.

La evolución para todos estos años hay que establecerla entre los primeros datos conocidos del año económico 1684-85 y 1750 como la última anualidad del período. La evolución fue, como era de suponer, espectacular. En la primera fecha se alcanza una producción algo superior a las 400.000 libras, sin duda muy superior a los valores de los años treinta y cuarenta como resultado del desarrollo inicial, de las primeras ampliaciones, del trabajo nocturno, etc.[58] Pero en 1750 se labran algo más de 3 millones de libras por encima de esa cantidad, exactamente 3.603.018 libras; un crecimiento superior al 800 por ciento entre ambas fechas[59]. El aumento del número de hombres y de máquinas, la extensión de las instalaciones, los adelantos técnicos, las medidas de control han dado el resultado apetecido. En los cigarros el desarrollo es aún más llamativo. En 1684-85 apenas se labran unas 8.500 libras, mientras que al finalizar el momento que analizamos se alcanzan las 120.000; es decir, catorce veces más.

Y pese a todo, como ya apuntamos antes, se seguía trabajando en doble jornada y se iniciaba la última fase de la construcción de las nuevas fábricas. Diríamos que, sobre todas las expansiones en el campo de la producción, hubo otra que las superó a todas: fue la expansión de la demanda.

La etapa de transición

Los años que transcurren entre mediados del siglo XVIII y las primeras décadas del XIX suponen una profunda transformación en el mundo del tabaco y en particular en la industria sevillana del ramo. De ahí que la hayamos situado como etapa puente entre los amplios períodos fundamentales en la evolución de dicha manufactura.

El momento coincide precisamente con la entrada en servicio de las Nuevas Fábricas concebidas desde todos los puntos de vista para la producción racional, ordenada y masiva del mejor tabaco polvo del mundo. Yo añadiría que coincide también con su mejor momento, con su etapa de esplendor.

¿De dónde, pues, la idea de transformación? Proviene sencillamente del hecho de que los acontecimientos de estos años demuestran una evidencia incontestable: la gran fábrica sevillana comenzó a producir cuando las labores para las que estaba destinada iniciaban un declive sin posible retorno. Tras tantos y continuos agobios en San Pedro y después de altísimas inversiones claramente había llegado tarde.

Los treinta años que habían transcurrido desde el inicio de su construcción en obras, interrupciones, remodelaciones y nuevos proyectos fueron determinantes. Sirvieron para que los consumidores fueran afianzando su apego a las nuevas labores de cigarros, de manera que cuando finalmente pudo iniciar sus actividades había cambiado sensiblemente la distribución de las cuotas de mercado de las diferentes labores. Unos datos muestran el proceso:

Cuadro III[60]

Evolución del consumo de tabaco por clases

Año	**A*** Consumo tabaco polvo	% sobre total consumo	**B*** Consumo hoja, cigarros y rama	% sobre total consumo	Total consumo	A-B
1740	2.158.241[1]	67,4	1.042.048[7]	32,6	3.200.289[9]	1.116.193
1745	1.751.092[12]	67,3	847.965[11]	32,7	2.599.058[7]	903.127
1750	1.710.736	63,9	963.586[3]	36,1	2.674.322[8]	847.150
1755	1.763.271[2]	60,4	1.153.975[9]	39,6	2.917.246[11]	609.296
1760	1.850.754[5]	59,1	1.276.182[7]	40,9	3.126.936[12]	574.572

Son suficientemente explicativos. Hay un hecho inicial que no afecta a este planteamiento: es la gran caída tras 1740, general a todas las labores y con efectos proporcionales a la distribución de los consumos. Luego hay un recorte continuo de las diferencias existentes entre unas labores y otras a medida que nos acercamos a la fecha inaugural de las nuevas instalaciones. Al finalizar estos años se han reducido a la mitad: de 1.116.193 libras a 574.572, es decir, exactamente 541.621 libras o, lo que es igual, un 49 % de la cantidad inicial.

Conviene resaltar que ello sucede sin que haya una pérdida de consumo por parte de las labores de polvo, sino más bien todo lo contrario. Por tanto sólo ocurre que los cigarros crecieron más, en consecuencia, captaron una mayor cuota en el consumo nacional de tabacos.

Pese a todo, el predominio que aún mantenía el tabaco polvo justificaba el esfuerzo realizado en las nuevas instalaciones. El problema se planteó en los años sucesivos, pues desde su inauguración hasta fines de siglo se produce la acentuación del proceso que culminaría con la definitivainversión de las posiciones mantenidas por los dos principales grupos de labores. Veámoslo:

Cuadro IV

Evolución del consumo de tabaco por clases

Año	**A*** Consumo tabaco polvo	% sobre total consumo	**B*** Consumo hoja, cigarros y rama	% sobre total consumo	Total consumo	A-B
1760	1.850.754[5]	59,1	1.276.182[7]	40,9	3.126.936[12]	574.572
1770	1.849.045[11]	53	1.637.093[8]	47	3.486.133[3]	211.952
1780	1.478.057[7]	48,6	1.563.942[14]	51,4	3.042.000[5]	– 85.885[7]
1790	1.450.337[5]	46,6	1.656.106[5]	53,4	3.106.443[10]	–205.769
1798	1.015.392[10]	37,8	1.661.706[6]	62,2	2.677.099	–646.314

El cultivo del tabaco y su recolección en Cagayan del Norte, islas Filipinas. La Ilustración española y Americana. 1874. *vol. II. pág. 457. Hemeroteca Municipal, Madrid.*

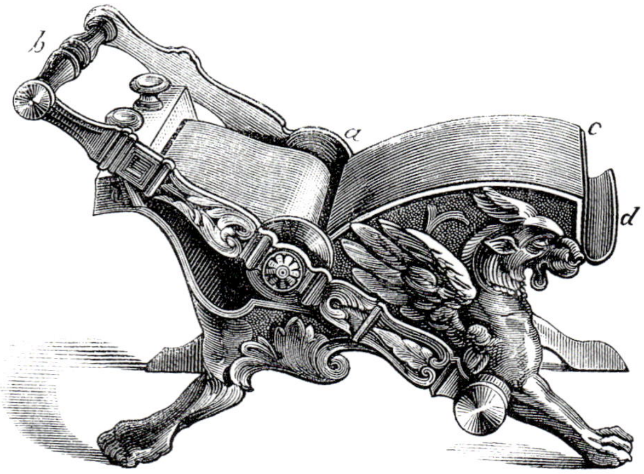

Máquina para elaborar cigarros y cigarrillos de papel. La ilustración española y Americana. 1878. *pág. 324. Hemeroteca Municipal, Madrid.*

Vitotos tomando rapé. J. Crévaux. De Cayena a los Andes. *En: «América pintoresca». Barcelona, Montaner y Simón,* 1884. *pág. 263. Biblioteca Nacional, Madrid.*

Como puede verse la transición ha culminado ya en 1780; no sólo se han igualado los consumos de ambas labores, sino que el de cigarros ya aventaja al de tabaco polvo en unas cien mil libras. Desde este año no hace sino acentuarse el ritmo como prueba evidente de su irreversibilidad. Ni siquiera la creación de una fábrica de rapé dentro de las propias instalaciones sevillanas a partir de octubre de 1786, pudo frenar el proceso[61]. Al final las diferencias se han invertido e incluso superado: son ahora 646.314 las libras consumidas de más en cigarros en relación al tabaco polvo, que ya incluye al rapé.

Conviene resaltar que en esta ocasión no es tanto el aumento de las nuevas labores como el declive profundo de las tradicionales de polvo; sin duda la pérdida de casi medio millón de libras —462.665— representa un verdadero hundimiento. Sería el definitivo.

Las dependencias construidas con tantos desvelos para acoger numerosas *cuadras* de *monte* y de *repaso*, multitud de cedazos, artesas, caballos y machos, extensos entresuelos, etc. han de reconvertirse con toda celeridad. En su lugar se irán ubicando gran cantidad de *ranchos* para la elaboración de cigarros, en los que un creciente número de operarios sustituirán progresivamente a los antiguos trabajadores de las tareas de tabaco polvo. La transformación casi ha concluido al periclitar el siglo. Sin embargo, los consumos indicaban aún una cifra superior al millón de libras vendidas de las primitivas labores. No es importante; con un nuevo impulso todo habría acabado para ellas.

El triunfo del tabaco de humo

Siempre es difícil establecer cuándo un determinado proceso evolutivo ha culminado su fase de transformación. No podía ser distinto en el ámbito del tabaco, en el que los hábitos, los comportamientos, los influjos, el componente social, la moda y el pulso generacional entre otros factores imponen un especial ritmo de comportamiento. De hecho hemos visto cómo se ha ido produciendo poco a poco, pero de forma generalizada, el tránsito de la antigua realidad hacia una nueva situación y, sin embargo, aún en los primeros años del siglo XIX no se puede decir que hubiese concluido.

No obstante, ya apunté antes que en estos años se inicia el segundo gran período en la actividad industrial del tabaco en nuestro país, que habría de durar hasta nuestros días. ¿Cómo, pues, se entró realmente en él?

Un nuevo impulso en el proceso, decíamos, habría de ser decisivo. Este se produjo gracias al cúmulo de convulsiones que impactaron a la vida española en las primeras décadas del nuevo siglo. Decir que el cambio definitivo coincide con los ritmos de nuestro proceso de transformación política —la denominada crisis del Antiguo Régimen— no es aventurado. Y es que no podía ser de otra manera. El tabaco tenía numerosas e importantes implicaciones en los diferentes niveles de la realidad española: era un monopolio, tenía un alto valor fiscal, generaba un fuerte volumen de intercambios con las colonias, alcanzaba ya a todas las capas sociales e incluso precisaba de atenciones específicas a consecuencia de la generalización del contrabando por todo el país. Estaba inmerso en la sociedad, pero a ello añadía su relevante papel en las diferentes esferas del Estado. Por lógica, cualquier profunda transformación de aquella realidad habría de afectarle seriamente.

En este contexto la guerra peninsular, la emancipación americana, el declive económico, las alteraciones políticas supusieron el impulso decisivo a que antes aludía. Ellos profundizaron los cambios que venían produciéndose y cuando concluyeron la realidad tabaquera, tal como muchas otras del país, se había transformado definitivamente. No hay lugar, ni éste es el momento para ahondar en cada uno de estos temas. Tan sólo nos detendremos a interrogarnos sobre el resultado del proceso de cambios en nuestra industria tabaquera. Luego veremos sus repercusiones a lo largo de todo el período.

No es aventurado afirmar que aquellos años representaron la mayor conmoción conocida para esta actividad manufacturera a lo largo de toda su historia. Lo fue, en primer lugar, por la terrible crisis que hubo de afrontar en aquella etapa. Nunca, ni siquiera en las décadas críticas del siglo XVII, se encuentran tantos testimonios y manifestaciones de una realidad casi agónica: falta absoluta de numerario; carencia de materias primas; interrupciones en ocasiones parcial, total otras veces; despidos; cierres. En estos instantes más que de transformación, es preciso hablar casi de ruina.

Pero lo fue también, en segundo lugar, por las modificaciones que fueron implantadas como consecuencia de la crisis. No olvidemos que, en parte, estas modificaciones fueron también resultado de la evolución en curso desde el siglo anterior.

La primera fue la *ampliación de centros*. Hasta comienzos del siglo XIX la industria tabaquera española peninsular se había basado esencialmente en las Fábricas Reales de Sevilla. Tan sólo en Cádiz existió otro centro oficial debido a su especialísimo papel en la Carrera de Indias y al extraordinario arraigo que, como resultado de todo esto, tuvo el uso placentero del tabaco entre sus habitantes. Pero no nos engañemos: dependió durante mucho tiempo de Sevilla y, cuando adquirió vida propia es desde 1741, sólo alcanzaba a abastecer a su propio territorio; el resto era cometido exclusivo de la manufactura sevillana. Digamos, por último que la fábrica gaditana vincula su historia al cigarro; es por ello un fenómeno más reciente como lo fue la vida de sus labores. Lo que no quiere decir que no alcanzara ciertas notas de representación en la vida tabaquera nacional; por ejemplo es el lugar de creación del personaje de la cigarrera española. Luego volveré sobre ello[62].

Desde comienzos del siglo XIX la situación cambió rápidamente. En la primera década se crearon otras dos fábricas en la periferia del país —La Coruña y Alicante— y en años sucesivos, según se van superando los efectos de la crisis, en otras varias ciudades de nuestra geografía: Madrid, Santander, Bilbao, Gijón. Aún más tarde Logroño, Tarragona, etc. En unas décadas se completó la estructura fabril que había de caracterizar a nuestro país prácticamente hasta nuestros días.

Era una primera gran reestructuración de la industria tabaquera, pero como consecuencia de la transformación precedente y no como resultado de la crisis. La elaboración de cigarros y cada vez en mayor número necesitaban una abundante mano de obra que no podía seguir concentrada en una o dos dependencias fabriles. El fenómeno continuará creciendo a lo largo de toda la centuria mientras que las máquinas no hagan su irrupción en las manufacturas de cigarros.

La industria sevillana hubo de competir a partir de entonces con este conjunto de nuevos centros; sin embargo mantuvo su indudable liderazgo durante toda la centuria. Siempre aparece situada en cabeza de todas las fábricas españolas en cuantas clasificaciones se realizan a lo largo de la centuria. La tradición de sus actividades —que no la calidad— sus magníficas instalaciones y el papel jugado por la capital andaluza en la historia del tabaco siempre contaron a su favor.

La segunda modificación fue *la generalización de las cigarreras.* La expansión de estas labores completamente artesanas exigía con urgencia que tan abundante mano de obra fuera la más económica en el mercado del trabajo. De ahí el papel de la mujer a partir de estos momentos. Pudiera pensarse que aquí también sólo era el resultado de la expansión

Rancho de cigarreras (Siglo XIX). Archivo de la Fábrica de Tabacos de Sevilla.

Hombres fumando en el interior de una horchatería. El Museo Universal. 1861, *pág. 276. Hemeroteca Municipal, Madrid.*

de los cigarros. No obstante es posible intuir además una parte de responsabilidad a la crisis, al menos en la idea de algunos administradores de la renta: las fuentes hablan de que los hombres se dediquen a la reconstrucción del país, a la agricultura o, si se quiere, a las artes, pero a las que necesiten en mayor medida de sus condiciones de fortaleza, vigor y robustez.

En Cádiz, donde siempre se trabajó exclusivamente en las labores de cigarros no había problema: siempre fueron operarias las encargadas de estas tareas. Tampoco hubo que forzar nada en el resto de las fábricas puestas en servicio durante toda la centuria; todo lo contrario: era lo más económico, no había otra tradición en frente, a todos beneficiaba.

Pero ¿y en Sevilla? En nuestra industria decana la tradición era muy diferente; ya vimos sus causas. La implantación del nuevo sistema no podría más que producir malestar, enfrentamientos y situaciones de grave tensión. ¿Qué hacer con los varios centenares de cigarreros trabajadores en la fábrica hispalense?

¿Cómo explicarlo en estos años de penuria y quiebra económica generalizadas? En este caso fue la crisis precisamente el resorte empleado para reformar la situación o, mejor dicho, para intentar reformarla de acuerdo con las restantes fábricas. Es preciso apuntar que la idea no era nueva. Desde que los cigarros alcanzaron un papel similar al de las labores de polvo en el mercado del tabaco comenzó a plantearse la idea de contratar mujeres para estas tareas. Era obvia la necesidad de mano de obra más barata. Porque no nos engañemos, esta era la razón oculta de los sucesivos ensayos que se realizan a partir de los años ochenta en la fábrica sevillana para que grupos de operarios intentasen labrar cigarros a semejanza de las operarias gaditanas, es decir, al modo habano[63].

Las diferencias eran abismales en cuanto al proceso y a la calidad de las labores. Unas, las sevillanas, eran precipitadas, con multitud de venas, recortes y desperdicios en el interior de los cigarros, con una vuelta y media sólo de capa; en resumen, de poca calidad, peor estética y con una combustión defectuosa. Las gaditanas, en cambio, compendiaban todos los beneficios del primor y sosiego con que eran labradas: todas las hojas desvenadas, exentas de desperdicios y recortes, tres vueltas o más de capa. Por presencia, pero sobre todo por sus indudables beneficios para el consumidor no tenían competencia.

El problema radicaba justamente en la precipitación o el sosiego, que no era, en definitiva, sino un problema económico. Es el momento de apuntar que desde siempre el trabajo en las tareas de cigarro se pagó a destajo; es decir, que si el producto salido de una jornada de trabajo en Sevilla era aceptado por los *directores de labores*, los cigarreros lograban un beneficio evidente. Y esta era la situación: nadie había logrado contener los crecientes abusos del colectivo de cigarreros hispalense. Su justificación siempre fue la misma: de otra manera no tenían jornal ni para pan. Ciertamente nunca estuvieron bien pagados.

¿Por qué entonces el rigor con las mujeres? En esto todos estaban de acuerdo: las operarias podían tener más detenimiento, más cuidado porque no importaba tanto su salario; se entendía que era una segunda aportación a la economía del hogar, pues la primera provenía del cabeza de familia. Esto se repetía por doquier.

En consecuencia todos los ensayos fueron baldíos. Los hombres lograban las mismas labores primorosas, pero entonces su salario era de hambre. Habría que elevar éstos y consecuentemente las labores se hacían invendibles. ¿Cómo luchar entonces contra el creciente fraude siempre más ajustado en el precio?.

La crisis presentó una oportunidad de oro para resolver la situación. La invasión francesa, el deterioro económico, la anarquía colonial y tantas circunstancias adversas provocaron el cierre de la fábrica sevillana. Entre otros fueron cesados algo más de 700 cigarreros. Cuando se volvió a la normalidad ninguno fue aceptado; en su lugar entraron las primeras cigarreras sevillanas. Era el mes de diciembre del año 1812.

Es evidente que no hay espacio para plantear el debate suscitado ante esta situación. Digamos que las especiales circunstancias de la manufactura sevillana dilataron la solución del problema, es decir, que terminara igualándose al resto de las fábricas españolas de tabaco, por espacio de más de medio siglo. Todas las disposiciones tendentes a la desaparición de los hombres de las labores de cigarros no pudieron impedir que éstos subsistieran al menos hasta entrada la segunda mitad de la centuria. Finalmente sucumbirían, pero habían sostenido una lucha vibrante. Ha de extrañar, sin duda, que sea precisamente en este contexto en el que surja Carmen, el prototipo de cigarrera española universalizado por la literatura y la ópera. Lógicamente el fenómeno tiene sus razones, pero escapan a esta colaboración.

Para entonces ya se habían superado otros muchos avatares: guerras, intentos de desestancos, ensayo de Compañía privilegiada arrendataria del monopolio, crisis. La actividad tabaquera, no obstante, prosiguió su escalada imparable, pues la generalización de los consumos fue constante durante toda la centuria.

En estos consumos junto a los cigarros aparecieron pronto los *cigarrillos*, resultado en gran medida de las nuevas labores de humo más cuidadas que se habían venido implantando: los recortes y desperdicios se picaban para fabricar esta nueva labor envuelta en papel[64]. Sin embargo seguirán siendo los cigarros los máximos causantes de las extraordinarias concentraciones de operarios en las fábricas de tabacos, al menos hasta bien entrado el siglo. También, como era lógico pensar, de la rápida concienciación de este colectivo y de su destacada participación en la conflictividad laboral de la centuria.

Sevilla no escaparía a este proceso: los setecientos cigarreros de comienzos de la centuria son 2.000 hacia 1830, pero entonces ya trabajan cerca de ellos otras 2.000 operarias, o sea 4.000 en total labrando exclusivamente cigarros. Luego se produce el creciente declive de aquéllos y el ascenso de éstas hasta alcanzar la cifra casi mítica de 6.000 que se encontraban filiadas cuando se crea la Compañía Arrendataria de Tabacos en el año 1887.

Manifestaciones de esta identidad proverbial, de su espíritu aguerrido y de su compromiso social fueron los motines de 1822 y las revueltas y huelgas de 1842 y 1885. Chispazos repentinos, vibrantes, que conmocionaron a la ciudadanía hispalense e hicieron de las cigarreras un colectivo indispensable en todo movimiento social que pretendiera obtener un cierto eco.

La situación, no obstante, cambiaría pronto. La creación de la citada Compañía Arrendataria abría una nueva etapa cuando el siglo estaba cercano a su fin. El negocio tabaquero supervisado desde el Estado, pero controlado por la nueva Empresa iba a modificar sensible y rápidamente todas sus estructuras. El peso de tantos operarios era indudablemente excesivo para un funcionamiento racional y moderno; era en gran medida una evidencia de nuestro terrible atraso económico durante toda la centuria. Las máquinas, consecuentemente, empezaron pronto a sustituirlas. Hubo revueltas, enfrentamientos, lucha, pero la historia marcaba un ritmo diferente al de aquellas operarias. En los pocos años hasta concluir la centuria nuestra industria experimentó una profunda transformación. Era la adecuación lógica a los nuevos tiempos. Pero eso es ya otra historia.

NOTAS

1. Fernández Navarrete, M., *Colección de los viajes y descubrimientos que hicieron por mar los españoles desde fines del siglo* XV. Madrid, 1858, t.I, 202.

2. *Historia de las Indias*, Lib. I, cap. XLVI.

3. Para estos aspectos pueden verse, entre otros, Ruiz de Montoya, A., *Arte y vocabulario de la Lengua Guaraní*, 1640; Cardenas, J. de, *Problemas y secretos maravillosos de las Indias*, México, 1591; Herrera, A. de, *Historia General de los Hechos de los Castellanos en las Islas y Tierra Firme del Mar Oceano.* Madrid, 1601; Fernández de Oviedo, *Historia General y Natural de las Indias*, 1535; A. Vespucio, *Cosmographie Introductio*, 1507; Castro, J. *Historia de las virtudes y propiedades del tabaco*, Córdoba 1620; etc.

4. Ob. cit., Lib. I, cap. XLVI.

5. Ob. cit.

6. Ob. cit.

7. Ha sido mil veces repetida la historia en torno al conocimiento que J. Nicot, embajador francés en la Corte de Lisboa, tuvo del tabaco y de alguno de sus usos medicinales y del envío de semillas de la planta a la reina madre Catalina de Médicis. Este hecho ha sido tenido siempre como el inicio de la penetración del tabaco en Europa.

8. Los aspectos medicinales del tabaco fueron recogidos por Brooks, J.F. en *Tobacco. Its history illustred by books, manuscripts an engraving in the library of George Arents*, Jr, New York, 1937-43, y en *The mighty leaf. Tobacco through the centuries*, Boston, 1952. También por Dickinson, S.A., *Panacea or precious bane*, New York, 1954. Más recientemente Stewart, G.G., «A history of the medicinal use of tobacco (1492-1860)» en *Medicinal History*, 1967, 11, 228-268.

9. Fernández Navarrete, M., ob. cit.

10. Ob. cit., Lib. I, cap. XLVI.

11. Las principales obras de los autores citados son: Thevet, A. *Les singulatites de la France Antartique*, Antwerp, 1558; Liébault, J., *L'Agriculture et maison rustique*, ed. Estienne. París, 1570; Nicot, J., *Dictionaire Francois-Latin*, París, 1573; Dodoens, R., *Cruydeboeck*, Antwep, 1554; Mattioli, P.A., *Comentario sobre la materia médica de Dioscorides*, Praga, 1562; Benzoni, G., *La historia del Mondo Novo*, Venecia, 1565; Pena, P. y L'Obel, M., *Stirpium adversaria nova*, Londres, 1570-71; Monardes, N., *Segunda parte del libro de las cosas que se traen de nuestras Indias Occidentales, que sirven al uso de medicina*, Sevilla, 1571; Hernández, F., *Cartas al rey Felipe II de España desde la ciudad de Méjico*, Méjico, 1572; Fragoso, J., *Discursos de las cosas aromáticas, árboles y frutales... que traen de la India Oriental*, Madrid, 1572; Cárdenas, J., *Primera parte de los problemas y secretos maravillosos de Indias*, Méjico, 1591.

12. Hay referencias muy extensas sobre este tema en Pérez Vidal, J., *España en la historia del tabaco*, Madrid, 1959, en especial en el capítulo II.

13. Las obras españolas más destacadas en contra del tabaco fueron: Marradón, B., *Diálogo del uso del Tabaco y de los daños que causa*, Sevilla, 1618 y Leiva y Aguilar, F., *Desengaño contra el mal del uso del tabaco*, Córdoba, 1634.

14. A.H.N., Hacienda, Ordenes Generales de Rentas, Lib. 8.010, ff. 139-140.

15. Domínguez Ortiz, A., *Orto y ocaso de Sevilla*, Sevilla, 1974, 2ª ed., 52.

16. Castro, J., ob. cit., 10, señala: «... solo por el adorno de los jardines i patios que gustavan tener adornados y entre otras muchas plantas esta, con la cual daban particular vista, y hermosura a todas las demás. I no me espanto, porque ella es una hierba con particular hechizo, o (por hablar más seguramente, y darme a entender con honestidad) tiene uno sé qué de garavato, que atrae con su vista, i mucho más (como adelante diré) con su uso, que parece roba la benevolencia.».

17. Real Cédula de 26 de agosto de 1606 prohibiendo durante diez años la siembra del tabaco en la España, Cuba, Puerto Rico, Margarita, provincias de Venezuela y Cumaná y Nueva Andalucía. Real Cédula de 1º de mayo de 1616 imponiendo el derecho de un real y medio a cada libra de tabaco que se sacase hacia el extranjero. Primer proyecto de estanco por Duarte Eustacio en 1618.

18. El acuerdo se firmó con Antonio de Soria para los territorios de la corona de Castilla y León el 28 de diciembre con efectos desde 1º de enero de 1637. El precio del arriendo fue de 23 cuentos de maravedíes.

19. Castro, J., ob. cit., apunta en el Prólogo: «En esta historia del Tabaco escripta quel verás he trabajado con el maior cuidado que he podido: por ver el uso grande que ai del,...»

20. García de Torres. J., *El tabaco. Consideraciones sobre el pasado, presente y porvenir de esta renta*, Madrid, 1875, 12.

21. Ob. cit., 13

22. Ob. cit., 21

23. Ob. cit., Lib. V, cap. II

24. Ob. cit., 48 v.

25. A.G.I., Santo Domingo, 94. Citado por Gil Bermejo, J., *La Española. Anotaciones históricas (1600-1650)*, Sevilla, 1983, 70-71.

26. Vid. nota 15

27. *Diferentes casos sucedidos en Sevilla en diversas materias.*

28. Ob. cit., 18.

29. Ibidem., 19.

30. Diez Borque, J.M., *La sociedad española y los viajeros del siglo XVII*, Madrid, 1975.

31. *El viaje de España y Portugal* en *Viajes de extranjeros por España y Portugal*. Recopilación y traducción, prólogo y notas por García Mercadal, J., Madrid, 1959, T. II, 749.

32. *Catástrofe en el Coliseo*, año de 1692. Biblioteca Capitular y Colombina, Sevilla, ms. 84-7-19, ff. 244-247 v.

33. Domínguez Ortiz, ob. cit., 51-52

34. Matute y Gaviria, J., *Anales Económicos y Civiles de la ciudad de Sevilla*, Sevilla, 1887, 139-140.

35. Ob. cit., 52. El citado Caraffa aparecerá como arrendador de la renta en diferentes momentos de las primeras décadas del estanco.

36. Para una descripción pormenorizada de todos los **beneficios** puede verse mi artículo «Primeros proyectos de las nuevas fábricas de tabacos de Sevilla en el siglo XVIII», en Archivo Hispalense, LVIII, núm. 177, 9-35.

37. La Real Fábrica de Tabacos de Sevilla», en *Sevilla y el Tabaco*, Sevilla, 1984, 37.

38. Vid. cuadro II, pág. 65.

39. Traté este momento en «Sobre la industria sevillana del Tabaco a fines del siglo XVII», en *Hispania*, núm. 7 (Cuadernos de Historia), 1977, 533-552.

40. «La primitiva fábrica de Tabacos de San Pedro, en Sevilla», en *Revista Industrial y Fabril*, vol. VII, núm. 73, 1953.

41. Vids. mis artículos citados y «Una aportación al estudio de la expansión de la renta de tabacos en el siglo XVIII. (El papel de las Atarazanas Reales de Sevilla como posible sede de la Real Fábrica)», en *Historia. Instituciones. Documentos.*, núm. 5, 1978, 373-402, y *Un archivo para la historia del tabaco*, Madrid, 1977 (2ª ed. 1984).

42. *La arquitectura y el lugar*, Sevilla, 1987.

43. Vid. mi artículo «La Real Fábrica...», 38.

44. Oliver Carlos, A., ob. cit., 55-56.

45. Todo el proceso detenidamente analizado en mi artículo «Una aportación...». Recientemente ha vuelto sobre él Morales Sánchez, J., en *Arquitectura, territorio y ciudad en la Sevilla del siglo* XVIII. *Proyectos y construcción de las Nuevas Fábricas de Tabacos de Sevilla*. Tesis doctoral mecanografiada. Sevilla, 1988.

46. Pueden citarse, entre otros, Cuevas Alcover, L., *Un ejemplar español de arquitectura industrial del siglo* XVIII. *Asociación Nacional de Ingenieros Industriales*, núm. 24, Madrid, 1976; Sancho Corbacho, A., *Arquitectura barroca sevillana del siglo* XVIII, C.S.I.C., Madrid, 1952, 343-352; Falcón Marqués, T., «Universidad de Sevilla (Antigua Fábrica de Tabacos)», en *Aparejadores*, núm. 9, Sevilla, diciembre 1982, 20-27; Bonet Correa, A., «La Fábrica de Tabacos de Sevilla, primer edificio de la arquitectura industrial en España, en *Sevilla y el Tabaco*, 47-65.

47. Ob. cit., 73.

48. Vid. «Una aportación al estudio...», nota 8.

49. Ibidem. Las cifras no recogidas en el artículo pueden verse en *Memoria de la Dirección General de Rentas y Contaduría General de Valores*, años 1824-25. Biblioteca Ministerio de Hacienda, 336 (46).

50. La información para todos estos años en A.F.T.S. En esta ocasión sólo he reseñado los molinos y máquinas en estado de trabajar normalmente.

51. A.F.T.S., Contaduría. Cuenta General de Tesorería. Listas diarias de jornales, leg. 2.362, año 1701.

52. Las referencias a las jornadas diurnas y nocturnas, números de operarios, etc., en A.F.T.S., Contaduría. Fábrica de tabaco polvo. Libro de tareas, leg. 1.371, año 1750.

53. Parece importante hacer la apreciación de que las tareas

de cigarros en este año central del siglo están casi a la mitad del nivel máximo alcanzado 11 años antes, lo que implicaría un descenso del colectivo de trabajadores a lo largo de la década. Unas cifras lo muestran con nitidez: si en 1739 se abonaron casi 13 millones de maravedíes (12.957.579 exactamente, es decir, 381.105 reales y 26 mrs.) por las hechuras de esta labor y en 1740 aún unos 12 millones (11.837.206 mrs. o sea, 348.153 reales y 12 mrs.), en el año 1750 sólo se abonaron 7.665.536 mrs. (225.162 reales). Una pérdida del 41 por ciento respecto a la cifra máxima alcanzada en 1739 y aún un 35,4 por ciento en solo una década. Las causas fueron la fuerte subida de precios decretada por la nueva tarifa de este último año y los efectos que la renovación realiza en la fábrica de cigarros de Cádiz a partir de esta misma fecha. Sin duda todo ello debió tener una proporción bastante aproximada.

54. Vid. nota 52.

55. «Sobre la industria sevillana...».

56. Vid. mi artículo «Primeros proyectos...», donde se analizan las mejoras producidas por el nuevo «ingenio» y su enorme influjo en las obras de las nuevas fábricas.

57. Destacaría dentro de este capítulo de *instrucciones* y en relación a los diferentes momentos que aludo en el texto, las siguientes: *Instrucción* de 3 de mayo de 1684, en A.F.T.S., Admón. Gral. de la Renta, Autos Generales y Particulares, autos núms. 327 (Sevilla, 9 de mayo de 1693), 339 (Sevilla, 15 de noviembre de 1683) y 353 (Sevilla, 25 de abril de 1648); *Reales Cédulas* de 9 de abril de 1701, en A.H.N., Hacienda, Ordenes Generales de Rentas, Lib. 8.010, ff. 104-105, 106 y 107-112; *Instrucción* para D. Gaspar Moreli (año 1715), en A.F.T.S., Superintendencia y Dirección Gral. de Fábricas, Correspondencia, año 1715; *Instrucción* de 1º de noviembre de 1726, en A.H.N., Hacienda, Ords. Grales, de Rentas, Lib. 8.012, ff. 219-248; *Instrucciones* de 9 y 10 de agosto de 1731, ibidem., Suplemento 1º, ff. 280-285 y 286-301, y las *Instrucciones* y reglas universales para el mejor gobierno y administración de la renta del tabaco de cuenta de la Real Hacienda, ibidem., Lib, 8.014, ff. 51-100.

58. Para estos datos puede verse «Sobre la industria sevillana», 550-551.

59. Vid. nota 52.

60. La información de los cuadros III y IV en A.G.S., Dirección General de Rentas, 2ª remesa, leg. 4.636.

61. Para estos acontecimientos pueden verse mis trabajos citados. *Un archivo para...* y *La Real Fábrica de Tabacos...»*

62. A todos estos aspectos hice referencia, aunque más breve, en «El personal obrero en la Real Fábrica de Tabacos», en *Sevilla y el Tabaco*, Sevilla, 1984-67-75.

63. Los ensayos se realizaron continuamente en la fábrica de cigarros con una u otra intención. Pueden citarse entre los más cercanos a este momento: el de abril-mayo de 1768; la mejora de las labores desde septiembre de 1792, que condujo a los experimentos de noviembre de ese mismo año; otros ensayos en agosto de 1793 y julio de 1797; el expediente para una nueva mejora de los cigarros de julio de 1807; la *Real Orden* de marzo de 1817 que los cigarros se hiciesen al estilo de La Habana; etc.

64. El *cigarrillo* de picadura de tabaco envuelto en papel es uno más de los usos copiados de los hábitos americanos. Sabemos que se realizaron desde fecha que ignoramos en Cádiz —su documentación está perdida en la actualidad—, pero fue mucho más habitual que los realizasen los propios consumidores. El inicio de su fabricación en Sevilla fue el resultado de la *Real Orden* de marzo de 1817 citada al final de la nota anterior, pero incluso entonces el ensayo se encargó a varios conventos de monjas de clausura con el objeto de aliviarles su extremada pobreza. La idea no prosperó y tuvieron que pasar varias décadas para que la nueva labor pasase a formar parte de las tareas diarias de la fábrica hispalense.

PLANTAS CURATIVAS Y DROGAS, INTERCAMBIO ENTRE DOS MUNDOS

EMILIO BLANCO Y RAMÓN MORALES
Real Jardín Botánico, Madrid

«Entre todos los remedios que se conocen para el alivio y curación de las enfermedades a que está sujeta la naturaleza humana, se puede asegurar que ninguno hay tan poderoso, tan seguro en sus efectos, ni dotado de tantas virtudes como la *Cascarilla del Perú,* que en las Boticas se despacha con el nombre de *Quina*».

H. Ruiz, *Quinología, o tratado del árbol de la quina o cascarilla,* 1792.

Introducción

Uno de los capítulos más desconocidos del intercambio cultural entre el Nuevo y el Viejo Mundo es el que se refiere a plantas medicinales en sentido amplio, ya que a veces los límites entre plantas alimenticias, condimentarias o especias, aromáticas y medicinales son muy difusos y difíciles de trazar. Es frecuente que plantas más conocidas como comestibles o por otros usos sean también medicinales. Estas contienen compuestos químicos de efectos terapéuticos, bien porque actúan supliendo carencias, produciendo efectos fisiológicos contrarios a los de la enfermedad, por su acción antimicrobiana, por sus efectos calmantes del dolor, estimulantes del sistema nervioso o de ciertas acciones orgánicas, de acción psicotrópica o porque sean plantas a las que se atribuyen poderes mágicos.

El uso y conocimiento de todas estas acciones es en muchos casos tan antiguo como la misma humanidad. Se tiene testimonio de la utilización de plantas curativas por el hombre de Neandertal, encontradas en yacimientos arqueológicos en Shanidar (Iraq) y datados en 60.000 años. Hoy día están siendo ensayados muchos compuestos de origen vegetal contra enfermedades de nuestro siglo, como el cáncer o el sida. Otros sirven como modelos para la obtención de sustancias químicas sintéticas, a veces más baratas de obtener, o de acción más eficaz.

El concepto de droga ha sufrido una evolución a lo largo de estos 5 siglos. Desde una visión más amplia que englobaba todo principio de origen vegetal con acción terapeútica (droga medicinal) hasta el significado más popular que tiene en nuestros días, que se refiere a sustancias químicas de origen vegetal o sintético alucinógenas, estimulantes o sedantes, y que generalmente producen un estado posterior de dependencia (droga psicotrópica).

Antecedentes históricos

Si nos situamos en el siglo XV, las especias tenían un gran valor económico y su control era un mecanismo de poder. Su función no solo era la de saborizantes, como es creencia general, sino que también y sobre todo se trataba de sustancias conservantes de los alimentos y para evitar los parásitos intestinales, tan frecuentes entonces, dadas las diferentes condiciones de vida que impedían una higiene en la alimentación que hoy es habitual.

Uno de los motivos principales del viaje de Colón fue la búsqueda de una ruta más corta a las «Indias» (sudeste de Asia) que facilitara la traida de las tan codiciadas especias a

Europa y sobre todo, abaratara su comercio. Ello propició la financiación de este viaje por la Corona española. Aunque no se consiguió llegar a la meta, el resultado fue mayor de lo esperado. Los nuevos productos descubiertos, de los que España mantuvo el monopolio y fue la principal difusora, suplieron en muchos casos a la buscada pimienta, canela o clavo (caso de la pimienta de Indias). Eran estas plantas usadas por los nativos y los nombres dados por los españoles recuerdan a sus homólogas del Viejo Mundo. Las nuevas plantas supusieron una verdadera revolución en la historia de la humanidad. Como en otras ocasiones históricas, de las grandes aportaciones vegetales americanas sacaron sobre todo partido comercial franceses, ingleses y holandeses.

Se puede decir que hubo dos zonas importantes, centros de llegada, intercambio y distribución de especies vegetales. La región caribeña es la principal región en América desde donde se distribuyeron muchas plantas procedentes de Europa y de las regiones tropicales del Viejo Mundo a Méjico, América Central, Colombia, el Perú y las regiones del Cono Sur. La Península Ibérica fue, por su parte, el centro de recepción de plantas americanas, difundiendo estas por Europa, a través del Mediterráneo por mediación del imperio turco hacia Asia, a Africa del Norte, y a Africa Tropical y al sur de Asia por medio de los portugueses.

Si se tuviera que hacer un balance de la aportación del mundo vegetal americano a la cultura frente a todo lo ya conocido en el Viejo Mundo, hay que concluir que en el campo de las plantas medicinales ésta fue muy notable.

Nos vamos a referir a plantas que se utilizan como remedios curativos en sentido amplio, o sea, medicinales, estimulantes, alucinógenas, supersticiosas, ceremoniales o con cierto simbolismo religioso, tóxicas y a drogas en general.

Retrato de Nicolás Monardes.
Nicolás Monardes: Primera, Segunda y Tercera partes de la Historia Medicinal de las Cosas que se traen de nuestras Indias Occidentales que sirven en Medicina. 1574. *Real Jardín Botánico, Madrid.*

Principales aportaciones americanas

Dejando aparte plantas alimenticias tan importantes por su amplia difusión y cultivo en todo el mundo, como la patata, el maíz, el tomate o el cacahuete, otras como la quina, la coca, el tabaco o el curare resultan revolucionarias en la historia de la Medicina. Conocidas y utilizadas por los nativos desde antiguo, lo mismo que el boldo, el mate, la ipecacuana, la cáscara sagrada, el cardo santo, la jalapa, el peyote, la zarzaparrila o la hierba luisa.

Aún hoy es con diferencia Sudamérica la región del mundo peor estudiada botánicamente, y de la que se esperan nuevos descubrimientos en el campo de la medicina. Es necesaria la investigación de nuevos principios activos obtenidos de plantas, tomando como base estudios de campo sobre sus usos tradicionales en grupos humanos primitivos. Esta ciencia se denomina Etnobotánica y dentro de la disciplina de etnofarmacología se están llevando a cabo estudios pioneros en este sentido.

Actualmente, el 40% de los productos farmacéuticos en los países desarrollados proceden de productos naturales, sobre todo vegetales. En medios rurales, el uso de vegetales hace que este porcentaje se eleve hasta casi un 90%, y en el llamado Tercer Mundo casi la totalidad de la población depende de la farmacopea natural.

Los exploradores y cronistas españoles fueron pioneros en la citada ciencia interdisciplinaria, trayendo testimonios sobre usos medicinal, religioso o mágico de ciertas plantas (Bernardino de Sahagún, Bernabé Cobos, Bartolomé de las Casas, Pedro Cieza de León, Bernal Díaz del Castillo, y a otro nivel, con un mayor rigor científico, Francisco Hernández, Hipólito Ruiz o José Celestino Mutis.

Francisco Hernández, médico de Felipe II, fue a Méjico (1570-1577) y recopiló una gran cantidad de conocimientos sobre plantas medicinales y medicina de los aztecas. El resultado fue una obra enciclopédica en donde se describen 2900 especies vegetales del Nuevo Mundo, 1200 de ellas de interés medicinal. Sus manuscritos ardieron en el incendio de El Escorial de 1671. Conocemos su obra por los 4 volúmenes que quedaron en Méjico.

Nicolas Monardes, médico sevillano del siglo XVI, tuvo una gran importancia en la difusión de ciertas especies vegetales americanas de uso medicinal. Aunque nunca viajó a América, sin embargo realizó estudios clínicos en sus enfermos, ensayando con plantas traidas a Sevilla, ciudad que monopolizaba entonces prácticamente todo el comercio con América. Disponía de un pequeño jardín, en donde cultivaba algunas de ellas. Utilizó, entre otras, como medicinales, la zarzaparrila, la guayaba o la pimienta. De 1574 es su obra «Historia medicinal de las cosas que se traen de nuestras Indias Occidentales».

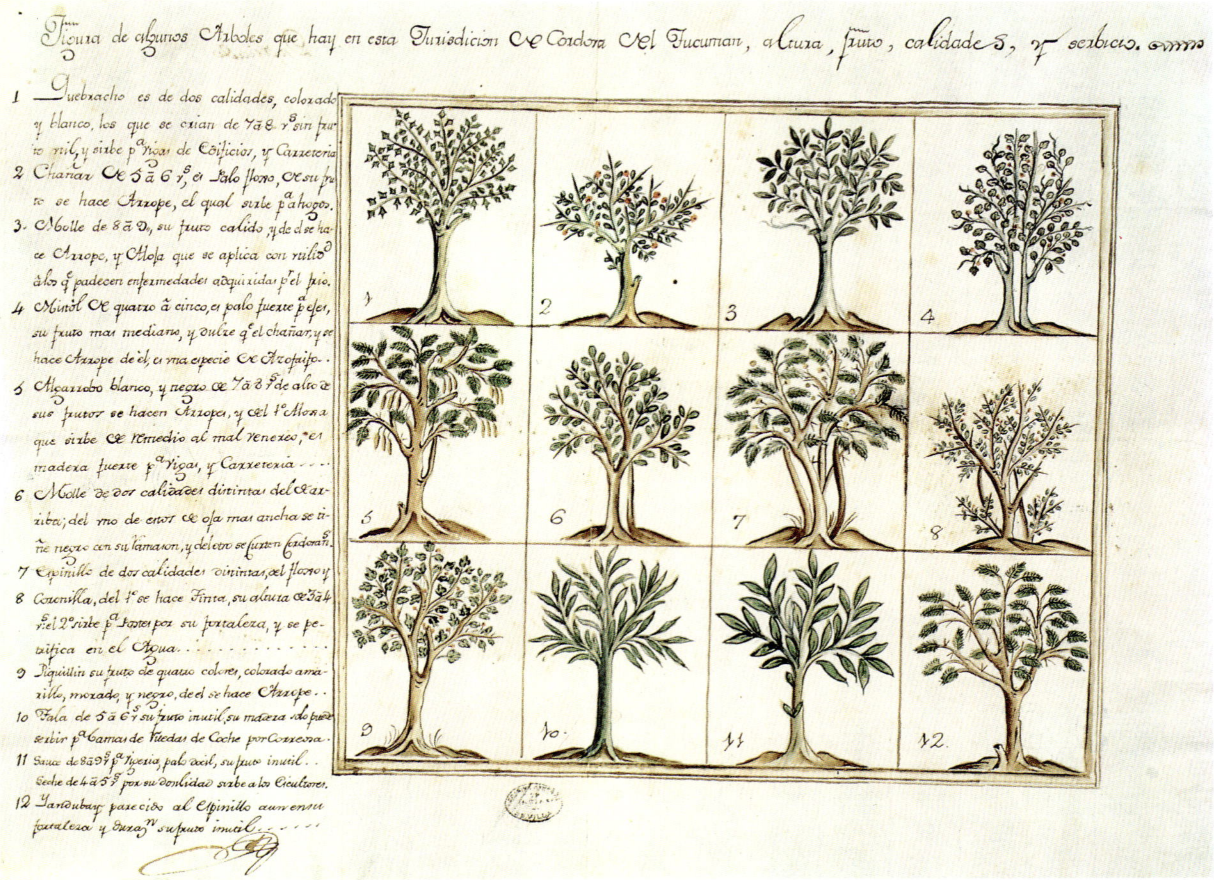

Arboles de la jurisdicción de Córdoba del Tucumán (Argentina). Mediante la cocción de los frutos del chañar (2), molle (3), mistol (4) y algarrobo (5) se fabricaba un jarabe medicinal o «arrope» para curar diferentes enfermedades. Archivo General de Indias. Buenos Aires, 177.

Quina

Se puede decir sin lugar a dudas que la quina es la planta que más vidas ha salvado en la historia de la humanidad. Sin ella no hubiera sido posible la construcción del canal de Panamá, la puesta en explotación de cuencas petrolíferas en Venezuela o Borneo, o las célebres plantaciones de te de Assam. Como se sabe, la enfermedad llamada paludismo, fiebres tercianas o cuartanas, o malaria era frecuente en la Península Ibérica, si se exceptúa la Cornisa Cantábrica. Hasta 1950 no ha sido erradicada esta enfermedad totalmente de España. El interés por la quina fue, por ello, muy grande, ya que era el único remedio eficaz contra el paludismo.

Aunque no hay certeza de que esta planta fuera ya utilizada por los incas para combatir las fiebres, probablemente estos ya la conocían. Los indios de la región de Loja (Ecuador) parece que usaban contra las fiebres el remedio de la quina, voz que viene del vocablo nativo «queñua». Cuando se sentían enfermos, bebían las aguas amargas en donde caían hojas y fragmentos de corteza del árbol de la quina.

Según cuenta la tradición, Francisca Enríquez, condesa de Chinchón y esposa del virrey del Perú, fue la primera europea curada de tercianas con corteza de quina. En 1638, estando enferma con «los fríos», su sirvienta india llamada Zuma le echó en el agua unos polvos para que sanara. Al descubrirla, pensaron que había intentado envenenar a su ama, por lo que fue condenada a muerte junto con su marido. En el momento de la ejecución, la señora pidió que les perdonaran y entonces los indios que habían guardado celosamente en secreto los poderes curativos de la corteza de quina, lo desvelaron y esta sustancia fue utilizada desde entonces para el tratamiento del paludismo. En honor a la condesa de Chinchón dio Linneo el nombre genérico de *Cinchona* a este género de la familia rubiáceas.

Aparte de la verosimilitud de esta leyenda, se sabe que en Europa en 1640 eran llamados «polvos de la condesa» a los obtenidos de la cascarilla o corteza de quina. Parece ser que la primera noticia sobre las propiedades curativas de la quina fue dada por un misio-

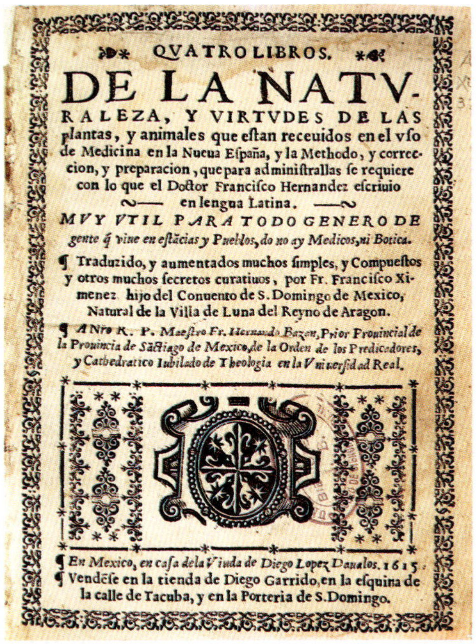

QVATRO LIBROS.
DE LA NATVRALEZA, Y VIRTVDES DE LAS plantas, y animales que eſtan receuidos en el vſo de Medicina en la Nueua Eſpaña, y la Methodo, y correccion, y preparacion, que para adminiſtrallas ſe requiere con lo que el Doctor Franciſco Hernandez eſcriuio en lengua Latina.
MVY VTIL PARA TODO GENERO DE gente q̃ viue en eſtācias y Pueblos, do no ay Medicos, ni Botica.
¶ Traduzido, y aumentados muchos ſimples, y Compueſtos y otros muchos ſecretos curatiuos, por Fr. Franciſco Ximenez hijo del Conuento de S. Domingo de Mexico, Natural de la Villa de Luna del Reyno de Aragon.
¶ A Nro R. P. Maeſtro Fr. Hernando Bazan, Prior Prouincial de la Prouincia de Sãctiago de Mexico, de la Orden de los Predicadores, y Cathedratico Iubilado de Theologia en la Vniuerſidad Real.
¶ En Mexico, en caſa de la Viuda de Diego Lopez Daualos. 1615.
¶ Vendēſe en la tienda de Diego Garrido, en la eſquina de la calle de Tacuba, y en la Porteria de S. Domingo.

nero español en 1628. En 1633, el padre Caloncha[1] escribe: «Dáse un árbol que llaman de calenturas en Tierra de Loja, con cuyas cortezas de color de canela hechas polvos y dadas en bebida en peso de dos reales, quita las calenturas y tercianas; han hecho en Lima efectos milagrosos.» Según Paz Soldán[2] fue el conde de Chinchón, 4° virrey del Perú el que estuvo enfermo de tercianas durante 10 años, desde 1629 a 1639, curándose repentinamente. La corteza de quina fue dada a conocer en Europa por el médico del virrey Juan de Vega, aunque también por los jesuitas, por lo que se les denominó también «polvos de los jesuitas». En 1639 ya se conocían en Alcalá de Henares. De España fueron mandados a Roma, en donde el cardenal Juan de Luis los repartió entre los pobres, por lo que fueron también llamados «polvos del cardenal». El médico inglés R. Talbor suministró por primera vez los polvos al rey de Francia Luis XIV.

La historia de las expediciones para la búsqueda de estas plantas ya ha sido suficientemente tratada por otros autores. Durante las expediciones de Mutis y Ruiz y Pavón, el interés por la búsqueda de la quina, único remedio contra la fiebres tercianas, tan extendidas entonces en Europa, fue muy grande. La provincia de Loja en Ecuador era una zona productora de cascarilla; Ruiz[3] hace una «descripción botánica de las especies de árboles de cascarilla que se crían en el Perú». Pero también se obtuvo de las montañas de Colombia, en donde Mutis reconoce 7 especies de quinas.

En 1820, Pelletier y Caventou aislaron en París los principales alcaloides (quinina, quinidina, quinconidina y quinconina) que contiene la corteza de quina. En 1823 se estableció la primera fábrica de quinina en el mundo, en la localidad de Filadelfia.

A partir de mitad del siglo pasado se empezaron a llevar semillas y a realizar plantaciones en el sudeste asiático y en la India por holandeses, alemanes e ingleses. El botánico alemán Hasskarl llevó en 1854 esta planta a Java. De 150 plantones que se obtuvieron inicialmente, 20 años más tarde se habían conseguido plantaciones con unos 2 millones de árboles. En el sur de Asia se producía en 1935 el 95% del total mundial, siendo el 80% (unas 10.000 Tm de corteza de quina) la producción de la isla de Java.

Durante la segunda guerra mundial y debido a las dificultades de abastecimiento, se obtuvieron algunos derivados sintéticos, que junto con otros sintetizados posteriormente (difosfato de cloroquina, clorhidrato de mefloquina, clorhidrato de halofantrina) son los supresivos utilizados actualmente contra el paludismo. A pesar de ello, se sigue obteniendo en grandes cantidades el disulfato de quinina de la corteza de la quina, que se usa sobre todo en Norteamérica.

No solo son utilizados estos alcaloides para combatir el paludismo. Así, por ejemplo, la quinidina es de uso frecuente en enfermedades de corazón, especialmente en el tratamiento de la fibirilación auricular.

Portada del libro de Francisco Ximenez, Quatro Libros de la Naturaleza, y las virtudes de las plantas y animales que están recevidos en el uso de la Medicina en la Nueva España,... *México, 1615. Real Jardín Botánico, Madrid.*

Agave americano. F. Balmis. Demostración de las eficaces virtudes nuevamente descubiertas en las raices de dos plantas de Nueva España. Especies de Agave y Begonia. 1794. *Real Jardín Botánico, Madrid.*

Nuez vómica. Joseph Jacobi Plenck. Icones Plantarum Medicinalium. 1788. *Biblioteca Facultad de Farmacia, Universidad Complutense.*

Mapa de la provincia de Loja y de los montes reservados donde se encuentran los árboles de la quina. 1769. *Archivo General de Indias, Panamá, Santa Fé y Quito, 179.*

Coca

La coca es una planta conocida en Sudamérica anteriormente a la colonización española. Se masticaba o se tomaba en infusión como estimulante y analgésico. Posiblemente era utilizada también en forma de emplasto de hojas de coca masticada como anestésico en las trepanaciones. Cieza de León[4] da ya noticia de esta planta en el capítulo 96. En el siglo XVII fue llevada a Europa y en 1860 logró extraerse la cocaina de sus hojas. Este principio activo es un alcaloide que tiene acción anestésica local e ingerido produce embriaguez y euforia. Se trata de una sustancia que produce hábito o drogodependencia. Se utiliza en medicina como narcótico o anestésico y ha servido de modelo para la obtención de compuestos químicos sintéticos que tienen acciones similares.

La especie *Erythroxylum coca* pertenece a la familia eritroxiláceas. Es una planta arbustiva de hasta 5 m, de corteza rojiza, hojas de unos 5 cm y flores pequeñas amarillas dispuestas axilarmente. Vive en el área andina desde 300 hasta 2000 m de altitud. Se recolectan sus hojas, que se dejan fermentar un corto período de tiempo.

Los principales países productores de cocaina son Bolivia, Perú y Colombia. Como se sabe, más de la mitad de la producción de cocaina es absorbida por Estados Unidos, que en los últimos tiempos se ha planteado seriamente la lucha contra el narcotráfico. La cuestión es más compleja de lo que parece a primera vista. Durante muchos años, una parte importante de la población en los países productores ha vivido del monocultivo de esta planta, promovido por el consumo como droga en los países occidentales. Si se quiere que desaparezcan ahora el consumo y las plantaciones, se hace necesario buscar un cultivo alternativo. El comercio en torno a esta droga mueve muchos intereses y dinero, y en él hay mucha gente implicada.

La hoja de coca se sigue consumiendo por los nativos de la misma manera que tradicionalmente. Es un buen remedio para aliviar la sensación de cansancio, hambre o sed. Se les suele quitar a las hojas los nervios, más duros, y se mastican junto con llipta o tojra, pasta elaborada a base de agua y cenizas obtenidas de la quinua (*Chenopodium quinoa*). Esta pasta tiene carácter básico. También se puede utilizar cal muerta. De esta manera se obtiene de las hojas el principio activo estimulante. Raramente se hacen adictos los nativos por consumir la coca de esta manera. Según las estadísticas oficiales, en 1969 se cosecharon 10.000 tm de hoja de coca en Perú y Bolivia, lo que supone el 70% de toda la producción americana; parte de esta se utilizó en el consumo interno de ambos países. Actualmente también es usada por los indios en medicina popular, sobre todo en forma de infusión para los trastornos digestivos.

Tabaco

El tabaco (*Nicotiana tabacum*) es una planta apenas conocida como medicinal. Ya se cultivaba en las Antillas cuando llegaron los españoles y era llamada «cohiba» por los nativos. Se fumaba de la misma forma que hoy se sigue haciendo como tabaco puro. Parece que el primer fumador del Viejo Mundo fue Rodrigo de Jerez, vecino de Ayamonte. Fray Bartolomé de las Casas[5] explica perfectamente en su relato cómo fumaban los nativos en las Antillas: «... son unas hierbas secas metidas en una cierta hoja, seca también a manera de mosquete hecha de papel ... y encendida por la una parte del, por la otra chupan o sorben o reciben con el resuello para dentro aquel humo; con el cual se adormecen las carnes y cuasi emborracha y así diz que no sienten el cansancio. Estos mosquetes llaman ellos tabacos.»

Los españoles trajeron esta planta a España y comenzaron a cultivarla para recogerla y fumar después. El padre Thevet, misionero franciscano francés, la introdujo en Francia en 1555, cultivándola en Angoulême. Francisco Hernández envió al rey Felipe II en 1558 semillas de *Nicotiana rustica*, como buena planta medicinal. El embajador de Francia en Lisboa, Jean Nicot llevó la planta a París en 1560 e introdujo la novedad de fumar en la corte francesa. Parece que en 1586 era ya práctica habitual en Europa, aspirándose en forma de rape o fumándose en pipa.

El principio activo del tabaco es el alcaloide nicotina, que en grandes dosis es un veneno mortal (hacia 50 mg). Las partes utilizadas en medicina han sido las hojas, la raíz y el extracto. Las hojas frescas aplicadas en la frente a modo de emplasto se usan contra el dolor de cabeza. La raíz cocida es un buen febrífugo. La nicotina se ha empleado como antitetánico y vermífugo en forma de infusión. Mezclado con harina de lino se usa para aliviar los dolores reumáticos.

La nicotina se encuentra en el tabaco seco en una proporción que varía entre el 0,5-5%. En pequeñas dosis actúa como estimulante del sistema nervioso y eleva la tensión sanguínea al estimular la secreción de adrenalina. Está probada su acción cancerígena. Se absorbe por las mucosas de la boca, nariz y tubos respiratorios. Por ello, el tabaco, bien fumado, masticado o sorbido en forma de rape produce el mismo efecto.

Curare

Cieza de León[6], describe en el capítulo VII: «De como se hace la hierba ponzoñosa con que los indios de San Marta y Cartagena (Colombia) tantos españoles han muerto», el proceso de elaboración del veneno de las flechas a base de curare. Entre otros españoles, murieron por la acción de este veneno Alonso de Ojeda y Juan de la Cosa. Según una leyenda, la preparación secreta del curare corría a cargo de las mujeres ancianas de los poblados, que se encerraban y debían quedar medio muertas debido a los humos nocivos que se desprendían. Si ello no ocurría, eran castigadas severamente. Humboldt refiere también como se elabora el curare a base de una infusión concentrada por ebullición de fragmentos muy finos de corteza de mavacure (*Strychnos*), mezclada después con una pasta de origen vegetal para darle consistencia y hervida posteriormente. Parece ser que los indios heridos por flechas envenenadas y que sobrevivían, contaban cómo habían sentido una sed muy fuerte, nauseas y congestión en la cabeza, además de un entumecimiento alrededor de la herida.

El curare era empleado en casi toda América tropical como veneno para puntas de flecha. Se obtiene de la corteza de especies del género *Strychnos*, sobre todo *S. toxifera* y *S. castelnaei*, de la familia loganiáceas, y también de algunas especies de *Chondrodendron*,

Quina.
H. Ruiz y J. Pavón.
Flora Peruviana et Chilensis. 1798-1802.
Real Jardín Botánico, Madrid.

Amomum thyroideum, *conocida por sus efectos estimulantes.*
H. Ruiz y J. Pavón.
Flora Peruviana et Chilensis. 1798-1802.
Real Jardín Botánico, Madrid.

Kraemeria, planta de efectos astringentes.
H. Ruiz y J. Pavón.
Flora Peruviana et Chilensis. 1798-1802.
Real Jardín Botánico, Madrid.

JOSEPHI JACOBI PLENCK
CONSILIARII CÆSAREO-REGII, CHIRURGIÆ DOCTORIS, CHEMIÆ ATQUE BOTANICES PROFESSORIS PUBLICI, ORDINARII IN ACADEMIA MEDICO-CHIRURGICA JOSEPHINA, EJUSDEMQUE ACADEMIÆ SECRETARII PERPETUI, NEC NON DIRECTORIS PHARMACOPOEARUM MILITARIUM ATQUE CHIRURGI STATUS MILITARIS SUPREMI
ICONES
PLANTARUM MEDICINALIUM
SECUNDUM
SYSTEMA LINNÆI DIGESTARUM,
CUM ENUMERATIONE VIRIUM ET USUS MEDICI, CHIRURGICI ATQUE DIÆTETICI.

Medicus notitia plantæ destitutus, de viribus ejusdem nunquam juste judicavit.
Systemate, qualitate, et experientia eruitur omnis usus plantarum.
LINNÆUS.

CENTURIA. I.
VIENNÆ,
APUD RUDOLPHUM GRÆFFER ET SOC.
1788.

Portada del libro de Joseph Jacobi Plenck, Icones Plantarum Medicinalium. 1788. *Biblioteca Facultad de Farmacia, Universidad Complutense.*

como *Ch. toxicoferum* (menispermácea). Todas ellas son bejucos. Los principios activos son alcaloides: d-tubocurarina, curarina y c-toxiferina, venenos debido a su acción paralizante de la musculatura. Cuando estos entran en el torrente sanguíneo, se produce la parálisis casi instantánea de los músculos respiratorios. La c-toxiferina se sintetiza actualmente y es utilizada de modo habitual en anestesiología como relajante muscular. La d-tubocurarina, compuesto químico del grupo de los indol-alcaloides, ha servido como modelo para la síntesis de fármacos de estructura análoga y que, de la misma manera, producen inhibición en la transmisión nerviosa neuromuscular. También se utiliza en el tratamiento de la enfermedad de Parkinson y de la esclerosis múltiple.

Algunas plantas menos conocidas

Existe un enorme número de plantas medicinales y curativas americanas que no han alcanzado la fama de las anteriores en Europa. Algunas de ellas, como el mate (*Ilex paraguariensis*) gozan, sin embargo, de una gran popularidad en Sudamérica, siendo consumidas en infusión por millones de personas. Ya era utilizado por los guaranies antes del descubrimiento; le llamaban «caá» y era recolectado en los rodales naturales o «yerbales» de la selva. Fueron los jesuitas de las célebres misiones los que aclimataron esta planta para cultivo con notable acierto y éxito.

Este árbol, pariente cercano de nuestro acebo (*Ilex aquifolium*), de la familia aquifoliáceas, contiene alcaloides estimulantes similares a los del te y el café (teobromina, teofilina y cafeina), muy efectivos para combatir el cansancio y el hambre, mitigando también la sed. Es una importantísima bebida social en Argentina, Paraguay y Uruguay. Menos conocidos son sus usos medicinales como planta diurética y laxante en dosis adecuadas. El cocimiento se utiliza también para lavar las heridas. Durante la segunda guerra mundial, Alemania importó gran cantidad de esta planta, que era suministrada a los soldados en infusión en las campañas del norte de Africa. Se conseguía con ello ahorrar comida y bebida.

De la lista interminable de plantas de acción hepática y colerética citamos el boldo (*Peumus boldo*), de la familia monimiáceas y originaria de Chile. Sus hojas poseen aceites esenciales y glucósidos amargos como la boldoglucina. Se expende en todos los herbolarios europeos y posee también propiedades aperitivas y digestivas.

La ipecacuana (*Cephaelis ipecacuana* y *C. acuminata*) perteneciente a la familia rubiáceas, procede de las selvas de América Central y del Sur, y se recolecta de plantas silvestres. Actualmente se ha comenzado a cultivar experimentalmente, ya que cada vez es más escasa y corre peligro de extinción. Su principio activo, denominado emetina, es imprescindible para combatir las amebas en el tratamiento de la disentería y la piorrea.

La conocida hierba luisa (*Lippia triphylla*), verbenácea, similar en su aroma y acción a la melisa o toronjil de Europa, procede de América del Sur y su cultivo está extendido por todo el mundo. Se consume en infusión contra dolores de estómago y vómitos. Tiene acción tranquilizante, como la tila. También se ha utilizado para combatir ataques cardíacos y epilépticos.

La pasiflora, flor de pasión, pasionaria, maracuyá o burucuyá (*Passiflora incarnata*) es un bejuco leñoso originario del trópico americano, perteneciente a la familia pasifloráceas. Debe su nombre a la original estructura de su flor, que recuerda a los clavos y la corona de espinas de la pasión de Cristo. Muchas de sus especies se usan por su acción sedante para combatir el insomnio y la ansiedad.

Tanto la *Cassia alata* o guacamayón, como la *C. occidentalis* o hierba hedionda, de la familia cesalpiniáceas, son plantas de origen americano de uso muy difundido en todas las regiones tropicales del mundo. Se utilizan las hojas y flores en infusión. La primera de ellas es eficaz contra las afecciones de la piel, como herpes, eczema, soriasis o sarna. También es diurética, sudorifíca y purgante. En las Antillas y en la India se utiliza contra las mordeduras de serpientes venenosas; también se usa para destruir las niguas. En Africa Occidental se utiliza para combatir la hepatitis. El principio activo es la rabarbarina o ácido crisofánico contenido en sus hojas. La segunda es febrifuga y se usa para combatir el paludismo, entre otras muchas cosas.

Plantas mejicanas

Capítulo aparte merecerían las plantas de orígen mejicano, de las que vamos a hacer un breve resumen. El maíz (*Zea mays*) no solo se utiliza como planta alimenticia. Los estilos

Cassia (Laurus cassia). *Joseph Jacobi Plenck.* Icones Plantarum Medicinalium. 1788. *Biblioteca Facultad de Farmacia. Universidad Complutense.*

de las flores femeninas, mal llamados estigmas, poseen principios medicinales; son ricos en sales minerales y flavonoides de acción diurética.

Como muchas otras plantas comestibles, el chile mejicano (*Capsicum annuum*), llamado también ají en otros países de lengua castellana, tiene propiedades curativas; fue un remedio frecuente en la época anterior a la conquista. Se conocen crónicas detalladas de su uso para la tos, infecciones en la lengua y el oido, contra la formación de sarro, en afecciones respiratorias o para iniciar el parto.

La medicina indígena en Méjico despertó un gran interés en los españoles, pero siempre se la consideró con recelo y menosprecio, debido a la actitud de la Inquisición, que no lograba discernir entre prácticas curativas y magia. Por ello, mucho de los remedios populares se perdieron o se disimularon. Los descubrimientos de la medicina moderna confirman los acertados usos que los indios hacían del ají como laxante, estimulante, analgésico y fuente de vitaminas A y C, tan importantes para la salud de los dientes, encías y sistema respiratorio.

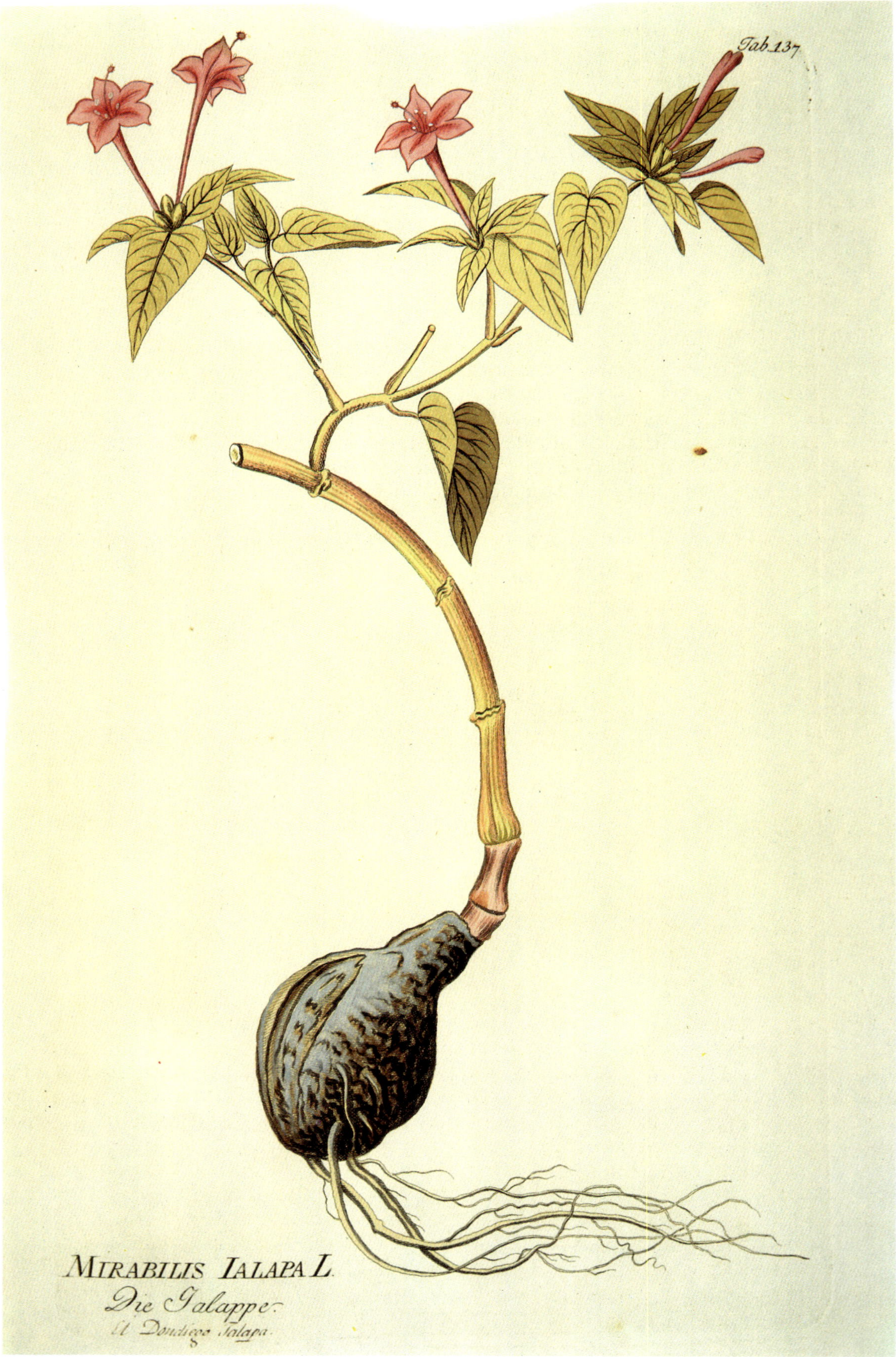

Mirabilis jalapa.
Josep Jacobi Plenck.
Icones Plantarum
Medicinalium. 1788.
Biblioteca Facultad de
Farmacia:, Universidad
Complutense.

Entre los recientes descubrimientos cabe señalar el de la diosgenina, obtenida del ñame mejicano *Dioscorea elephantipes* (dioscoreáceas), utilizado para el tratamiento del reumatismo y para producir anticonceptivos orales.

El peyote (*Lophophora williamsii*) es una cactácea que crece en el norte de Méjico y sur de Estados Unidos. Es una importante planta alucinógena. Los indios mastican los botones de la planta para ablandarlos y luego tragárselos. La consideran como una panacea de gran poder curativo y no solo de uso en las ceremonias religiosas.

El ololiuqui o semillas de la Virgen (*Turbina corymbosa*) es una convolvulácea que vive en el sur de Méjico. Ya conocida desde el tiempo de los aztecas, sus semillas, que se consumen molidas, contienen alcaloides tóxicos y glucósidos, compuestos derivados del ácido lisérgico. Se trata de una planta alucinógena que produce euforia, aunque su uso no es muy frecuente.

Drogas amazónicas

Un gran número de plantas son utilizadas en la cuenca amazónica como fuente de bebidas de acciones narcótica o alucinógena, de la misma manera que el peyote o el ololiuqui en Méjico. El uso de muchas de ellas va unido a los rituales mágico-medicinales, de los que no pueden ser separados. Un ejemplo de ello es el caapi, ayahuasca o yagé, llamados así en Brasil, Perú y Ecuador, y Colombia respectivamente (*Banisteriopsis caapi*, *B. inebrians*, especies del género *Tetrapterys*) de la familia malpigiáceas, de la que se mastica la corteza o se bebe en infusión.

El yopo, cohoba o curupay (*Piptadenia peregrina*), es un bejuco perteneciente a la familia leguminosas. Machacando sus semillas se obtiene el polvo, utilizado por inhalación para comunicarse con el mundo de los espíritus.

Plantas norteamericanas

Mucho menos conocidas son aún las plantas medicinales aportadas al mundo por la medicina popular de Estados Unidos y Canadá. El hamamelis (*Hamamelis virginiana*) es un árbol cuyas hojas y corteza tienen principios de acción cicatrizante y hemostática. En uso interno actúa como vasoconstrictor en varices, hemorroides y flebitis. La cáscara sagrada (*Rhamnus purshiana*), originaria de la costa pacífica de Canadá y Estados Unidos, es aún más eficaz que el arraclán europeo (*Rh. frangula*), en su acción laxante debida a los heterósidos que contiene en su corteza. Esta se recoge de abril a agosto y se seca a la sombra, no pudiendo ser consumida hasta un año después, a no ser que sea desecada a altas temperaturas.

Plantas medicinales del viejo mundo introducidas en América

Fueron muchas las plantas del Viejo Mundo que llevaron a América los europeos que allí se establecieron. Se puede decir que Europa trasladó a América su cultura y con ella sus plantas medicinales más notables en aquella época. Actualmente se siguen cultivando muchas de ellas y otras se han asilvestrado. Algunas han adquirido especial interés, como la belladona o el digital. Cualquier tratado americano actual sobre plantas medicinales contiene una proporción muy alta de plantas originarias del Viejo Mundo. De todas maneras, los colonizadores quisieron hallar en América plantas parecidas a las de su lugar de origen y las pusieron nombres populares análogos.

De las plantas llevadas a América se pueden citar entre otras el ajo, cebolla, azafrán, manzanilla, lavanda, mejorana, toronjil o melisa, romero, tomillo, orégano, hierbabuena, albahaca, anís, perejil, hinojo, jenjibre, ajenjo, laurel, te, café, cola, adormidera, marihuana, belladona, estrofanto, digital, morera, nogal, tilo, olivo, vid o sésamo.

Hay testimonios del siglo XVI que demuestran que muchas de estas plantas fueron introducidas en América muy tempranamente. El padre Acosta[7] cuenta que: «... cebollas, ajos y zanahorias no se dan mejor en España que en el Perú.» En 1560 llegó Antonio de Rivera a Lima con olivos plantados en macetas o tinas. Ello sirve como ejemplo para llevar otras muchas plantas. Según los testimonios del padre Bernabé Cobo[8] el perejil y el orégano

Cranotus americanus.
Joseph Jacobi Plenck.
Icones Plantarum
Medicinalium. 1788.
Biblioteca Facultad de Farmacia, Universidad Complutense.

«... nacen ya copiosamente en todas estas Indias, ...» Este cronista murió en Lima en 1657. Da también noticia de la manzanilla, hierbabuena, albahaca, toronjil y mejorana. El tomillo no había llegado todavia al Perú en el siglo XVII. Sin embargo el arzobispo Juan de la Serna ya lo había introducido en Méjico. El romero fue llevado a las Antillas en 1520, enviado por el doctor Matienzo en forma de plantón. En 1579 fue plantado por primera vez en Lima de semilla por Alonso Gutiérrez.

Estimulantes del viejo mundo

Por si no fueran pocas las plantas que ya existían y eran utilizadas habitualmente como estimulantes, a América han sido llevadas del Viejo Mundo la marihuana (*Cannabis sativa*) y la adormidera (*Papaver somniferum*), fuente principal para la obtención de morfina, así como los tan usados te y café.

La cola (*Cola sp.*) es una planta de origen africano que se masca como estimulante en su lugar de origen. Contiene como principios estimulantes cafeina, teobromina y colacatequina, sobre todo en sus semillas, llamadas nuez de cola. Estas tienen un peso que oscila entre 8 y 25 g, y cuya composición aproximada es de un 12% de agua, 9% de proteinas, 1% de grasa, 44% de almidón y 3% de azúcares, además de un 2% de cafeina. Presentan sabor amargo y un fuerte color rojo oscuro. En medicina se ha utilizado como tónica y reconstituyente en forma de tintura y extracto. No se sabe si fue introducida en América por los esclavos negros, o posteriormente por los emigrantes italianos aficionados a refrescos estimulantes a base de extractos de esta planta. Desde 1880 se utiliza en América para la elaboración de bebidas ligadas al nombre de «cola». La producción mundial se aproxima a las 20.000 tm anuales y se cultiva en Sudamérica, sobre todo la especie *Cola nitida*.

Entre las solanáceas del Viejo Mundo que contienen poderosos alcaloides se encuentran el estramonio, el beleño, la mandrágora y la belladona. Todas ellas eran plantas usadas como ingrediente de brevajes en la brujería medieval europea. La belladona (*Atropa belladonna*) era una planta muy famosa en la Europa del siglo XVI y fue llevada muy tempranamente a América. Según Font Quer[9], «el nombre genérico recuerda a una de las parcas de la mitología griega, ... de cuyas manos pendía el hilo de la vida, que cortaban inexorablemente a su antojo; el nombre específico popular belladona alude al uso de esta planta en el arte cosmético de la mujer italiana de aquellos tiempos, porque con sus frutos, de zumo morado, tratarían de embellecer sus ojos, abrillantándolos y agrandándolos por la virtud midriática de la atropina.» La hiosciamina y atropina son los alcaloides pricipales que contiene esta planta. El segundo es un poderoso veneno, que usado con cautela es de gran utilidad medicinal para úlceras y cólicos. Su acción sobre el sistema nervioso parasimpático produce desordenes mentales y alucinaciones, incluso en animales domesticos que la ingieren. La ingestión de cuatro bayas bastan para causar la muerte a un niño.

La mayoría de los principios activos verdaderamente efectivos y que han supuesto hitos en la historia de la medicina son de origen vegetal. Es el caso de la digital (*Digitalis sp.*), cuya acción como regulador cardíaco y contra la hidropesía fue descubierta por Withering a partir de una mezcla de hierbas suministrada por una curandera, entre las que se encontraba digital seca. La planta, que presenta diferentes especies y variedades, fue llevada a América como planta ornamental y medicinal. Los principios activos digitoxina, gitoxina y digitalina se encuentran en sus hojas y tienen acción cardiotónica y diurética. Su uso debe ser restringido a control médico.

Muchas otras plantas de interés medicinal han quedado sin comentar. Cada una de ellas ha supuesto un pequeño capítulo en la historia de las culturas humanas. En absoluto hemos pretendido ser exhaustivos en un tema tan amplio, sino tan solo dar una visión de conjunto de este intercambio de plantas, resaltando ciertos aspectos que dan idea de la importancia que algunas de ellas, tanto americanas como europeas, han tenido en la historia de la curación.

NOTAS

1. Padre Caloncha.*Crónica Moralizadora de la Orden de San Agustín*. 1633. Citado por Acosta Solís, Misael. *Chinchonas del Ecuador.* Quito. Editorial Ecuador. 1947. pp. 14.
2. Paz Soldán. *Las tercianas del Conde Chinchon*. 1938. Citado por Acosta Solís, Misael. *Chinchonas del Ecuador.* Quito. Editorial Ecuador. 1947. pp. 14.
3. Hipólito Ruiz. *Quinología o tratado del árbol de la quina o cascarilla*. Madrid. 1792.
4. Pedro Cieza de León. *Crónica del Perú*. Sevilla. 1553.
5. Bartolomé de las Casas. *Historia de las Indias*. Madrid. Biblioteca de Autores Españoles. 1957. pp. 162.
6. Pedro Cieza de León. *op. cit.* nota 4.
7. José de Acosta. *Historia natural y moral de las Indias*. Sevilla. Imp. Casa de Juan León. 1590. Tomo I. pp. 364.
8. Bernabé Cobo. *Historia del Nuevo Mundo*. Madrid. Biblioteca de Autores Españoles. 1956. pp. 431.
9. Pío Font Quer. *Plantas medicinales. El Dioscórides renovado*. Barcelona. Ed. Labor. 1987. pp. 569.

EL LARGO CAMINO HACIA OCCIDENTE DE LA CAÑA DE AZÚCAR

IGNACIO GONZÁLEZ TASCÓN
C.E.D.E.X. Ministerio de Obras Públicas y Urbanismo
JOAQUIN FERNÁNDEZ PÉREZ
Facultad de Biología. Universidad Complutense de Madrid

«Agrádame a mi concentrar la dulce miel en moldes de arcilla: no la que capta en los campos la abeja siciliana y solícita oculta en los huecos troncos; sino aquella que exprimida en prensas, vaciada en tinajas de metal, condensa el colono mexicano, y saca —albeante azúcar— de los cónicos moldes.»

Rafael Landívar, Rusticatio Mexicana.[1]

Las rutas del azúcar en época medieval.

Desde sus borrosos orígenes, en las regiones cálidas de la India y la China, hasta el inicio de su cultivo en la España musulmana hacia el siglo X, el azúcar recorrió un largo y accidentado camino siempre hacia Occidente.[2]

El mundo clásico greco-romano empleó diversos endulzantes naturales, pero desconoció las posibilidades que ofrecía el jugo de la caña dulce, que no formó parte de su dieta.[3] Sus principales endulzantes fueron la miel que obtenían de las abejas, las uvas y otras frutas secas, y el «saccharum» o tabaschir, concreción silícea y dulce que rezuma los entrenudos de ciertos bambúes, y que se empleaba con fines medicinales.

La expansión del cultivo de la caña y de la tecnología del azúcar desde Asia hacia la Península Ibérica guardó gran semejanza con la difusión de la invención del papel de trapos, el gran descubrimiento que permitió fabricar un soporte barato de la escritura a partir de productos vegetales, como el lino, el cáñamo o el algodón.

En ambos casos, una técnica originaria de China se difunde a través del mundo islámico, y alcanza en Al Andalus, una importancia tal, que sus factorías —molinos de trapos en el caso del papel, aduanas o trapiches en el caso del azúcar— exportan sus productos manufacturados a una gran parte de Europa.[4]

El largo camino del azúcar hacia occidente ha dejado a su paso algunas huellas significativas; Palestina hacia el sigloVII, Grecia en el siglo VIII ó IX, España en el siglo X, jalonan una ruta que se extiende por las riberas del Mediterráneo.

Limitada la implantación de su cultivo por exigencias climáticas a las regiones costeras de los reinos de Valencia y Granada, lo que inicialmente fue un cultivo exótico pronto se convirtió en un emporio agrícola e industrial que transformó a poblaciones como Gandía (Valencia) o Motril (Granada) en centros comerciales importantes que abastecieron con su producción, básicamente dedicada a la exportación, a las grandes ciudades europeas.[5]

El cultivo de la caña de azúcar figura por primera vez recogido en España en el «Calendario de Córdoba», del año 961, y en él se reglamentan las épocas del año en que la caña debe de plantarse y recogerse. Pronto aparecen otras menciones, como en la «Crónica del Moro Rasis» —también del siglo X— pero no será hasta el siglo XII cuando el cultivo de

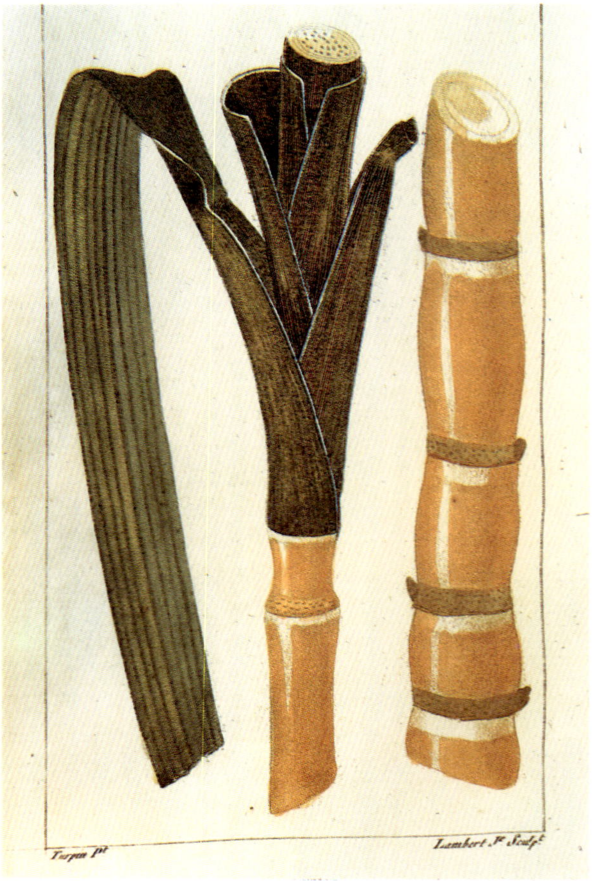

Caña de azúcar.
F.P. Chaumeton. Flore Medicale. 1814
Real Jardín Botánico, Madrid.

Detalle del tallo y hojas de una caña de azúcar.
F.P. Chaumeton. Flore Medicale. 1814.
Real Jardín Botánico, Madrid.

la caña de azúcar merezca por su importancia figurar en los tratados agronómicos andaluces, destacando entre todos el de Al-Hayy de Granada, cuya obra ha llegado hasta nosotros indirectamente, recogida a través de la de Ibn al-Awwan de Sevilla.[6]

Variedades de caña de azúcar y modos de extraer el jugo.

Durante todo el período que estamos considerando, el único modo conocido para reproducir la caña de azúcar fue mediante estacas, tanto en el mundo islámico medieval como en el Nuevo Mundo. En realidad, hasta el siglo XIX no se descubre que las diminutas semillas de la planta son fértiles, y sólo será a partir de entonces cuando se inicie una experimentación sistemática con las semillas, cuya finalidad es obtener nuevas variedades más robustas y resistentes a las plagas y con un mayor contenido en azúcar.

Hasta mediados del siglo XVIII, la única variedad empleada en España y las Nuevas Indias, fue la conocida como «española» o «criolla».

Otra peculiaridad notable de los procesos de la caña dulce, es la disminución, extremadamente rápida, del contenido de azúcar en sus jugos a partir del momento en que se realiza la zafra. De hecho, una espera de tan sólo dos días, entre el corte y la molienda, provoca una notable disminución de la producción.

Esta razón, de importancia relativa cuando la fabricación de azúcar es llevada a cabo de manera artesanal en pequeñas plantaciones próximas a la costa mediterránea, adquirirá tal relevancia en la isla de Cuba en el siglo XIX, que por sí sola justificará una revolución en los transportes, y el tendido del primer ferrocarril del mundo hispanoamericano en Cuba, antes incluso que en la metrópoli.[7]

La manufactura del azúcar de caña en la España musulmana toma prestada desde sus orígenes los instrumentos —molinos y prensas básicamente— utilizados en la fabricación de aceite de oliva, actividad agrícola sólidamente implantada ya en la Hispania romana.[8]

ISLA DE CUBA.—Recoleccion de la caña de azúcar en un ingenio.

Recolección de la caña de azúcar en un Ingenio de la isla de Cuba.
La Ilustración Española y Americana. 1873 *pág. 353. Hemeroteca Municipal Madrid.*

Los tradicionales molinos, accionados por bestias de tiro o por energía hidráulica, muy generalizados es la España medieval para la molienda de la aceituna, se usaron también, sin apenas cambios, para triturar las cañas sin más preparación previa que trocearlas para poder meterlas dentro del molino de piedra.

Al igual que se hacía con la aceituna molida en la almazara, las cañas trituradas se colocaban en capachos y se exprimían en una prensa de viga, a veces provista de husillo o tornillo para aumentar la presión. De este modo se obtenía un líquido dulce, llamado en España zumo o jugo y en América guarapo.[9]

El procedimiendo medieval de extraer el jugo de la caña mediante el troceado, molido y prensado, siguió utilizándose en España durante los siglos XVI y XVII, aunque como veremos más adelante, en América a finales del siglo XVI se generalizan nuevos procedimientos más eficaces.

Hacia 1590, un aragonés hasta hoy no identificado, escribe un tratado de tecnología conocido como «Los Veintiún Libros de los Ingenios y de las Máquinas»; en él se describen y representan los procesos de fabricación de azúcar del modo tradicional.[10]

El texto va acompañado de un dibujo que reviste gran interés, pues se aprecia claramente cómo un rodezno accionado por la fuerza del agua hace girar una muela de piedra de grandes dimensiones, mediante un engranaje de linterna, con el fin de disminuir su velocidad de giro, dispositivo muy frecuente también en las almazaras en las que se fabricaba el aceite.

Una vez molidas las cañas, nuestro anónimo informador escribe:

> «... y después de molida, la van poniendo en unos vasos y de aquí la ponen en unas capaças de esparto casi como las que acostumbran poner las olivas molidas, y las van prensando por la misma manera que las olivas...»

En el dibujo comentado, figura además un cuchillo mecánico, con el que se pretende mecanizar el troceado de las cañas, aportación del autor a la tecnología establecida, pero cuyo funcionamiento —como ocurre con otras muchas innovaciones renacentistas— es más que problemático.

Con el prensado de las cañas, terminaba la primera fase del proceso tradicional para obtener el azúcar.

La cocción del guarapo en las pailas

Una vez extraído el jugo de las cañas, era necesario eliminar la mayor parte del agua que contenía, operación larga y engorrosa, que consumía además grandes cantidades de leña. El procedimiento más primitivo, utilizado tanto en España como en América consistía en colocar los zumos extraídos en unas vasijas abiertas, redondas, y de poco fondo, llamadas «pailas» o «recibidores», generalmente de cobre, bajo las cuales se encendía un fuego, que lentamente iba evaporando el agua, hasta convertir el zumo inicial en un jarabe dulce y espeso.

En el proceso de cocción, se añadía al jugo una cantidad —que dependía de la opinión de los expertos— de lejía, para alcalinizar el guarapo; la lejía se obtenía mediante el lavado con agua caliente de las cenizas de diversas plantas.

A consecuencia de la lejía añadida, se producía una reacción química que desprendía muchas espumas, que se eliminaban de la superficie de la paila mediante instrumentos adecuados.

Este procedimiento tradicional, se empleaba todavía a principios del siglo XVII, y así lo recoge el fraile aragonés Francisco Ximénez en su obra publicada en México en 1615.[11]

El proceso de cocción requería una habilidad notable, ya que además de tener que eliminar las espumas que se formaban, dosificando adecuadamente la lejía, exigía vigilar con atención el fuego, evitando el peligro de que el azúcar se queme —tomando un color oscuro que disminuirá su precio final— o que se descomponga la sacarosa por efecto de la temperatura.

Este peligro aumenta en la medida en que el proceso avanza, ya que la temperatura de ebullición del jarabe espeso es muy superior —hasta veinte grados centígrados— a la del guarapo, que contiene mucha más agua.

Cuando el jarabe ha espesado bastante, se trasvasa de las «pailas» a unos recipientes también de cobre pero de menor tamaño llamados «tachas». La razón de este trasvase, es que en las tachas el jarabe se concentra con fuego lento y muy cuidado, evitando la ebullición que puede arruinar el azúcar.

Cuando el grado de espesamiento es adecuado, el jarabe está listo para ser cuajado en las formas.

La obtención del pan de azúcar: las formas

Cuando en opinión del maestro del azúcar, los jugos habían alcanzado en las tachas el punto adecuado, el jarabe caliente y espeso se vertía en unas vasijas de barro de forma cónica, que recibían el nombre de «hormas» o «formas». Estos moldes cerámicos, con anterioridad se habían mantenido sumergidos en agua durante varios días para evitar que el azúcar cristalina se adhiera a las paredes del molde.

Al enfriarse lentamente el jarabe en estas formas cónicas, el azúcar va cristalizando, aunque hay también una parte del jarabe formado por mieles de color oscuro que no cristaliza y que es preciso eliminar.

Para ello, las formas llevan un orificio en la parte inferior, la más apuntada, que permanece tapado mientras se cuaja el pan de azúcar, operación muy lenta, que requiere varias semanas.

Cuando se da por concluído el proceso, se quita el tapón —constituído generalmente por un trozo de madera, ajustado con algunas hojas— del orificio y se drenan las mieles que no han cristalizado, recogiéndolas en una vasija, ya que aunque menos valiosas que el azúcar, se podían incorporar en un nuevo proceso, o bien ser utilizadas en el engorde de animales domésticos, o en la fabricación de aguardiente.

La eliminación de estas mieles, simplemente por escurrimiento, no era suficiente sin embargo para obtener un azúcar blanco, y de nuevo se requería recurrir a aditivos, que este caso sólo actúan de modo físico.

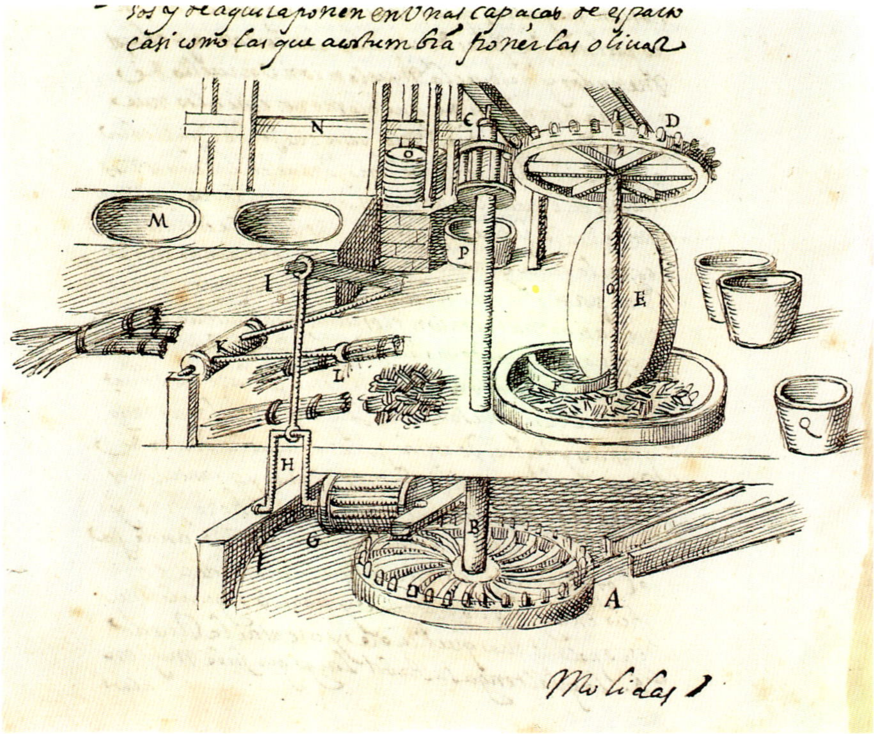

Esclavos negros de un ingenio azucarero cubano. J. Vilanova y Piera. La Creación. Historia Natural. 1872. *Real Jardín Botánico, Madrid.*

Molino de piedra para triturar la caña de azúcar. Pseudo Juanelo Turriano. Los Veintiún Libros de los Ingenios y de las Máquinas. *(S. XVI). Manuscrito 3374, fol. 335 v. Biblioteca Nacional. Madrid.*

Una vez escurridas las mieles —lo que hacían muy lentamente, necesitándose alrededor de un par de semanas— se podía dejar secar los panes y extraerlos del molde, obteniendo así un azúcar que se podía refinar repitiendo el proceso, tal y como se recoge en «Los Veintiún Libros de los Ingenios y de las Máquinas».[12]

> «... y allegando a un cierto punto lo sacan y le van poniendo dentro de unos moldes de barro, y ansí se van formando panes grandes o pequeños y en enfriándose se va quaxando y este es el azúcar xaropado; y para irle refinando buelven a romper aquellos panes y buelvenlos en otras calderas y se vuelve a cocer otra vez, y deste modo le van refinando y hacen panes pequeños, más para traerle a esa fuerza, tres veces lo recuecen para que sea muy blanco.»

Con mayor frecuencia, una vez que las mieles han escurrido por el agujero del molde, se procedía al «purgado» del azúcar, operación que consistía en colocar en la boca ancha de la forma un barro muy húmedo, que al escurrir a través de los cristales arrastraba una gran parte de las mieles que se habían quedado adheridas al azúcar.

El mayor inconveniente de este procedimiento de blanqueo, era que el agua del barro también disolvía una parte del azúcar, que ya no se podía recuperar, y que por tanto encarecía el proceso.

Al cabo de unos días, cuando el barro estaba ya seco, se eliminaba, y al poco tiempo se podía sacar el pan de azúcar del molde.

Sobre este procedimiento de purgado, empleado por el duque de Gandía en sus «trapigs» valencianos, nos informa, a mediados del siglo XVI, el historiador Martín de Viciana[13]:

> «Y para que esta purgación se haga, ponen encima de la boca ancha del vaso y sobre el azúcar, un poco de barro hecho de tierra que le nombran grita (greda). De esta tierra hay buena copia en el término de el estado. El maestro de este exercicio conoce el pan de azúcar haber bien purgado el humor cuando se ha abajado en el molde o vaso tres o cuatro dedos; entonces el maestro saca el azúcar del molde y rompe el pan de azúcar en pedazos, y de la parte de arriba, que está junto a la grita, se hace el azúcar fino. Y de la parte que después sucede se hace azúcar para jarabes...»

Este azúcar, de mejor calidad cuanto más lejos se encuentre del orificio por donde fluyen las mieles, estaba ya listo para el consumo.

Una nueva singladura oceánica hacia Occidente. El azúcar en las Islas Canarias y el Nuevo Mundo

El cultivo de la caña de azúcar en aquellas regiones de Europa donde fue posible, alcanzó ya en el siglo XV una riqueza casi legendaria. Gandía, Oliva, Motril, se convirtieron en emporios enriquecidos con el cultivo de la caña y la industria de la elaboración del azúcar. Mercaderes genoveses se establecen en las costas del reino de Granada, y banqueros alemanes se afincan con almacenes y representantes propios en la ciudad de Valencia, desde donde embarcan cargamentos de azúcar con destino a Lyon, ciudad que por entonces ostentaba el papel indiscutido de centro distribuidor del azúcar en gran parte de Europa.

Incluso el celebrado poeta Ausias March —conocido como el Petrarca español— invirtió considerables sumas de dinero en la lucrativa industria del azúcar en su señorío de Beniarjó.

No es pues extraño que la expansión marítima que portugueses y españoles emprenden en el siglo XV vaya acompañada de la búsqueda de nuevos territorios cálidos, húmedos y fértiles, aptos para cultivar la caña dulce.

Don Enrique, regente de Portugal, fomenta hacia 1420 la creación de nuevas plantaciones de caña en la isla de Madeira; años más tarde los españoles introducen el mismo cultivo con éxito en las islas Canarias, empleando plantas y técnicos azucareros procedentes de Madeira.[14]

Estos éxitos obtenidos en Canarias, alentaron a la Corona de Castilla a intentarlo también en las Nuevas Indias descubiertas por Colón, quien introdujo unas estaquitas de caña en La Española (Santo Domingo) en su segundo viaje, según él mismo recoge en su memorial en 1494.

A partir de entonces, y en muy pocos años, Cuba, Puerto Rico y Jamaica tuvieron sus primeros campos de cañas dulces, y más tarde, cuando Cortés llega a México, su cultivo se generalizará en las tierras bajas, de humedad y temperatura adecuada.

La enorme importancia que a mediados del siglo XVI ha adquirido ya en La Española la industrial del azúcar queda bien reflejada en un catastro de trapiches e ingenios realmente excepcional, que recoge el cronista Gonzalo Fernández de Oviedo.[15]

En primer lugar hemos de señalar que Fernández de Oviedo, diferencia ya con claridad entre «trapiches», que son máquinas movidas por caballos, e ingenios, mucho más po-

Ingenio azucarero con trapiche de tres mazas verticales.
P. Pomet. Histoire Generale des Drogues. 1694.
Real Jardín Botánico, Madrid.

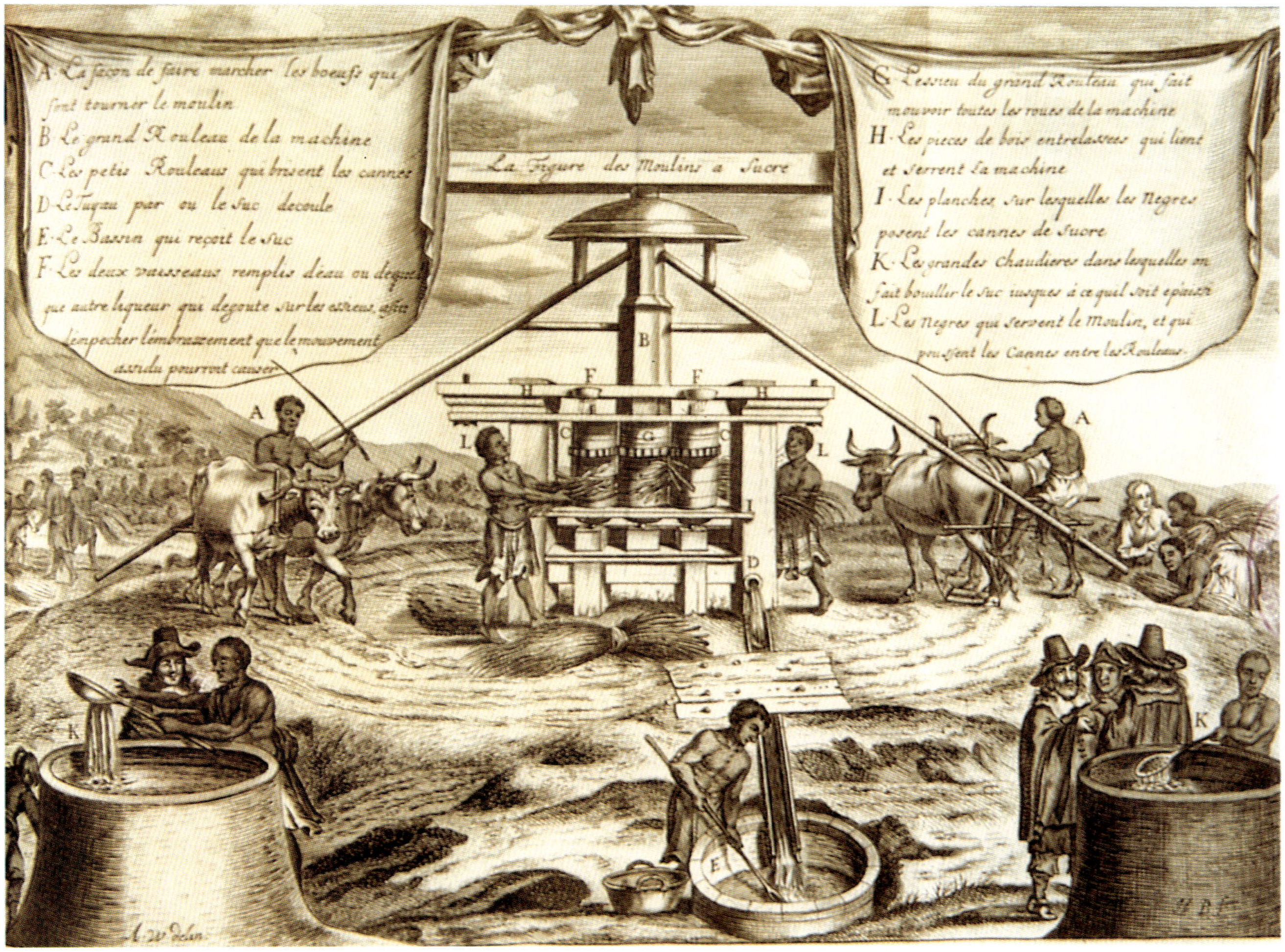

Ingenio azucarero con trapiche. Charles Cesar de Rochefort. Histoire Naturelle et Morale des Iles Antilles. 1665. *Real Jardín Botánico, Madrid.*

Trapiche de azúcar de tres mazas rústico. E. André. América Equinoccial. *En «América Pintoresca». Barcelona. Montaner y Simón,* 1884. *pág. 641. Biblioteca Nacional, Madrid.*

Ingenio de azúcar de tres mazas y rueda hidráulica vertical. Voyages dans la partie septentrionale du Brásil, depuis 1809 jusqu'en 1815. *Traduit de l'Anglais par M.A. Jay. París. Chez Delaunay.* 1818. *Biblioteca Nacional, Madrid.*

tentes, que emplean como fuerza motriz una rueda hidráulica, y cuyo costo de primera instalación es muy superior, aunque también lo es su rendimiento.

En 1546, había en la isla, cuatro trapiches de caballos frente a «veinte ingenios poderosos». Esta relación nos muestra claramente el auge y la importancia que cobra en la isla la industria del azúcar, pues a pesar de su elevado coste predominan los ingenios hidráulicos, que requieren la canalización de las aguas de un arroyo, la construcción de azudes y de grandes ruedas hidráulicas, y las instalaciones de las casas de pailas, y de formas.

Los propietarios de los ingenios son gente acaudalada, en general altos cargos de la Administración: alcaides, tesoreros, contadores, oidores, veedores de fundiciones de oro, regidores e incluso uno que perteneció al almirante Diego Colón. Pero también se advierte la penetración de propietarios extranjeros, introducidos en el negocio de la producción o del comercio del azúcar: Estebán Justinián y Agostín Binaldo genoveses, y la compañía de los Velzares (Welser).

De clase social más modesta eran los propietarios de los trapiches de caballos; uno perteneció a Alonso de Peralta, chantre de la iglesia de Santo Domingo (chantre es la persona encargada del gobierno del canto en el coro); otro pertenecía a Martín García, de quien tan solo nos dice el cronista que era un «hombre honrado»; el tercero era de Francisco Barrionuevo, antiguo gobernador de Castilla del Oro, y de Fernando de Illiescas, a quien cita sin títulos ni cargos; el cuarto pertenecía a Sancho de Monesterio y Joan de Aguilar, a quienes tampoco atribuye especial relevancia.

Todos estos ingenios y trapiches, con independencia de cual fuese el agente motor, molían la caña como en España, es decir empleando muelas de piedras dispuestas de manera análoga a como se utilizaban para la molienda de la aceituna.

A pesar de disponer de un importante equipamiento industrial de molienda, faltaban en La Española técnicos cualificados capaces de cuajar un buen azúcar, por lo que ya en las primeras décadas del siglo XVI se recurrió a enviar a Sevilla azúcar sin refinar, mezclada con sus mieles, aprovechando el viaje de regreso de los navíos que llegaban a la isla. Fernández de Oviedo lo recoge con claridad:

La cocción del azúcar en Panche. E. André. América Equinoccial. *En «América Pintoresca». Barcelona. Montaner y Simón, 1884. pp. 644. Biblioteca Nacional, Madrid.*

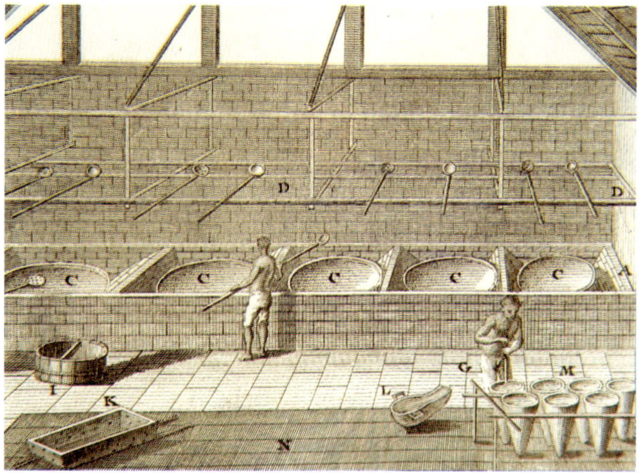

Tren de pailas y operación de llenado de las formas de azúcar. Dictionaire Raisonné des Sciences, des Arts et des Metiers (recueil des Planches). 1751-1780. *Real Jardín Botánico, Madrid.*

Almacén para el purgado de los panes de azúcar. Dictionaire Raisonné des Sciences, des Arts et des Metiers (recuil des Planches). 1751-1780. *Real Jardín Botánico, Madrid.*

«E continuamente, las naos que vienen de España, vuelven a ella cargadas de azúcares muy buenos; e las espumas e mieles dello, que en esta isla se pierden y se dan de gracia...»

Muchas de estas refinerías se establecieron en la propia ciudad de Sevilla, pero al parecer, con el pretexto de refinar el azúcar que llegaba de América, los comerciantes acaparaban el producto y encarecían excesivamente su precio de venta a los confiteros y minoristas de la ciudad, por lo que su actividad fue prohibida por el Ayuntamiento de Sevilla en 1541, aunque ello no debió causar el efecto deseado pues con posteridad se reiteran las prohibiciones.[16]

La existencia de esta actividad industrial, asentada en Sevilla durante una gran parte del siglo XVI, ha sido confirmada por hallazgos arqueológicos recientes, al llevarse a cabo la rehabilitación de la Cartuja de Santa María de las Cuevas. Multitud de vasijas cerámicas, entre ellas algunas formas bien conservadas donde se cuajaba el azúcar, han sido extraídas de las bóvedas del recinto, donde fueron empleadas para aligerar el peso del relleno de sobre las mismas; fue tal vez su último uso, tras las prohibiciones de las labores de refino en la ciudad.[17]

La rápida expansión del cultivo de la caña de azúcar en América tuvo consecuencias muy diversas, algunas de ellas inesperadas. El azúcar, añadido al cacao indígena, convirtió el chocolate de los mayas y mexicanos en un nuevo producto dulce, que alcanzó gran éxito en España ya en el siglo XVI, y más tarde en toda Europa.

Las nuevas bebidas de moda, que se afianzan en Europa en el siglo XVII, como el té, el chocolate y el café, aumentaron con rapidez de demanda de azúcar, haciendo rentables los extensos cultivos del Nuevo Mundo; otros factores permitieron fabricar en América azúcar a precios competitivos con los de los reinos de Valencia y Granada, o los también recientes de las islas Canarias.

Entre ellos, las existencias de tierras de enorme fertilidad, que no precisaban ningún tipo de abono, la mano de obra barata (indígena primero, negros esclavos más tarde), y una pluviosidad adecuada, que permitió prescindir de las técnicamente complejas, además de muy costosas, obras de regadío.

Pero su cultivo tuvo también efectos devastadores a largo plazo. Agotadas las primeras tierras, bosques milenarios fueron talados o quemados sin contemplaciones para crear nuevos campos para el cultivo de la caña, abandonando como inservibles los ya esquilmados.

Los holandeses, enemigos declarados de la Corona española, se especializan en comerciar el azúcar que los portugueses cultivan con éxito en el Brasil; los ingleses tras apoderarse de Jamaica convierten la isla en una gran factoría de azúcar mientras los franceses, instalados en La Martinica y Haití crean una moderna industria azucarera basada en mano de obra esclava.

En época muy tardía, a finales del siglo XVIII, se introduce la caña de azúcar en las islas Filipinas, cerrando, siempre hacia occidente, una larga singladura oceánica por los dominios ultramarinos del reino de Castilla.

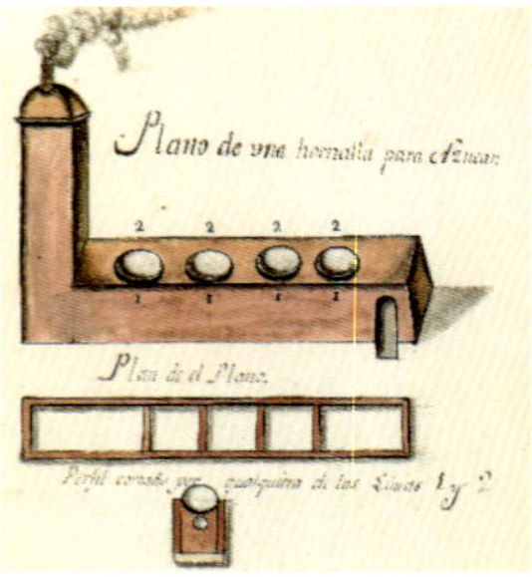

Hornalla o «tren de azúcar», empleado para ahorrar combustible. Obsérvese el tamaño decreciente de las «pailas» a medida de que se acercan al hogar. Archivo General de Indias. Ingenios y Muestras, 55.

La evolución del azúcar en América. (s. XVI-XVIII).

A pesar de no contar con la caña de azúcar, los pueblos prehispánicos, disponían, antes de la llegada de los españoles, de diversas maneras de endulzar sus comidas y bebidas.

En 1520, Hernán Cortés escribe desde México al emperador Carlos V una carta, en la que le describe con gran detalle los animados mercados aztecas:

«Venden miel de abejas y cera, y miel de cañas de maíz, que son tan melosas y dulces como las de azúcar; y miel de unas plantas, que llaman en las otras, y estas «maguey», que es muy mejor que arrope; y de estas plantas facen azúcar y vino que asimismo venden.»[18]

La introducción de la caña de azúcar desplaza a los demás productos endulzantes en la Nueva España, aunque la importancia del maguey o pita entre los indígenas continuó siendo muy grande para la fabricación de pulque a partir de aguamiel, y de cordelería con el hilo extraído de sus hojas.

El nuevo cultivo de la caña dulce en América, en terrenos cuya fertilidad era cuatro o cinco veces superior a la europea, permitió obtener inicialmente zafras muy superiores a las mediterráneas, que pusieron de manifiesto las limitaciones técnicas de los procedimientos medievales españoles, especialmente en lo que se refiere a la molienda de la caña.

Accionados por cabellerías o por ruedas hidráulicas, los pesados molinos de piedra convertían la molienda de la caña —que requería además ser troceada previamente— en un proceso engorroso y lento, que perjudicaba además la producción, pues ya hemos comentado que el tiempo transcurrido entre la zafra y la molienda debía de ser mínimo, corriendo en caso contrario el riesgo de perder una gran parte del contenido de azúcar de las cañas.

Hacia 1570 aparece en Brasil una nueva máquina, muy sencilla, el trapiche de cilindros, que permite extraer el zumo de la caña de una manera mucho más eficaz y rápida que en los tradicionales molinos de rulas de piedra[19].

El trapiche de cilindros, con independencia de la fuerza motriz que lo mueve (simples caballerías, una rueda hidráulica vertical de grandes dimensiones, y en escasísimas ocasiones un molino de viento) consistió al principio en una máquina compuesta por dos cilindros de madera, dispuestos horizontalmente, entre los que se aplastaba el tallo de la caña al introducirlo entre ellos, sin necesidad de trocearla previamente.

La idea parece tomada de otras actividades industriales que empleaban procedimientos de laminado, como las fanderías de metales o los cilindros de acuñar moneda, establecidos, con ayuda de técnicos alemanes, en la Casa de la Moneda de Segovia.[20]

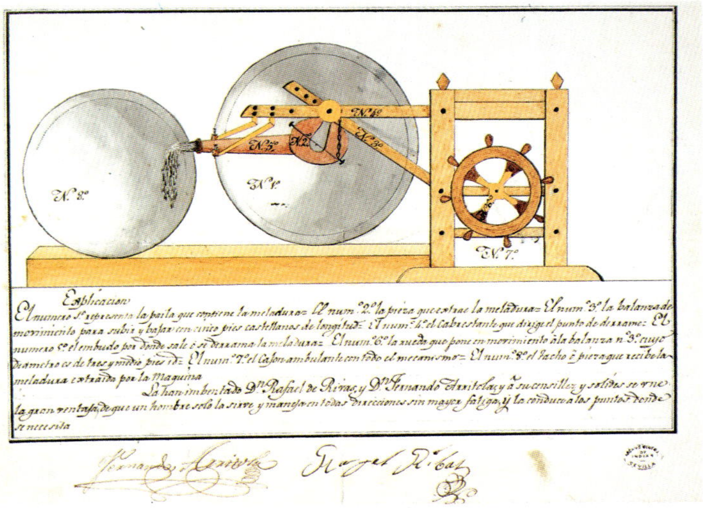

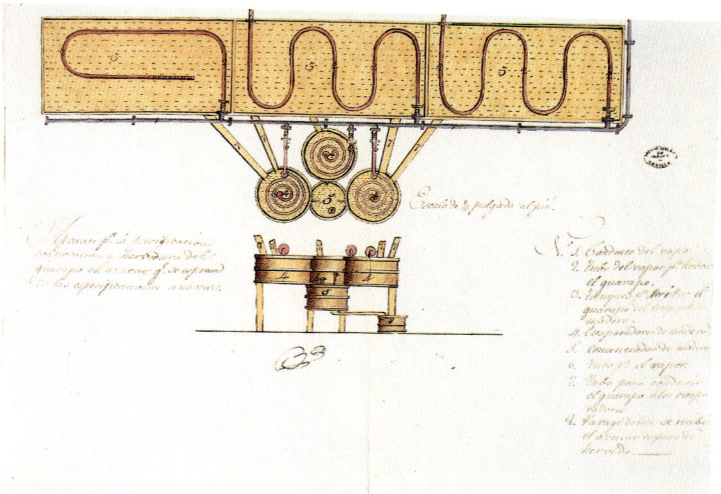

Máquina diseñada para trasvasar las meladuras en los ingenios de azúcar. Fernando Arritola y Rafael Ribas. 1826. *Archivo General de Indias. Ingenios y Muestras, 120*

Aparato para eliminar el agua del guarapo y convertirlo en un jarabe espeso (sistema Archibald). 1830. *Archivo General de Indias. Ingenios y Muestras, 128.*

A pesar de que el tallo de la «caña criolla» o «española» era bastante blando, para extraer el jugo que contenía era necesario hacer pasar las cañas muchas veces —al menos seis— entre los cilindros laminadores, y ello requería recoger las cañas en la parte posterior de la máquina, y trasladarlas de nuevo al frente del ingenio para laminarlas de nuevo entre los cilindros.

Pronto hicieron su aparición los trapiches formados por tres rodillos de madera, con sus ejes también horizontales, llamados en América «mazas», que tenían la ventaja fundamental de permitir el aplastamiento de la caña en ambos sentidos (según entre que mazas se introdujese la caña), lo que permitió ahorrar muchos desplazamientos y por consiguiente mano de obra que pudo ser empleada en las labores de zafra.

Sin embargo, esta disposición fue pronto abandonada, al revelarse extremadamente frágil; el plano que definían los ejes alineados de las mazas, se mostró muy débil y difícil de rigidizar, resultando en la práctica una fuente continua de roturas que motivaron su abandono prácticamente total en muy pocas décadas.

Por ello, en la mayor parte del siglo XVIII, los trapiches de tres mazas tienen sus ejes verticales, y así figuran en multitud de planos, grabados y dibujos que han llegado hasta nosotros, a pesar de que esta disposición resulta más incómoda para introducir la caña en la máquina.

El trapiche de cilindros tuvo sobre el molino de piedras otra ventaja adicional, y es que permitió extraer una mayor cantidad de zumo —y por tanto de azúcar— de la caña. Mientras que en los molinos de piedra, y en el prensado posterior, no se obtenía más que un 40-45 % del guarapo que contenían las cañas, en los nuevos trapiches de mazas se alcazaban rendimientos del orden de un 60-65 % del zumo, y por tanto del azúcar que contenían las cañas.

Con el fin de mejorar el rendimiento, y hacer más robustas las máquinas, los cilindros de madera fueron pronto forrados con chapa metálica, generalmente de hierro.

A mediados del siglo XVIII, los franceses introdujeron en sus colonias de las Antillas una nueva variedad de caña —llamada Otahití— procedente de las islas del Pacífico.

La nueva planta, tenía ventajas indudables; era más alta, robusta, y resistía mejor las plagas; pero también tenía un inconveniente fundamental, y es que su tallo resultaba demasiado duro para ser prensado por simples cilindros de madera. La introducción de la variedad de Otahití, provocó la mejora de la maquinaria de los trapiches e ingenios, que comenzaron a emplear cilindros de hierro colado, mucho más robustos que los anteriores; pero ello acarreó de nuevo la necesidad de contar fuentes de energía cada vez más potentes, recurriéndose a construir ruedas hidráulicas cada vez mayores, que comenzaron a fabricarse de chapa de hierro en vez de la tradicional madera.

A su vez las ruedas motrices fueron paulatinamente sustituídas, a partir de las primeras décadas del siglo XIX, por máquinas de vapor alimentadas con madera, cañas prensadas

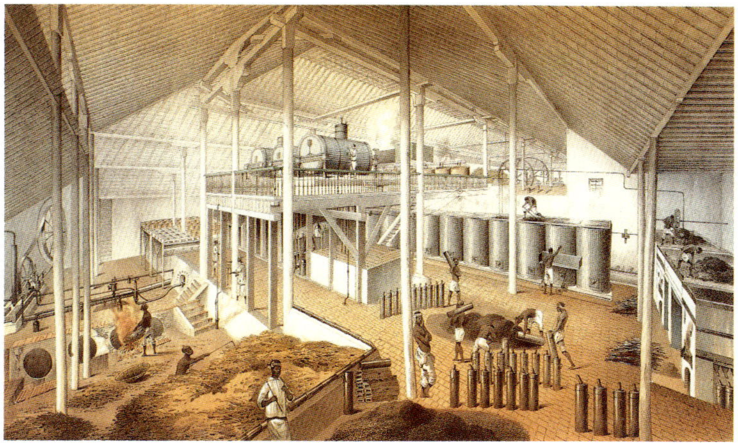

Casa de calderas del Ingenio Alava.
Justo Cantero y Eduardo Laplante.
Los ingenios de la Isla de Cuba.
La Habana, Litografía Luis Marquier, 1857.
Biblioteca Nacional, Madrid.

El valle de la Magdalena, con los ingenios al fondo.
Justo Cantero y Eduardo Laplante.
Los ingenios de la Isla de Cuba.
La Habana, Litografía Luis Marquier, 1857.
Biblioteca Nacional, Madrid.

Vista exterior del Ingenio Acana. Justo Cantero y Eduardo Laplante. Los ingenios de la Isla de Cuba. *La Habana, Litografía Luis Marquier,* 1857. *Biblioteca Nacional, Madrid.*

o carbón de piedra, importadas por vía marítima desde Francia, Inglaterra o los Estados Unidos. A mediados del siglo XVIII, un nuevo modo de disponer los ejes en el trapiche permitirá volver a utilizar las mazas horizontales, mucho más cómodas para introducir la caña. Moreno Fraginals lo recoge así[21]:

> «El primer trapiche horizontal del tipo moderno que conocemos fue diseñado en 1754 por John Smeaton para un productor llamado Gray, en Jamaica. Su fabricación en serie la inicia John Collinge en 1794.»

La superioridad del diseño de Smeaton, sobre los fracasados y abandonados trapiches antiguos de cilindros horizontales, reside en la manera de disponer los ejes de las mazas, que en lugar de estar alineados, definiendo un plano, constituyen un prisma triangular, fácil de arriostrar y robusto, que constituirá la disposición habitual en los ingenios avanzados en el siglo XIX.

Otro dispositivo importante, por lo que significó de ahorro de mano de obra, fue la volvedera.

En los trapiches verticales de madera, los técnicos franceses comenzaron a colocar a finales del siglo XVIII un nuevo juego de cilindros que obligaban, sin necesidad de mano de obra, a dar la vuelta a la caña introducida por el frente de la máquina, con lo que se evitaba tener que disponer en la parte posterior un grupo de esclavos para volver a laminarla.

En el campo de la formación del jarabe concentrado, el mayor avance anterior al siglo XIX fue el «tren».

Al aumentar la producción, de azúcar, el abastecerse de leña para cocer el guarapo se convirtió en un problema cada vez más grave, que se resolvió, al menos parcialmente, a mediados del siglo XVII con una nueva disposición de las pailas que permitió un notable ahorro de combustible.

El avance técnico del tren, consistió en disponer varias pailas sobre un hogar único, de manera que mientras una recibe el fuego directo del hogar, las restantes sufren un calentamiento progresivo, obligando a los gases calientes de combustión a realizar un recorrido forzado, antes de que saliesen por la chimenea.[22]

De este modo el guarapo se va trasvasando de una paila a la siguiente, hasta llegar a la que recibe el fuego directo, llamada tacho ó tacha.

Vista exterior del Ingenio Flor de Cuba. Justo Cantero y Eduardo Laplante. Los ingenios de la Isla de Cuba. *La Habana, Litografía Luis Marquier,* 1857. *Biblioteca Nacional, Madrid.*

En el tren, el guarapo está cada vez más concentrado a medida que se aproxima al fuego, y las pailas son cada vez menores, ya que parte del agua se va evaporando en el proceso, y disminuye por tanto su volumen.

Los grandes avances tecnológicos del siglo XIX

En esta centuria, los ingenios azucareros sufren enormes transformaciones que convierten la manufactura del azúcar en una actividad fabril altamente mecanizada, siendo dentro del mundo hispánico la isla de Cuba la que adopta con gran rapidez la nueva maquinaria totalmente metálica, que se fabrica en las grandes factorías de Francia, Inglaterra y los Estados Unidos.

El poder económico de la isla, reside en los grandes hacendados, que son al mismo tiempo fabricantes de azúcar, conocidos con el apelativo de sacarócratas.

En cuanto a la molienda de cañas, se imponen en toda regla los potentes trapiches de fundición, con robustas mazas horizontales, capaces de triturar con facilidad los tallos. Los ingenios que emplean fuerza motriz hidráulica son desplazados, a mediados de este siglo, por los que utilizan máquinas de vapor, como ponen de manifiesto Cantero y Laplante en su obra: «Los ingenios de la Isla de Cuba»[23]:

> «Este (se refiere al ingenio La Amistad) es uno de los muy escasos que tiene por fuerza motriz la hidráulica... un molino de mazas horizontales que hace girar una rueda hidráulica movida por una caída de agua procedente de una acequia de mampostería de 240 varas de largo y tres y media de ancho en toda su longitud».

Pero la mayoría de los ingenios cubanos importantes, utilizan ya potentes máquinas de vapor: El Flor de Cuba, Purísima Concepción, San Martín, El Narciso, El Progreso, Alava, Santa Teresa, La Ponina, Armonía, entre otros muchos, han modernizado ya su maquinaria, abandonando sus antiguas ruedas motrices hidráulicas.

Los nuevos y robustos trapiches de fundición, logran extraer a la caña el 75-80 % del jugo que contienen, frente al 60-65 % de los trapiches tradicionales.

En cuanto a la cocción del guarapo, el gran avance lo constituyó la evaporación al vacío, procedimiento que no sólo logró obtener un enorme ahorro de combustible, sino

Casa de calderas del Ingenio Flor de Cuba. Justo Cantero y Eduardo Laplante. Los ingenios de la Isla de Cuba. *La Habana, Litografía Luis Marquier,* 1857. *Biblioteca Nacional, Madrid.*

que también —lo que es más importante— permitió concentrar y espesar el guarapo a una temperatura muy inferior a la atmosférica (del orden de 80 grados centígrados) eliminando así los riesgos de que el azúcar se quemase o alterase en las pailas o en las tachas, y permitiendo acelerar el proceso al acortar el tiempo requerido.

La técnica, de complejidad creciente a medida que avanza el siglo, obedece a un principio físico muy simple: si en lugar de realizar la cocción en pailas abiertas —y por tanto a la presión atmosférica— se realiza en vasijas cerradas y sometidas a una presión pequeña (realizando en su interior cierto vacío), el líquido hierve a temperatura menor, y por tanto se puede eliminar el agua de los zumos con gran ahorro de combustible.

Una idea clara de la importancia de la evaporación al vacío la proporciona el aumento de rendimiento que se logra: mientras que en las vasijas abiertas, se precisan cien toneladas de caña para obtener dos de azúcar, con la evaporación al vacío se logra duplicar la producción, disminuyendo enormemente el consumo de combustible.

Ello se debe en parte, a que al operar a temperaturas más bajas, parte de la sacarosa no se descompone en fructosa, glucosa y otros derivados no deseados.

A partir de 1840 se introduce en Cuba —a la cabeza de la industria mundial del azúcar— este nuevo procedimiento de evaporación al vacío, que evoluciona en la segunda mitad del siglo hacia sistemas cada vez más complejos basados no obstante en el mismo principio.

Hubo también modificaciones en los aditivos que se añadían al guarapo para alcalinizarlo; hemos visto que el procedimiento tradicional consistía simplemente en añadir lejía más o menos concentrada, fabricada mediante el lavado de las cenizas que se obtenían quemando plantas y troncos de árboles; en el siglo XIX, este producto será sustituído por óxido cálcico o cal viva, en polvo.

El primer ingenio cubano que empleó el nuevo producto llamado «álcali» o «material» fue «Los Dolores», en el año 1797.[24]

La cantidad que se precisaba añadir, quedaba a la responsabilidad de los maestros del azúcar, que se basaban en el olor (soso, cuando necesitaba más álcali, acangrejado cuando tenía exceso); en la segunda mitad del siglo XIX aparecen los calímetros y los calómetros que permiten medir científicamente las dosis necesarias.

Vista interior del Ingenio La Ponina. Justo Cantero y Eduardo Laplante. Los ingenios de la Isla de Cuba. *La Habana, Litografía Luis Marquier,* 1857. *Biblioteca Nacional, Madrid.*

El cuajado en las formas o moldes, y el purgado posterior, era una operación engorrosa que requería mucho tiempo y gran cantidad de mano de obra. Pese a ello, se mantuvo sin alteraciones importantes durante la primera mitad del siglo, si bien en las últimas décadas del XIX se abandonó este procedimiento, separándose las mieles viscosas de los cristales de azúcar empleando máquinas centrifugadoras; al girar a gran velocidad, las mieles atraviesan las perforaciones del elemento que gira, quedando retenidos los cristales de azúcar, de mayor tamaño que los huecos.

La primera máquina centrífuga que trabajó en Cuba, se instaló en 1849 en el ingenio «La Amistad.»[25]

Otros avances técnicos que tuvieron lugar en este siglo fueron los encaminados a medir de manera objetiva el grado de blancura del azúcar, que habitualmente se estimaba a ojo. Hacia 1840 los holandeses establecen un colorímetro de referencia, conocido como sistema TH (tipo holandés). Más tarde, ya a finales del siglo, se introdujeron los polarímetros, que revelan con gran precisión la cantidad de sacarosa que contiene un azúcar comercial, y por tanto su pureza.

Azúcar y sociedad en el siglo XIX

Todas estas transformaciones técnicas que acabamos de comentar, modificaron en buena medida el aspecto tradicional de los ingenios, sin que se alterase sensiblemente el régimen productivo de carácter esclavista característico de las explotaciones en las grandes haciendas azucareras.

La mecanización del ingenio, no provocó la desaparición de la esclavitud, aunque exigió a sus propietarios realizar costosas inversiones, sino que la potenció e incrementó de manera considerable.

La aparición en el siglo XIX de nuevas factorías que emplean una nueva materia prima para producir azúcar, la raíz de la remolacha, que a diferencia de la caña dulce, se aclimató con facilidad en las regiones templadas de Europa, aumentó la competencia enormemente; por primera vez los países europeos industrializados, comenzaron a establecer modernas factorías en Europa empleando un producto cultivado en la propia tierra.

Vista exterior del Ingenio Intrépido. Justo Cantero y Eduardo Laplante. Los ingenios de la Isla de Cuba. *La Habana, Litografía Luis Marquier,* 1857. *Biblioteca Nacional, Madrid.*

Vista interior del Ingenio El Progreso. Justo Cantero y Eduardo Laplante. Los ingenios de la Isla de Cuba. *La Habana, Litografía Luis Marquier,* 1857. *Biblioteca Nacional, Madrid.*

La necesidad de convertir el ingenio en una gran factoría industrial, hizo desaparecer a muchos modestos trapiches, incapaces de adoptar los nuevos procedimientos productivos.

En España, donde la industria del azúcar tiene en este siglo una importancia pequeña, casi marginal, todas estas transformaciones tuvieron lugar mucho más lentamente, casi de manera imperceptible.

Gracias a una breve obra escrita por Ramón de la Sagra, conocemos con detalle la situación en que se encontraban los ingenios españoles que aún molían caña y fabricaban azúcar.[26] Recorriendo la costa desde el oeste hacia el este, se encontraban arruinados dos ingenios en Marbella, y uno en uso en Vélez Málaga, con dos ruedas hidráulicas que accionaban cilindros verticales de hierro colado. Sin uso se hallaba el de Torre del Mar, y dos de los tres con que contaba Torrox. En Frigiliana, aún conservaban sus ruedas hidráulicas en uso dos ingenios, últimos restos de una potente industria basada en un peculiar aprovechamiento hidráulico en cascada, que confiere aún hoy día, un aire enigmático y arriscado a la población.

En Nerja, de los dos ingenios, uno permanecían aún en uso, y el otro estaba abandonado; el de Maro, aún molía caña con su rueda hidráulica, y de él nos queda hoy el extraordinario acueducto de cuatro pisos, que llevaba las aguas a la factoría.

Almúñecar, uno de los centros importantes de la región, disponía de dos ingenios que molían las cañas con potentes ruedas hidráulicas; en conjunto producían el 40 % de todo el azúcar de la costa, que es tanto como decir de la Península, ya que el reino de Valencia no había podido resistir la fuerte competencia de la producción americana y había prácticamente desaparecido a finales del siglo XVIII.

Uno de los ingenios de Almuñécar, el de mayor producción, estaba constituido por tres grandes cilindros de horizontales, que tras las reformas introducidas por Smeaton en 1754 habían ido desplazando lentamente a los de mazas verticales.

Motril, con un pasado brillante en la industria del azúcar, era ya una sombra de su antiguo esplendor; contaba tan sólo con un ingenio en actividad, siendo la última factoría de la costa, también accionada por energía hidráulica, la de Adra.

Mientras que en la metrópoli la fabricación de azúcar de caña languidece, en la isla de Cuba crece prodigiosamente arroyando en su crecimiento a los pequeños agricultores que cultivaban tabaco en las fértiles vegas —de ahí el nombre de veguero aplicado a los cigarros— o a los agricultores dedicados al café.

Casa de calderas del Ingenio Santa Susana. Justo Cantero y Eduardo Laplante. Los ingenios de la Isla de Cuba. *La Habana, Litografía Luis Marquier,* 1857. *Biblioteca Nacional, Madrid.*

Diversos factores facilitaron este ascenso imparable del azúcar cubano; la debilidad económica de la metrópoli, incapaz de establecer —siguiendo el modelo colonial clásico— una industria avanzada de refino, con lo que las exportaciones cubanas son de azúcar de gran calidad, no de mascabado. Hubo además otros factores que beneficiaron la industria cubana; las importaciones de los Estados Unidos, independientes ya de la tutela colonial inglesa; la ruina de la producción de Haití, provocada por el levantamiento general de esclavos a finales del siglo XVIII, dirigida por Toussaint Louverture, y que destruyó completamente la avanzada industria del azúcar de la isla, y la nueva tecnología de la máquina de vapor, que al abaratar extraordinariamente el transporte de la caña y del azúcar —es bien conocido que el ferrocarril entre La Habana a Güines se establece antes que el primero en España— permitirá cultivar extensos territorios, hasta entonces demasiado alejados de los puertos de embarque, La Habana y Matanzas sobre todo.

El poder económico de la isla de Cuba, lo detentan los propietarios de los grandes ingenios, que reciben el nombre de sacarócratas; algunos de ellos fueron realmente personajes legendarios, como Francisco Arango y Parreño, Marqués de la Gratitud —célebre por su visión económica y financiera, pero también por su crueldad.

Se bosquejan ya en la segunda mitad del siglo, algunos problemas que no han hecho sino agravarse desde entonces. Los Estados Unidos, al mismo tiempo que crean una industria de refino muy mecanizada, controlan los precios mundiales a su voluntad, comprando a los países productores azúcar en bruto, que refinan en sus factorías, lo que causa graves problemas a la potente industria cubana; además, el monocultivo acentuará la dependencia económica de la isla, haciéndola muy vulnerable a las oscilaciones del mercado, perfilándose una economía colonial, cuyas consecuencias son hoy día patentes.

Los aguardientes de la caña: chinguirito y ron

De la caña en América, como del cerdo en Europa, todo era aprovechable; el guarapo, adecuadamente tratado, se convertía en blanca azúcar cristalina; las cañas, bien secas, constituyeron a partir del invento del «tren» un magnífico combustible, empleado en la concentración de los zumos, y más tarde, para alimentar las calderas de las máquinas de vapor. Las mieles o melazas no cristalizadas en las formas de barro, mezcladas con agua y algunos aditivos, se convirtieron muy pronto en una de las bebidas fermentadas que han generado más literatura:

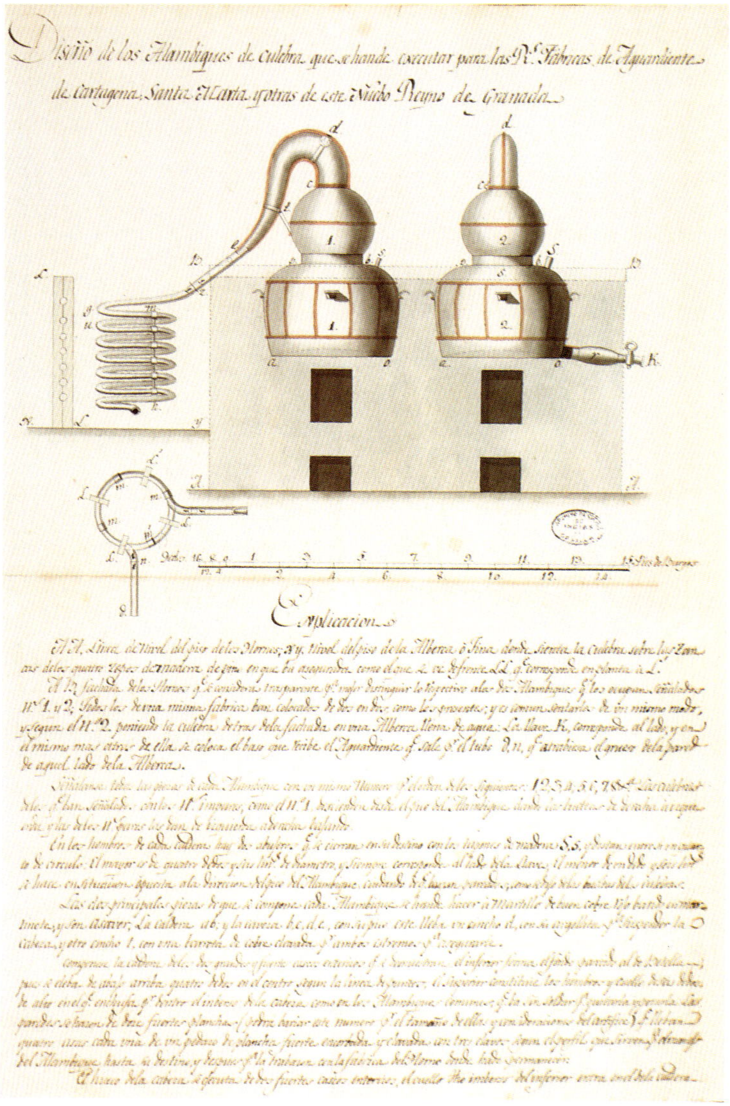

Diseño de los alambiques de culebra que se han de ejecutar para las fábricas de aguardiente de Cartagena, Santa Marta y otras del Nuevo Reino de Granada. 1803. *Bernardo Pérez del Anillo. Archivo General de Indias. Ingenios y Muestras, 187.*

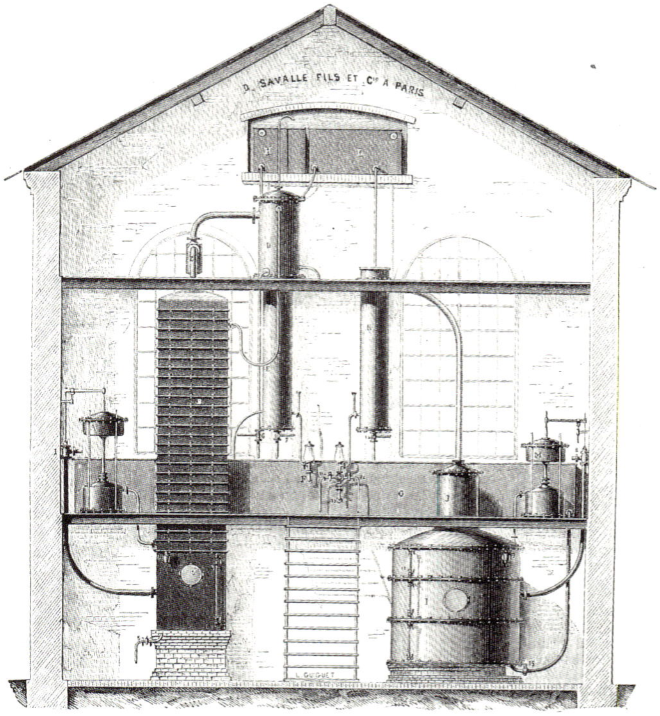

Destiladora de melazas para la fabricación de aguardiente y ron, de la casa Savalle, París. Fue utilizada en España por las siguientes firmas: Agreda (Granada); Larios (Motril); Sociedad Azucarera Peninsular (Madrid). La Ilustración Española y Americana. 1872. *Hemeroteca Municipal.*

el aguardiente de caña, consumido por recios lobos de mar, mitad comerciantes, mitad bucaneros. El ron, el hijo alegre de la caña de azúcar, como lo ha llamado uno de sus mejores y más divertidos historiadores, es una creación americana.[27]

Surgió de la doble necesidad de encontrar un sustituto barato al aguardiente del vino, y buscar una utilidad a las mieles obtenidas en la producción de azúcar.

En México, recibió la denominación de «chinguirito», y su elaboración estuvo prohibida hasta que en 1796 se publicó un «Reglamento para la fábrica y venta del Aguardiente de Caña», que entre el entusiasmo general de la población legalizaba este tipo de aguardiente popular.

Se fabricó inicialmente de manera muy artesanal, mezclando las mieles con agua y dejándolo fermentar hasta transformar los azúcares en alcohol, para posteriormente destilarlo en «alambiques de culebra»; el procedimiento fue ganando en complejidad en el siglo XIX, buscando eliminar los sabores y aromas que recordaban el zumo, hasta constituir una rama industrial importante.

Aunque su fabricación estuvo muy generalizada en extensas regiones de América en las que se cultivaba la caña dulce, fueron en realidad las Antillas el escenario en que el aguardiente de la caña —el ron en voz universal— alcanzó gran desarrollo.

Mieles de Jamaica, La Martinica, Guadalupe, Barbados o Trinidad, comienzan a abastecer en el siglo XIX las cada vez mayores destilerías de ron de Connecticut, Massachussetts y Rhode Island; pero también han quedado nombres españoles asociados al creciente negocio del ron; el catalán Facundo Bacardí, cabeza de la firma que aún lleva su nombre; el vasco José Arechabala, que establece en Cárdenas (Cuba) en 1878 los primeros alambiques del que constituye hasta hoy el legendario ron Havana Club.

Plano de una fábrica de aguardiente de caña en Colombia. Año 1803. *La noche que fue asaltada, había un baile en la Oficina de Correos, juego de naipes en el Gabinete, y un juego de Lotería en la Sala Principal. Archivo General de Indias. Ingenios y Muestras, 188.*

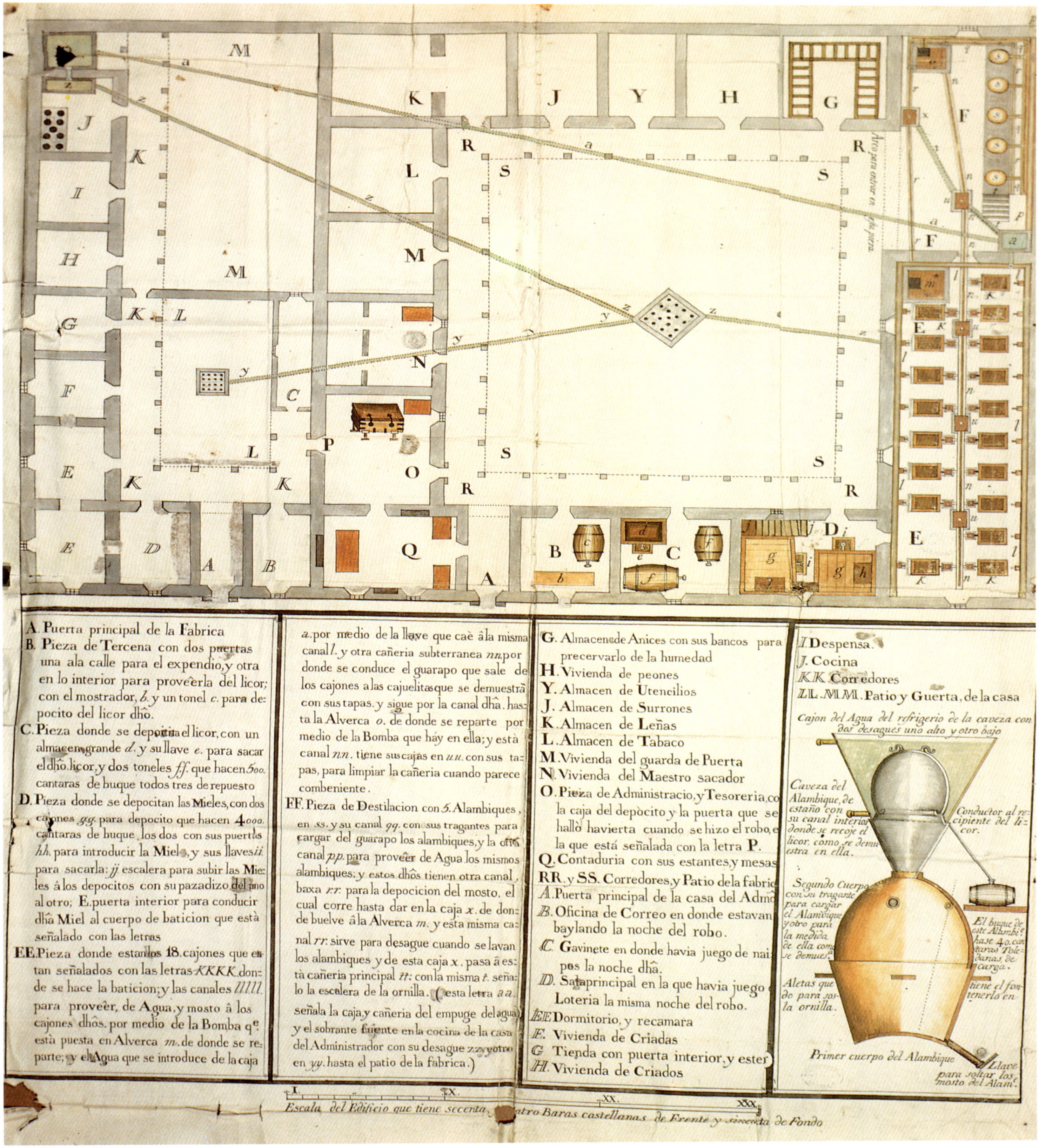
A. Puerta principal de la Fabrica
B. Pieza de Tercena con dos puertas una ala calle para el expendio, y otra en lo interior para proveêrla del licor; con el mostrador, b. y un tonel c. para depocito del licor dhô.
C. Pieza donde se deporita el licor, con un almacen grande d. y su llave e. para sacar el dhô. licor, y dos toneles ff. que hacen 500. cantaras de buque todos tres de repuesto
D. Pieza donde se depocitan las Mieles, con dos cajones gg. para depocito que hacen 4000. cantaras de buque los dos con sus puertas hh. para introducir la Miel, y sus llaves ii. para sacarla: jj escalera para subir las Mieles â los depocitos con su pazadizo del uno al otro; E. puerta interior para conducir dhâ Miel al cuerpo de baticion que està señalado con las letras
EE. Pieza donde estan los 18. cajones que estan señalados con las letras KKKK. donde se hace la baticion; y las canales llll. para proveêr, de Agua, y mosto â los cajones dhôs. por medio de la Bomba qe. està puesta en Alverca m. de donde se reparte; y el Agua que se introduce de la caja a. por medio de la llave que caè â la misma canal l. y otra cañeria subterranea nn. por donde se conduce el guarapo que sale de los cajones a las cajuelitas que se demuestrã con sus tapas. y sigue por la canal dhâ. hasta la Alverca o. de donde se reparte por medio de la Bomba que hay en ella; y està canal nn. tiene sus cajas en uu. con sus tapas, para limpiar la cañeria cuando parece combeniente.
FF. Pieza de Destilacion con 5. Alambiques, en ss. y su canal qq. con sus tragantes para cargar del guarapo los alambiques, y la otra canal pp. para proveêr de Agua los mismos alambiques: y estos dhôs tienen otra canal, baxa rr. para la depocicion del mosto, el cual corre hasta dar en la caja x. de donde buelve â la Alverca m. y esta misma canal rr. sirve para desague cuando se lavan los alambiques y de esta caja x. pasa â està cañeria principal tt: con la misma t. señalo la escalera de la ornilla. (esta letra aa. señala la caja, y cañeria del empuge del agua) y el sobrante fuente en la cocina de la casa del Administrador con su desague zz. y otro en yy. hasta el patio de la fabrica.)
G. Almacen de Anices con sus bancos para precervarlo de la humedad
H. Vivienda de peones
Y. Almacen de Utencilios
J. Almacen de Surrones
K. Almacen de Leñas
L. Almacen de Tabaco
M. Vivienda del guarda de Puerta
N. Vivienda del Maestro sacador
O. Pieza de Administracio, y Tesoreria, co la caja del depòcito y la puerta que se hallò havierta cuando se hizo el robo, e la que está señalada con la letra P.
Q. Contaduria con sus estantes, y mesas
RR. y SS. Corredores, y Patio de la fabric
A. Puerta principal de la casa del Admó
B. Oficina de Correo en donde estavan baylando la noche del robo.
C. Gavinete en donde havia juego de naipes la noche dhâ.
D. Satapincipal en la que havia juego Loteria la misma noche del robo.
EE. Dormitorio, y recamara
E. Vivienda de Criadas
G. Tienda con puerta interior, y ester
H. Vivienda de Criados
I. Despensa.
J. Cocina
KK. Corredores
LL. MM. Patio y Guerta, de la casa
Cajon del Agua del refrigerio de la caveza con dos desagues uno alto y otro bajo
Caveza del Alambique, de estaño con su canal interior donde se recoje el licor, como se demuestra en ella.
Conductor al recipiente del licor.
Segundo Cuerpo con su tragante para cargar el Alambique y otro para la medida de ella como se demuesta.
El buque de este Alambique hase 40. cantaras Toledanas, de carga.
Aletas que do para sosla ornilla.
tiene el fontenerlo en
Primer cuerpo del Alambique
Llave para soltar los mosto del Alame.
I. X. XX. XXX.
Escala del Edificio que tiene secenta, [quatro] Baras castellanas de Frente y sincuenta de Fondo

Vista exterior del Ingenio El Narciso. Justo Cantero y Eduardo Laplante. Los ingenios de la Isla de Cuba. *La Habana, Litografía Luis Marquier,* 1857. *Biblioteca Nacional, Madrid.*

Casa de calderas del Ingenio San Martín. Justo Cantero y Eduardo Laplante. Los ingenios de la Isla de Cuba. *La Habana, Litografía Luis Marquier,* 1857. *Biblioteca Nacional, Madrid.*

NOTAS

1. Rafael Landívar fue un jesuita guatemalteco expulsado, como todos los de su orden, de los territorios de la Nueva España. Escribió su gran poema «Rusticatio Mexicana» en hexámetros latinos, y se publicó por vez primera en Bolonia, 1782.
   Los versos que se citan figuran en la traducción al castellano editada en México, 1973, pág. 109.

2. Referencia obligada para quien esté interesado en la historia del azúcar son las actas del Seminario Internacional «La caña de azúcar en tiempos de los grandes descubrimientos», celebrado en Motril (Granada) en 1989.

3. Así lo afirma Jacques André en su obra *L'Alimentation et la cuisine a Rome*, París, Les Belles Lettres, 1981. Pág. 186, cuando escribe:
   «L'Antiquité a ignoré le sucre. Le sucre de canne fut connu en Palestine au VIIe siècle après J.C., en Grèce vers le VIIIe —IXe siècle, et c'est seulement à la fin du Xe siècle, qu'il fut introduit en Europe occidentale par Venice en quantités importantes.»

4. Una valoración del papel del agua en estas y otras actividades industriales puede verse en González Tascón, Ignacio. *«Fábricas Hidráulicas Españolas.»*, Ministerio de Obras Públicas y Urbanismo, 1987.

5. La monografía más interesante sobre el azúcar en el antiguo reino de Valencia sigue siendo *La cultura de la caña de azúcar en el Levante español*, de José Pérez Vidal, Madrid, CSIC, 1973. En cuanto al reino de Granada, véase nota número 2.

6. Pascual Gayangos, en su *Memoria sobre la autenticidad de la crónica denominada del Moro Rasis*, Madrid, 1850, estableció definitivamente la antigüedad de la discutida crónica, y su origen árabe a pesar de haber llegado hasta nosotros sólo traducciones castellanas.
   En cuanto a la importancia del azúcar en la costa de Granada en época medieval, puede verse la obra *Motril y el azúcar en época medieval*, Motril, 1988, que incluye un interesante trabajo de Antonio Malpica Cuello sobre el azúcar en la costa granadina, y la traducción de un texto árabe, en el que se hace referencia al azúcar, realizada por Amador Díaz García.

7. Sobre el azúcar en la isla de Cuba, es de obligada referencia la obra de Manuel Moreno Fraginals *El Ingenio*, La Habana, 1978. (3 vols.). Este tratado, es en realidad mucho más que una historia del azúcar; es la historia, contada con inteligencia y pasión de la isla de Cuba a través del azúcar.
   En cuanto a los orígenes del ferrocarril en Cuba, justificado para transportar el azúcar desde los ingenios del interior de la isla hacia la costa, véase la obra, de diversos autores, *El camino de hierro de La Habana a Güines*, Fundación de los Ferrocarriles Españoles, Madrid, 1987.

8. Sobre los procesos de molienda y prensado de la aceituna en el mundo clásico existe una amplia bibliografía; puede consultarse la obra de M. Porcio Catón, *De Agricultura*, Granada, Universidad de Granada, 1976. Interesan de manera particular los apartados XXIII, XXIV y XXV.
   También tiene gran interés, por tratarse de un autor de

origen gaditano, *Los doce libros de Agricultura*, de Lucio Junio Moderato Columela, Madrid, 1879. Libro XII, cap. L.
En cuanto a las prensas de viga, eran bien conocidas y empleadas por los técnicos islámicos, que nos han legado el único manuscrito en árabe en el que se ha preservado una de las obras cumbres de Herón de Alejandría dedicada a la mecánica. Existe reedición reciente de este manuscrito árabe, con la traducción ya clásica de Carra de Vaux, y un reciente estudio de D.R. Hill. *Les Mécaniques ou L'Elevateur des corps lourds*, Paris, Les Belles Lettres, 1988.

9. El término guarapo, acuñado en América, es, en opinión de lingüista y etnógrafo Humberto López Morales, un posible afronegrismo o afroamericanismo. Véase nota[2].

10. Pseudo-Juanelo Turriano. *Los Veintiún Libros de los Ingenios y de las Máquinas.* Manuscritos 3372-3376 de la Biblioteca Nacional, Madrid.
Existe una edición impresa, en dos volúmenes, editada por el Colegio de Ingenieros de Caminos, Canales y Puertos, Madrid, 1983.
Págs. 377-378.

11. Francisco Ximénez. *Quatro libros de la Naturaleza, y virtudes de las plantas, y animales...* México, 1615. Folios 57-59.

12. Pseudo-Juanelo Turriano, op. cit. pág. 379.

13. Martín de Viciana, Rafael. *Crónica de Valencia.* Valencia, 1980. vol. II, pág. 26.

14. Viña Brito, Ana y Aznar Vallejo, Eduardo. *El azúcar en Canarias, escala entre dos mundos.* Véase nota[2].

15. Gonzálo Fernández de Oviedo. *Historia General y Natural de las Indias.* (5 vols). Madrid, Biblioteca de Autores Españoles, 1959. Vol. I, págs. 106-110.

16. Río Moreno, Justo L. del. *Las refinerías sevillanas de azúcar en los siglos XVI y XVII.* Véase nota[2].

17. La noticia del hallazgo de estas formas de azúcar, que nos han permitido volver a cuajar el azúcar empleando los mismos procedimientos renacentistas, se la debo a la cortesía del arqueólogo Juan Carlos Jiménez.

18. Hernán Cortés. *Cartas de la Conquista de México.* Madrid, Sarpe, 1987. Segunda Carta, 1987. Pág. 51.

19. La referencia más antigua a este tipo de trapiches de cilindros se encuentra en una escritura de venta de un ingenio en Recife (Brasil), fechada el 5 de diciembre de 1577, según ha señalado M. Soares Pereira en *A origem dos cilindros na moagem da cana.* Río de Janeiro, 1955.

20. *Fábricas Hidráulicas Españolas*, op. cit. págs. 111-118.

21. Moreno Fraginals, Manuel, *El ingenio*, opc. cit vol. I, págs. 204-205.

22. Sobre la importancia del «tren», muy superior de lo que parece a primera vista, véase Moreno Fraginals, op. cit. vol. III, pág. 160.

23. Cantero, Justo G. y Laplante, Eduardo. *Los Ingenios de la Isla de Cuba.* La Habana, 1857.

24. Moreno Fraginals, op. cit., vol. III, pág. 118.

25. Moreno Fraginals, op. cit., vol. III, pág. 124.

26. Sagra, Ramón de la. *Informe sobre el cultivo de la caña y la fabricación del azúcar en las costas de Andalucía.* Madrid, 1845.

27. Fernando G. Campoamor. *El hijo alegre de la caña de azúcar.* La Habana, Editorial Científico -Técnica, 1988.

DEL «CHOCOLATL» DE LOS AZTECAS A LA COMPAÑIA GUIPUZCOANA DE CARACAS

IGNACIO GONZÁLEZ TASCÓN
C.E.D.E.X. Ministerio de Obras Públicas y Urbanismo
JOAQUÍN FERNÁNDEZ PÉREZ
Facultad de Biología. Universidad Complutense de Madrid

«El chocolate, a quien allí conocen solamente por el nombre de cacao, es tan frecuente, que lo acostumbran tomar diariamente hasta los negros esclavos, después que se han desayunado; y para este fin lo venden por las calles las negras, que lo tienen ya dispuesto en toda forma, y con sólo calentarlo lo van despachando por jícaras, cuyo valor es un cuartillo de real de plata; pero no es todo puro cacao, porque este común es compuesto de maíz la mayor parte, y una pequeña de aquel: el que usan las personas de distinción es puro, y trabajado como en España. Repiten el tomarlo una hora después de haber comido, costumbre que no ha de dejar de practicarse en día alguno; pero nunca lo usan en ayunas, o sin haber comido algo antes.»

Jorge Juan y Antonio de Ulloa.
Relación Histórica del Viaje a la América Meridional.
Descripción de las costumbres en Cartagena de Indias.

El cacao y el chocolate en las Nuevas Indias

Las palabras con que los marinos españoles Jorge Juan y Antonio de Ulloa describen el uso y abuso que del chocolate hacían los pobladores de la ciudad de Cartagena de Indias, no dejan desde luego resquicio a la duda sobre su afición al chocolate en las primeras décadas del siglo XVIII[1].

El recipiente en que se servía, la jícara, toma su nombre de la voz mejicana «xicalli», vaso fabricado con la corteza del fruto de la güira; posteriormente, cuando la bebida se popularizó en España, se comenzaron a utilizar las vasijas generalmente de loza[2].

El mismo entusiasmo que en Cartagena de Indias, aunque por su escasez estuvo reservado a las clases dominantes, tuvo el «chocolatl» entre los antiguos habitantes de México antes de la llegada de los españoles.

Cristóbal Colón, durante su cuarto viaje a las Nuevas Indias —en 1502— se encontró en la isla de los Pinos con una embarcación indígena que portaba mercancías desconocidas, entre ellas una especie de almendras que usaban como moneda y que molidas, servían para fabricar unas bebidas que consideraban agradables y reconfortantes[3].

Años más tarde, cuando Hernán Cortés escribe desde México su segunda Carta de Relación, dirigida al emperador Carlos V, describe aquellos extraños granos de cacao como «una fruta como almendras, que ellos venden molida: y tiénenla en tanto que se trata por moneda en toda la tierra, y con ella compran todas las cosas necesarias en los mercados, y en otras partes»[4].

Cacaotales. Detalle de un mapa del istmo de Panamá y el Golfo de Darién. Antonio de Arévalo. 1782. *Archivo General de Indias, Panamá, Santa Fé y Quito, 270.*

El empleo de las almendras de cacao como moneda, estaba avalado por la larga conservación de la semilla una vez seca, y su uso habitual lo corroboran otros testigos posteriores como Pedro Mártir de Anglería, que en sus «Décadas el Nuevo Mundo» escribe:

> «¡Oh feliz moneda!. No sólo es una bebida útil y deliciosa sino que no permite la avaricia, ya que no puede conservarse largo tiempo.»

Estas misteriosas almendras, de uso minoritario, y de connotaciones litúrgicas, iban a convertirse, en el transcurso de dos siglos, en la bebida no alcohólica por excelencia del mundo hispanoamericano, abarcando toda la escala social, con la única diferencia de la pureza y calidad del cacao utilizado y de la fórmula muy variable del modo de elaborar el chocolate.

Tras la conquista de México por Cortés, el «chocolatl» de los aztecas y mayas sufrió varias transformaciones, siendo la más importante el empleo en su elaboración de azúcar de caña, desconocida hasta la llegada de los españoles.

A falta de azúcar, los aztecas preparaban su «chocolatl» a base de granos de cacao molidos, un poco de harina de maíz, y diversos productos aromáticos, cuya finalidad era eliminar el amargo sabor del cacao; el resultado era una bebida fría y espesa, elaborada de manera casi ritual, tal y como se aprecia en el dibujo que figura en el Códice Tudela, realizado hacia 1553.

Con la llegada de los españoles, y el éxito del cultivo de la caña de azúcar, surgió un nuevo chocolate, que se comenzó a beber caliente, suprimiendo los sabores picantes por el dulce que hoy conocemos.

Los ingredientes del chocolate: modos de elaborarlo

El «chocolatl» prehispánico, al igual que el que hoy consumimos, tenía su materia prima más importante en el cacao, cultivado en las tierras cálidas, bajas y húmedas de Yucatán y Guatemala.

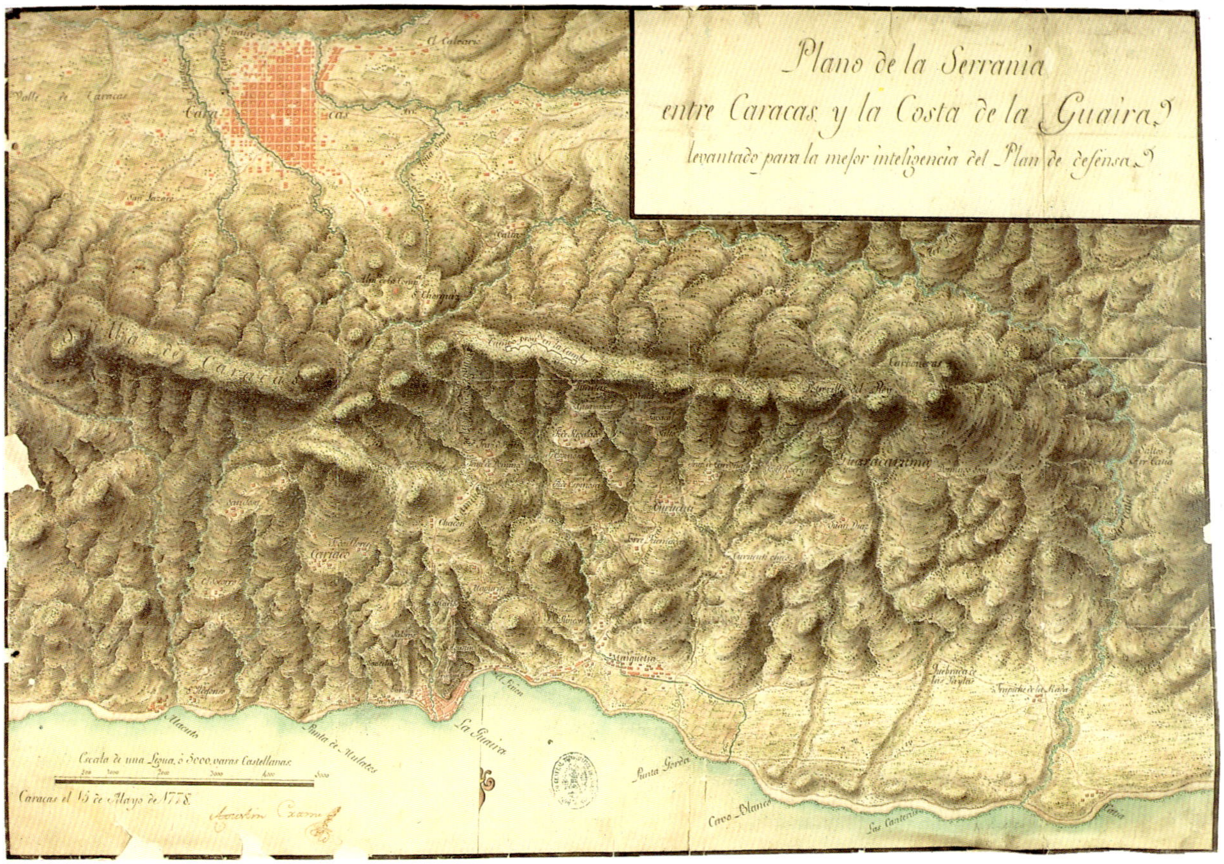

Vista de la sierra que separa la ciudad de Caracas y el puerto de la Guaira. 1778. *Servicio Histórico Militar, plano número 6096.*

Para atemperar su sabor amargo, aztecas y mayas empleaban antes de la llegada de los españoles una serie de productos como aditivos, generalmente especias aromáticas y picantes, que se cultivaban y recolectaban en lugares próximos, y que el médico Juan de Cárdenas, a quien seguimos básicamente llamaba, a finales del siglo XVI, «especias de tierra», para diferenciarlas de las de Castilla[5].

Las especias utilizadas en época prehispánica por orden de importancia decreciente eran las siguientes.

a) El «gueynacaztle», que los españoles denominaron «orejuelas».

b) El «mecasuchil», unas hebrillas delgadas utilizadas para dar aroma al cacao.

c) El «tlilxochitl», que se obtenía de una planta trepadora que daba sus frutos en unas vainas pequeñas, en castellano «vainillas», término con el que se conoce hoy también en francés y en inglés.

Con el tiempo, la «vainilla» adquirirá una importancia creciente, constituyendo no sólo un ingrediente básico del chocolate europeo, sino también de dulces y helados.

La primera descripción de la vainilla se encuentra en la «Historia de las cosas de Nueva España», escrita por el franciscano fray Bernardino de Sahagún[6].

Durante el virreinato, la industria de la vainilla constituyó uno de los productos de exportación a Europa más importantes de las regiones de Veracruz y de Oaxaca, aunque curiosamente, no se utilizará mucho en América, según nos relata Humboldt:

> «Hoy en día los españoles no hacen el comercio de este producto precioso sino para venderlo a los demás pueblos de Europa. El chocolate español no tiene vainilla; y en el mismo México hay la preocupación de este aromático como nocivo, principalmente para las personas que tienen el sistema nervioso muy irritable. Se oye decir con mucha gravedad que la «vainilla da pasmo»[7]

d) En algunas ocasiones se añadía también «achiote», fruto de un árbol de la familia de las bixáceas, que proporcionaba al chocolate un color más rojizo y que se consideraba además que hacía engordar a quien bebiese el chocolate con este aditivo.

Además de estos ingredientes, intervenía en el chocolate de menor calidad otros aditivos para abaratarlo, sobre todo el maíz tostado, el cereal que ocupaba un papel básico en la alimentación prehispánica, o la cebada tostada, muy utilizada por los españoles.

Han llegado hasta nosotros algunas descripciones del modo tradicional de preparar el chocolate, bebida fría y muy espumosa que precisaba ser escanciada por manos expertas.

La mejor descripción del modo prehispánico de preparar el chocolate nos la proporciona, a finales del siglo XVI, Juan de Cárdenas[8]:

> «Es ya costumbre antigua, al tiempo de hacer el chocolate, moverlo y batirlo en tanto grado que venga a levantar una gran espuma, y en tanto se tiene por mejor el chocolate, en cuanto es más espumoso.»

Los españoles por su parte, ensayaron en época temprana nuevas fórmulas y procedimientos de elaboración más al gusto de Castilla, empleando especias a las que estaban más habituados, como la canela, la pimienta, el anís o el ajonjolí, también llamado alegría ó sésamo.

Tal variedad de chocolates existía en México a finales del siglo XVI, que hizo exclamar al médico Juan de Cárdenas que un día «lo harán con leche de gallinas», que a tanto llegaba el afán de ofrecer nuevas formas de elaborarlo.

Sin embargo, el hallazgo de capital importancia, el que confirió al chocolate el sabor que hoy lo hace reconocible, fue el añadir al cacao azúcar de caña, cultivada con éxito desde su introducción en América en regiones tropicales en las que crecen también cacaotales.

Juan de Cárdenas nos lo describe así:

> «Aunque es verdad que cada cual dama se precia haber su nueva invención y modo de chocolate, con todo ello el más usado generalmente en todas las Indias es el formado por tabletas, el cual tomó origen de las damas guatemaltecas, y este asimismo es aquel que se deshace con su agua caliente y su puntica de dulce, que le da mucha gracia...»

Es decir, que a finales del siglo XVI se empleaba ya el chocolate dulce, en forma de tabletas, y bebido, como se hará en el futuro, como una infusión caliente.

El nuevo chocolate español, dulce caliente y espeso, convivió en la Nueva España con el aborigen, frío, espumoso y picante, aunque en España y más tarde en el resto de Europa se impondrá, con algunos matices, el chocolate a la española.

Los grandes cacaotales de Caracas y Guayaquil

Tras la conquista, los primeros territorios en los que los españoles encontraron el árbol del cacao fueron las tierras húmedas y selváticas de Yucatán y Guatemala, ya que en las tierras altas donde se asentaban los aztecas (y que los conquistadores bautizaron «Nueva España» al encontrar un clima menos sofocante que en la costa) no se cultivaba el cacao, abasteciéndose su capital Tenochtitlán mediante intercambios con los pueblos costeros.

Estos habitantes de tierras calientes, especialmente los mayas, que habían logrado un grado de desarrollo cultural y técnico elevado muchos siglos antes de la llegada de los españoles, fueron muy probablemente los que introdujeron en Mesoamérica el árbol del cacao, que crecía espontáneo en las tierras selváticas de las cuencas del Orinoco y del Amazonas.

De especial calidad se consideró, ya en los primeros tiempos del virreinato, el cacao de la gobernación de Soconusco, en la costa del mar del Sur (Océano Pacífico) que en palabras de fray Antonio Vázquez de Espinosa, «todos los años vienen a ella de la Nueva España de México, y de la Puebla de los Angeles muchas recuas con harinas y otras mercaderías, así de la tierra, como de España, a cargar cacao..»[9]

Vázquez de Espinosa viajó por la Nueva España en las primeras décadas del siglo XVII; a lo largo de la centuria, el despoblamiento de las tierras bajas de México y Guatemala, consecuencia de la conquista y de las nuevas enfermedades llegadas con los europeos contrasta con el aumento de la demanda del cacao, que se consume no sólo en América, sino también masivamente en España.

A mediados del siglo XVI, los cacaotales de Guatemala estaban siendo explotados de manera abusiva por los españoles establecidos en la Nueva España, según testimonia el licenciado Francisco de Marroquín, primer obispo de Guatemala, que escribe al emperador Carlos V en los siguientes términos[10]:

Arbol del cacao. *P. Pomet.* Histoire Generale des Drogues. 1694. *Real Jardín Botánico, Madrid.*

Fruto del cacao (Theobroma cacao). *F.P. Chaumeton.* Flore Medicale. 1814. *Real Jardín Botánico, Madrid.*

«Acuden muchos españoles a estos pueblos a rescatar cacao y sus mismos encomendadores procuran buscar granjerías por donde les sacan todo este cacao, además de los que ellos están obligados a dar por tasación...»

La protesta de Francisco Marroquín, un obispo defensor de los indios y amigo de fray Bartolomé de las Casas no frenó, tras su desaparición, los abusos, y a finales del siglo XVI era ya muy difícil encontrar en Guatemala cacao suficiente para abastecer la demanda de la Nueva España.

Descartada la posibilidad de cultivarlo en Europa, cuyo clima es excesivamente frío para su aclimatación, los españoles buscaron nuevas regiones en América para establecer plantaciones y abastecer tanto a España como a las regiones de América que carecían de cacao, rehaciendo en sentido inverso el camino que realizaron los mayas para aclimatarlo en el Yucatán.

Pronto el cacao de Guayaquil (Ecuador) y de Caracas (Venezuela) eclipsó la modesta producción de la Nueva España, que resultó, ya en el siglo XVII, incapaz de cubrir sus necesidades internas, pasando a ser un importador neto de cacao.

Desde la región de Caracas, mejor situada para abastecer los mercados europeos que Guayaquil, salían, a lomos de mulas, cargamentos de cacao que se embarcaban en el puerto de la Guaira y cuyo destino final era abastecer a media Europa[11].

La otra región que se perfila, ya desde el siglo XVII como una potencia en la producción de cacao, es la provincia de Guayaquil, que tiene algunas ventajas —mejor salida a la costa por el río Guayas, costos menores de producción, pero también algunos inconvenientes, como el proteccionismo de la Corona al cacao caraqueño, y su emplazamiento, en la costa del Pacífico, con difícil acceso hacia Europa.

La vainilla.
Pedro O'Crowley. Idea compendiosa del Reyno de Nueva España. 1774.
Manuscrito 4532.
Biblioteca Nacional, Madrid.

Arbol de la canela.
F.P. Chaumeton. Flore Medicale. 1814.
Real Jardín Botánico, Madrid.

Esta ubicación resultaba sin embargo claramente ventajosa para cubrir las necesidades de cacao tanto de la Nueva España como del Perú, ya que la navegación entre Guayaquil y El Callao o Acapulco era más breve que desde el puerto de La Guaira[12].

El gran incremento de la demanda mundial de cacao en las primeras décadas del siglo XVIII, y la incapacidad de la Corona española para asegurarse su suministro en los puertos españoles, propició la aparición de compañías comerciales privadas, aceptándose en 1728 la primera compañía comercial, la Real Compañía Guipuzcoana de Caracas, cuya finalidad era asegurar de manera más flexible y ágil el suministro de cacao venezolano a España[13].

La Compañía Guipuzcoana, la primera sociedad constituída por hombres de negocios no directamente vinculados a la Corona, tuvo una vida activa, construyendo a sus expensas, almacenes, factorías e incluso hasta muelles propios para atracar sus navíos en los puertos de La Guaira y Puerto Cabello.

La difusión del uso del cacao fuera del mundo hispánico, no se realizó hasta el siglo XVII, siendo hasta entonces una rareza; es muy conocida —pero no por ello menos divertida— la anécdota relatada por el médico peruano José Hipólito Unanue, acerca del apresamiento por los holandeses de un navío español cargado de cacao.

Tras inspeccionar el botín —cacao en grano— los holandeses arrojaron la mercancía al mar, llamando a la extraña carga «cagarruta de carnero»[14].

De España y de sus Indias Occidentales el chocolate se difundió en el siglo XVII por toda Europa, siendo Francia e Italia los países en los que alcanzó un mayor arraigo.

El éxito inicial en Francia fue facilitado por la boda del rey Luis XIII con la princesa Ana de Austria, y encontró un apoyo entusiasta en los dos cardenales hermanos Richelieu (uno cardenal en Lyon, el otro ministro de Luis XIII).

Menor implantación tuvo en otros países europeos, donde se impusieron otras bebidas mayoritarias, como el té en Inglaterra ó el café en Holanda.

De América, la planta de cacao se extendió por todas las regiones del mundo que disponían de suelos fértiles y de clima adecuado, pero el cacao americano mantuvo su supremacía hasta el siglo XX, en que es desplazado por el cultivado en países africanos.

A lo largo de nuestro siglo, la tendencia se acentúa, y en el año 1970, la producción africana de cacao fue el 72,8% de todo el mundo, seguida por la de América, que es ya sólo un 20,9% repartiéndose el resto del mundo el casi marginal 6,3% restante[15].

Vainilla.
P. Pomet. Histoire Generale des Droges. 1694.
Real Jardín Botánico, Madrid.

La manufactura del chocolate

Una vez recolectadas la mazorcas o piñas del cacao, y extraídos los granos o semillas que contiene, el primer paso que se requiere es el secado de las semillas, generalmente al sol, para asegurar que no se deterioren en caso de que se deseen almacenar largo tiempo, cosa que ocurría cuando se empleaban las almendras como moneda.

El paso siguiente, consistía en tostar las almendras con un calor moderado, en palabras de Juan de Cárdenas «hasta que se vaya ampollando»[16].

El modo de tostar las almendras no sufrió apenas variaciones; dos siglos más tarde Antonio Lavedan en su conocido «Tratado de los usos, abusos, propiedades y virtudes del tabaco, café, té y chocolate», escribe:

> «Para preparar y hacer la pasta de chocolate, lo primero que se hace es tostar el cacao; se toma una tostadera de hierro en figura de una sartén, que en Madrid llaman «paila», y puesta a la lumbre de leña, se le echa una poca de arena de río, blanca, enxuta y pasada por un cribo, para que quede más fina; esta arena se va calentando y se le da algunas vueltas con una pala de madera a fin de que se caliente por igual, estando así se echa el cacao, se continúa dándole vueltas con la arena, y esta hace que con su calor penetre la cáscara separándola de la almendra, sin que el fuego la llegue a quemar...»[17].

El cacao así tostado tiene ya la cáscara quebradiza, y se eliminaba con facilidad pasando sobre él un simple rodillo de madera.

Una vez aventadas las cáscaras, se molían los granos hasta obtener un polvo o una pasta, utilizada tanto para la fabricación de chocolate bebido como para la elaboración de tabletas[18].

El muelle de Guayaquil, principal puerto exportador del cacao de la Gran Colombia. El Museo Universal. 1864, *pág. 412. Hemeroteca Municipal, Madrid.*

El chocolate en el mundo hispanoamericano se consumía, no sólo como una bebida caliente, sino que se fabricaban también sólidas y sabrosas tabletas, al menos desde el siglo XVI, que podían almacenarse hasta el momento de utilizarlo.

Es de nuevo que Juan de Cárdenas quien nos informa:

> «Los que quieren guardarle para mucho tiempo, le forman en tablillas, y en estas se conserva por lo menos dos años. Los que quieren irlo poco a poco gastando, suelen cocer toda la dicha masa con un poquito de agua en una ollita, y así puede durar, no más de ocho días, porque luego con la humedad se enmohece.»

En cuanto al procedimiento de fabricar las tabletas, Antonio Colmenero, en el primer tercio del siglo XVII nos lo describe así:

> «Toman con una cuchara desta masa, que casi estará derretida, y hacen tabletas, o la echan en las caxas, y enfriandose queda duro: y advierto que para hazer las tabletas se ha de echar una cucharada de aquesta masa en un papel, o en algunas hojas grandes de árbol, como es el plátano, que es adonde en Indias las hazen, y en lugar desto se echa en papel, adonde se extienden, y puesta a la sombra se endurece, y después doblando el papel, sacan la tableta, porque con la grasa que tiene despide el dicho papel, y si lo echan en cosa de barro, o de tabla, no se podrán despegar, ni salir enteras»[19].

Chocolate y sociedad: médicos, clérigos

El descubrimiento de un nuevo alimento, tan extraño a los ojo de los españoles como el cacao y el chocolate, levantó expectativas y planteó nuevas cuestiones a la luz de los textos clásicos de galenos y frailes.

Los primeros, se encontraron indefensos y obligados a realizar un dictamen sobre la conveniencia o no de tomar chocolate, sin poder recurrir al Dioscórides clásico, ni siquiera en la versión comentada y traducida al castellano del doctor Laguna.

Los segundos, con el grave problema planteado sobre si una buena jícara de humeante chocolate quebranta o no el ayuno a los ojos de la religión.

El doctor Juan de Cárdenas se apresuró a descalificar el consumo del cacao crudo, de muy amargo sabor por otra parte[20].

> «El cacao de su propia naturaleza, sin torstarle ni prepararle con cosa alguna, tiene propiedades de restreñir el vientre, de detener de todo punto la regla, cerrar las vías de la orina, opilar el hígado, y mucho más el bazo, privar el rostro de su vivo y natural color, debilitar la digestión del estómago, acortar terriblemente el aliento con un molesto cansancio...» y un cúmulo de males de todo tipo.

Molino de chocolate del establecimiento de Madrid «Chocolates el Indio» (fundado en 1847) El indio lleva en la cabeza la tolva y por la mano salía el cacao tostado. Este molino se movía con una caballería que estaba en el piso de abajo. Hoy se mantiene en funcionamiento accionado por un motor eléctrico.

Todo cambia por el contrario, si el cacao se tuesta, cosa necesaria además para poder eliminar con facilidad la cáscara:

> «Si el dicho cacao se tuesta y muele, aunque no se le mezcle otra cosa que un poco de atole (que es comida bien simple) con sólo este beneficio (como digo) vemos que engorda y sustenta al hombre, dándole sano y loable mantenimiento.»

La rápida generalización del consumo del chocolate, tanto en España como en Ultramar, puso punto final a las sutiles disquisiciones de los galenos.

Los cristianos poco aficionados a los rigores de la religion, sostuvieron, al parecer con cierto éxito inicial, la teoría de que el chocolate era una especie de refresco, que apaga la sed pero no alimenta, y que por tanto no quebrantaba el ayuno.

Tan aprovechada interpretación, amparada en alguna medida en la gran afición que se despertó en el clero por el chocolate, no prosperó, gracias a los argumentos, entre otros, del doctor Juan de Cárdenas quien argumenta que «una pechuga de ave molida y desatada en caldo» también se bebe y sin embargo es por todos admitido que quebranta el ayuno.

En la Nueva España, el chocolate se consumía incluso en el interior de las iglesias, sobre todo por las damas de buena posición social, que ordenaban a sus sirvientas traerse desde su casa un chocolate, sobre todo cuando los sermones de los predicadores amenazaban con hacerse interminables.

Como defensa, algunos prelados tomaron medidas para prohibir tan insólita costumbre, llegando el obispo de Chiapas Bernardo de Salazar a decretar la excomunión a quienes bebieran chocolate dentro del templo, medida que terminó con la muerte no del chocolate, sino del obispo, del que se rumoreó fue envenenado[21].

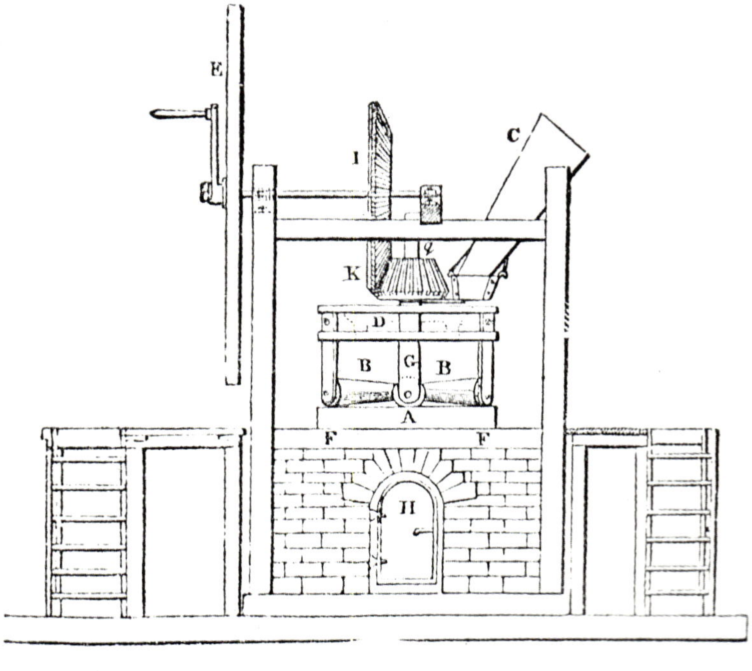

Molino de chocolate. Este tipo de molino era el utilizado más frecuentemente. El volante E hacía girar por medio del engranaje cónico IK, el eje q, fijado en un bastidor G, que arrastra en su movimiento de rotación y que lleva unos ejes con seis rodillos cónicos BB, que ruedan sobre una solera de mármol o de pórfico A, colocada sobre un fondo de hierro fundido F en el que se depositaba el azúcar, que es la bóveda del hornillo H. El cacao tostado y aventado era introducido por la tolva C, que lo conduce al distribuidor D y de ahí cae a bajo los cilindros moledores. El cacao molido en forma de pata se mezcla en F con el azúcar y se forma la pasta de chocolate. (Tomado de la Enciclopedia Tecnológica. Diccionario de Artes y Manufacturas» edición de Francisco de Paula Mellado de la de C. Laboulaye. Madrid 1857.

NOTAS

1. Jorge Juan y Antonio de Ulloa. *Relación Histórica del Viaje a la América Meridional.* Madrid, Antonio Marín, 1748. Vol I, pág. 52. Existe una edición facsímil editada en Madrid, Fundación Universitaria Española, 1978.
2. Diccionario de la Lengua Española, voz jícara. Madrid, Real Academia Española, 1970.
3. *El libro del chocolate*, obra realizada por varios autores. Editada por Nestlé, 1979. Luis Monreal y Tejada. Pág. 14.
4. Hernán Cortés. Cartas de la conquista de México. Segunda Carta de Relación, dirigida al emperador Carlos V, y fechada el 30 de octubre de 1520.
5. Juan de Cárdenas. *Problemas y secretos maravillosos de las Indias.* México, Pedro Ocharte, 1591. Folios 105 v. a 123 v.
   Existe una edición facsímil editada en Madrid, Ediciones de Cultura Hispánica, 1945.
6. Cornaillac, G. *El café, la vainilla, el cacao y el té.* Barcelona, Francisco Sabater, 1903. pág. 188.
7. Alexander von Humboldt. *Ensayo político sobre el reino de la Nueva España.* México, Editorial Porrúa, 1984. Pág. 292.
8. Juan de Cárdenas, op. cit. fol. 114 v.
9. Antonio Vázquez de Espinosa. *Compendio y Descripción de las Indias Occidentales.* Washington, Smithsonian Institution, 1948, Pág. 192.
10. Citado por María Paz García - Gelabert en «Una moneda prehispánica: el cacao». *Revista de Arqueología*, año 2, número 8, pág. 35.
11. El camino entre Caracas y el puerto de la Guaira, fue el más importante y el mejor de los construídos en época colonial en Venezuela, y por él salía la mayor parte de la producción del cacao de los fértiles valles caraqueños. La interesante historia de este camino, empedrado aunque no carretero, puede verse en la obra de Eduardo Arcila Farias *Historia de la Ingeniería en Venezuela*, vol. I, págs. 97-112. Caracas, Colegio de Ingenieros de Venezuela, 1961. (2 vols.)
12. Sobre la importancia del cacao en el auge de Guayaquil en el siglo XVIII, véase la obra de María Luisa Laviana Cuetos, *Guayaquil en el siglo XVIII*, Sevilla, Escuela de Estudios Hispano-Americanos, 1987. Tienen especial interés las págs. 170-190.
13. Véase la Cédula sobre la formación de la Compañía Guipuzcoana de Caracas, fechada el 26 de septiembre de 1726. Papeles varios de interés americano. Colección Lorenzana. Impresos, vol. 18,8. Biblioteca Pública de Toledo.
14. La cita está tomada de Jena-Pierre Clément, en su artículo «La participación francesa en la Expedición Botánica al Perú (1777-1788).» Catálogo de *La Expedición Botánica al Virreinato del Perú.* Vol. I, pág. 19. Madrid, 1988.
15. Citado por Román Casares en *El libro del chocolate*, Nestlé, 1979. pág. 75.
16. Juan de Cárdenas, op. cit. folio 114.
17. Antonio Lavedan. *Tratado de los usos, abusos, propiedades y virtudes del tabaco, café, té y chocolate.* Madrid, Imprenta Real, 1796. Pág. 215.
18. Una descripción detallada de los procesos industriales del chocolate a finales del siglo XIX puede verse en la voz «chocolate» del Diccionario Enciclopédico Hispano-Americano, Barcelona, Montaner y Simón, 1890.
19. Colmenero de Ledesma, Antonio. *Curioso tratado de la naturaleza y calidad del chocolate. Madrid, 1631. Págs. 8-9.*
20. Juan de Cárdenas, op. cit. fol. 106.
21. Luis Monreal y Tejada en *El libro del chocolate*, Nestlé, 1979. Pág. 27.

LA REVOLUCIÓN TECNOLÓGICA DEL MOLINO HIDRÁULICO

IGNACIO GONZÁLEZ TASCÓN
C.E.D.E.X. Ministerio de Obras Públicas y Urbanismo

JOAQUÍN FERNÁNDEZ PÉREZ
Facultad de Biología. Universidad Complutense de Madrid

> Cuando en Méjico hicieron molino de agua, que antes no lo había, tuvieron gran fiesta los españoles y aún los indios, especialmente las mujeres, que les era principio de mucho descanso; más empero un mejicano hizo mucha burla de tal ingenio, diciendo que haría holgazanes a los hombres e iguales, pues no se sabría quien fuese amo ni quien mozo, y hasta dijo que los necios nacían para servir, y los sabios para mandar y disfrutar.»
>
> Francisco López de Gómara, El Trigo y el Molino. *Historia General de las Indias.*

Los molinos harineros en la época de los grandes descubrimientos

Aunque es un hecho bien establecido que los romanos emplearon diversos tipos de molinos harineros accionados mediante ruedas hidráulicas, y que incluso construyeron en algunos casos potentes factorías para moler el grano —la más conocida es quizá la de Barbegal, ceca de Nîmes, en la Galia— su difusión a gran escala no tuvo lugar en Europa hasta época medieval. Molinos de rodezno, capaces de aprovechar las modestas aguas de un pequeño arroyo, conviven con las robustas aceñas de cantería señoriales, que se asienten en los escasos ríos caudalosos que surcan la Península; musulmanes y cristianos construyen azudes para derivar parte de las aguas de ríos y arroyos, y legislan sobre el uso del agua fluyente para riegos y molinería, con el objetivo, siempre presente, de proteger los molinos incluso contra el desinterés de sus propios dueños[1]. Una legislación proteccionista castigaba con dureza los hurtos y quebrantos en los molinos medievales, e incluso fórmulas acuñadas en fueros y cartas puebla han pasado a formar parte de expresiones que hoy nos resultan familiares.

Así ocurre por ejemplo con la frase «corriente y moliente», aplicada hoy a algo que es usual, pero cuyo significado en origen hace referencia a las dos características básicas que había de cumplir un molino medieval para poder acogerse a los beneficios que disfrutaba la industria molinera —que el agua fluyese a través del molino, pero también que ese agua se emplease para moler grano— ya que muchos propietarios de ingenios abandonados o simulados (pero que en realidad no servían para moler) pretendían acogerse a los beneficios que esta industria disfrutaba en tiempos medievales como tecnología de vanguardia en su época.

A partir del siglo XI, la presencia de los molinos hidráulicos se hace cada vez más patente, y ya a principios del siglo XIII comienzan a emplearse ingenios de rodezno provistos de cubos de presión, dispositivo de gran importancia, que pronto se generalizará en aquellas regiones donde el agua escasea[2].

También se construyeron molinos flotantes, montados sobre barcazas que se anclaban en las pilas de los puentes de piedra; el irregular régimen fluvial de los ríos españoles hizo sin embargo que este recurso se utilizase con poca frecuencia.

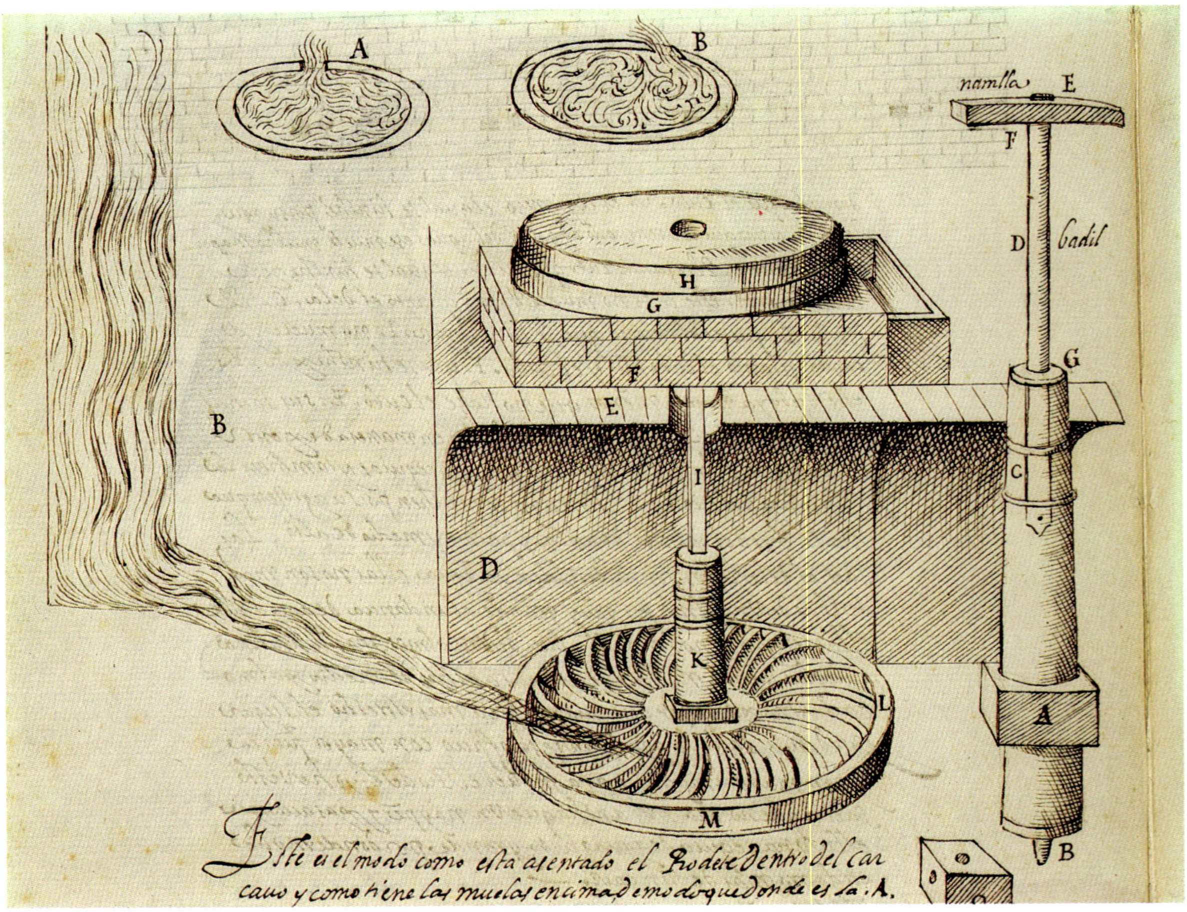

Elementos de que consta un molino harinero de rodezno. Pseudo Juanelo Turriano. Los Veintiún Libros de los Ingenios y de las Máquinas. *(S. XVI.) Manuscrito 3374. Biblioteca Nacional, Madrid.*

Los diversos tipos de molinos renacentistas españoles aparecen descritos con detalle, y también dibujados, en unos manuscritos técnicos de finales del siglo XVI, de autor desconocido, denominados habitualmente «Los Veintiún Libros de los Ingenios y de las Máquinas.»[3].

Todo este bagaje técnico, que incluía realizar las nivelaciones, diseñar y construir los caces y socaces, montar los rodeznos en los cárcavos o las ruedas de paletas o de cangilones, lo detentaban los «alarifes» y «carpinteros de lo prieto», que con gran frecuencia eran frailes formados en los monasterios, donde convivían —como en las multinacionales de hoy día— clérigos sabios y viajeros, especialistas en todas las ramas del saber sin distinción de nacionalidades.

Esta sabiduría frailesca, encontró en el Nuevo Mundo un campo inmenso donde dar rienda suelta a su vocación constructura; en el siglo XVI encontramos grandes ingenieros hidráulicos, como el franciscano fray Francisco de Tembleque —artífice del acueducto de Zempoala— y más tarde ya en el siglo XVII el carmelita descalzo fray Andrés de San Miguel, ingeniero hidráulico además de notable arquitecto.

Tanta importancia como los conocimientos de ingeniería, tuvo la extensa legislación, recogida en los fueros y ordenanzas medievales, y que constituyen un acervo transplantado casi íntegro en el Nuevo Mundo.[4].

En muchos fueros, para evitar los abusos de los propietarios de los molinos, se establece la «maquila», parte del grano molino que descuenta el propietario del molino como pago de sus servicios; en otros, se recoge el derecho del molino más antiguo sobre el construido posteriormente, o el derecho de cortar el agua de una acequia durante cierto tiempo —aunque ello afecte a otros molinos situados aguas abajo en el mismo caz— si la finalidad es proceder a una reparación necesaria.

Esta difusión medieval del molino, que es común en toda Europa, tiene en la mayor parte de España, algunas características propias, que le dan su sesgo singular; en primer lugar,

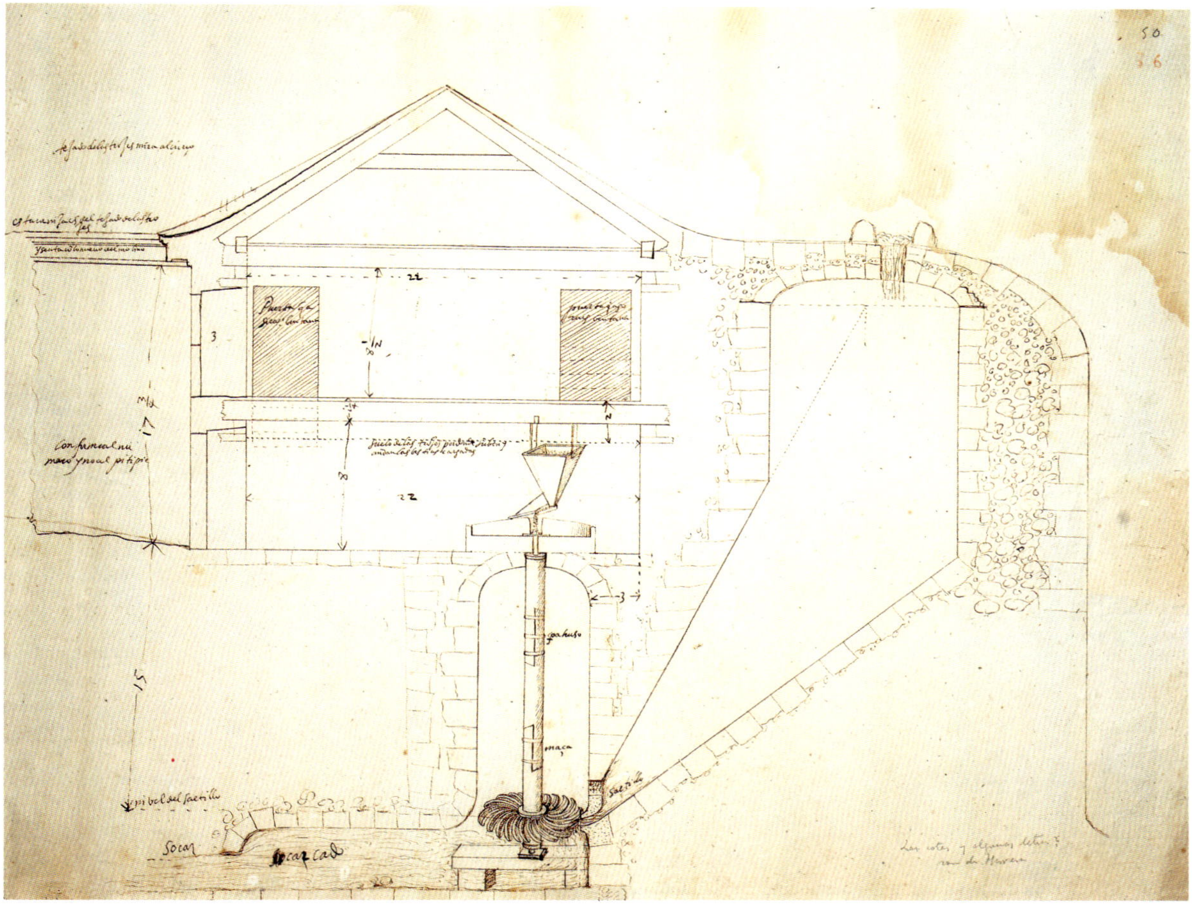

Molino renacentista español de rodezno y cubo de presión, construído en el siglo XVI en el Monasterio del Escorial. Biblioteca Palacio Real, Madrid.

en la Península Ibérica no se encuentra monopolio señorial o feudal sobre el molino —salvo quizá en Cataluña— sino que más bien los fueros recogen una gran libertad para instalar molinos propios, que corrabora la documentación que ha llegado hasta nosotros, en la que se aprecia una fragmentación de la propiedad muy acusada.

Otra característica de gran importancia, que pone de manifiesto la necesidad de reglamentar los diferentes usos del agua, no siempre compatibles, es que en la mayoría de los fueros se establecen dos maquilas diferentes, una en época de lluvias (entre San Miguel y San Juan) y otra, más cara, cuando las aguas escasas son más necesarias para otros fines, como el abastecimiento de las poblaciones o el riego de las huertas.[5]. Toda esta cultura tradicional, técnica por un lado y jurídica por el otro, se implantará en América, eliminando las normas —como la doble maquila— que carecen de sentido en regiones de lluvias abundantes.

La difusión del molino hidráulico en el Nuevo Mundo

Una buena parte de la dieta tradicional de los españoles que llegaron a América —pan de trigo, aceite oliva, vino de uva— sufrió un duro quebranto como consecuencia de las dificultades que la implantación de estos cultivos encontró en el Nuevo Mundo. Ante los fracasos iniciales, pronto aparecieron sucedáneos de la tierra, que aunque no entusiasmaron a los recién llegados, al menos les permitieron elaborar comidas que les recordaban las de Castilla. Harinas de maíz —el cereal de la tierra— grasa de cerdo, pronto aclimatado al Nuevo Mundo, vino extraído del aguamiel del maguey —el pulque— fueron utilizados por los españoles para suplir las carencias inevitables de su dieta tradicional.

López de Gómara nos relata los orígenes del trigo en la Nueva España[6]:

> «Un negro de Cortés, que se llamaba, según creo, Juan Garrido, sembró en un huerto tres granos de trigo que halló en un saco de arroz; nacieron dos de ellos, y uno tuvo ciento ochenta granos. Volvieron luego a sembrar aquellos granos, y poco a poco hay infinidad de trigo... A un negro y esclavo se debe tanto bien.»

Molino harinero de rodezno en el Obispado de Trujillo del Perú. Colección de dibujos de Martínez Compañón. (S. XVIII). Biblioteca Palacio Real, Madrid.

Molino harinero en el curato de Oculma (México). José A. Alzate y Ramírez. Atlas del Obispado de México. (S. XVIII). Colección Borbón-Lorenzana. Biblioteca Pública de Toledo.

El equipamiento industrial español para transformar estos productos —el molino harinero, la almazara de aceite, el lagar de la uva— buscó, al igual que sus artífices, un nuevo acomodo en el Nuevo Mundo.

Los molinos de rulos, utilizados desde época romana para triturar la aceituna, encuentran en América, a falta de aceituna de moler, nuevas ocupaciones: trituran los ingredientes que constituyen la pólvora, reducen a polvo la hoja seca del tabaco, o los platos tintóreo descubiertos en el Nuevo Mundo.

Las prensas, empleadas en extraer el aceite de la oliva o el mosto de la uva, se usarán en América durante gran parte del siglo XVI —hasta la invención del trapiche de rodillos— en extraer el jugo de la caña dulce, cultivo de gran éxito en Santo Domingo; más tarde, prestará otros servicios, como el prensado del maní o cacahuete, o de las semillas de girasol para extraer aceite.

El molino harinero, por el contrario, mantendrá su función tradicional, triturando entre sus piedras el grano de maíz —el cereal de la tierra en América— y más tarde, cuando se consigue aclimatar el trigo en las tierras altas de la Nueva España o en Chile, volverá a fabricar, para satisfacción de todos los españoles, el añorado pan blanco de Castilla.

Aunque es cierto que en algunas ocasiones se emplearon para moler cereales ingenios de de sangre —llamados «tahonas» ó «atahonas»— empleando un artificio similar al del malacate, la mayoría de los molinos harineros americanos emplearon fuerza motriz hidráulica, mucho más económica a pesar de los elevados costes iniciales de montaje de sus instalaciones fijas.

Para poder disponer del agua fluyente, necesaria como fuerza motriz para la molienda (tanto de la caña dulce, como de los cereales) era necesario solicitar una concesión a la Corona, que se arrogaba, como depositaria de la titularidad de un bien público, el derecho de organizar de manera racional los usos del agua en función de las necesidades de la comunidad de aguas para riegos, abastecimientos de poblaciones, o artes industriales.

En la práctica, el poder de precisión recaía en el Presidente de la Audiencia, quien tras oír el parecer del Cabildo, dictaminaba sobre la petición presentada; así lo recoge, a finales del siglo XVI, Diego de Encinas en su recopilación de legislación americana.[7].

En 1563 se establece en América el procedimiento que debe emplearse para solicitar una concesión de agua con fines industriales:

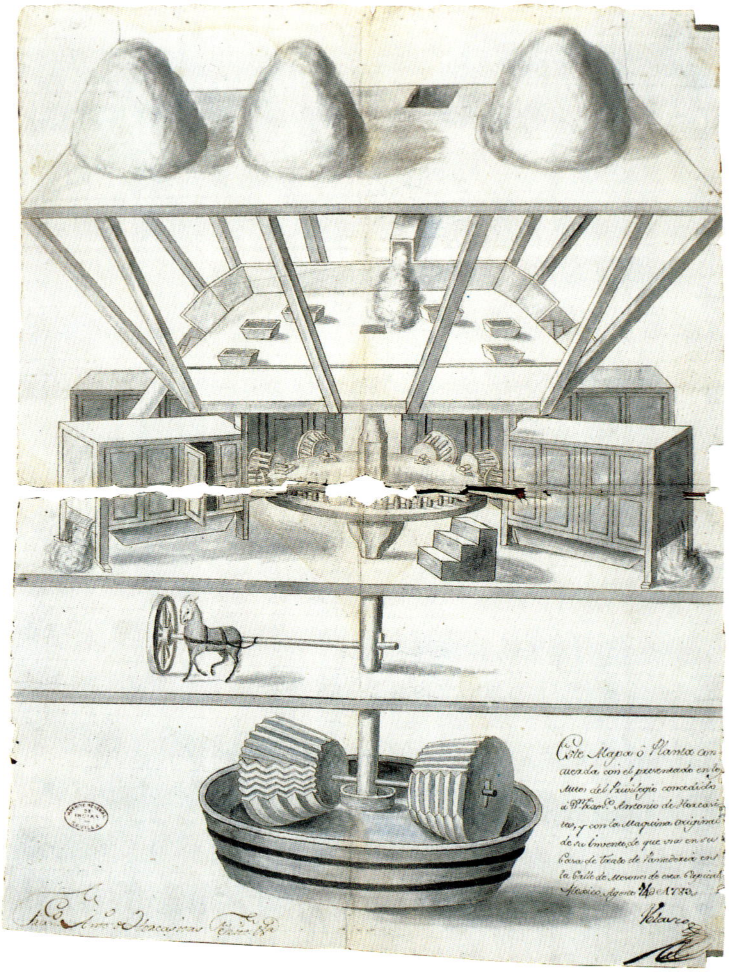

Máquina para cernir harina y amasar pan inventada y utilizada por Francisco Antonio Horcasitas en su panadería de la Calle de Mesones en la Ciudad de México. México, año 1783. Archivo General de Indias. Ingenios y Muestras, 193.

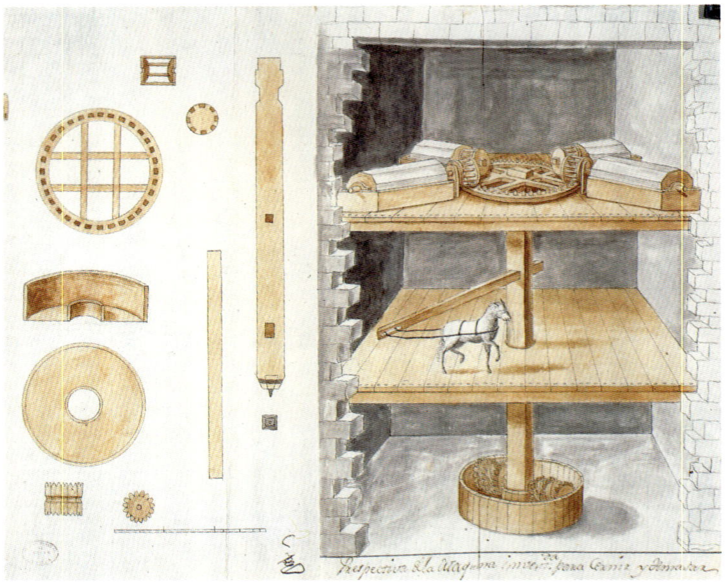

Perspectiva de la máquina de cernir harina y amasar pan, inventada en la ciudad de México por Francisco Antonio de Horcasitas. (Finales S. XVIII). Archivo General de Indias. Ingenios y Muestras, 193.

> «... Y las peticiones para repartir las aguas, y tierras para ingenios, se presentan ante el Presidente, y él las remita al dicho Cabildo, para que platique sobre ello, y con un regidor le envíen a decir lo que les parece, para que por él visto provea lo que convenga.»

Este uso común de las aguas, heredado de la legislación medieval española, fue claramente justificado por Gaspar de Escalona, a mediados del siglo XVII[8]:

> «Común hizo Dios el elemento del agua a los hombres, su propiedad es de ninguno, y su uso y comodidad comunicable a todos, así está determinado en las saladas de mar. En las dulces de los ríos, fuentes, poços el dominio y propiedad está aplicado al Príncipe dueño del territorio, como quien también lo es del suelo, y tierra en quanto no las hubiere repartido y concedido al común de alguna ciudad, villa o lugar, que en tal caso las dichas aguas dexan de ser Reales y se hazen públicas, id est populicas, assi se colige de una ley de la Partida, y de su glossa Gregoriana.»

Puede asegurarse, a la vista de los estudios de carácter local que poseemos, que a finales del siglo XVI, la difusión del molino hidráulico en América es tan silenciosa —oscurecida, eso sí, por otras industrias más rentables, como los ingenios de caña dulce o los del beneficio de la plata— como generalizada, salvo en las tierras cálidas y selváticas, poco colonizadas, en las que se continuó fabricando la tradicional harina a partir de la yuca sin necesidad de recurrir a maquinaria compleja[9].

Molinos de grano y su legislación en América

La temprana implantación de molinos harineros en la Nueva España requirió a mediados del siglo XVI una reglamentación para impedir abusos y establecer la «maquila» o tari-

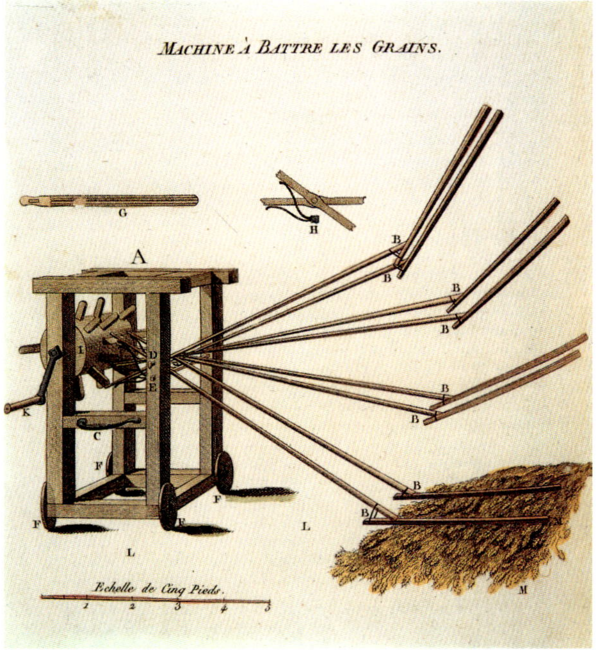

Mayal mecánico. Rey Desplanazu. Oeuvres d'Agriculture et d'Economie Rurale. 1801. *Real Jardín Botánico, Madrid.*

Cortador de espigas de centeno. Rey Desplanazu. Oeuvres d'Agriculture et d'Economie Rurale. 1801. *Real Jardín Botánico, Madrid.*

fa que se debía de pagar por las molienda del grano. El 11 de agosto de 1553 se promulgan en la ciudad de México las «Ordenanzas de trigo y arina», en las que se establecen un conjunto de normas que revisten gran interés, desarrollando además los mecanismos de control para evitar abusos que debían de ser frecuentes[10]:

> «Que el Fiel a cuyo cargo debe estar el peso de pesar el trigo y harina, tenga libro donde asiente el trigo que se llevare al peso, poniendo la cantidad de trigo, su dueño, a que molino va, con día, mes y año, confrontando esta razón con la de la harina que se tragere de dicho trigo, de la cual, sacada la maquila, que es de doce a uno, y una libra de despolvoreo en cada fanega, o quintal de trigo, lo que faltare de peso en la harina lo haga cumplir a costa del Señor del molino; pena por cada vez que dejare de cumplir, de diez pesos de oro común aplicados por cuartas partes, Cámara, Ciudad, denunciador, y Juez.»

Es decir, se establece una maquila de un 8,33% aunque se reconocen ciertas pérdidas de «despolvoreo», pérdidas que siempre alegaban molineros para justificar la mengua de peso entre lo que entraba en forma de grano en el molino, y lo que salía ya molido. La razón real de la pérdida de grano en el interior del molino, no era con frecuencia el polvo que despedían las piedras al moler, y que en lugar de caer en el «barandal» o cajón dispuesto para recoger las harinas, impregnada todos los rincones del molino con su polvo; más bien se debía a la afición de los molineros a engordar con grano ajeno animales de granja propios. Para evitar este abuso, las Ordenanzas de 1553 establecen:

> «Que los dueños de molinos, ni sus molineros, no puedan tener ni criar puercos ni gallinas, en el dicho molino, ni junto a él, so pena de perdimiento de los puercos y gallinas..»

La mala fama y la desconfianza que despertó en el Viejo y el Nuevo Mundo el oficio de molinero la recoge, a principios del siglo XVII Suárez de Figueroa cuando escribe[11]:

> «... por el gran ruido que todo el día y la noche hacen los molinos, se vuelven (los molineros) sordos y tontos, teniendo siempre tan particular retintín en las orejas, que por donde quiera que van, llevan dentro de ellas la impresión de sus molinos... es asimismo propio suyo tener los pies llenos de sudor, el rostro como corteza de queso, la nariz llena de humor, y el vestido atestado de harina y polvo...»

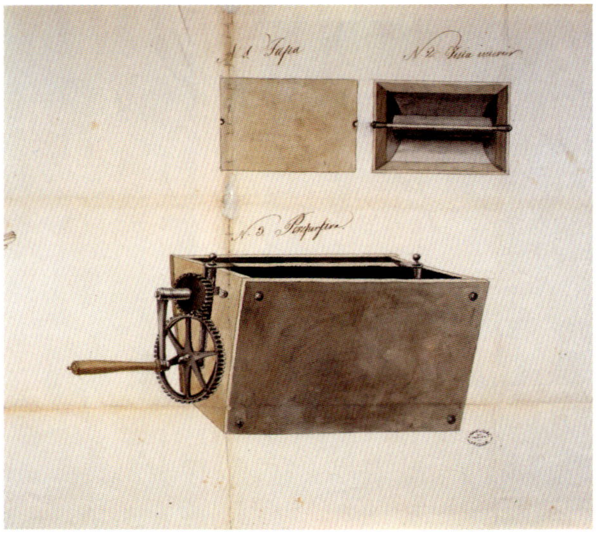

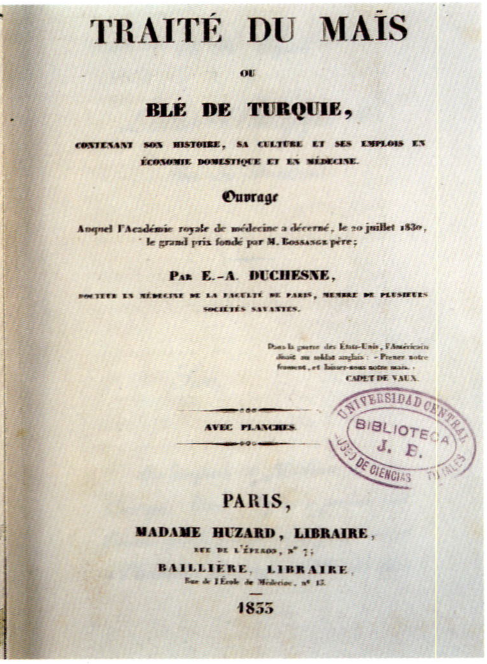

TRAITÉ DU MAÏS

OU

BLÉ DE TURQUIE,

CONTENANT SON HISTOIRE, SA CULTURE ET SES EMPLOIS EN ÉCONOMIE DOMESTIQUE ET EN MÉDECINE.

Ouvrage

Auquel l'Académie royale de médecine a décerné, le 20 juillet 1830, le grand prix fondé par M. Bossange père;

Par E.-A. DUCHESNE,

DOCTEUR EN MÉDECINE DE LA FACULTÉ DE PARIS, MEMBRE DE PLUSIEURS SOCIÉTÉS SAVANTES.

Dans la guerre des États-Unis, l'Américain disait au soldat anglais : « Prenez notre froment, et laissez-nous notre maïs. »
CADET DE VAUX.

AVEC PLANCHES.

PARIS,
MADAME HUZARD, LIBRAIRE,
RUE DE L'ÉPERON, N° 7;
BAILLIÈRE, LIBRAIRE,
Rue de l'École de Médecine, n° 13.
1833

Máquinas para elaborar pan y pastas. 1830. *Archivo General de Indias. Ingenios y Muestras, 125.*

Portada del libro de E. A. Duchesne, Traité du maís ou blé de Turquie,... 1833. *Real Jardín Botánico, Madrid.*

La construcción del molino: alarifes y carpinteros de lo prieto

Las concesiones de agua se hacían por cierto caudal, que se establecía de manera poco precisa, definiendo simplemente la sección —generalmente rectangular— sin establecer la velocidad del agua.

La unidades más frecuentemente utilizadas en la Nueva España fueron las siguientes:

—Buey de agua, sección cuadrada de una vara de lado.
—Hila de agua, sección cuadrada de un palmo de lado.
—Surco de agua, sección rectangular de 8×6 dedos.
—Naranja de agua, sección rectangular de 8×2 dedos.
—Real de agua, sección rectangular de 2×1 dedos; el real es una medida equívoca, ya que a veces puede significar también una sección circular de diámetro igual a un real de plata.
—Paja de agua, sección cuadrado de lado 1/3 de dedo.

A estas unidades, utilizadas en la Nueva España, hay que añadir el «riego» o «regador» empleado en el Virreinato del Perú, definido por una sección cuadrada de un sesmo de lado (es decir, 1/6 de vara de lado).[12].

Una vez concedida una porción de agua, el alarife o el agrimensor trazaba, con ayuda de un nivel o corobate, los canales o caces que conducían el agua otorgada hasta las ruedas hidráulicas instaladas en el molino, disponiendo además el canal para evacuar las aguas o socaz.

En el caso de que fuera técnicamente necesario atravesar con el canal por campo ajeno para llegar al molino, el «Reglamento General de las medidas de las aguas», publicado por Domingo Lasso de la Vega en 1761 para servir de guía a alcaldes, justicias reales y agrimensores, recoge el derecho de servidumbre; no obstante quien lo alegase, estaba obligado a probarlo, no adquiriéndose simplemente por el uso[13].

Aunque naturalmente el consumo de agua que requiere un molino es muy variable (dependiendo del número de rodeznos y del salto hidráulico), varios autores señalan que para un molino harinero se necesitaban ocho surcos, mientras que para un batán eran suficientes dos o tres [14].

Como en Castilla, la mayoría de los molinos harineros construídos en América fueron de rodezno, utilizando cubos para aumentar la velocidad de salida del agua cuando esta escaseaba; la disposición de las muelas, e incluso la cítola o taravilla, que imprime cierto movimiento a la canaleta para que caiga el grano es análoga a la española, tal y como figura

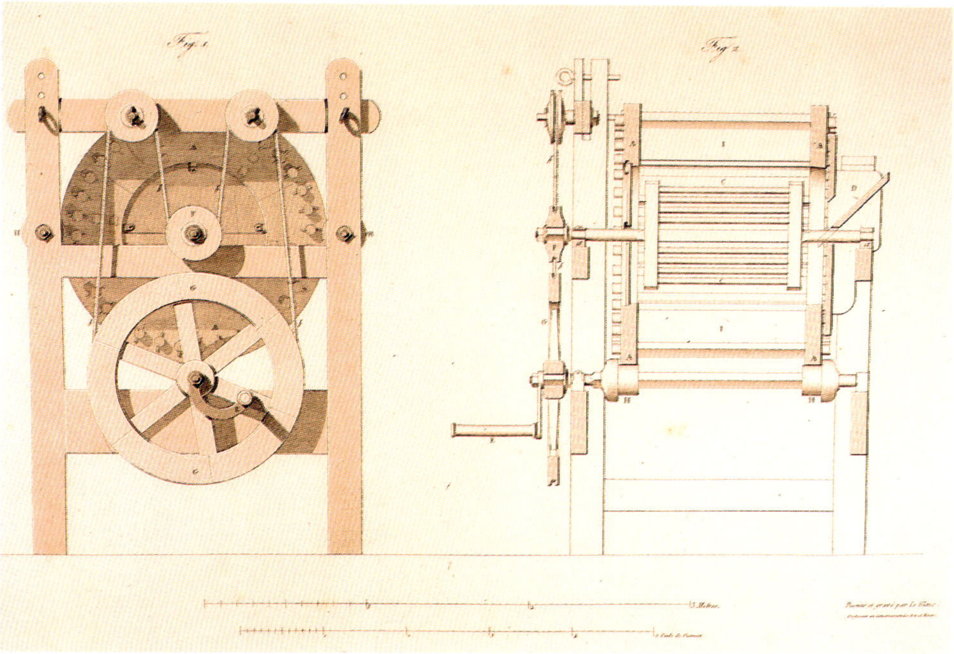

Molino para desgranar mazorcas de maíz. Matthieu Bonafous. Histoire Naturelle du Maïs. 1836. *Real Jardín Botánico:, Madrid.*

en el dibujo que ordenó realizar a finales del siglo XVIII el obispo de Trujillo del Perú Baltasar Jaime Martínez Compañón[15].

La tarea de construir azudes, acequias y canales se encomendó en América en el siglo XVI a técnicos especializados que recibieron la denominación —de procedencia árabe— de «alarifes».

Mientras que en España el término alarife designaba a un albañil experto, que conoce además las artes mecánicas, en América un alarife es un ingeniero en cuestiones hidráulicas, como pone de manifiesto por ejemplo un Acta del Cabildo de Santiago del Nuevo Extremo (Santiago de Chile) en 1541 en que se nombra a Pedro de Gamboa alarife de la ciudad[16]:

> «... y para que si alguna acequia se quebrare se remedie, e las aguas no anden, como andan, vertidas por las calles de esta ciudad, e todas las demás tocantes a oficio de alarife, es menester una persona que lo sepa hacer, e tenga plática (práctica) de ello, y se le señale el salario por ello; e que en esta ciudad está Pedro de Gamboa, que es oficial de dicho oficio e lo ha hecho en otras partes...»

La construcción de la maquinaria del molino requería una precisión bastante notable, ya que los rodeznos giraban a una velocidad elevada (al menos 80 vueltas por minuto) y cualquier desajuste provocaba como mínimo un desgaste desigual de las piezas que causaban con frecuencia accidentes y averías. Era preciso conocer además el modo de cortar y curar las maderas, de ensamblar las paletas o cucharas que constituyen el rodezno, o el modo de aparejar el «alivio», mecanismo necesario para poder juntar o separar las muelas en función de las necesidades de la molienda, evitando que quedasen las harinas o demasiado gruesas o quemadas.

Los especialistas en este tipo de construcciones recibían ya a mediados del siglo XVI en las Ordenanzas de Granada la denominación de «carpinteros de lo prieto»[17]:

> «Item quel oficial carpintero de lo prieto para ser buen oficial acabado ha de saber hacer un muelle y ruedas de aceñas y de azacayas, atahonas y vigas de molinos de aceite y de vino y rodeznos y carretas y anorias y otras cosas que son menos questas...»

Hubo también molinos harineros accionados por animales de tiro, llamados generalmente «tahonas» o «atahonas»; a diferencia de España, no conocemos en época virreinal la existencia de molinos de viento para moler grano, empleándose poco también en otras industrias, como la molienda de la caña dulce[18].

El grano molido —incluyendo sus cáscaras, que recibían el nombre de salvado— se clasificaba con cernedores de tela de diferente grado de finura; el modo de proceder está bien descrito en los manuscritos españoles renacentistas conocidos como «Los Veintiún Libros de los Ingenios y de las Máquinas», en los que se detallan hasta cinco clases de harina, de calidad decreciente: «más delgada», «no tan delgada», «muy gruesa», «menudillo» y «salvado»[19].

El amasado de la harina con agua fue casi siempre una operación realizada manualmente; una innovación importante, que al parecer funcionó en el siglo XVIII, fue la máquina de cernir harina y amasar el pan inventada por Francisco Antonio Horcasitas, e instalada en su panadería de la ciudad de México[20].

Planta del arroz. F.P. Chaumeton. Flore Medicale. 1814. *Real Jardín Botánico, Madrid.*

La imposibilidad de cultivar trigo en muchas regiones de América, de clima excesivamente caluroso y húmedo, generó un tráfico notable de cereales desde los lugares donde se cosechaba a los centros de consumo.

La capital del Virreinato de la Nueva España, muy deficitaria de grano, buscó abastecerse de trigo en el valle de Toluca, situado a poco más de sesenta kilómetros de distancia; para abaratar el transporte —que se hacía a lomos de mulas— se construyó a finales del siglo XVIII un importante camino carretero entre México y Toluca del que Humboldt escribe con admiración pocos años después[21].

Una parte importante del grano cosechado en Puebla —localidad donde se elaboraban las manufacturas más importantes de México ya en el siglo XVII— se exportaba a través del puerto de Veracruz a La Habana y Puerto Rico, muy deficitarias de harinas de trigo; el transporte hasta Veracruz, se realizaba a lomos de mulas, aunque a finales del virreinato se construyó un excelente camino carretero, obra del gran ingeniero militar Diego García Conde[22].

La capital del virreinato de Perú, fue también muy deficitaria de trigo, abasteciéndose generalmente en Chile, desde cuyos puertos se embarcaba hasta la ciudad portuaria de El Callao.

La transformación del molino harinero en el siglo XIX

Desde la generalización del molino hidráulico, en época medieval, hasta principios del siglo XIX, las diferentes tipologías de molinos harineros, no habían sufrido transformaciones cualitativas notables.

Bien es verdad, que el hierro había sustituído a la madera en la construcción de los ejes, que los engranajes habían mejorado notablemente, y rodeznos y ruedas verticales se construían en muchas fábricas de harinas totalmente de chapa metálica. Pero en el fondo, los motores hidráulicos apenas habían variado, y rodeznos, ruedas de paletas vitruvianas, y ruedas gravitatorias de cangilones, conservaban gran parecido con los molinos dibujados por Tácola, Agrícola o el desconocido autor de «Los Veintiún Libros de los Ingenios y de las Máquinas».

En la década de 1830 a 1840 tienen lugar sin embargo importantes descubrimientos que, años más tarde, alterarán considerablemente las técnicas tradicionales de molturación del grano.

Las ruedas verticales de paletas planas, empleadas en las aceñas y en los molinos flotantes, a pesar de su bajo rendimiento, sufren una transformación importante a partir de que en 1824 Jean Victor de Poncelet (1788-1867) diseña y construye una rueda de paletas con cambios aparentemente insignificantes: en lugar de colocar paletas planas, más o menos perpendiculares a la corriente, dispone álabes curvos, para evitar el choque del agua contra la paleta. Un año después, en 1825, su nuevo diseño fue premiado por la Academia de Ciencias Francesa, ya que con tan sencillo dispositivo logró duplicar el rendimiento de las ruedas, que se equiparan, por vez primera, a las ruedas verticales de cangilones.[23]

De mayor importancia todavía, fue el descubrimiento de las ruedas rápidas, que pronto serán llamadas «turbinas», cuyo uso se generalizará en España y sus territorios de ultramar en la segunda mitad del siglo XIX.

En realidad, la primera idea de aplicar una turbina de reacción para accionar un molino harinero, figura en el tratado de Giovanni Branca «La Machinae», publicado en el año 1629.[24].

Pero se trata tan sólo de una idea teórica expuesta por Branca, que no cristalizó en un molino real hasta más de un siglo después, cuando hacia 1740 Robert Barker comienza

Mazorcas de variedades de maíz. Matthieu Bonafous. Histoire Naturelle du Maïs. 1836. *Real Jardín Botánico, Madrid.*

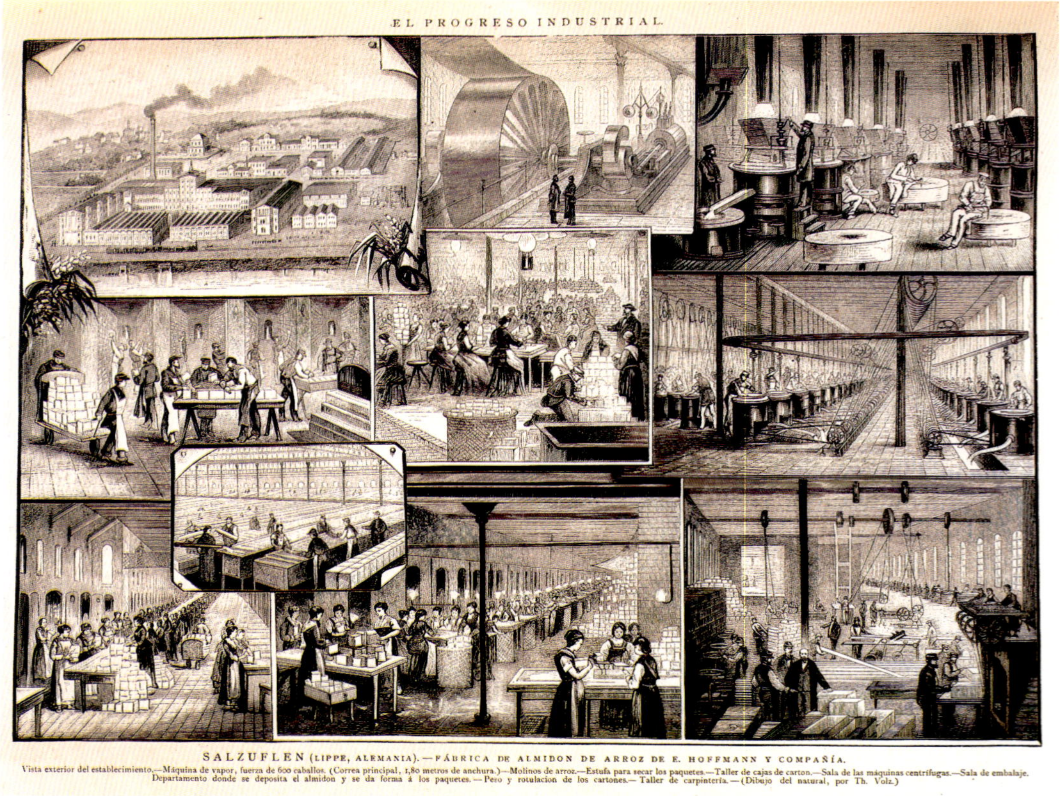

a fabricar ingenios basados en este principio, aunque sin obtener demasiado éxito. Posteriormente, estos tipos de molinos incorporan algunas nuevas mejoras, que pueden seguirse con detalle en un importante trabajo de Norman A.F. Smith[25]; diremos tan sólo aquí, que algunos ingenios basados en el del doctor Barker tuvieron cierto auge en Cuba y Puerto Rico en el siglo XIX, habiéndose excavado recientemente en la Hacienda Buena Vista de Puerto Rico un magnífico ejemplar de molino de reacción, empleado en la molienda del grano de maíz[26].

La última gran transformación en la molienda del grano en el siglo XIX fue el abandono de las muelas de piedra, procedentes unas veces de canteras locales, aunque ya en el siglo XIX las fabricadas artificialmente a partir de bloques de piedra cuarcítica de La Ferté —llamadas piedras francesas— se impondrán en todos los molinos importantes.

Pero aunque los primeros molinos de cilindros de fundición de hierro se comienzan a construir hacia 1821, no se popularizarán en Europa hasta finales del siglo XIX, por lo que su relevancia en nuestros últimos territorios ultramarinos es muy escasa.[27].

Silo para almacenar unos 2.600 barriles de arroz en Nueva Orleáns. 1796. *Archivo General de Indias, Florida y Luisiana, 176.*

Fábrica de almidón «Hoffmann», en Salzuflen, Alemania. Emplea como materia prima el arroz descascarillado. La Ilustración Española y Americana. 1884, *vol II, pag. 125. Hemeroteca Municipal, Madrid.*

NOTAS

1. Una bibliografía amplia sobre molinos harineros puede verse en González Tascón, Ignacio. *Fábricas hidráulicas españolas*. Madrid, Ministerio de Obras Públicas y Urbanismo, 1987. Acerca de los molinos en la España musulmana, es interesante la obra coordinada por Miquel Barceló *Arqueología medieval. En las afueras del medievalismo*. Barcelona, 1988.

2. Martí, Ramón. *Hacia una arqueología hidráulica: la génesis del molino feudal en Cataluña*. Publicado en la obra coordinada por Miquel Barceló citada en[1].

3. De estos manuscritos, atribuídos erróneamente a Juanelo Turriano, existe una edición transcrita editada en 1983 por el Colegio de Caminos, Canales y Puertos, con un estudio crítico de José A. García Diego.

4. Para una visión panorámica sobre la legislación hidráulica puede verse la obra monumental *El Derecho de aguas en España*. de Alfredo Gallego Anabitarte, Angel Menéndez Rexach y José Manuel Díaz Lema. Madrid, Ministerio de Obras Públicas y Urbanismo, 1986. (2 vols.).

5. Tienen mucho interés los Fueros de Baeza, Béjar, Cuenca, Guadalajara, Logroño, Miranda de Ebro, Palencia, Salamanca, Sepúlveda, Teruel, Viana, Cáceres, Soria, Reino de León, etc. De todos ellos existen ediciones recientes anotadas y comentadas que facilitan su lectura.

6. López de Gómara, Francisco. *Historia General de las Indias*. Madrid, Editorial Iberia, 1982. Vol. II, pág. 437.

7. Diego de Encinas. *Provisiones, cédulas, capítulos de ordenanzas, instrucciones y cartas...* (4 vols.). Madrid, Imprenta Real, 1596. Vol. I, pág. 69.

8. Gaspar de Escalona. *Gazofilacio Regio Perubico*, Madrid, 1647. Pág. 213.

9. Véase la obra de Fernando Ortiz, *Los primeros técnicos azucareros de América*. La Habana, 1955, pág. 11.

10. Francisco del Barrio Lorenzot, *Ordenanzas de Gremios de la Nueva España*. México, 1921. Pág. 277 y sigs.

11. Cristóbal Suárez de Figueroa. *Piaza Universal de todas las ciencias y artes*. Madrid, Luis Sánchez, 1615. Págs. 250 y sigs.

12. Una síntesis del espinoso asunto de las medidas de aguas en época virreinal puede verse en la obra de Ernesto Greve, *Historia de la Ingeniería en Chile*. (2 vols.) Santiago de Chile, Imprenta Universitaria, 1938. Vol. I, pág. 96 y sigs.

13. Este «Reglamento general de las medidas de las aguas», figura en las *Ordenanzas de tierras y aguas*, recopiladas por Mariano Galvan Rivera.
México, Imprenta de la Voz de la Religión, 1851. Págs. 206 y sigs.

14. Así opina por ejemplo Francisco de Guzmán Lara y Luzón en su *Geometría práctica y mecánica dividida en tres tratados. Primero: medidas de tierras. Segundo: medidas de minas. Tercero: medidas de aguas.* Manuscrito 8186 de la Biblioteca Nacional, Madrid, y lo mismo se recoge en el citado «Reglamento general de las medidas de aguas de 1761, punto 39.

15. Martínez Compañón, Baltasar Jaime. *Descripción del Obispado de Trujillo del Perú*, es una colección de 1411 dibujos, casi sin textos, que el obispo mandó llevar a cabo durante los años que fue obispo de Truxillo (Perú). Años 1778-1790. Biblioteca del Palacio Real. Madrid.
El empleo de la cítola servía para avisar al molinero cuando se había terminado el grano en la tolva, al cesar el ruido de la madera al golpear con la muela. De ahí el proverbio, recogido por Covarrubias en su *Tesoro de la Lengua Castellana*, publicada en 1611: «Por demás es la cítola en el molino si el molinero es sordo.»

16. Acta del Cabildo de Santiago, fechado el 18 de marzo de 1541. Tomado de Ernesto Greve, op. cit. vol. I, pág. 74.

17. Véase *Ordenanzas de Granada de 1552*. Folio CCXXII.

18. La representación más conocida de un molino de viento para moler la caña figura en la obra de Jean Baptiste Labat *Voyage du chevalier des marchais en Guinée, isles voisines et a Cayenne, fait en 1725, 1726 et 1727; enrichi de Cartes et de figures*. París, 1730. (4 vols.) Vol. 3, pág. 178.

19. *Los Veintiún Libros de los Ingenios y de las Máquinas*. Op. cit., vol. II, pág. 370. (edición impresa, véase nota número 3).

20. Se conservan dos planos de esta máquina de cerner harinas y amasar el pan en el Archivo General de Indias. Ingenios y Muestras, números 192 y 193. Consúltese también el legajo México, 1774.

21. Alexander von Humboldt. *Ensayo político sobre el reino de la Nueva España*. México, Editorial Porrúa, 1984. Pág. 110.

22. García Conde fue el artífice del camino carretero entre México y Veracruz; tras la independencia, será el primer director del Cuerpo de Ingenieros del ejército mexicano.

23. Véase *Fábricas Hidráulicas Españolas*, op. cit. págs. 491-498.

24. Branca, Giovanni. *La Machinae*, Roma, 1629.

25. Smith, Norman A.F., *The Origins of the Water Turbine and the invention of its Name, History of Technology*, págs. 215-259. Londres, 1977.

26. Baralt, Guillermo A.
La tecnología hidráulica de la Hacienda Buena Vista en Ponce, Puerto Rico. (1833-1904). Seminario de Antiguas Obras Hidráulicas en América. México, 1988.

27. Siber-Millot y C. Malavasi. *La industria molinera*. Barcelona, Gustavo Gili, 1920. Cap. VIII.

PUENTES VEGETALES DE HAMACA EN EL NUEVO MUNDO

IGNACIO GONZÁLEZ TASCÓN
C.E.D.E.X. Ministerio de Obras Públicas y Urbanismo
JOAQUÍN FERNÁNDEZ PÉREZ
Facultad de Biología. Universidad Complutense de Madrid

«Cruzamos el río por un puente de mimbres o juncos trenzados —colgante, en realidad, pero del tipo más tosco— resabio de los que se utilizaron universalmente en tiempos de la Conquista. Hasta la fecha existen miles de puentes semejantes en el Perú.»

Descripción del puente incaico de Ollantaytambo, por el viajero Ephraim George Squier, 1863-1865.

Los puentes colgantes de tradición prehispánica

Los incas, los más avanzados constructores de puentes en la América prehispánica, desconocían el procedimiento, generalizado por los romanos en Europa, de realizar arcos de medio punto, mediante el uso de dovelas de piedra o de ladrillo.

Distinguían sin embargo en lengua quechua entre «rumichaca» (de «rumi», piedra y «chaca», puente) y «cimpachaca», (de «cimpa», cuerda o maroma, y «chaca», puente). Pero sus puentes de piedra eran simples losas, dispuestas en forma de voladizos sucesivos.

En cambio, la idea de construir puentes en los que el material estructural trabajase a tracción fue extraordinariamente desarrollada por los pueblos prehispánicos, que utilizaban sogas constituídas por bejucos trenzados.

La dificultad de comunicarse en un extenso territorio, la existencia de materiales adecuados, y el alto nivel organizativo del imperio de los incas, hizo que sus puentes colgantes de fibras vegetales fuesen un complemento ideal de su extensa red de calzadas.

Los caminos del inca eran peatonales, ya que carecían de asnos, mulos, caballos ó bueyes antes de la llegada de los europeos, y desconocían la rueda, que por otra parte en ausencia de animales de tiro hubiese tenido poca utilidad.

Este hecho debe de tenerse en consideración al evaluar los puentes incaicos, considerados en época española como bastante inestables y peligrosos para transitar por ellos con animales de carga, pero preferibles en todo caso a tener que cruzar los ríos en frágiles balsas o canoas.

La mayoría de los puentes colgantes de los que tenemos noticias se construyeron para salvar tajos y ríos encajonados en alguna de las cuatro grandes calzadas imperiales que arrancaban de Cuzco, la capital de los incas.

Apuntando hacia los cuatro puntos cardinales, la vía de Chinchaysuyu arrancaba hacia el norte, y la de Collasuyu al sur; hacia el este, cruzando los Andes, la vía Antisuyu y hacia el oeste, hasta llegar a la costa, la vía Cuntisuyu.

En esta red de calzadas se encontraban los «tambos», equivalentes a nuestras posadas para comer y descansar, provistas de corrales para guardar las llamas.

Los españoles heredaron las calzadas incaicas limitándose a mantener sus puentes, que precisaban sustituir cada pocos años sus gruesas sogas vegetales.

En el siglo XVIII, Jorge Juan y Antonio de Ulloa nos informan de su empleo[1]:

> «De las (puentes) de bejucos usan cuando la mayor anchura de los ríos no permite el que los palos, por largos que sean, puedan descansar en sus orillas».

Muchos otros puentes de este tipo son descritos por viajeros, militares y científicos, e incluso se ha llegado a publicar alguna monografía dedicado a ellos[2].

Algunos fueron dibujados con mano maestra por viajeros y artistas, destacanso por su encanto los dibujos de Léonce Angrand del puente de la Mejorada, sobre el río de Parí (hoy río Mantaro) ó el de Humboldt sobre el Penipé[3].

Estos primitivos puentes colgantes no se circunscribieron de manera exclusiva al antiguo imperio inca, sino que también se emplearon en regiones en las que era posible trenzar fibras vegetales como bejucos o hilo de pita, o allí donde crecían silvestres las guaduas, gruesas y espinosas cañas con las que se construían puentes para salvar luces intermedias.

De ello nos informa el jesuíta Francisco Saverio Clavigero en el siglo XVIII, antes de la expulsión de la orden de La Nueva España[4]:

> «El puente más singular de los usados en aquellos países era el que los Españoles llamaron «hamaca». Era un tejido de cuerdas naturales de cierto árbol más flexible que el mimbre, pero más grueso y fuerte, llamado en América «bejuco», cuyas extremidades colgaban de dos árboles de las orillas opuestas, quedando el tejido colgando en medio, a guisa de columpio. Todavía se ven puentes de esta especie en algunos ríos.»

Estos puentes mexicanos tipológicamente parecen más primitivos que los incas, o por lo menos así apuntan algunos hechos.

En primer lugar, son de hamaca, más inestables que los propiamente colgantes. En segundo, se estriban en árboles próximos a los pasos, no en grandes «padrones», nombre con el que los incas designaban los robustos estribos de piedra.

Algunos puentes colgantes de maromas o de guaduas

a) Puente sobre el río Apurímac, conocido en época colonial como de San Luis Rey.

El Apurímac —en lengua quechua «gran hablador»— es uno de los ríos bravos y caudalosos que alimentan la cuenca alta del Amazonas. Sobre su cauce se construyó el mayor puente incaico, del que nos informa el Inca Garcilaso de la Vega (Cuzco 1539, Córdoba 1616) en sus Comentarios Reales[5]:

> «(Mayta Capac, hacia 1290) pretendió ir al poniente del Cuzco, que es lo que llaman Cuntisuyu, que tiene muchas y grandes provincias. Y porque había de pasar el gran río llamado Apurímac mandó hiciesen puente por donde pasar su ejército. Dióles la traza como se había de hacer, habiéndola consultado con algunos indios de buenos ingenios.»

Aunque la escasa duración de estos puentes colgantes obligó a renovarlos cada pocos años, sobre el río Apurímac seguía existiendo un importante puente de este tipo en el siglo XVIII, según lo recogen Jorge Juan y Antonio de Ulloa[6]:

> «En otros ríos del Perú, donde las hay de esta especie (se refiere a las puentes colgantes) son tan capaces, que transitan por ellas las recuas cargadas, como sucede con la de Apurímac por la cual se hace todo el tráfico y comercio del Perú entre las provincias de Lima, el Cuzco, La Plata, y otras meridionales.»

Las dimensiones de este puente eran colosales; en el Resumen Histórico del origen y sucesión de los Incas se le atribuyen las siguientes proporciones[7]:

> «Es esta (puente) la mayor de todo aquel reino, pues tiene de largo más de 200 pasos, según el informe de los que la han transitado, y algo más de dos varas de ancho: compónese de cinco maromas, cada una más gruesa que el cuerpo de un hombre: pasan sobre ella las recuas cargadas; y con el cuidado, que se tiene en repararla anualmente, ha permanecido desde entonces.»

Vista panorámica de una plantación americana de pita. C.F. Martius. Flora Brasilensis. 1840-1906. *Real Jardín Botánico, Madrid.*

Este puente colgante, llamado en época española puente de San Luis Rey, tuvo una larga vida, aunque no desprovista de accidentes catástroficos, como la rotura que tuvo lugar a mediodía del 20 de julio de 1714, y que sirvió de pretexto argumental para una novela que lleva su nombre[8].

En el siglo XIX, el viajero inglés Markham, reproduce en su obra «Cuzco and Lima» una litografía de este célebre puente —obra de Vicent Brooks— en la que se aprecia lo fragoso del terreno y la envergadura de sus estribos artificiales de piedra y una descripción que traducida viene a ser lo siguiente[9]:

> «Salva el abismo con una airosa curva, a una altura que rebasa sobradamente los trescientos pies sobre el río, el cual, aunque muy profundo, turbulento y estrepitosamente espumoso, corre entre terribles barreras que lo encajonan en ambas orillas. De aquí el nombre Apurímac, «el gran hablador», por la creencia de los indios de que el estruendo del agua era enviado por algún oráculo de las profundidades con un maravilloso significado.
>
> Una vez llevado a cabo el tránsito, descendí a las orillas del río, en un punto en el que confluía un pequeño arroyo que acrecentaba los remolinos y allí, bajo este estrepitoso torrente, contemplé uno de los principales afluentes del Amazonas.
>
> A cada lado del río las montañas se levantan completamente perpendiculares, a una altura de tres mil pies, con las olas arremolinadas en sus bases, y los farallones tan lisos que una brizna de hierba no podría enraizar en ninguna parte de ellos.»

b) Puente colgante de Penipé.

El puente colgante de Penipé, construído con sogas de hilo de pita trenzada, tenía 40 metros de luz y 2 de ancho. Como característica más notable, Humboldt señala que las gruesas sogas de pita estaban recubiertas por piezas cilíndricas de bambú a fin de aumentar su durabilidad.

Humboldt, además lo dibuja con mano maestra[10].

Puente de «hamacas» o criznejas en Penipé (Ecuador). El Museo Universal. 1861, *pág. 357. Hemeroteca Municipal, Madrid.*

El puente de bejucos de Guascas. E. André. América Equinoccial. *En: «América Pintoresca. Barcelona, Montaner y Simón,* 1884. *pp. 785. Biblioteca Nacional, Madrid.*

c) Puente colgante de La Mejorada.

Este puente colgante se emplazó en la aldea de San Fernando, para salvar el río Mantaro, antiguamente conocido como río de Pari. El río Mantaro nace en la laguna de Chichaycocha, uniéndose cerca del pueblo de Huanta con el caudaloso río Huarpa; es un afluente del río Apurímac.

Del puente colgante de la Mejorada, se conserva un magnífico dibujo realizado el 28 de noviembre de 1838 por el viajero Léonce Angrand[11].

En él se aprecian los estribos artificiales techados a dos aguas para preservar los anclajes de la humedad, y las rampas que dan acceso al puente.

d) Puente colgante de Ollantaytambo.

Situado sobre el río Urubamba. Consta de dos tramos, de 12-15 metros cada uno, con una gran pila central de factura incaica en el lecho del río, con lo que consigue compensar en ella los esfuerzos de anclaje, aunque a riesgo de que las corrientes del río en épocas de crecidas erosionen la cimentación de la pila. El ancho del puente es de 1,2 metros. Figura descrito en Squier[12]. La materia prima vegetal para trenzar las sogas o maromas fue un arbusto llamado «ioke».

e) Puente colgante de Lunahuaná.

Estaba situado a 7,5 km. aguas abajo del pueblo del mismo nombre; no sabemos su longitud, aunque sería similar al que le sustituyó a principios del siglo XX, de cables de acero, que tenía 50 metros de luz. Se construyó para salvar las aguas del río Cañete[13].

f) Puente colgante sobre el río Pampas.

El río Pampas es un afluente del Apurímac; sobre el cauce de este río, se construyó un importante puente que nos describe ampliamente Markham[14]:

> «En un lugar angosto, de unas veinte yardas de anchura (unos 18,29 metros), se había tendido un puente de sogas o maromas fabricado con fibras de maguey trenzadas, a través del río Pampas.
>
> Seis sogas, cada una de alrededor de un pie de diámetro, se tendieron a través del río, y se levantaron en la otra orilla empleando un cabrestante: transversalmente a estas, se fijaron otras sogas más pequeñas cubiertas con esteras, formando un puente ligero, considerablemente más bajo en su parte central que en sus extremos; y cuando lo cruzamos, las sogas vibraron de un lado a otro de un modo particularmente desagradable.
>
> Este puente ha de renovarse varias veces al año; un enorme número de trabajadores muere anualmente a causa de las fiebres reinantes en este valle húmedo y tropical.
>
> En tiempos de los españoles, los indios de ciertos poblados estaban liberados de otros servicios para cuidar de las reparaciones del puente.»

Puente colgante en Santa Rosa de Aconcagua. John Miers Travels in Chile and la Plata. *Vol. I, pág. 334. Nueva York, AMS Press, 1970. Biblioteca Nacional, Madrid.*

Puente vegetal de dos tramos, en Ollantaytambo, sobre el rio Vilcamayo. Las maromas o criznejas se realizaron con un arbusto llamado «ioke». Ephraim George Squier. Un viaje por tierras incaicas. Crónica de una expedición arqueológica. (1863-1865). *La Paz, Los amigos del Libro,* 1974. *pag. 274. Biblioteca Nacional, Madrid.*

El puente sobre el río Pampas tenía una longitud de 41 metros según Squier[15].

g) Puente colgante sobre el río Bilcas, a once leguas de Huamanga.
Figura descrito en La Crónica del Perú de Pedro Cieza de León[16].
Dice así:

«De una parte y de otra del río están hechos dos grandes y muy crecidos padrones de piedra, sacados con cimientos muy hondos y fuertes, para poner la puente que es hecho de maromas de rama a manera de las sogas que tienen las anorias para sacar agua con la rueda. Y éstas después de hechas son tan fuertes, que pueden pasar los caballos a rienda suelta, como si fuesen por la puente de Alcántara o de Córdoba. Tenía de largo esta puente, cuando yo la pasé, ciento y sesenta y seis pasos.»

Los «padrones» incaicos equivalen a nuestros actuales estribos.

h) Puente de Abancay sobre el río Pachachaca.
Tenemos una descripción realizada por Carrió de la Vandera, en el siglo XVIII[17]:

«La excavación que hicieron las aguas y el continuo tragín de caballerías de la vanda de Pachachaca al gran puente, es digna de lamentarse no solamente por la molestia y riesgo de su subida y baxada, sino porque se puede recelar que creciendo la excavación hasta el sitio adonde estriva el extremo del arco, se puede caer el puente con un gran terremoto o imposibilitarse el ascenso o baxada a las mulas cargadas.»

i) Puente de Tupe, sobre el río Grande ó río Cañete.
Es descrito también por Carrió de la Vandera, que no nos proporciona datos técnicos de interés[18]:

«En Llangas concluye la baxada, y tiene suficiente terreno para muchos alfalfares que no riegan con el río de Viña, no obstante tener sus azequias abiertas, por el poco consumo. Aquí se junta el río Grande, que comunmente llaman de Cañete. A media legua tiene un puente de maromas, que está al cuidado de los indios del pueblo de Tupe, de la provincia de Yauyos, a quienes el puentero paga veinte y siete pesos al año, además del paso libre de todos sus ganados. Es de buena entrada y salida, y pasan por él las mulas cargadas y los hombres montados.»

j) Puente sobre el río Maipo, en Chile.
La construcción de este puente, a mediados del siglo XVI, constituye un buen ejemplo de adaptación por parte de los españoles de las técnicas de construcción de puentes incas.

Ante las dificultades de cimentar un puente de «cal y canto» en el cauce del río, los habitantes de Santiago del Nuevo Extremo optaron por llevar a cabo la construcción de un puente de fibras vegetales.

En el año 1551 sabemos que el puente estaba ya terminado, pues el Cabildo de Santiago del Nuevo Extremo (Santiago de Chile) recoge la proposición de que se visite el puente cada dos meses y se repare en caso de que fuese necesario[19].

Fue el único puente construído sobre el caudaloso río Maipo durante tres siglos, hasta que en 1847, se tendió un puente de madera de tipo celosía, conocido como «Puente de los Morros.» A lo largo de la vida colonial, y cuando la abundancia de ganado vacuno lo permitió, los españoles sustituyeron las maromas de vegetales trenzados de este puente, por correas de cuero, que tenían una mayor duración.

Así se encontraba en la primera mitad del siglo XIX, cuando fue recorrido por algunos ilustres viajeros; en 1818 lo cruzó el general Miller, junto con las tropas de San Martín, y lo describió así[20]:

> «El Maypu es un torrente que sale de una de las gargantas de los Andes, y su único puente está construído de un modo que puede llamarse de cables de cuero; tiene 250' de largo (unos 75 metros) y de ancho únicamente lo necesario para que pase un carruaje.»

Algunos años más tarde, el ilustre naturalista Charles Darwin lo cruzó y también nos dejó el testimonio de sus impresiones en los diarios de su Viaje por América[21]:

> «Cerca de las 12 del día llegamos a uno de esos puentes colgantes hechos con pieles, que atraviesan el Maypu, río de rápida corriente que pasa a pocas leguas al Sur de Santiago. ¡Triste cosa son los tales puentes!. El piso, que se presta a todos los movimientos de las cuerdas que lo sostienen, consiste en tablas colocadas unas junto a otras; y con mucha frecuencia faltan y aparece un agujero; al peso de un hombre, llevando un caballo a la brida, oscila todo el puente de modo temible.»

k) Puente de criznejas en Cotabamba (Perú), sobre el río Apurímac.
Su construcción está relacionada con la rebelión de Gonzalo de Pizarro contra el primer virrey del Perú, Blasco Núñez de Vela. Para sofocar el levantamiento de los conquistadores contra la Corona, el Consejo de Indias designó a un «pacificador»,

Puente sobre el río Mapocho:, en el curso alto:, cerca de la confluencia con el estero Arrayán (Chile). Rodulfo Amando Philippi. Vistas de Chile. 1859. *Biblioteca Nacional:, Madrid.*

Puente de la Mejorada del río Pari. Dibujo de Leonce Angrand.

Vista del puente sobre el río Pampas desde su entrada. Ephraim George Squier. Un viaje por tierras incaicas. Crónica de una expedición arqueológica. (1863-1865). *La Paz, Los amigos del Libro,* 1974. *pag. 303. Biblioteca Nacional, Madrid.*

Puente vegetal sobre el río Pampas. Ephraim George Squier. Un viaje por tierras incaicas. Crónica de una expedición arqueológica. (1863-1865). *La paz, Los amigos del Libro,* 1974. *pag. 302. Biblioteca Nacional, Madrid.*

El gran puente colgante sobre el río Apurimac. Clements Robert Markham. Cuzco and Lima: A visit to the capital and provinces of modern Perú. *London, Chapman and Hall,* 1856. *pág. 88. Biblioteca Nacional, Madrid.*

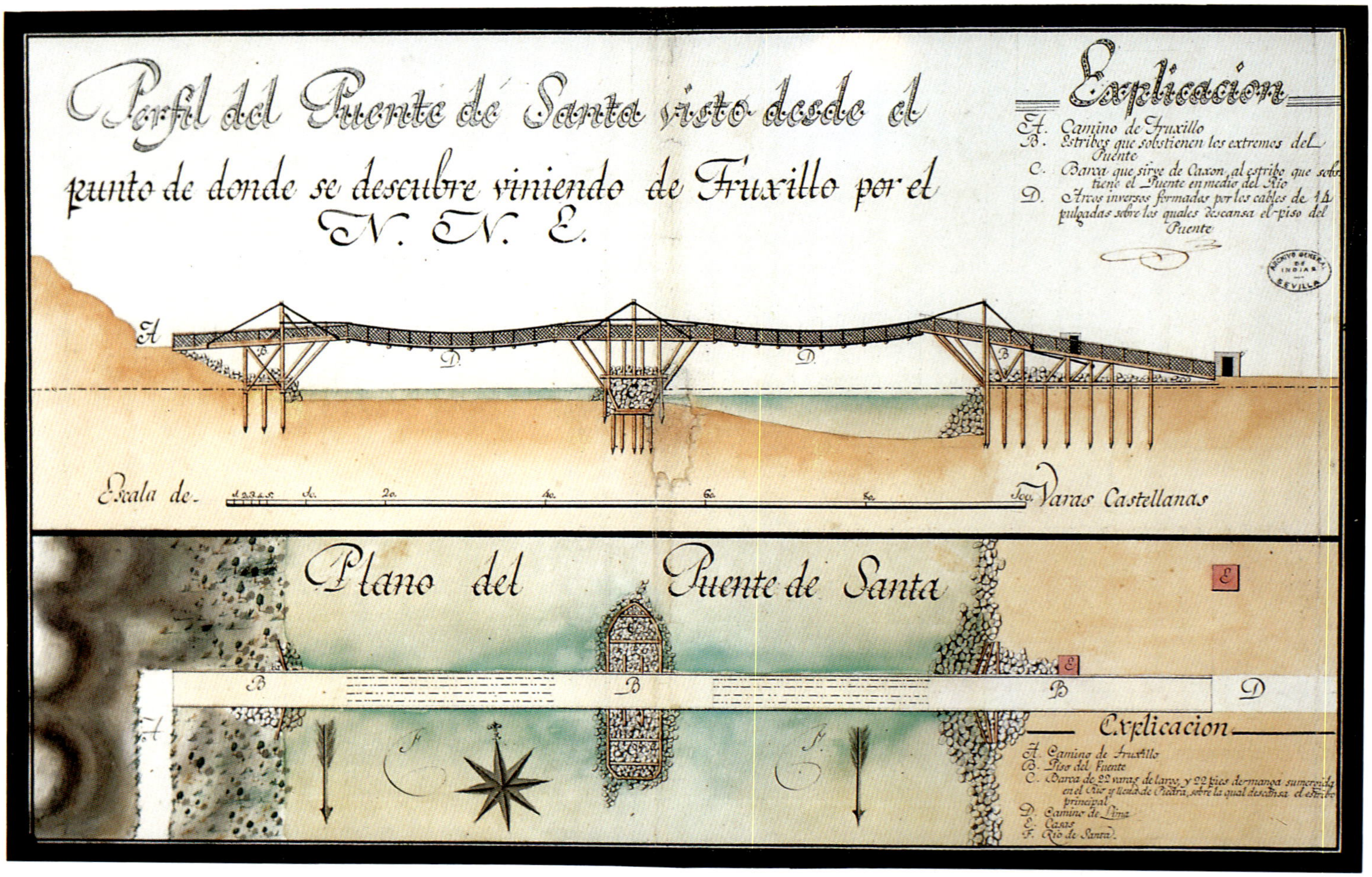

Perfil del puente colgante de Santa, visto desde el punto donde se descubre viniendo de Truxillo. Pedro de Abadía?. 1811.
Archivo General de Indias, Perú y Chile, 167.

Pedro de La Gasca, un clérigo culto e inteligente, que tras su llegada a América inició contactos políticos y militares para minar la rebelión.

La batalla final entre los ejércitos leales a la Corona con los hombres de Gonzalo Pizarro tuvo lugar en Xuquixaguana en 1548; la derrota de los pizarristas puso punto final a la rebelión[22].

El río Apurímac, cerca de Cotabamba, fue el escenario en el que se desarrollaron las últimas luchas. Con el fin de cruzar el río por sorpresa, el ejército de Pedro de La Gasca tendió un puente de criznejas de estilo incaico, diseñado en 1548 por Lope Martín, formado por cuatro gruesas maromas vegetales, de dos palmos de diámetro (unos 42 cm.) que constituían el tablero y dos sogas más delgadas, que servían de pretiles[23].

1) El puente de «guaduas» sobre el río Paya (Colombia).

Encontramos aquí un nuevo material vegetal, la «guadua», empleado en la construcción de puentes colgantes en Colombia, Ecuador y Venezuela.

La guadua es una especie de bambú muy grueso (como el muslo de un hombre), de gran longitud, y suficientemente flexible como para poder emplearse en la construcción de puentes de hamacas cuya longitud no exceda los 25 metros, sin necesidad de tener que recurrir a empalmes.

El puente de guaduas de Paya, situado sobre el río y pueblo del mismo nombre, aún existía y se utilizaba en el siglo XIX, y de él se conserva un magnífico plano[24].

En este caso, no se requiere fabricar gruesas maromas o criznejas mediante el trenzado de hilos vegetales, sino que simplemente se utilizan las «guaduas» que se arrancan de la tierra de raíz.

Este puente está constituído por tres gruesas guaduas juntas —cada una de 6 pulgadas de diámetro (unos 14 cm.)— que constituyen la base de apoyo del caminante, y de dos

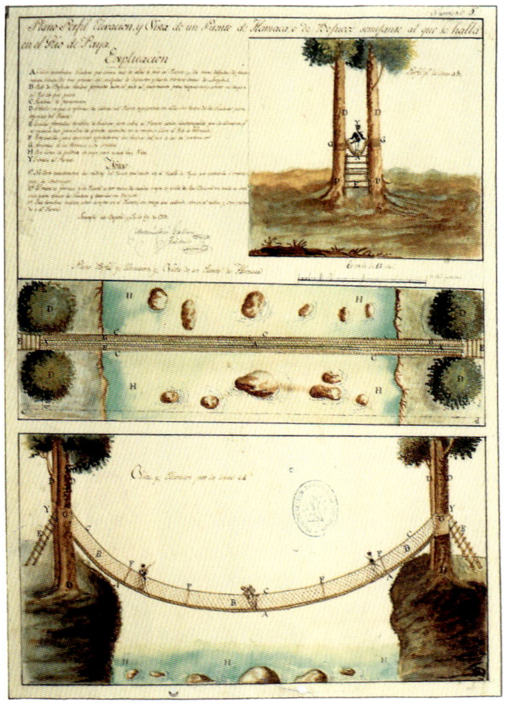

Puente de guaduas, situado sobre el río Paya en Boyacá, Colombia. Antonio José Galluzo y Arévalo. 1818. *Servicio Histórico Militar, plano nº 6029.*

guaduas más delgadas, que sirven de pasamanos, tejiéndose entre ambas guaduas una red o malla de bejucos.

El puente iba anclado en dos árboles en cada extremo, elegidos previamente, mediante una técnica muy elemental, que consiste el sujetar las raíces de las guaduas en los troncos de los árboles mediante tiras de cuero.

Técnicas constructivas en los puentes colgantes incas

La construcción de un puente colgante se inicia por la elección de un emplazamiento adecuado, no sólo desde el punto de vista funcional en relación al cauce del río, sino buscando también fijar al menos un estribo o anclaje de las maromas en la roca viva, para evitar tener que construir estribos artificiales de piedra —llamados padrones—, costosos de realizar y difíciles para el anclaje de las sogas, maromas o criznejas.

Una vez elegidos los puntos fijos, se calculaba aproximadamente la longitud del puente, a la que se añadía una parte adicional para el anclaje de las sogas.

Sobre el procedimiento empleado para realizar el trenzado del hilo vegetal, nos informa el Inca Garcilaso de la Vega al describir la construcción del puente colgante sobre el río Apurímac[25]:

> «Para tener una puente de aquellas, juntan grandísima cantidad de mimbre, aunque no es de la misma de España, es otra especie, de rama delgada y corrosa. Hacen de tres mimbres sencillos unas criznejas (trenzas) muy largas, a medida del largo que ha de tener la puente. De tres criznejas de tres mimbres, hacen otra de a nueve mimbres, de tres de aquellas hacen otras criznejas que vienen a tener en grueso veintisiete mimbres, y de tres de estas hacen otras más gruesas; y de esta manera van multiplicando y engruesando las criznejas hasta hacerlas tan gruesas y más que el cuerpo de un hombre. De estas muy gruesas hacen cinco criznejas.»

Tras trasladar un cabo de las sogas a cada lado del río «las ponen sobre dos estribos que tienen hechos de peña viva, donde las hallan en comodidad, y no las hallando, hacen dos estribos de cantería tan fuerte como la peña.»

El anclar los cables de un puente colgante es asunto de primordial importancia, y naturalmente los incas no confiaban en un punto de sujección único.

De nuevo es el Inca Garcilaso quien nos proporciona las claves de este asunto:

Tarabita de cuerdas en Patate (Ecuador). El Museo Universal. 1861, *pág. 380. Hemeroteca Municipal, Madrid.*

«La puente de Apurímac, que está en el camino real del Cuzco a los Reyes (se refiere a Lima), tiene el un estribo de peña viva, y el otro de cantería. Los estribos hacia la parte de tierra son huecos, con fuertes paredes a los lados. En aquellos huecos de una pared a otra, tiene cada estribo atravesadas cinco o seis vigas, tan gruesas como bueyes, puestas por su orden y compás como una escalera de mano; por cada viga de estas hacen dar una vuelta a cada una de las criznejas gruesas de mimbre de por sí y no se afloje con un mismo peso que es grandísimo; pero, por mucho que le tiren, siempre hace vaga y queda hecho arco, que entran descendiendo hasta el medio y salen subiendo hasta el cabo, y con cualquier aire que sea algo recio se está meciendo».

El tablero del puente estaba constituído así:

«Tres criznejas de las gruesas ponen por suelo de la puente, y las otras dos por pretiles a un lado y a otro. Sobre las que sirven de suelo echan madera delgada como el brezo, atravesada y puesta por su orden en forma de zarzo, quedando todo el ancho de la puente, la cual será de dos varas en ancho. Echan aquella madera para que guarde las criznejas porque no se rompan tan pronto, y átanla fuertemente con las mismas criznejas. Sobre la madera echan gran cantidad de rama atada y puesta por su orden; échanla porque los pies de las bestias tengan en que asirse y no deslicen y caigan. De las criznejas bajas, que sirven de suelo, a las altas, que sirven de pretiles, entretejen mucha rama y madera delgada muy fuertemente atada, que hace pared por todo el largo de la puente, y así queda fuerte para que pasen por ella hombres y bestias.»

Es decir, que las maromas altas sirven básicamente de quitamiedos, siendo las que constituyen el suelo las portantes. No obstante, al actuar las sobrecargas en el puente, parte de los esfuerzos son transmitidos a través de los cables verticales a las gruesas maromas que constituyen los pretiles.

Andariveles, oroyas o tarabitas

Los transbordadores, que hoy llamamos andariveles, fueron también conocidos por los incas antes de la llegada de los españoles. Recibía este artificio los nombres de «oroyas» —del quechua «uruya»— huaros (Perú) o tarabitas (Ecuador).

Este procedimiento para salvar los ríos, descrito por primera vez en castellano por el inca Garcilaso de la Vega (Libro III, tomo II), era de calidad muy inferior a los puentes de bejucos, y no se empleaba en los Caminos Reales incaicos.

Puente flotante de «totora» sobre el río Desaguadero. Ephraim George Squier. Un viaje por tierras incaicas. Crónica de una expedición arqueològica. (1863-1865). *La Paz, Los amigos del Libro,* 1974. *pag. 143. Biblioteca Nacional, Madrid.*

Puya gigantea *en un campo de totoras. André.* América Equinoccial. *En: «América Pintoresca». Barcelona, Montaner y Simón,* 1884. *pp. 761. Biblioteca Nacional, Madrid.*

Las tarabitas incas permanecieron en uso durante la dominación española, y así nos las describen Jorge Juan y Antonio de Ulloa[26]:

> «Hay ríos, donde en lugar de puente de bejucos, se pasa por tarabita, como sucede con el de Alchipichí; y en la de éste no sólo la atraviesan las personas, y cargas, sino también los bagages (animales de carga); porque la mucha rapidez y peñascos, que arrastra su corriente, no consienten el que lo puedan hacer a nado.
>
> La tarabita consiste en una cuerda de bejucos, o correas de cuero de vaca, compuesto de muchos hilos de seis a ocho pulgadas de grueso: la cual está tendida de una orilla a la otra con alguna inclinación, y sujeta muy fuertemente en ambas a unos palos. En uno de estos hay un molinete o torno para templarla lo necesario: sobre la maroma descansa un zurrón de cuero de vaca capaz de recibir un hombre, y de que en él pueda recostarse: este zurrón va suspendido en dos horcones, que son los que corren sobre la maroma: de cada lado tiene atada una cuerda, para tirar por ella el zurrón a aquel, que se quiere llevar: el que ha de pasar se mete en él; y dándole desde tierra un empujón va con prontitud al otro lado».

Además de esta tarabita para personas y bultos, existían otras dos para pasar los «bagages» o animales de carga; tenía las maromas más gruesas y un mayor desnivel entre los apoyos, utilizándose cada una de ellas para transportar los animales tan sólo en una dirección aprovechando la fuerza de la gravedad. Los animales pasaban colgados, igual que los hombres, y los que eran veteranos se resignaban a la prueba. No así las mulas que cruzaban por vez primera; Jorge Juan y Antonio de Ulloa cuentan que «las que son nuevas en ello, se embravecen huyendo, y cocean en el aire, cuando perdiendo la tierra se ven de aquel modo precipitar.»

La luz que salvaban las tarabitas de Alchipichí era de 70 a 90 varas, es decir entre 58,8 m. y 75,6 m. algo difícil de conseguir sin apoyos intermedios en la primera mitad del siglo XVIII. Y el tajo de Alchipichí tenía profundidades que oscilaban allí entre 40 y 50 metros.

Puentes flotantes vegetales sobre balsas o barcazas

También se construyeron en América puentes flotantes análogos a los europeos, siempre que las aguas de los ríos no variasen mucho de nivel, ya que una crecida repentina de las aguas podía provocar la rotura de los anclajes que mantienen las barcas o flotadores amarradas en su emplazamiento.

Sevilla, el gran puerto de Indias, contó durante todo el periodo que nos ocupa, tan sólo con un puente de barcas de madera para comunicar ambas márgenes del Gudalquivir, hasta que en el siglo XIX se construyó el puente de hierro de Triana, primera enlace fijo entre ambas orillas[27].

En la América precolombina se utilizaron estos puentes, de concepción muy sencilla, sobre todo para cruzar ríos caudalosos de aguas reguladas, como los que nacen en los grandes lagos naturales.

Hasta nosotros han llegado algunas descripciones y dibujos de dos de estos puentes, ambos situados sobre el río Desaguadero, único drenaje natural de las aguas del gran lago Titicaca, situado a unos 3800 metros de altitud.

En este caso, ante la dificultad de encontrar madera, inexistente a esa altura, los indígenas emplearon flotadores de «totora» (Tipha latifolia), especie de enea o espadaña que crecía espontánea en las orillas del lago, y que los indígenas empleaban también en la construcción de sus embarcaciones lacustres.

El primero de estos puentes, estaba situado en el río Desaguadero muy próximo a su nacimiento en el lago Titicaca; su antigüedad nos la describe Jorge Juan y Antonio de Ulloa[28]:

> «En este caño o desaguadero que sale de la laguna de Titicaca, permanece el puente de juncias y eneas, que el V. Inca Capac Yupanqui inventó para pasar con su ejército a la otra parte, y hacer la conquista de las provincias de Collasuyo: tendrá de ancho el Desaguadero como 80 ó 100 varas (es decir, de 67 a 84 metros); y aunque en lo superficial demuestran mansedumbre las aguas, por abajo es grande la fuerza de la corriente que llevan. El Inca pues mandó hacer de aquella paja, que abunda en las lomas y colinas de los páramos de todo el reino, a quien los indios llaman «Ichu», cuatro maromas muy gruesas, que son el fundamento de todo el puente: tendidas las dos de estas sobre el agua, pusieron entre ellas muchos haces de juncia, y totora seca, bien atados unos con otros, y a las mismas maromas: sobre esto tendieron las otras dos, y encima volvieron a atar otros haces del mismo material, pero más chicos, y bien ordenados; por los cuales hizo tránsito todo el ejército.»

Los mismos autores nos proporcionan algunas características de esta obra de ingeniería:

> «Este puente que tendrá como ancho cinco varas (4,2 metros) y está elevado del agua como una y media, se conserva todavía con el cuidado de repararlo, o de hacerlo nuevo cada seis meses: para lo cual tienen obligación de concurrir aquellas provincias comarcanas por ley, que el mismo Inca dejó entablada desde entonces, y fue después confirmada por los reyes de España: por este medio mantienen su tráfico continuo todas aquellas provincias, entre quienes ponen división el Desaguadero.»[29]

El otro puente flotante sobre el río Desaguadero es el de Nasacara, situado aguas abajo del anterior, a unos 65 kilómetros del lago Titicaca; tenía unos 45 metros de longitud, y el viajero Squier lo dibujó y describió así[30]:

> «Es un puente flotante no desemejante al que cruza el Rhin en Colonia, excepción hecha de que, por la total ausencia de madera de construcción en la región, las balsas son de juncos secos, unidos entre sí en inmensos fardos, con extremos puntiagudos como los de las canoas. Se las ata lado a lado mediante gruesos cables de juncos trenzados, asegurados en ambas orillas a sólidas torres de piedra.
>
> El camino es también de juncos, que descansan en las balsas; tienen aproximadamente 1,2 metros de ancho y se eleva sobre las balsas más o menos la misma altura.»

Este puente flotante fue sustituído a finales del siglo XIX por un moderno puente colgante de cables de alambres.

NOTAS

1. Jorge Juan y Antonio de Ulloa. *Relación Histórica del Viage a la América Meridional.* Madrid, Antonio Marín, 1748. Vol. I, págs. 576-7.
2. Alberto Regal. *Los puentes del Inca en el antiguo Perú.* Lima, 1972.
3. Léonce Angrand fue un viajero curioso y un excelente dibujante, que legó a la Biblioteca Nacional de París sus colecciones de documentos sobre América. Los dibujos que hacen referencia al Perú han sido publicados con el título *Imágenes del Perú en el siglo XIX.* Lima, Carlos Milla Batres, 1972. Pág. 220.Sobre el puente dibujado por Humboldt, véase nota núm. 10.
4. Francisco Saverio Clavigero. *Historia Antigua de Megico.* Traducción del italiano por José Joaquín de Mora. Londres, R. Ackermann, Strand, 1826. (2 vols.) Vol. I, pág. 352.
5. Garcilaso de la Vega, el Inca. *Comentarios Reales de los Incas.* Caracas, Fundación Biblioteca Ayacucho, 1985. (2 vols.). Vol. I, págs. 135 y sigs.
6. Jorge Juan y Antonio de Ulloa, op. cit., vol. I, pág. 577.
7. Publicado como apéndice en la *Relación Histórica*, de Jorge Juan y Antonio de Ulloa, vol. II, pág. XXIII.
8. Thornton Wilder. *El puente de San Luis Rey.* Barcelona, 1989.
9. Markham, Clements Robert. *Cuzco and Lima.* London, Chapman and Hall, 1856. Págs. 88 y 91.
10. Alexander von Humboldt. *Sitios de las cordilleras y monumentos de los pueblos indígenas de América.* Madrid, 1878. pág. 46.
11. En Léonce Angrand, op. cit. pág. 218 figura dibujado el puente de la Mejorada.
12. Squier, Ephraim George. *Un viaje por tierras incaicas. Crónica de una expedición arqueológica (1863-5).* La Paz, Ed. Los Amigos del Libro, 1974. Pág. 275.
13. Alberto Regal, op. cit. pág. 110.
14. Markham, op. cit. pág. 79.
15. Squier, op. cit. pág. 302.
16. Pedro Cieza de León. *Crónica del Perú, Primera parte.* Lima, Pontificia Universidad Católica del Perú y Academia Nacional de la Historia, 1984. Pág. 253.
17. Carrió de la Vandera, Alonso. Personaje más conocido como Concolorcorvo, escribió un libro titulado *Lazarillo de ciegos caminantes*, que aunque en portada figura impreso en Gijón, Imprenta de la Rovada, 1773, lo fue en realidad en Lima, en 1775 ó 1776. Madrid, Editora Nacional, 1980. Págs. 356-358.
18. Carrió de la Vandera, op. cit. págs. 402-403.
19. En el Acta del Cabildo de 26 de enero de 1551 se recoge la propuesta de que «por que no se caiga la puente del Maipo, se visite de dos a dos meses, y si faltare algo, se remedie.» Citado por Ernesto Greve, *Historia de la Ingeniería en Chile*, vol. I, pág. 46.
20. *Memorias del General Guillermo Miller al servicio de la República del Perú.* Traducidas al castellano por el General Torrijos. Madrid, Victoriano Suárez, 1910. Es reproducción de la edición de Londres de 1829. Pág. 154.
21. Charles Darwin, *Viaje de un naturalista alrededor del mundo.* (2 vols.). Madrid, Biblioteca Nacional, 1981. Vol. II, pág. 50. Es edición facsimilar de la de Madrid, La España Moderna, 1899.
22. Bartolomé Bennassar, *La América española y la América portuguesa (siglos XVI-XVIII).* Págs. 206-213.
23. Ernesto Greve, op. cit., vol I, págs. 206-207.
24. Servicio Histórico Militar, plano 6029. Vista de un puente de hamacas semejante al que se halla en el río Paya, Colombia. Santa Fe de Bogatá, 19 de julio de 1818. Lo realizó Antonio José Galluzo y Arévalo.
25. Garcilaso de la Vega. Op. cit. cap. VII, Libro III.
26. Jorge Juan y Antonio de Ulloa, op. cit. vol. I, págs. 577-8.
27. Una vista de este puente sevillano de barcas la dibujó en la segunda mitad del siglo XVI Anton van den Wyngaerde, y ha sido publicada, junto con otros muchos dibujos, en el libro *Ciudades del Siglo de Oro. Las vistas españolas de Anton van den Wyngaerde.* Madrid, Ediciones el Viso, 1986. Pág. 333.
28. Jorge Juan y Antonio de Ulloa, op. cit. vol. II, pág. 217.
29. Jorgen Juan y Antonio de Ulloa, op. cit. vol. II, págs. 217-8.
30. Squier, op. cit. pág. 143.
31. En el *Diccionario Enciclopédido Hispano-Americano*, se lee en la voz Titicaca: «A las 44 millas más o menos de la boca se halla el puente, antes de balsas y totora, hoy de alambre, en cuyas inmediaciones esta situado el pueblo de Desaguadero, mitad al lado de Perú, y mitad al lado de Bolivia.»

LAS PLANTAS TEXTILES EN ESPAÑA Y EN LA AMERICA VIRREINAL. CUTIVO Y MANUFACTURA TRADICIONAL

JOAQUÍN FERNÁNDEZ PÉREZ
Facultad de Biología. Universidad Complutense. Madrid
IGNACIO GONZÁLEZ TASCÓN
C.E.D.E.X. Ministerio de Obras Públicas y Urbanismo

«Pero Hispania la vence (a la Gallia) por el esparto de sus regiones desérticas, por la piedra especular, por la belleza de sus colorantes, por su ánimo para el trabajo, por sus fornidos esclavos, por la resistencia de sus hombres y por su vehemente corazón.»

Plinio: *Historia Naturalis.* Siglo I

Las fibras textiles

Los *tejidos* pueden estar formados por distintos tipos de materias fibrosas. Estas pueden ser de origen vegetal (algodón, lino. cáñamo, esparto, yute, pita, ramio, rafia etc.), de origen animal (lana, seda etc.), de origen mineral (hilos de metales preciosos, de amianto, de silicatos de calcio y magnesio etc.), y las conocidas hoy como fibras artificiales y sintéticas (rayón cuproamoniacal o rayón al cobre, hilos de viscosa etc.).

En este trabajo trataremos sobre las fibras de origen vegetal, desde un punto de vista histórico, y tambien de sus procesos manufactureros, que conllevan su conversión en tejidos, pleitas, cordeles, sogas etc.

Las fibras de cualquier tipo se incorporan al tejido en forma de hilos, los cuales requieren el tratamiento previo de la *hilatura*. Muchas veces el vegetal que aporta las fibras, necesita, como se verá más adelante, una serie de tratamientos para la obtención de las mismas. Para que un hilo sea aceptable para entrar a formar parte de la trama del tejido debe cumplir determinadas condiciones mínimas. La *finura* está muy en relación con las diferentes calidades. La *resistencia* es una cualidad que depende tanto del origen de la fibra como de la consistencia que se le quiera dar. La *flexibilidad* es otra condición necesaria, ya que el tejido suele estar destinado a adoptar una gran variedad de formas. La *longitud* de la fibra de base para poder hilarla es tambien una condición a tener en cuenta. La *estabilidad* de la fibra debe ser grande con el fín de que el tejido sea duradero. Por último su receptividad a determinados tintes es una condición muy estimable en la mayoría de los tejidos utilizados para el vestido.

Las fibras textiles más antiguas, conocidas y utilizadas de manera sistemática en el viejo mundo, fueron el lino (*Linum usitatissimus*), el cáñamo (*Cannabis sativa*), el esparto (*Stipa tenacissima*) y el algodón (*Gossypium* sp.) . En el nuevo mundo se utilizó fundamentalmente el algodón americano (Gossypium), la pita (*Agave* sp.), y en menor medida, otra serie de vegetales. Todo ello no quiere decir que no se utilizaran otras fibras vegetales para realizar otro tipo de tejidos o enseres para diferentes usos (redes, cuerdas, capachos etc.).

Las operaciones del tejido

Según la forma en que se entrecruzan los hilos se pueden distinguir dos grandes grupos de tejidos: el *tejido clásico plano* y los *géneros de punto.* El primero está formado por dos series paralelas de hilos, perpendiculares entre sí. Una de las series se denomina *urdimbre*, es longitudinal y forma la base estructural del tejido. La otra llamada *trama*, está constituida por un hilo que cruza entre los hilos de la urdimbre, perpendicularmente a éstos de derecha a izquierda, para seguir luego de izquierda a derecha, sin soportar apenas tensión durante el proceso de fabricación del tejido. En el lenguaje especializado a los hilos de la urdimbre se les llama simplemente «hilos» y a los de la trama «pasadas». El género de punto puede ser de dos tipos: género de punto *por trama* o de *malla recogida*, que está constituido por un solo hilo que vá entrelazándose entre sí mismo con hileras horizontales de bucles sucesivos, y género de punto *por urdimbre*, que se ejecuta a base de una serie de hilos verticales que por medio de bucles se enlazan entre sí al ancho del tejido.

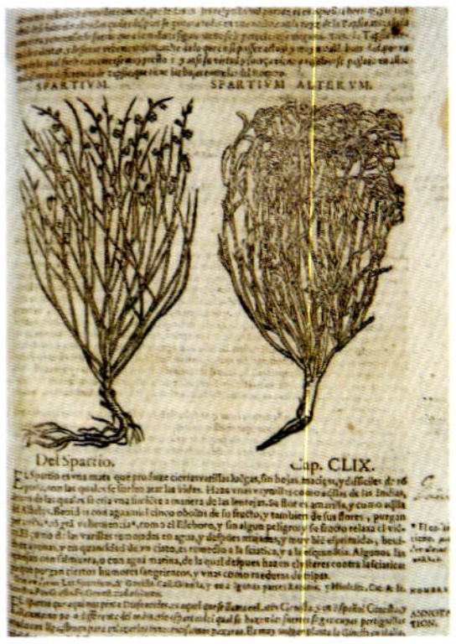

Esparto. Pedacio Dioscorides de Anazarbeo: Acerca de la Materia Medicinal y de los venenos mortíferos, traduzido... por el Doctor Andrés Laguna. 1555. *Real Jardín Botánico, Madrid.*

El tejido ha jugado y juega un papel de primer orden en la historia de la civilización. Junto a la alimentación y la vivienda constituye una de las necesidades esenciales del hombre. En las regiones templadas, el cambio de vida que se produjo por el aumento demográfico, debido a la sedentarización y origen de la agricultura, provocó la aparición de la manufactura textil, que sustituía la escasez de pieles. Poco a poco el vestido fué a base de tejidos realizados con fibras de origen vegetal y animal. El proceso de hilado, requería una abundante mano de obra, pero era susceptible el hacerlo con un instrumental muy sencillo y barato. El tejido requería una mayor especialización, y la instalación de un telar requería una mayor inversión. Por eso las operaciones textiles, tanto del hilado como del tejido, han sido procesos de gran importancia en los momentos de crisis demográfica, o en los de apertura de nuevos mercados de consumo, como es el caso de la colonización americana. Había que suministrar en ambos casos más tejidos debido al aumento de los consumidores. Cuando los precios de los productos textiles manufacturados entraron en competencia con otros producidos a menor coste se originó el proceso de mecanización de la industria textil. Esta mecanización jugó un papel fundamental a finales del siglo XVIII y principios del Siglo XIX en la revolución idustrial. De hecho la primera máquina automatizada fué el telar de Jean-Marie Jacquard construido en 1804.

Las fibras textiles y de cordelería de origen vegetal Variedades y origen de sus cultivos

Las fibras más comunes de origen vegetal utilizadas para ser hiladas en el viejo mundo eran, como se ha indicado más arriba, antes del descubrimiento de América, el esparto, el cáñamo, el lino y el algodón. El algodón fué conocido más tardiamente en occidente, al parecer tras las campañas de Alejandro por el valle del Indo, y llegó a Roma en los comienzos del Imperio. En la Edad Media se importaba desde el Oriente, los árabes lo introdujeron como cultivo en España y en otras regiones mediterráneas, y sólo comenzó a cultivarse en Europa de forma notoria a finales del Siglo XVIII y principios del Siglo XIX. En América, en la época precolombina, se cultivaba tambien una variedad de algodón, y se utilizaban otras fibras, de las cuales hay que destacar las obtenidas de diversas plantas conocidas con el nombre genérico de ágaves (sisal, maguey, hennequen y áloe), y las obtenidas del ananás, del linacar y de otras plantas americanas. No vamos a tratar de otras plantas textiles que fueron utilizadas de manera esporádica, como la ortiga, ni de aquellas que fueron consideradas como factibles de ser utilizadas por sus fibras, como algunas malvas, debido a lo limitado de este trabajo y a que su importancia agronómica tiene un caracter bastante episódico.

El esparto, el cáñamo y el lino fueron las fibras vegetales tradicionales que se cultivaban en la cuenca mediterránea. En relación con el origen de cada una de ellas y las variedades cultivadas, así como de las primeras noticias sobre su cultivo o aprovechamiento en España, daremos aquí algunos datos de interés general.

El esparto (*Stipa tenacissima*) es una planta arbustiva de la región mediterránea, cuyo cultivo y uso se pierde en la más remota antiguedad. Esta fibra era buscada por los fenicios debido a la importancia de su comercio en la zona mediterránea, y fué utilizada por los cartagineses y los romanos para confeccionar lonas para las velas de los navíos[1]. Su origen pare-

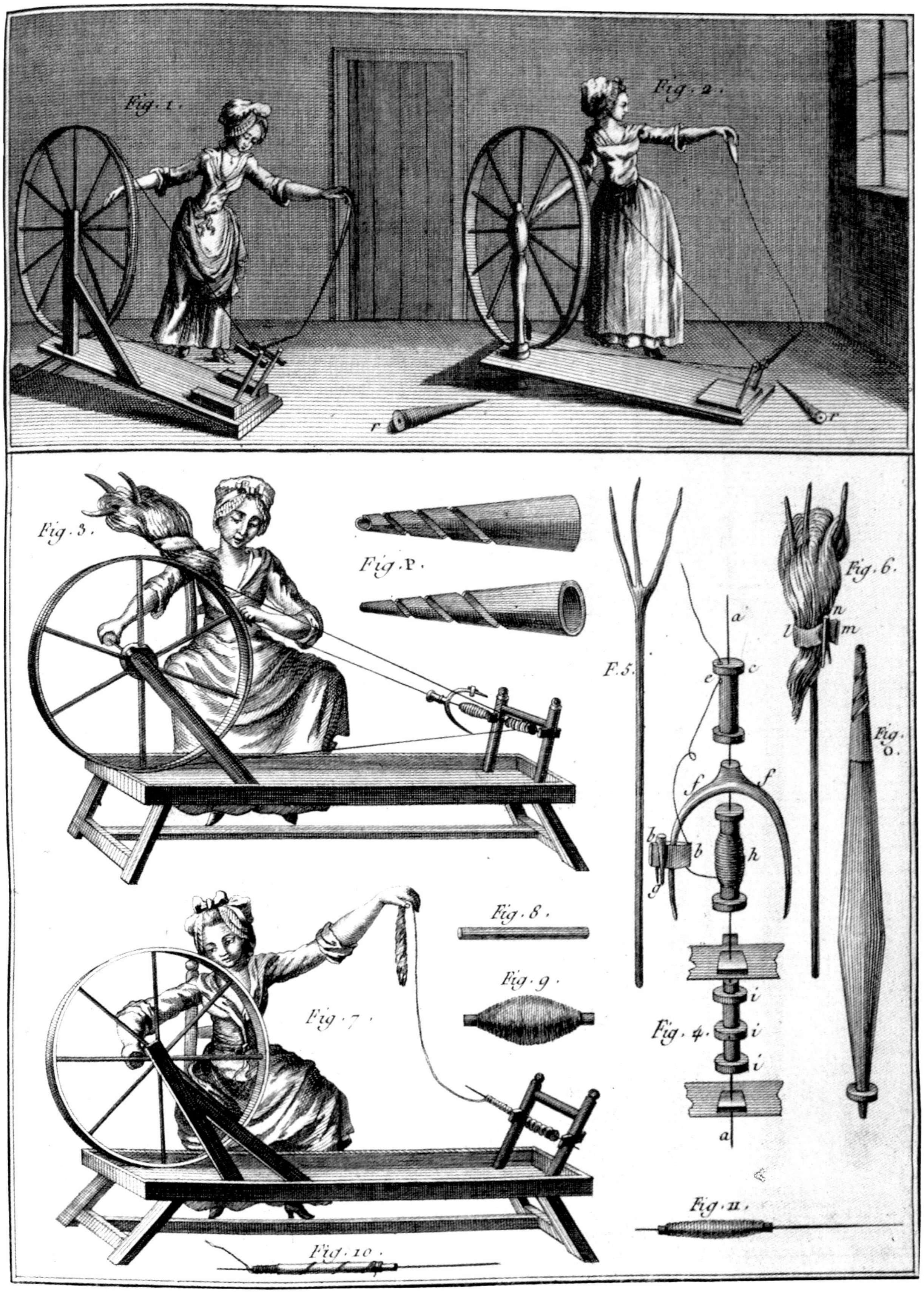

Ruecas para el hilado manual. Dictionaire Raisonné des Sciences, des Arts et des Metiers (recueil des Planches). 1751-1780. *Real Jardín Botánico, Madrid.*

Planta del cáñamo.
F.P. Chaumeton. Flore Medicale. 1814.
Real Jardín Botánico, Madrid.

Ortiga.
F.P. Chaumeton. Flore Medicale. 1814.
Real Jardín Botánico, Madrid.

ce ser mediterráneo. Algunos han llegado a decir que la localidad donde nació el esparto era la región mediterránea de la península Ibérica, ya que algunos autores antiguos como Strábon describen inmensos campos de esparto («spartárion pedion») de alrededor de 6750 kilómetros cuadrados[2] y por la abundancia con la que se producía en sus suelos. Pomponio Mela decía de Hispania que «es tan fértil que, incluso en algunos lugares donde la falta de agua la hace estéril y pobre, produce, no obstante, el lino o el esparto»[3]. Plinio el Viejo fué el que afirmó que fueron los cartagineses, los que, durante las guerras púnicas, introdujeron el esparto africano en Europa y que no había sido utilizado por los griegos[4]. Tambien el naturalista latino dice que el esparto servía para que los campesinos confeccionaran sus lechos, sus fuego, sus antorchas, sus calzados y sus vestidos. Florian Ocampo al referirse a la abundancia del esparto en España decía que «jamás los antiguos lo pudieron acabar, ni los modernos bastan a fenecerlo». Es cierto que se dá espontáneo y con gran abundancia, aún hoy, sobre todo en las provincias de Almería, Albacete, Granada y Murcia; pero tambien es espontáneo en otras regiones mediterráneas y en Canarias. El hecho de que no aparezca ninguna noticia histórica fuera del mediterráneo, y su presencia espontánea, hacen que su origen se establezca en esta región, si bien es muy difícil localizarlo con mayor precisión.

El cáñamo (*Cannabis sativa*) es una planta herbácea anual y dióica. La fibra textil que lleva su nombre se obtiene de su tallo. Su más antigua mención aparece en una obra datada en el siglo V antes de nuestra era. Se trata de la antigua obra china «Shu-King» citada por Bretschneider[5]. Sin embargo el nombre Cannabis es griego y latino. De Candolle considera que fueron los escitas los que la transportaron desde el Asia Central y de Rusia hacia Occidente durante las migraciones que tuvieron lugar en el siglo XV antes de nuestra era[6]. Igualmente indica este mismo autor que su cultivo en China debió proceder de la introducción por parte de algún pueblo, y no que se diera espontáneo en aquella región. La primera

Planta del esparto. Botanical Magazine. *Vol. LXXXV. Real Jardín Botánico, Madrid.*

*Planta del lino (*Linum usitatissimum*). F.P. Chaumeton.* Flore Medicale. 1814. *Real Jardín Botánico, Madrid.*

cita en el mundo occidental mediterráneo sobre el cáñamo la dá Herodoto (nacido en el 484 antes de nuestra era) y Lucilius fué el primer escritor romano que habla de esta planta. Ni Strábon ni Mela dan noticias sobre el cáñamo en la Península Ibérica. Plinio si habla del cáñamo y de su utilización para la fabricación de cuerdas[7], e incluso, cuando habla de las parras, dice que en España se construyen con una pértiga, una caña y cuerdas de crin o de cáñamo[8]. Columela solo dá breves noticias sobre su cultivo en el Libro II[9]. Dioscórides recomienda su jugo introducido en el conducto auditivo para curar otalgias y para desalojar insectos o gusanos que se hubieran introducido en él.

El lino (*Linum usitatissimum* y *Linum angustifolium*) es una planta herbácea y autógama. Se han indicado dos especies, que son las que hoy se reconoce que se cultivaban tradicionalmente, y que entre otras cosas se distinguen porque la primera es anual y la segunda es vivaz o perenne. La fibra textil se obtiene de su tallo. El que se cultivó desde época más remota en Egipto y en Mesopotamia fué el *Linum usitatissimum*. Las vendas que se utilizaron para embalsamar las momias estan realizadas con lino[10]. En cuanto a su origen puede decirse que el *Linum angustifolium*, es ordinariamente vivaz y se encuentra espontáneo desde las Islas Canarias hasta Palestina y el Caúcaso. Fué cultivado en el Neolítico por los habitantes de los palafitos de la Suiza oriental, como puso por primera vez de manifiesto Oswald Heer en el siglo pasado[11]. Posteriormente, es muy probable, que el lino que se cultivaba fuera sustituido por el lino anual o *Linum usitatissimum*, que fué el cultivado en el Egipto faraónico. Este lino anual, según Alphonse de Candolle, debió ser introducido en el norte de Europa por fineses y por los arios en el resto de Europa y en la India. Strábon decía que los habitantes de Ampurias eran «diestros en tejer el lino» y que los guerreros lusitanos llevaban corazas de lino[12]. Plinio dice que los habitantes de Hispania inventaron el cedazo de lino[13], y habla de un lino de Tarracon (Tarragona) «de una blancura extraordinaria. Dice despues que su

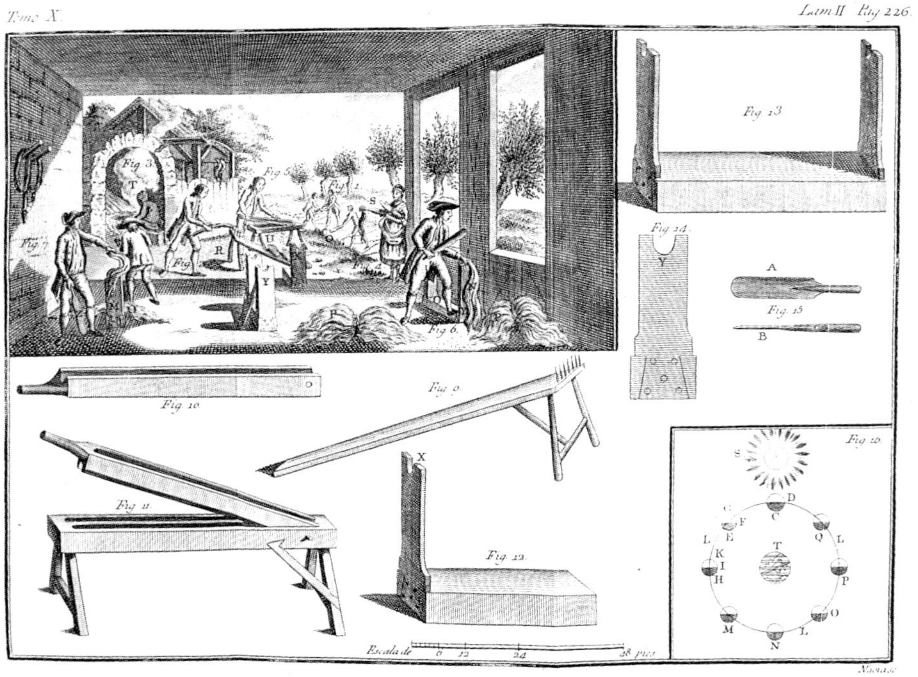

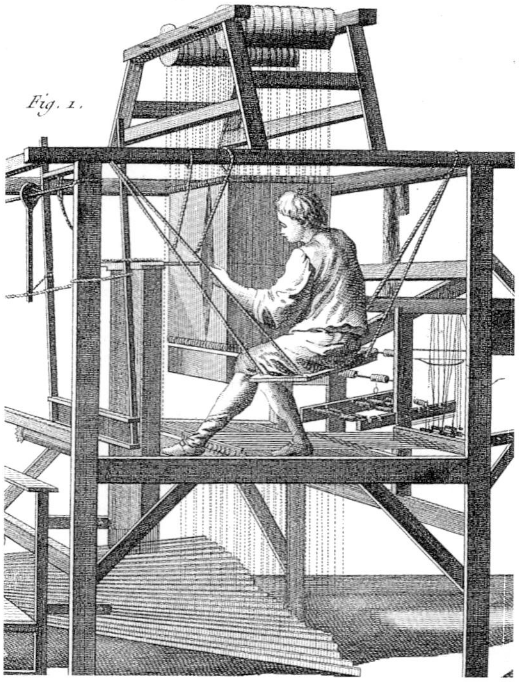

Preparación del lino. Fig. 1, enriado e inmersión en el río de los tallos. Fig. 2, rastrillado. Fig. 3, secado de las fibras. Fig. 4, agramado a mano. Fig. 5, agramado con caballete. Fig. 6, espadillado. Fig. 7, sacudida de los tallos espadillados. Fig. 9, rastrillo. Fig. 10, quijada superior de la agramadora con dos filos romos. Fig. 11, agramadora completa con caballete y quijada. Fig. 12, caballete sencillo para espadillar. Fig. 13, caballete doble. Fig. 14, vista lateral del mismo. Fig. 15, espadones para espadillar de frente y de perfil.
Semanario de Agricultura y Artes dirigido a los Párrocos. *(Tomo X).* 1802.
Real Jardín Botánico, Madrid.

finura era admirable y que era en Tarragona donde se establecieron los primeros talleres de cárbaso (un tipo de lino), y de un lino zoélico (asturiano), «utilísimo para las redes de caza»[14].

Eran dos las especies de algodón cultivadas en el viejo mundo: *Gossypium arboreum* y *Gossypium herbaceum*. La primera de estas era una planta de porte herbáceo o arbóreo, anual o perenne, que podía multiplicarse por semillas o por esquejes, y la segunda era herbácea y anual y se multiplica por semillas. Ambas especies proporcionan una fibra textil que es el vello de la testa de las semillas. En la segunda mitad del Siglo XIX Parlatore admitía 7 especies bien conocidas y dos dudosas, mientras que el senador de Palermo Todaro contaba hasta 54 especies, y solo dos dudosas[15]. El algodón de la especie *herbaceum*, es una especie que se cultivaba desde antiguo en Asia y Alphonse de Candolle apunta a un origen en las islas de la Sonda y la península Malasia, donde se presentan individuos espontáneos. De esos lugares pasaría a la India donde se cultivaría. Seguramente fueron las tropas de Alejandro en sus conquistas asiáticas los que conocieron la fibra y su cultivo. Hay una descripción de Teofrasto sobre el algodón, al que denomina «arbol de la lana»:

> «Produce tambien la isla (la isla de Tylos, hoy Bahrein en el golfo Pérsico) el arbol de la lana con profusión. Dicen que tiene la hoja semejante a la de la vid, pero pequeña y no produce fruto; más la cápsula en la que está alojada la lana tiene el tamaño de una manzana de primavera y está cerrada, y cuando está en sazón, se abre y deja libre la lana, con la que tejen sus telas, lo mismo las baratas, que las muy costosas»[16].

De Candolle opinaba que este algodonero descrito por Teofrasto debía ser un *Gossypium herbaceum* porque, según él, la isla de Tylos no está muy alejada de la India, y porque en clima muy calido el algodonero herbáceo toma un porte arbustivo. El cultivo del algodonero se introdujo en China hacia el siglo IX o X de nuestra era. Para algunos autores eruditos el «Byssos» de los griegos era el algodonero, pero otros consideran que dicha palabra es un término de aplicación general a todo tipo de hilos. Parece poco plausible, que de haber sido cultivado en la antiguedad clásica, no hubiera muchas más noticias o rastros de dicho cultivo. Los árabes fueron los que lo propagaron por el Mediterráneo. El nombre árabe es «qutn» o «kutn», que pasó a las lenguas del mediodía europeo bajo la forma de «cotone», «coton» y «algodón». Ibn al Awwam, que vivió en Sevilla en el Siglo XII, dá algunos datos sobre el cultivo del algodón y de la lectura de su Capítulo XXII de su «Tratado de Agricultura», dedicado al modo de sembrar en regadío o en secano el algodón, se deduce que se cultivaba en

Telar del siglo XVIII. Dictionaire Raisonné des Sciences, des Arts et des Metiers (recueil des Planches). 1751-1780. *Real Jardín Botánico, Madrid.*

Bordadoras. Dictionaire Raisonné des Sciences, des Arts et des Metiers (recueil des Planches). 1751-1780. *Real Jardín Botánico, Madrid.*

España en la costa, tal vez sólamente en la mediterránea, tanto en tierra seca como en húmeda, e igualmente en Sicilia y en Siria[17].

Tratamientos técnicos para la obtención de las fibras de esparto, cáñamo y lino. Manufactura del esparto

La parte de la planta que se utiliza industrialmente son las hojas, cuya longitud es variable, pero que en ocasiones puede alcanzar un metro, y su anchura es de 1,5 a 4 milímetros. En las localidades donde se cría se llama *atochón* al conjunto de la panoja y la caña. Dicha caña es cilíndrica, llena, sin nudos, muy parecida al junco común; pero no es lisa, sino que está cubierta por una vellosidad corta que la hace áspera al tacto al pasar la mano de arriba abajo. El atochón aparece en diciembre o enero y continua desarrollándose hasta la primavera. El esparto se cría en grandes *céspedes*, que llegan a tener 70 centímetros, y hasta un metro de diámetro, por un metro de altura. La planta es muy delicada cuando es joven (primero y segundo año), sobre todo a los fríos y heladas. Por ello a veces se cultivaban plantas entre el esparto para que les sirvieran de protección. El crecimiento es muy lento en el primer año, la planta se distingue en el segundo, y en las mejores condiciones comienza a dar esparto a los cinco años. Cultivada en macetas se puede adelantar considerablemente su desarrollo, y a los tres años de la siembra puede dar algún esparto fino y corto. El esparto necesita mucha luz y le perjudica la sombra. En general el mejor esparto es el fino y corto de los lugares próximos a la costa, y es más apreciado el que tiene más cantidad de fibra por unidad de peso y el que es más flexible.

En el comercio se conocen cuatro calidades de esparto: el *curado* o *blanco*, el *oreado*, el *común*, y el *cocido* o *macerado*. Describiremos a continuación las operaciones a las que se le somete, según el tipo de que se trate.

El esparto *curado* o *blanco* se elige previamente de entre el más largo y grueso, entresacándolo de los manojos. Una vez elegido se forman *manadas*, que son pequeños haces,

Preparación del cáñamo.
Dictionaire Raisonné des Sciences, des Arts et des Metiers (recueil des Planches).
1751-1780.
Real Jardín Botánico, Madrid.

y se llevan al lugar donde se han de practicar las operaciones. Este paraje ha de ser de suelo firme y limpio, para que, en caso de que llueva no se manche el esparto. El hombre encargado de realizar la operación, toma el manojo, le quita el atador y lo tiende en el suelo, abriendo completamente el manojo en forma de abanico, de tal forma que el sol pueda herir todos los espartos. Este abanico ocupa 60 centímetros de diámetro por una altura igual a la de la longitud de las hojas. Así se le deja al sol 12 días, pasados los cuales se vuelve el manojo pasando una varita por debajo, y así se deja otros 6 a 8 días. Así se consigue que el esparto quede completamente blanqueado. Esta operación se hacía en el mes de Agosto, ya que las nieblas del amanecer mojaban el esparto dandole un color amarillento muy apreciado. Cuando el tiempo era muy caluroso, y para evitar que se arrebatase el blanqueo, se rociaba, con mucha prudencia, y muy temprano.

La preparación del esparto *oreado* consistía en tender el manojo, tal como lo daba el espartero, en terreno algo pedregoso, formando hiladas muy iguales. Una vez colocada una hilada se tendía la segunda sobre la cola de la primera cogiéndole de seis a siete centímetros, y así sucesivamente con las siguientes hiladas. Al cabo de diez días el esparto está completamente oreado, y se nota dicha condición cuando el esparto del centro está perfectamente enjuto. Esta operación se solía hacer en los meses de más sol y calor (julio y agosto).

El esparto *común* es el que no se sometía a ningún tipo de operación, salvo el mantenerlo tendido unos pocos días o expuesto al sol para que desaparezca la humedad y no entre en putrefacción cuando se almacena. Este esparto era y es muy utilizado para la manufactura de algunos de objetos agrícolas, para la construcción de sogas ordinarias, y para la fabricación de papel.

Las operaciones necesarias para la obtención del esparto *cocido* o *macerado* son las más complejas, y más parecidas, como se verá más adelante, a las practicadas en el lino

Preparación del lino. Dictionaire Raisonné des Sciences, des Arts et des Metiers (recueil des Planches). 1751-1780. *Real Jardín Botánico, Madrid.*

y el cáñamo. La operación de enriado o cocido del esparto tiene por finalidad el privar a la fibra de una serie de tejidos vegetales que le rodean, dejando la parte leñosa en condiciones apropiadas para su desprendimiento, y facilitando los sucesivos tratamientos que conducen a la obtención de la fibra apta pra su hilado y tejido.

El enriado, como su nombre indica, se hacía en ríos, pero tambien se podía hacer en balsas construidas al efecto, e incluso en el mar. La maceración en agua de mar ya se hacía en tiempo de los romanos, como cuenta Plinio[18]. Fué una operación que se mantuvo hasta nuestros días, y que recogieron algunos viajeros como Francis Willughby en el Siglo XVII:

> «En las llanuras de Alicante crece en abundancia el *Gramen Spartum Plinii sive Sportularum Officinarum* F.B., es decir esparto, con el que hacen los canastos donde ponen pasas y otras frutas. A esto en España le llaman *Spar* (espart), en Marseilles (Marsella) *Ausse*. Las mujeres por aquí recogen mucha cantidad de esto, y lo meten en agua de mar hasta que está bien ablandado. Luego lo secan y lo llevan por mar a Marseilles, donde lo venden a ocho *escus's* (escudos) el milliere; cada milliere consta de diez fardos; y cada fardo de cien *manado's* (manadas) o puñados. Con esto hacen cable para barcos, canastos... etc.»[19].

El esparto es transportado en bultos directamente desde el monte o bien desde el almacen hasta el río, balsa o represa con agua de mar. Generalmente, cuando se enriaba en río, este se desviaba de su cauce para hacerlo pasar por donde se depositaba el esparto, y en el caso de las balsas de agua dulce o las represas de agua de mar se llenaban de esparto estando secas. Por tanto, con las balsas en seco se procedía a colocar las tongadas de bultos en forma tal que todos tuvieran la misma posición acostados, y sin dejar espacio entre bultos de la misma fila, ni entre los de distintas filas. La segunda tongada se colocaba en posición perpendicular a la primera, y así sucesivamente hasta llenar la balsa. Una vez llena se daba entrada al agua hasta que quedaba completamente cubierto el esparto. Así se dejaba por unos días hasta que se advertía, que debido a la absorción de agua por el esparto, éste adquiría un mayor volumen y emergía. Entonces se procedía a sangrar la balsa, sacando el agua necesaria para que el esparto bajase y se apelmazara. Luego se procedía a volver a llenar la balsa, y si al cabo de tres días se volvía a observar que el esparto sobresalía, se repetía la operación de sangrado y llenado. En caso contrario se dejaba, y se mantenía así cubierto por el agua durante 30, 40 y hasta 50 días, según la calidad del agua y época en que se realizaba la operación. Cuanto más baja era la temperatura ambiente la operación se prolongaba más días para que tuviera lugar la fermentación. La señal que utilizaban los enriadores para determinar el fín del proceso consistía en que al sacar unas hojas y ponerlas en contacto con el aire quedaban abiertas las cabezas o uñas de las mismas. La operación de sacar el esparto debía realizarse en una sola jornada, ya que en caso de quedar esparto en el interior de la balsa y sin agua, éste podía «calentarse» y pudrirse. Una vez fuera de la balsa el esparto se transportaba al tendedero en el que se cortan las guitas que ataban los bultos y se extendían en manadas. Estas manadas se colocaban en sentido inverso a como estuvieron en la tendida del monte, es decir, con el nudo o garrón hacía arriba y la cara de la manada tocando el piso, con el fín de que el sol, actuando por esta parte de la manada, diera color a los espartos que no lo tomaron en la tendida del monte. Tambien el anillo que las sujetaba en el centro se baja al extremo de las colas del esparto, y se extendía en forma de abanico, procurando que quedasen expuestas al sol el mayor número de hojas. En el tendedero estaban 20 o treinta días, y a veces se le daba una vuelta a la manada para conseguir un color uniforme en la misma. Una vez terminadas estas operaciones se volvían a formar los bultos con las correspondientes manadas y se llevaban al almacen, ya que las balsas solían estar lejos de la población por el olor que despedían. En ocasiones, se sustituía el cocido o enriado del esparto sometiendolo a un hervor dado en unos calderos.

La operación siguiente a la que se sometía el esparto cocido y el esparto crudo era era la del *picado* o *machacado*. El objeto de este proceso de transformación era conseguir por percusión o presión que se desprendieran del esparto la parte que cubre sus haces de fibras. Esta operación solía hacerse en lugar cerrado, ya que previo al machacado se rociaba con agua. De este modo la acción de la humedad y la poca ventilación hacían que el esparto se «calentara», y al resudarse entre sí se ablandaba, quedando en mejores condiciones para la pica. El picado se hacía sobre bancadas de piedra lisa y perfectamente nivelada, llamadas *picaderas*. La percusión podía hacerse con simples mazos de madera accionados a mano o con molinos de piedra de sección cónica accionados en su movimiento de rotación por una bestia o por una rueda hidraúlica. A finales del Siglo XIX la percusión comenzó a realizarse en España con mazos de madera accionados mecánicamente y constituidos por prismas de base cuadrada de 20 centímetros de lado y alrededor de dos metros de longitud, y con un peso de más de 100 kilos. Estos mazos, colocados en batería, de los que cada cuatro constituyen una «banda», se dejaban caer perpendicularmente y de modo ininterrumpido sobre el esparto desde una altura de unos 40 centímetros y con un ritmo de 40 golpes por minuto. El movimiento de los mazos era producido por las levas de un arbol, que actuaban sobre las cuñas o cajas de los mazos. Cada obrero atendía a dos picaderas con sus correspondientes dos mazos. El esparto se pica por manadas. El obrero quitaba el anillo a la manada y la golpeaba con su mazo manual varias veces, o bien la introducía entre la picadera y el mazo mecánico exponiéndola a repetidas percusiones. Una vez picado el esparto se le hacía de nuevo el anillo.

Una modalidad menos usual y de cierta antiguedad, aunque no hemos podido encontrar descripción antigua de ella[20], pero que no tuvo muchos adeptos, fué hacer pasar el esparto por una laminadora de dos rodillos que giraban en sentido contrario, produciendo una laminación y facilitando el consecuente desprendimiento del tejido que rodeaba las fibras de las hojas. Es muy posible, que este procedimiento mecánico tuviera su origen en la introducción de las laminadoras, primero horizontales de dos mazos o cilindros, que se conocen en la jerga azucarera como *trapiches,* y que fueron utilizados para obtener el guarapo de la caña dulce. Posteriormente, en la segunda mitad del Siglo XIX, se utilizaron sistemas de rodillos horizontales por los que se hacían pasar las hojas del esparto.

En la operación del cocido el esparto pierde del 10 al 20 por 100, en caso de cocerse verde la pérdida llega a ser del 36 al 41 por 100. En el picado las pérdidas son del 3 al 6 por 100 de su peso.

Diversas faenas relacionadas con la preparación de las fibras de algodón. Dictionaire Raisonné des Sciences, des Arts et des Metiers (recueil des Planches). 1751-1780. *Real Jardín Botánico, Madrid.*

Molino manual de cilindros empleados para desmotar el algodón. Archivo General de Indias. Ingenios y Muestras, 55 bis.

Existen diferentes tipos de esparto picado, que corresponden a la clasificación natural de los espartos en monte, pues a cada una de las clases le corresponde normalmente su pica adecuada, relacionada con su posterior aplicación. Estas clases son:

Picado de lía: Son espartos de unos 40 centíemetros y se utilizan despues de picado para la confección de *lías* o *trenzas* de tres cabos de diversa longitud y calibre. Se emplean para enfardado de pieles, atado de bocas de pieles que envasaban aceites y protección de estas al envolverlas por costados y parte inferior con lo que se evitaban reventones durante el transporte, atado de cajas de frutas, usos agrícolas como ramales, arreos de caballerías, vencejos para atar la mies..etc., y para suelas de alpargatas (*esparteñas*). La pica realizada para este tipo de esparto es muy ligera, y el esparto queda muy entero para poderlo trenzar.

Picado de rastrillo: Utiliza espartos de 50 a 55 centímetros y se le dá una pica más enérgica. Luego se somete a la operación de rastrillado, que describieremos posteriormente. Se emplea para artículos hilados a mano.

Picado de filete: Se emplean los espartos de mejor calidad y de una longitud de 60 a 70 centímetros. Este esparto se pica de forma que se obtengan fibras muy largas. Se emplean para su posterior rastrillado y la obtención de hilazas muy finas para la confección de hilados a mano: filetes, piolas y filásticas.

La operación del *rastrillado* que se dá a algunos espartos se llevaba a cabo manualmente. Este proceso se efectuaba en los *rastrillos*, que son unos tableros de 50 a 60 puas de acero dispuestas perpendicularmente, con las puntas hacia arriba y colocadas en filas, unas detrás de otras, pero sin corresponderse, con objeto de que no quede espacio entre ellas libre. El rastrillo se colocaba a una determinada altura y se podía inmovilizar. Los había de dos clases basto y fino, según tuvieran el peinero de púas más o menos gruesas y en mayor o menor número. La operación de rastrillado la efectuaba el obrero colocándose a una altura conveniente y enfrente del rastrillo. Una vez cogida una manada la introduce golpeándola entre las puas del rastrillo y tira de arriba abajo peinando el esparto. A golpes y tirones sucesivos, repetidos y numerosos, se logra el rastrillado uniforme de toda la manada. Las pérdidas en el rastrillado podían ser del orden del 15 hasta el 40 por 100. El rastrillado que se efectua con el esparto muy seco tiene como consecuencia que se levantaba mucho polvo y las condiciones higiénicas eran más que deficientes. El material no pulverulento se llamaba «borra de esparto rastrillado» y se utilizaba y utiliza para hacer estropajo, rellenos en tapicería y para cordelería basta.

Además de la utilización del esparto en cordelería y para fabricar tejidos, a partir del año 1860 comenzó a utilizarse el esparto en la industria papelera en Escocia y más tarde en Francia con esparto de Argelia y Túnez. El papel obtenido es papel muy fino, de precio elevado, que permitió pagar los altos costes de la preparación de la pasta de esparto para papel. Sus cualidades tipográficas son que no se estira en las tiradas de máquinas de imprimir y litografiar, con lo que las impresiones a distintos colores son más perfectas, y por que a igualdad de peso es más grueso, lo cual tambien es una gran ventaja para la impresión. En España desde 1869 se empleó tambien el esparto en la fabricación de papel en fábricas levantinas.

Son de cierto interés las Reales Cédulas de Carlos III que trataron de paliar el arranque abusivo de atochas y la extracción de esparto en rama. En 1783 se penalizó, tanto la extracción de esparto en rama para favorecer la fabricación nacional de manufacturas de esparto, como el arrancar las atochas que lo producían[21]. Esta medida tuvo consecuencias diversas, ya que los céspedes de esparto necesitaban clarearse para que las atochas crecieran, y los que trabajaban en la entresaca tenían esta ocupación como único medio de subsistencia. Además los comerciantes, que tenían gran acopio en almacenes de esparto en rama no serían capaces de darle salida en la industria y manufactura nacional. Por ello una nueva Real Cédula[22] atemperaba la anterior, y permitía el arranque siempre que no fuera de raiz, y se señalaban los lugares por donde se podía extraer, si bien en ocasiones pagando determinados derechos. El hecho es que mucho del esparto arrancado se utilizaba como combustible en las fábricas de azúcar de la costa de Granada y en las salitrerías de Murcia, que trabajaban para la, imprescindible, producción de pólvora. Los comerciantes convencieron a diversos estamentos de que si no se cortaba el esparto cada año la planta moría, de que no había suficientes fábricas en el reino para aprovecharlo, y de que gran parte de la población se quedaría sin los jornales del arranque, y por tanto de ese insustituible recurso para sobrevivir. El impuesto con que se grabó la extracción por los puertos levantinos fué de dos reales por quintal y se mandó que este impuesto se utilizara para la conducción de aguas al puerto de Aguilas. Igualmente se mandó que pudiera salir el acopiado en las Aduanas, y a partir de esa última extracción solo quedaban habilitados para la misma el puerto de Aguilas y los los de las costas de Granada y resto de Andalucía. Junto a la Real Cédula se ofrecía una tabla donde se demostraban los beneficios que se podían obtener a partir de la recolección de 123 arrobas (1.415 kilos) de esparto, seguida de la fabricación de lona de esparto y lienzos finos. Los beneficios «teóricos», que podía producir el esparto manufacturado eran de 45.113 reales, lo cual suponía un rendimiento más que atractivo para personas emprendedoras, pero no para los exportadores del esparto en rama, que arriesgando poco podían obtener mayores ganancias. Esta medida es una buena prueba de la improvisación en la forma de legislar, sin realizar el necesario cálculo de las consecuencias que podían tener las medidas a adoptar, y del optimismo de los que pensaban que con una simple hoja impresa con datos de sustanciosos beneficios podían alterarse las costumbres comerciales, económicas e industriales de una o varias regiones. Años más tarde el botánico y naturalista Antonio José Cavanilles señalaba lo siguiente sobre el esparto:

> «Esta planta preciosa y espontánea en el reyno desde Murviedro hasta Orihuela es menos común hoy día que en el siglo pasado, no tanto por haberse reducido a cultivo mucha tierra, quanto por el culpable descuido de las justicias de los pueblos. Han permitido arrancar los atochones de raiz para quemarlos en hornos de cal y yeso, para camas de los ganados, para estiercol y otras cosas que pudieran y debieran suplirse de otro modo. Si se contentasen con arrancar las hojas, que es lo que sirve en las manufacturas de esparto, lejos de perjudicar a la planta darían nuevo motivo de extenderse y multiplicarse. La destrucción de las raices perennes, y de los tronquitos duros y rastreros casi a flor de tierra, daña y destruye la planta. Convendría que el Gobierno prohibiese este abuso, y promulgase aquellas leyes que pareciesen oportunas para conservar en el reyno este ramo de industria y de riqueza»[23]

Esta observación realizada en su viaje, iniciado en 1791, al reino de Valencia, muestra el desconocimiento, que Cavanilles tenía de las dos Reales Cédulas, antes citadas, y de otra del año 1790, que volvió a insistir sobre el mismo asunto[24]. La coincidencia en reprimir el

Factoría de cordelería.
Dictionaire Raisonné des Sciences, des Arts et des Metiers (recueil des Planches). 1751-1780.
Real Jardín Botánico, Madrid.

abuso de arrancar las atochas es significativa, y es muestra del acuerdo de los «ilustrados» en acabar con las prácticas rurales irracionales y significativamente perjudiciales. Además se pone de manifiesto con este ejemplo, una vez más, que la inveterada costumbre de los españoles de hacer caso omiso de las leyes, sí es una ley natural.

Curiosamente en los libros de Agricultura del Siglo XVIII y principios del XIX, como el confeccionado por Valcárcel[25], o el Diccionario de Rozier, o la Agricultura adicionada de Herrera no se menciona nada sobre el cultivo y manufactura del esparto, y sin embargo sí se hace especial mención del lino, el cáñamo y el algodón. Por ello hemos considerado necesario dedicarle una especial atención a esta planta y a su preparación para servir de fibra textil, dada la escasez de noticias a este respecto y a que es una industria muy española.

Manufactura del lino

Más arriba se ha indicado la antiguedad del cultivo del lino en España. Sin embargo, permaneció muy extendida la idea de que su cultivo era muy perjudicial para el campo donde se sembraba. El agrónomo renacentista Gabriel Alonso de Herrera dice que «es una semilla muy necesaria y provechosa a las gentes, y cuanto a las personas útil en diversas maneras que dello nos aprovechamos, tanto es dañoso al campo, porque con ello más que con otra cosa la tierra onde lo siembran se daña y destruye, según todos los agricultores dicen, y Virgilio más que todos». Tambien señala que las mejores tierras para su cultivo eran las de Buitrago y sus serranías «onde ni viñas ni panes se crían bien, sino linos y pastos de verano». Los remedios contra lo dañoso de su cultivo eran hacer descansar mucho la tierra o bien estercolarla muy bien. Entre otras cosas dice Herrera que cuanto más gruesa es la tierra mayor se hace el lino y más gorda la hebra, y que en tierras sueltas la hebra era «más delgada y gentil, y no tan cañocazo». Recomienda recogerlo cuando está amarillo y volver la grana para abajo para que continue engordando. Para sacar la semilla o *linaza* cita el procedimiento de sacudirlo en sábanas, y desaconseja «lo que ví hacer en Arroyomolinos, que con un peine de madera tan estrecho de pua, que la cabezuela onde está la simiente no pudiese pasar, apartaban la simiente de la hebra; y de aquella manera mucha simiente se pierde, mayormente si está algo tierna y verde, que se estruja»[26]. Tambien Herrera habla muy brevemente del cocido del lino en agua, recomendando no beber ese agua por ser «pestífera», y cita el *majado* y *espadado*.

El gran interés por el cultivo y manufactura del lino en España comenzó en el Siglo XVIII[27]. Los «Discursos Mercuriales» de Juan Enrique Graef recomendaban la introducción en España del cultivo y manufacturas holandeses relacionados con el lino[28]. El marqués de Piedrabuena en la primera Asamblea (segunda sesión) de la Academia de Agricultura del Reino de Galicia, que tuvo lugar el 20 de Enero de 1765, realizó una disertación «Sobre el cultivo del Lino y el Cáñamo»[29]. Al año siguiente aparecen otro artículo de divulgación sobre el cultivo y preparación del lino y del cáñamo[30]. Pero lo que desató un mayor interés sobre este cultivo fué la referencia que hizo a él el marqués de Campomanes en su «Discurso sobre el Fomento de la Industria Popular» publicado en 1774. En esta obra Campomanes se muestra seguidor del ministro de Fernando VI Don José Carvajal y Lancaster, a su vez, según él, seguidor de Colbert, en lo que se refiere al establecimiento de fábricas bastas de lino y cáñamo. Otro gran divulgador de las excelencias de las fábricas bastas frente a las finas (de paños y seda), en este caso de cáñamo, citado y elogiado por Campomanes, fué el francés Marcandier, que escribió un «Traité du chanvre»[31].

Campomanes decía en su «Discurso»:

> «Las fábricas de lino y cáñamo son las más sencillas y aparentes para emplear a la gente pobre, y aún las primeras materias cuestan menos.
>
> Por otro lado, los lienzos son de mayor consumo y más pronto despacho, que es otra causa de preferencia de esta industria, aún respecto a la lana y seda, no obstante que estas últimas sean de mucho uso y provecho.»[32]

Igualmente recomendaba su uso por ser más barato. Proponía la excención de los derechos de entrada (9 reales para el quintal de lino y 6 para el de cáñamo) ya que rendirían más el blanqueo, hilado y tejido, que el valor del lino y cáñamo en rama. Así al aumentar

Factoría de cordelería. Dictionaire Raisonné des Sciences, des Arts et des Metiers (recueil des Planches). 1751-1780. *Real Jardín Botánico, Madrid.*

la necesidad para la manufactura aumentaba la demanda y por tanto el cultivo en España. Por último, en sus observaciones teóricas y de impecable racionalidad, señalaba que esta actividad serviría para emplear a la gente ociosa y para ocupar las horas libres que los agricultores tenían en el invierno, consiguiendo así no disminuir el número de labradores, cosa que sí ocurría con las grandes fábricas de paños, ya que, según él, era «cosa observada que el fabricante puro nunca vuelve a la penosa fatiga del arado». Para el hilado y el torcido recomendaba la utilización del huso por mujeres y niñas que iban al campo o cuidaban ganado y del torno en casa.

A continuación daremos algunas noticias sobre el cultivo y tratamiento que se daba en España al lino[33]. El lino cultivado en España era de dos variedades: el *vayal*, conocido tambien como *morisco* o *de invierno*, que era alto, aunque bronco y grosero, y el *linete* o *de primavera*, más corto y más fino. El lino *perpetuo* o *de Siberia* no se introdujo en España hasta el Siglo XVIII. Valcárcel señalaba que el arzobispo de Valencia lo cultivaba en su jardín de Puzol a finales del Siglo XVIII y que volvía a brotar despues de cortado, llegando a insinuar que el lino que se cultivaba en España podría tambien someterse a esta prueba, ya que nunca se había practicado debido a que siempre se arrancaba[34]. Se solía sembrar la linaza al vuelo y espesa, con lo que se veían sus tallos obligados a subir. Con ello se conseguía que los brinos que salían de las cañas fueran más finos y suaves. A veces se cultivaba enramado, para lo cual se disponían unas estacas verticales de tres pies acabadas en una horquilla y a distancia de ocho a nueve pies. Luego se colocaban palos más finos para que el lino pudiera trepar. El lino que se cultivaba en España subía tres palmos, mientras que el extranjero lo hacía hasta una vara. Algunos agricultores abogaban por una selección de semillas, que pudiera mejorar este inconveniente. La recolección del lino utilizado para hilaza se efectuaba cuando se encontraba en plena flor, ya que el valor del lino estaba relacionado con su color y consistencia. Estando el lino en sazón las hebras del tallo eran «blancas, firmes y fuertes».

Una vez arrancado el lino por puñados se tendía en el mismo campo para que se secara; pero lo más correcto era pasarlo a la mano izquierda y con la derecha sacudirle la tierra pegada a las raices. Luego se le ataba por las puntas dejándolo abierto por las raices y de pie sobre el suelo. Incluso se reconmendaba separar los más verdes y los más cortos durante el arranque, con el fín de conseguir una calidad uniforme en el color, la consistencia y la longitud de la fibra. Una vez seco se le sacudía y las hojas se le desprendían del tallo. Despues se hacían haces o garbas de 18 a 20 libras, colocándolo encontrado (la mitad de las puntas con la mitad de las raices) y atándolo con dos ataderos, uno en cada extremo. Así se le transportaba a la balsa para su cocimiento. Antes, para obtener la grana, se *bate* o *gimensa*. Los cultivadores flamencos cogían el lino cuando las hojas empezaban a amarillear.

La operación del cocido del lino se hacía enseguida despues de estar seco, con el fín de que sus *brinos* se desprendieran con más facilidad de la *cañamiza*. Esta terminología responde a la separación de las fibras útiles de la zona liberiana de las restantes células de los otros tejidos. Las membranas comunes de las fibras y otras células se encuentran compartiendo un capa de susbstancias pécticas, que forman parte de la pared celular. En el cocido o enriado tienen lugar reacciones químico-biológicas, debidas a la secreción por parte de bacterias aerobias y anaerobias de diastasas que disuelven la pectina de la pared celular. Este proceso, conocido hoy con algo más de detalle, era absolutamente desconocido en el Siglo XVIII y en el XIX, a pesar de que empíricamente se sabían sus consecuencias. Brino y cañamiza son realmente las fibras y los restantes tejidos del tallo. El cocer el lino en agua corriente de uso común estaba absolutamente prohibido, porque se consideraba muy perjudicial a la salud. Tampoco se utilizaban aguas estancadas, ya que el lino cocido así era muy difícil de blanquear. Por todo ello se utilizaban balsas en las que había una «hila de agua» entrando por un lado y saliendo por el otro. Estas balsas eran cavadas en suelo firme, sus paredes y suelo eran revestidos de buena fábrica de cal y canto o de ladrillos, todo ello bien enlucido. El tamaño era de 16 a 20 varas de largo por 6 de ancho y 2 de profundidad. Siempre estaban al descubierto para que el agua se pudiera calentar con el sol. Las balsas solo de tierra no se utilizaban porque producían mucho cieno. Estas mismas balsas servían para el cáñamo.

Los haces antes de introducirlos en la balsa se aflojaban para que el agua penetrase mejor en ellos. Luego se iban colocando en filas y luego unos haces sobre otros. Para que el lino no sobresaliera del agua se colocaban grandes piedras sobre los haces. Luego se llenaba la balsa y quedaba una corriente entrando y saliendo continuamente. Cada día un hombre lo pisaba bien, paseándose por encima de las piedras, por la mañana, al medidía y por la tarde. En el caso de linos muy finos se les cocía «entre dos aguas», colocando unos maderos sobre los haces y no permitiendo que éstos tocasen el fondo de la balsa. El tiempo de cocido variaba con la temperatura y tipos de viento, y los linos arrancados verdes se cocían antes que los cogidos muy maduros. Lo más frecuente, aunque había algunos que decían que el cocido podía durar dos días y medio o como máximo tres, era empezar a reconocer el cocido del lino a partir del tercer día de embalsado. Para ello se sacaban unos tallos y se procedía de diferentes formas. Unos los secaban al sol y luego lo restregaban entre los dedos, y si soltaba bien la arista y quedaba limpia la hebra se consideraba que estaba a punto. Otros, lo dejaban caer mojado desde lo alto, si caía recto era que indicaba que estaba penetrado por igual de agua en toda su longitud, y si cabeceaba debía continuarse el cocido. Otros, por último, sacaban los tallos y los quebraban, si la cañamiza se rompía con ruido y sin doblarse, y hacia la punta la hilaza dejaba fácilmente la cañamiza, entonces se consideraba bien cocido. Casi todos los linos se cocían a los tres a cinco días de embalsados.

Una vez cocido el lino se limpiaba y con unos garabatos se sacaban los haces de la balsa. A continuación se ponían a secar en manaditas abiertas por el lado de las raices. A los pocos días, si hacía buen sol, el lino estaba seco. Cuanto más sol recibía más blanco se ponía. Las manadas se cogían y se hacían haces con las puntas a un lado, y atados por el medio se llevaban a lugar cubierto y libre de humedad hasta agramarlo.

La fabricación de sogas de cabuya. E. André. América Equinoccial. *En: «América Pintoresca». Barcelona, Montaner y Simón,* 1884. *pp. 688. Biblioteca Nacional, Madrid.*

En ocasiones el secado del lino se tenía que hacer de otras dos maneras recurriendo al fuego. Una de las formas era colocándolo sobre un enrejado debajo del cual se hacía fuego de paja. La otra era utilizando un horno de panadero u otro similar hecho para el efecto calentándolo a 50 grados Reaumur. El primer método tenía grandes riesgos por la facilidad con que el lino podía quemarse.

El *agramado* consistía en quebrantar los tallos entre dos quijadas de madera, moviéndolas una sobre otra. Con ello la cañamiza se rompía y caía dejando libre el brino. La *agramodora* de cáñamo tenía las quijadas de hierro. La persona que agramaba tomaba con la mano izquierda un puñado de lino, que metía entre las quijadas y cerca de la charnela una vez alzada la palanca. Así aprovechaba toda la fuerza de la palanca, pero no debía dar grandes sacudidas para no romperlo. Alzando y bajando varias veces la palanca iba quebrando la cañamiza, y tirando del lino mordido entre las dos quijadas separaba la cañamiza de las fibras o hilaza. La cañamiza iba cayendo entre los canales del banco al suelo. Cuando la manada cogida por un cabo había sido preparada hasta la mitad, el agramador la revolvía en la mano y hacía la misma operación para la otra mitad. Cuando agramaba una libra de lino, la partía en dos mitades, a cada una le daba unas vueltas y luego las torcían groseramente la una sobre la otra. A esto se le llamaba *lino en bruto*, que luego se espadaba y rastrillaba.

El *espadado* era una operación que servía para acabar de limpiar y para dejar el lino más suave y flexible. En algunos paises se prescindía de esta operación y se suplía con mayor número de operaciones en diferentes rastrillos. Había una *espadadera* muy simple que lo atusa sin pérdida de material. Estaba compuesta de un caballete y una espada. El caballete estaba formado por dos maderos colocados el uno perpendicular al otro. Uno se colocaba sobre el suelo y el otro quedaba vertical, y tenía unos 90 centímetros de altura. El madero vertical llevaba una escotadura en la que se colocaba el lino ya agramado y se golpeaba con la espada, que tenía tres palmos de longitud y 8 o 9 pulgadas de anchura. Con la mano izquierda se tomaba un puñado de lino en bruto por menos de la mitad de su longitud, se apoyaba sobre la lengua o escotadura circular de la tabla vertical del caballete, de modo que colgara más de la mitad del lino a lo largo de la tabla, luego se golpeaba con la espada con golpes moderados y se sacudía el puñado. La mayor precaución de esta operación era no dar con el canto de la espada sobre el canto de la escotadura para no cortar el brino.

De la espada se pasaba el lino a los rastrillos. En España, según dice Valcárcel, el lino se vendía espadado y sin rastrillar. El *rastrillo* es una especie de peine formado por siete a ocho órdenes de puas de hierro, aseguradas por su cabo grueso en una tabla de madera firme, que a veces se fortificaba con una lámina de hierro o de hojalata. Las puas de los rastrillos gruesos estaban limadas y lisas con las puntas en lozango (romboidal) y las de ratrillos pequeños eran de cabeza redondeada y colocadas en tablero de damas. La operación consistía en hacer caer mediante un movimiento circular la hilaza sobre las puas del rastrillo y sin que ofrezca mucha resistencia irla desenredando. Esta operación se comenzaba con rastrillos de puas gordas y afiladas y se terminaba en los rastrillos de puas del tamaño de una aguja de coser el lienzo casero. Era un trabajo que requería sobre todo maña y lo ejecutaban las mujeres. Los puñaditos una vez rastrillados los torcían un poco y doblándolos por la mitad lo volvían a torcer en sentido contrario, y juntas las puntas se daban vueltas abajo para asegurarlo. Así se formaba un *cerro*. Este lino se llamaba *brino primero*. El brino que quedaba deshecho despues de pasarlo por los rastrillos se recoge y resulta más fino y más corto recibiendo el nombre de *brino segundo*. En España no se acostumbraba a pasar por el rastrillo las estopas y la primera que salía se llamaba *cabezas* o *estopa*, y cuando se apuraba y afinaba más el lino se le daba el nombre de *sedija*. El hilado se hacía en rueca.

A finales del Siglo XVIII Francisco Salvá y Campillo y Francisco Samponts y Roca inventaron una máquina que era capaz de realizar las tres operaciones de agramar, espadar y rastrillar a la vez, tanto el lino como el cáñamo[35]. Dicha máquina construida por el artífice Pedro Gamell tuvo escaso éxito, ya que los operarios consideraron que no aprovechaba como el procedimiento tradicional. Igual suerte corrió otra máquina para agramar cáñamo inventada por los hermanos Manuel, Silvestre y Bautista Bisbal en 1785, y de la que pidió informes el Conde de Floridablanca en 1790[36].

El aceite de linaza se utilizó para preparar pinturas al óleo y tambien para encerar telas. Esta última operación, poco conocida, de impermeabilización se hacía dando sucesivas manos de aceite a las telas, y así se fabricaban sondas.

Cultivo y manufactura del cáñamo

El cáñamo es una planta dióica. En Aragón se llamaba *cáñamo de flor* al macho y *cáñamo de simiente* a la hembra. Los datos relacionados con el cultivo y manufactura del cáñamo, que aquí exponemos, estan tomados de varios artículos del Siglo XVIII[37]. Se plantaba con semilla a finales de marzo o principos de abril y se hacía al vuelo, y se tendía a que fuera espeso, ya que si no la caña se hacía muy gruesa. Se solía regar cuatro o cinco veces mientras crecía. Se cortaba entre finales de julio y principios de agosto.

Las señales de que se encontraba en sazón son en el macho cuando la flor empieza a caer y las puntas de los tallos y sus hojas amarillean. En la hembra cuando asoma el cañamón. LLegada la sazón el cáñamo de flor, el «macho», que así tambien se llamaba para distinguirlo de la hembra o cáñamo «semental», se segaba o cortaba a raiz de tierra con una hoz de hoja ancha. Así se le dejaba durante cinco días hasta que curaba, blanqueaba o caneaba y se secaba. Pasado ese tiempo se sacudía para que cayera la hoja seca y se ataba en haces de tres palmos de circunferencia con un filete de esparto. Así se le daban varias vueltas en dos días. Al tercer día se sacudía y se restregaba de arriba a bajo con un palito. Se subía el atadero hacia las puntas y se habría el haz. Así se tenía dos días, se volvía a sacudir y se llevaba el atadero a los pies de la planta y se formaba un nuevo abanico. Por tanto el secado venía a durar de diez a doce días con tanta operación.

Aloe americano.
F.P. Chaumeton. Flore Medicale. 1814.
Real Jardín Botánico, Madrid.

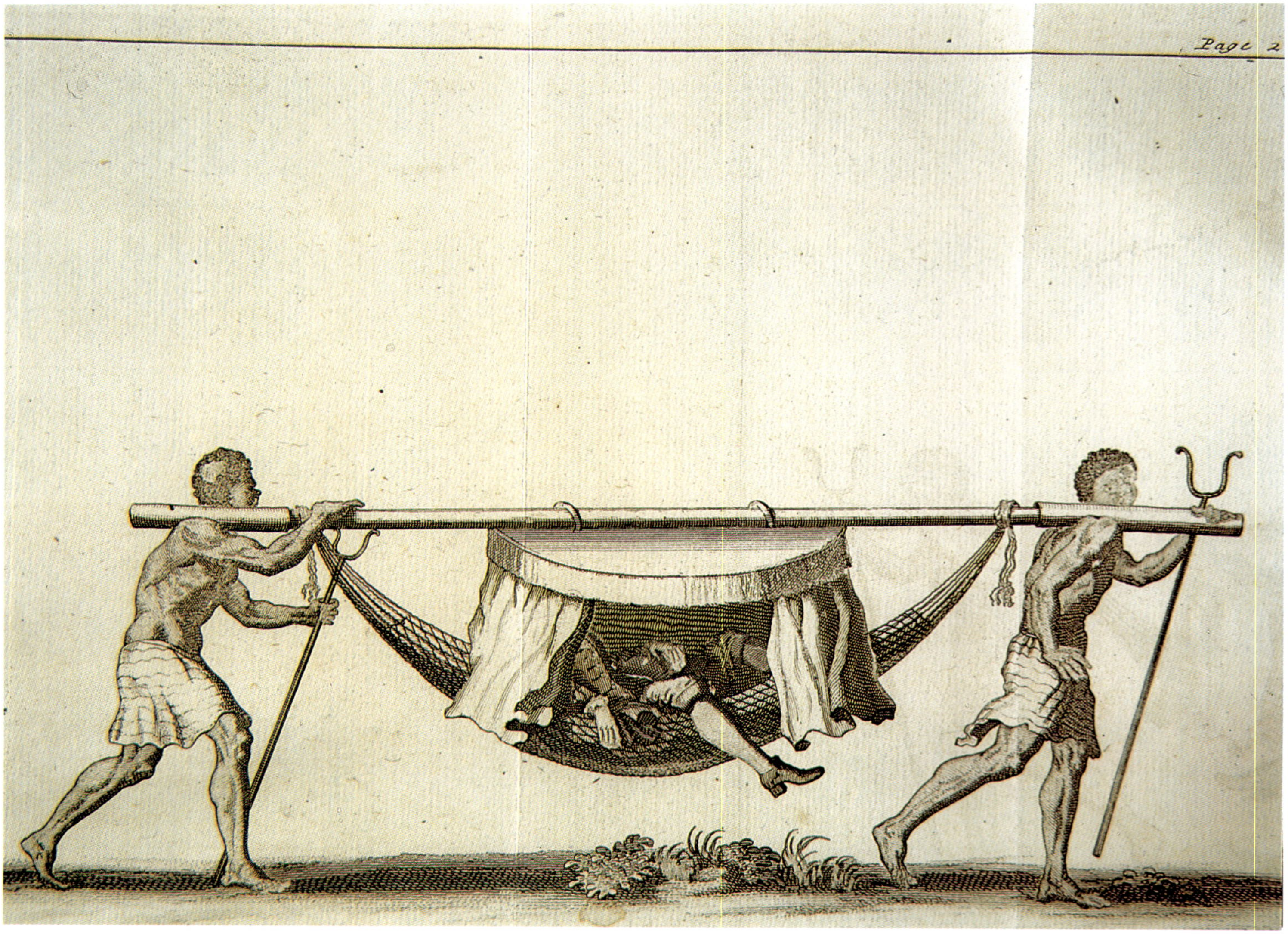

Hamaca americana de pita.
M. Frezier. Relation de voyage de la mer du sud aus côtes du Chily et du Perou,...
París, 1732.
Real Jardín Botánico, Madrid.

Cuando se quería obtener simiente se reservaba un espacio de terreno, generalmente el de mejor suelo y orientación, al que se denominaba *cañamar semental*. En Aragón se entresacaba el cáñamo de flor (el macho) y se dejaba que siguiera madurando el de simiente (la hembra), lo cual era muy beneficioso para el cañamón. Cuando el cañamón «moreneaba» y se desgranaba al restregar las puntas de las ramas se consideraba que estaba en sazón. Entonces se cortaba y se dejaba dispuesto en haces uno sobre otro en el campo durante 7 u 8 días para que se secara. Luego era llevado a una era o suelo limpio. El obrero tomaba con las dos manos los hacecillos y sobre una mesa o madero, ligeramente inclinado, los golpeaba hasta que saltaban los cañamones. Luego se limpiaban y cribaban y se guardaban en un orón o esportón grande esparto. Así se dejaba en un granero. El resto del cáñamo, una vez bien seco y limpio de hojas se le sometía a la operación de cocido en las balsas.

Las balsas eran muy similares a las de lino aunque algo más grandes. La colocación de los haces se hacía en filas, la más cercana a la pared tenía los cabos gordos del tallo hacia ella. La siguiente fila se colocaba con sus puntas mirando a las de la otra; estas dos filas se llamaban *cerca* o *tongada*. Se llegaban a poner diez tongadas y en sentido vertical hasta cuatro. Tambien se sostenía con piedras en seis hileras. El agua manaba por un lado y podía salir por el contrario. Tambien, como en el caso del lino, estaba prohibido embalsar en agua corriente. El tiempo de cocción era de 15 a 18 días y se mudaba el agua dos veces, la primera después de pasados 3 a 5 días y la segunda a los 5 o 6 días de la primera. Era señal de sazón cuando el agua blanqueaba y no tenía burbujas. Pero había pruebas para comprobar la sazón en las que hasta se llegaba a agramar el cáñamo, viendo la calidad que tenía.

El desembalsado se hacía con agua corriente para que se acercaran los haces a la orilla, y así, poder cogerlos con los correspondientes garabatos con más facilidad. Luego se cargaban siete haces en unas angarillas, que llevaban dos hombres al «sequero». En el secadero se colocaban los haces derechos y abiertos por abajo en pollera despues de haber subido un poco el atadero. A los dos o tres días se revolvía el haz y se sacaba el cáñamo de en medio a las orillas y se volvía a dejar en la misma posición.

Cuando el cáñamo estaba seco se llevaba al almacen, que tenía que ser un sitio seco. Cuando no había lugar para almacenarlo a cubierto, entonces se le colocaba en hacina o muela redonda, llamada tambien «garbera». Esta se formaba haciendo un pie de leña, de paja o de cañamiza, a continuación se colocaban encima los haces de cáñamo bien apretados, quedando los cabos gordos de la base hacia afuera y las cimas o puntas hacia dentro del círculo procurando que no quedara hoyo o hueco en el centro. A continuación se colocaba una nueva fila de haces, y así sucesivamente. Las últimas cercas de haces eran verticales y formaban una especie de tejado, ya que el objeto era mantener seco el cáñamo. En caso de lluvia solamente se mojaban los haces más externos, que se secaban rápidamente en cuanto había sol.

La agramación del cáñamo era muy similar a la del lino y el producto obtenido se llamaba *cáñamo en bruto*. Luego se pasaba por el peine o rastrillo, y, a veces, tambien se espadaba previamente. Quedaba clasificado en cuatro calidades: *corazón*, que era el cáñamo más fino; *recortes*, *colas* y *estopas*.

Las operaciones de agramado, espadado y rastrillado resultaron siempre muy laboriosas y bastante dañinas para la salud de los obreros. Estas dos causas fueron las que justificaron la invención de máquinas para el agramado, espadado y rastrillado, que hemos señalado antes, y que tan escaso éxito tuvieron, tanto en el caso del lino como del cáñamo.

Cultivo y manufactura tradicional del algodón

El cultivo del algodón en España lo introdujeron los árabes como se ha indicado antes. Hay muy pocos datos sobre la continuación de su cultivo en el Siglo XVI. A principios del Siglo XVII se cultivaba en Ecija[38]. El cultivo es muy posible que decayera una vez consolidada la colonización americana, ya que el algodón americano debía resultar de mejor calidad, y al producir dos cosechas al año, más barato. La Real Cédula de 6 de Septiembre de 1766 concedía una exención de derechos por cuatro años a los cosecheros de algodón en el reino de Valencia. En esta misma cédula se daba una «instrucción», desgraciadamente bastante inexacta, sobre su siembra, su cultivo y su cosecha. Además de esto en el Siglo XVIII tenía concedida franquicia la entrada en los puertos peninsulares el algodón en rama procedente de las colonias americanas[39]. El que se importaba del «Levante» venía hilado y Campomanes calculaba que de los 500.000 reales de su valor anual, el algodón en rama representaba 100.000, siendo los otros 400.000 el valor añadido por su hilatura. Esta era la situación que existía en el Siglo XVIII, y que se trataría de recunducir, como veremos más adelante, a finales de siglo.

En cuanto a su cultivo en España, el jesuita Martín de Roa al tratar de la historia de la ciudad de Ecija dá para el Siglo XVII algunos detalles que conviene señalar aquí por ser una de las pocas descripciones renacentistas de su cultivo y manufactura. El cultivo se hacía en el término de Alcarrachela, la superficie cultivada era de 260 aranzadas regadas con agua del río Genil. La relación de Roa sobre el cultivo, cosecha y manufactura del algodón, que transcribimos por su gran valor documental, es la siguiente:

> «La semilla de esta planta son unos granos pequeños, donde se cría y ase aquel vello con tanta fuerza, que con ninguna industria se puede quitar, de manera que no quede acompañado de alguno. Siémbrase en todo Marzo y Abril: no se le da riego hasta los 24 de Junio, y entonces de ocho a ocho días. Nace en solas dos hojas redondas, luego trueca, y poco a poco se viste de mucha rama poblada de muy vistosa hoja, y crece hasta medio estado de hombre. Sus flores que aquí llaman *Empeynes*, son de color muy fino amarillas, sembradas de unas pintas coloradas. En medio de ellas salen unas vaynas redondas a manera de castañas, que los naturales llaman *Allozas*, no mayores que nueces pequeñas.

Estas se abren en triángulo por el mes de Septiembre al modo que el herizo de la castaña; dentro muestran la semilla envuelta en los copillos del algodón.

Madurado ya el fruto, abiertas las allozas, y descubierto el vellocino de nieve, todo el campo, donde se siembra, representa una muy agradable vista a los que lo miran. Acuden muchas tropas de gente de todas edades, la mayor parte niños y mugeres, a recogerlo; desnudan las allozas de la simiente con aquel vello, echando a mal las vaynas, en que se cria. Traido a casa para *alijarle*, esto es para apartar el vello de la simiente, tiendenlo en unos zarzos de caña como dos horas al sol, para que pierda la humedad, si alguna cobró del rocío; despues lo *pertegan*, y es lo mismo que aparejarle; danle con una espada de filo grueso, al modo de los que sacuden lana, tantos golpes quantos bastan, para que se levante aquel vello y quede hueco. El artificio, con que se saca, tan ingenioso es y singular, que apenas podrá entenderse de mis palabras, si no se vé egecutar en la obra. Ponenle sobre una tabla gruesa de peral blanco (que no puede servir de otra manera) una tercia de ancho y larga una vara. El *alijador* tiene atado a las muñecas un palillo de tarahe (que de otra madera no es de provecho) redondo, de una tercia de largo, y asidos a las puntas unos herrezuelos, que llaman *arrequifes*; debajo de estos instrumentos, que se dicen *Almarraes*, rueda una varilla de hierro, no más guesa que un dedo; el qual traido rodando por encima de la simiente en la tabla, la deja en ella, y el algodón cae limpio a los pies del alijador. El que más limpia de una tarea hace ocho libras, que se sacan de dos arrobas. Siembranse como veinte mil de grano, y cogense ocho mil de algodón. La simiente sirve de pasto al ganado bacuno quando hay falta de otro, y su precio común es un real por arroba. De la rama se hace ceniza probada para los paños»[40]

El *almarrá* descrito por Martín de Roa es una despepitadora o desmotadora, que servía para separar la semilla o pepita del vello. Esta sencilla despepitadora manual solo tenía móvil la varilla de hierro, que por medio de los arrequifes o palomillas se fijaba el palo de madera que se unía a las muñecas del alijador. Este tipo de despepitadora se perfeccionó en Motril en el Siglo XVIII con tornos ordinarios de dos cilindros de madera de encina delgados, movidos horizontalmente el uno sobre el otro[41]. Esta operación la solían hacer niñas y jovencitas. Estas, a modo de laminadoras manuales eran muy quebradizas, se rompían con facilidad y duraban escasamente dos días[42]. Tambien se hicieron con dos barras de hierro, pero, como veremos más adelante, no era muy recomendable este material para este proceso, ya que si se oxidaba podía mancharse la hebra de algodón.

Otra despepitadora tradicional fué la formada por dos cilindros laminadores que daban vueltas en sentido contrario gracias a estar acoplados con dos ruedas movidas por una cuerda o correa de transmisión cruzada[43]. El obrero sentado transmitía el movimiento con el pie a los dos cilindros y presenta el algodón ante los dos cilindros, que lo pillan y arrastran dejandolo caer ya limpio en unos sacos, mientras la grana cae por el otro lado. La distancia entre los dos cilindros era menor que el grosor de la semilla o pepita. En América estos dos cilindros se fabricaban de madera muy dura y desechaban el hierro porque el horín manchaba el algodón. El algodón de Levante, es decir el de Turquía y el de la la isla de Malta se obtenía utilizando una despepitadora en que los dos cilindros se movían en sentido contrario mediante dos tornillos de dientes espirales, que engranaban uno en otro. En este caso el obrero lo ponía en movimiento dándole vueltas con la mano derecha a una manecilla fijada en el extremo del eje del cilindro superior. Los dos cilindros se sostenían en dos pilares asegurados sobre una pieza de madera. Los cilindros eran de boj y a veces uno de ellos de hierro. En muchos lugares se desmotaba el algodón a mano, sobre todo para conseguir los hilados más finos de muselina[44].

El algodonero era una planta que, a principios del Siglo XVIII, sólamente se encontraba en España en jardines como planta ornamental. Se había ido paulatinamenete perdiendo su cultivo, seguramente debido a la llegada del de Esmirna y el procedente de las colonias americanas. Por ello otras noticias sobre el cultivo del algodón en España pertenecen al siglo XVIII. Se comenzó a sembrar como consecuencia de la necesidad que tenían de él las 25 fábricas de indianas catalanas, que agrupaba la «Compañía Catalana de Hilados de Algodón»creada en 1772[45]. Esta necesidad provenía del cierre del mercado con Malta, debido a la guerra, y a la suspensión de exportaciones de Esmirna y otros lugares de Turquía, debida a la declaración de una epidemia de peste. Estas circunstancias provocaron el que se empezara a pagar muy bien el algodón de Motril. Poco a poco fué sustituyendo a partir del año 1775 el cultivo de la caña dulce de los marjales motrileños por el del algodonero[46]. A estas razones, que esgrimía Simón de Rojas Clemente, había que añadir las alusiones que a la con-

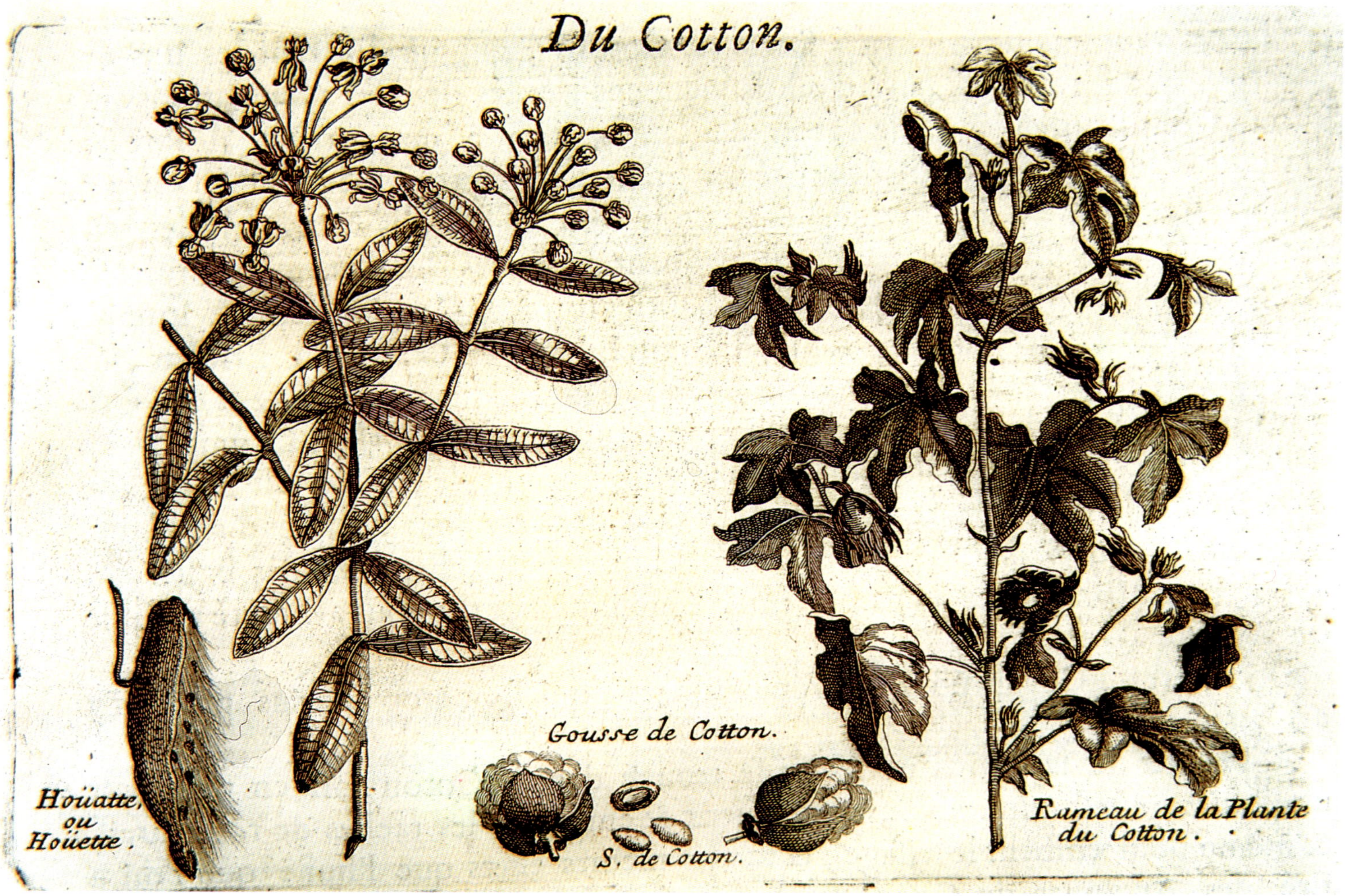

Algodonero.
P. Pomet. Histoire Generale des Drogues. 1694.
Real Jardín Botánico, Madrid.

veniencia de esta industria había dado el gobierno a través del citado «Discurso sobre el Fomento de la Industria Popular de Campomanes». Precisamente una de las reales fábricas que se crearon en la época ilustrada fué la Real Fábrica de Tejidos de Algodón Estampados en la ciudad de Avila. El lugar elegido para su ubicación, escasamente acertado por la lejanía de las materias primas, y otras circunstancias, que no entramos a considerar, hicieron fracasar este establecimiento que solo permaneció activo de 1787 a 1792, y cuyo edificio todavía hoy pude verse, eso sí casi en alberca, fruto del descuido a que fué sometido desde que cesó la actividad fabril en él[47].

El cultivo del algodón tuvo una clara expansión en Motril a partir del año 1778. Hubo una polémica entre los partidarios de seguir plantando caña (la producción de los ingenios azucareros de Motril era de 54.000 formas) y los partidarios del cultivo de algodón, que acabó con la victoria de los segundos. Tanto es así que en 1800 se cogían más de 12.000 arrobas de algodón en 1781 marjales. Tambien se cultivó en otros lugares de la costa granadina (Salobreña, Lobres, Molvizar, Itrabo y Almuñecar), en Elche y en Altea[48], en la costa de Málaga y en Sanlucar de Barrameda. En Sanlucar se pusieron a funcionar 26 telares de panas, cotonías, acolchados y otros tejidos. En el Puerto de Santa María el fabricante Antonio González Mena instaló una fábrica para la fabricación de cotonías, muselinas, acolchados, panas y pañuelos. En el mismo pueblo se fundaron otras 5 fábricas. Todas estos establecimientos no pudieron competir con los productos ingleses por su precio y acabaron fracasando[49]. La fiebre algodonera fué pasando con el tiempo y la guerra de la Independencia acabó con ella de manera aún más drástica. En 1869 desapareció casi totalmente el cultivo tras la promulgación del arancel librecambista promovido por el ministro Laureano Figuerola y Ballester. Hasta 1904 no volvió a resurgir su cultivo en España.

Entre las cosas notables de su cultivo en Motril hay que señalar que la siembra se hacía a golpe (6 granos por hoyo) y que al año se tronchaban las puntas, siguiendo una costumbre árabe para asegurar el mayor numero de flores y una buena cuaja. A los cuarenta o cincuenta días de cuajado se abría el limón del algodonero. Cada operario para la recogida del algodón llevaba una mochila donde vertía, según las preferencias del amo, los capullos o bien el vellón. Cuando tenía llena la mochila lo vaciaba en sacos y talegos. Luego se le extraía de la caja si venía encerrado en ella[50]. Sobre su despepitado o desmoteado en Motril ya hemos hablado más arriba.

Para su hilatura en Levante se vareaba previamente y en Europa se cardaba. Algunos decían que al varear se podían romper los brinos o hebritas del algodón. En América tambien se vareaba.

El algodón en copo sin hilar se utilizaba para relleno de colchones y para acolchar vestidos y cobertores (colchas). Del hilado basto se fabricaban todo tipo de medias y de gorros. Del hilado fino, sólo o mezclado con seda, hilo de lino, o lana se hacían todo tipo de ropas. Tambien era utilizado el algodón para fabricar mechas de velas. El aceite de sus granas se utilizaba como cosmético, sus hojas y flores asadas sobre ascuas daban un aceite que se utilizaba para las úlceras, y las granas cocidas en tisana eran un remedio contra el asma, enfermedades bronquiales, y la disentería. Es de notar que tambien se consideraba muy perjudicial el utilizarlo como hilas para las heridas, ya que se consideraba que inflamaba y envenenaba, porque al introducirse en los «poros de la carne» impedía la formación de humores, y por que, como había observado al microscopio Leuwenhoeck, tenía lados cortantes que podían dividir la carne y la inflamaban[51].

En los paises tropicales o subtropicales se utilizaba el algodón para hacer camisas; pero los europeos las preferían de lino y cáñamo por considerarlas más sanas y cómodas. A las de algodón se les achacaba que provocaban ligeras cosquillas y comezones ocasionados por el vello. Se juzgaban más sanas las de lino y cáñamo porque se opinaba que el «sudor del cuerpo no hace mansión tan largo tiempo» como en las de algodón.

Las fibras textiles de origen americano

Como ya se ha indicado la única fibra textil, utilizada en el Nuevo Mundo, que se tejía en América a la llegada de los europeos era el algodón[52]. Esta planta textil, es por ello, una de las plantas cultivadas más ecuménica. El padre Acosta dá la siguiente noticia:

> «El Algodón tambien se dá en árboles pequeños y en grandes, que tienen unos como capullos, los quales se abren y dan aquella hilaza, o vello, que cogido, hilan, y texen y hazen ropa dello. Es uno de los mayores beneficios que tienen las Indias, porque les sirve en lugar de lino y de lana para ropa; dase en tierras calientes, en los valles y costa del Pirú mucho, y en la nueva España, y en Philipinas y China, y mucho más que en parte que yo sepa en la provincia de Tucumán y en la de Sancta Cruz de la sierra, y en el Paraguay, y en estas partes, es el principal caudal. De las islas de Sancto Domingo se trae algodón a España, y el año que he dicho (1587) se traxeron sesenta y quatro arrobas. En las partes de Indias donde ay algodón, es la tela de que más ordinariamente visten hombres y mugeres, y hacen ropa de mesa, y aún lonas, o velas de naos. Hay uno basto y grossero; otro delicado y subtil, y con diversas colores lo tiñen y hazen las diferencias, que en paños de Europa vemos en las lanas»[53].

Rápidamente en América se establecieron a fines del Siglo XVI los obrajes, donde el trabajo lo efectuaban manos femeninas en un regimen muy precario. Las telas que se fabricaban servían a su vez para pagar a los mineros en mantas. Hernán Cortés estableció uno en 1540[54]. En el Siglo XVIII había en Querétaro fábricas de lonas y lienzos de algodón[55].

Las restantes plantas que producían fibras en América eran los Agaves (sisal, maguey, hennequen y áloe), el ananás (*Ananas comosus*) y el linacar.(*Aechmea magdalenae*). Además de estas había otras muchas cuyo uso se reducía a pequeños grupos indígenas, o bien no tuvo el éxito y ecumenismo de las anteriores. Por ejemplo en Nueva España se utilizó del achiotl o axiote «la corteza para tejer cuerdas más fuertes que las del cáñamo»[56]. De la corteza del coco decía Francisco Hernandez: «se fabrican muy buenas mechas para encender la pólvora de las armas guerreras, cuerdas y cables de naves muy fuertes y que no se deterioran nada con la humedad del mar, y la madera de la estopa es muy a propósito para rellenar

Representación alegórica del descubrimiento de América sobre hamaca vegetal. Ioan Stradanus. Nova Reperta. *Estampas de la Biblioteca Nacional, Madrid.*

las junturas de las tablas, pues se hincha al humedecerse, tapando así mejor las aberturas e impidiendo más eficazmente la entrada del agua»[57]. Por último, y con el fín de no extendernos mucho, citaremos el caso de la planta parásita conocida con el nombre de *guembé*[58]. Esta planta crece en las horquillas más elevadas de los árboles, cuando el interior del árbol empieza a pudrirse. Luego lanzan raices rectas, sin nudos, y de un dedo de grueso, que bien rodeando al tronco, bien completamente al aire, llegan hasta penetrar la tierra. Para cortarlas desde lo alto se utilizaba un cuchillo unido a una caña y despues la corteza se desprendía muy facilmente, con ella se hacían cables o cuerdas sin más preparación que mojarla. Estas cuerdas no se pudren en agua ni en fango y resistían muy bien los tirones. Al ser más débiles que el cáñamo su grosor para la misma función era mayor. Los buques de la Armada la utilizaron en el Siglo XVIII[59].

El conjunto de los ágaves tenían un tratamiento muy parecido para la obtención de sus fibras. El padre Acosta los alaba como «árbol de las maravillas» por la cantidad de utilidades que tenía: «..da agua y vino y aceite y vinagre, y miel, y arrope e hilo y aguja y otras cien cosas.» De entre estas y en lo que hace referencia a la manufactura textil decía que:

> «Tiene unas hojas anchas y grosseras, y el cabo dellas es una punta aguda y rezia, que sirve para prender o asir como alfileres, o para coser, y esta es el aguja; sacan de la hoja cierta hebra o hilo.»[60]

En México se conocía al maguey con el nombre de *metl* y de la variedad de maguey conocida con el nombre de *pati* dice Francisco Ximénez lo siguiente:

«Hazese desta planta lindísimo hilo muy delgado tenido en mucha estimación de las damas mexicanas, para sus labores y galas, y para sus preciosos tocados.»[61]

El procedimiento para obtener este hilo, del que se dice que era tan duro, que servía incluso a los esclavos para, por frotamiento y utilizando arena como abrasivo, limar los grilletes o cadenas, consistía en definitiva en desfibrar las hojas. Para ello se ponían a macerar en estiercol o en agua (cocido). A continuación el procedimiento más tradicional consistía en majar las pencas con un pilón sobre una losa de piedra, Luego se colocaban en un tablero en forma de plano inclinado, y se frotaba y raspaba con una cuchilla de madera hasta que los haces de fibra quedaban al descubierto. De este modo se separaban las fibras transversales más cortas y quedaban las longitudinales. Luego se colocaban al sol para que se blanquearan. Un procedimiento que tambien se usó fué el de utilizar un raspador mecánico, movido por caballerías, agua, viento o vapor. Las pencas se fijaban y la máquina raspaba y luego acuchillaba, peinaba y rastrillaba. En ocasiones la penca se hacía pasar primero entre dos cilindros para quitarle el jugo y dejar solo las fibras. Tambien podían tratarse las fibras cociéndolas y lavándolas en jabón para que adquirieran suavidad, flexibilidad y finura.

Las fibras más bastas se utilizaban para hacer cuerdas, sogas, jarcias, redes de pescar, tapices, esterillas, alpargatas y papel. Las más finas servían para hacer tejidos finos, pañuelos, encajes y otras manufacturas semejantes.

El ágave se connaturalizó rápidamente en España y se utilizó para hacer cercados, dar de comer al ganado y para fabricar hilazas. Cavanilles cita la manufactura de la pita en Canals y describe el procedimeinto de obtención de las fibras:

«En Julio y Agosto se cortan las hojas junto a la raiz, escogiendo las intermedias por ser sobrado duras las de fuera, y demasiado tiernas las del centro; se machacan sobre una piedra, y se reducen a lios, cada uno de doce hojas, poco más o menos, atadas por la punta con un cordel. Tiene el obrero preparada una tabla en forma de plano inclinado, en cuya parte superior hay una punta de hierro para clavar el manojo. Hecho esto empieza a pasar sobre las hojas una barra esquinada de hierro, apretando con fuerza para separar la parte xugosa y dexar sueltas las fibras desde la atadura hasta la extremidad inferior. Muda despues la atadura al extremo opuesto, clava otra vez el manojo, y renueva la presión con la barra esquinada; así enteramente limpias y sueltas las fibras en toda su longitud, extiéndenlas sobre cuerdas para que se sequen, y emplearlas despues en la fábrica de sogas y cordones»[62]

En América, y como consecuencia de la escasa producción de lino y cáñamo peninsular, sobre todo para hacer el velamen y la cordelería de las flotas, se intentó la extensión del cultivo del cáñamo y del lino, y las manufacturas con los mismos, a partir de 1777[53]. Se liberó su extracción y entrada, y fué José Gálvez el encargado de llevar a cabo la empresa, que consistía en enviar labradores, seleccionados previamente, junto con instrucciones sobre el cultivo y la correspondiente simiente. Ya en México se había cultivado lino, pero con el único objeto de extraer el aceite de linaza. En Atlixco tambien se cultivó cáñamo[54]. El establecimiento del cultivo y la creación de una «Real Fábrica de Lino y Cáñamo», esta última se creó en 1780 y se clausuró en 1786, fué un rotundo fracaso económico.

Otra planta que se connaturalizó pronto en américa fué el *abacá* (*Musa textilis*)[55], tambien conocido como *cáñamo de Manila*. El procedimiento utilizado para sacar la fibra era cortar el tronco por el pie y por el extremo superior cuando estaba a punto de dar el fruto, y se le despojaba de las hojas. A continuación se quitan los peciolos uno a uno; se les hacía una incisión por la parte interna y de través con un cuchillo, y se les descorteza por la parte inferior; despues se hacían tiras de dos dedos de anchura y con herramientas análogas a las utilizadas para el cáñamo y el lino se obtenía la fibra textil. La separación de las fibras por su calidad se hacía a mano y al tacto. El hilo que se destinaba a tejidos se liaba en grandes ovillos que se golpebana en un mortero de madera para darles flexibilidad.

NOTAS

1. Véase A. Guillaumin: *Les plantes Cultivées. Histoire-Economie* Paris. *1946* pág.153.

2. Strábon al referirse a la vía «exterior», que comunicaba Italia con Iberia, dice que despues de pasar por Sagunto se apartaba «paulatinamente de la costa, llegando luego al llamado «Spartárion - como si nosotros dijéramos de schoínos (esparto en griego) - Pedión», un gran campo sin agua, donde crece abundantemente la especie de esparto que sirve para tejer cuerdas y se exporta a todos los paises, principalmente a España». García Bellido situa el Spartarius Campus en una vasta llanura cercana a Cartagena y le dá la extensión de 150 X 45 Kilómetros (datos obtenidos de Plinio), y dice, seguramente con escasa razón, que el esparto fué introducido de Africa a la península Ibérica por los cartagineses. Cfr. A. García Bellido: *España y los Españoles hace dos mil años según la Geografía de Strábon* Madrid. Espasa Calpe. *1945*. págs. 142 y 143.

3. Cfr. A. García Bellido: *La España del Siglo Primero de nuestra Era* (según P. Mela y C. Plinio). Madrid. Espasa Calpe. *1947*. pág. 29.

4. Cfr. *Histoire Naturelle de Pline, avec la traduction en français par M. É. Littré*. Paris. J.J. Dubochet. *1848*. En el Libro XIX. cap. VII se comenta la introducción del esparto por los cartagineses (Pág. 715 del Volumen I) y en el Libro XXIV. cap. XL (pág. 143 y 144 del Volumen II) donde asegura que el esparto no fué utilizado en tiempos de Homero.

5. Véase las noticias que da Alphonse de Candolle en su *Origine des Plantes Cultivées* Paris. G. Baillière. *1883*. págs. 117-119.

6. Ibidem

7. Cfr. *Histoire Naturelle de Pline*... op. cit. Libro XIX, capítulo LVI (págs. 737-738 del Volumen II)

8. Cfr. *Histoire Naturelle de Pline*.. op. cit. Libro XVII, capítulo XXXV (pág. 634 del Volumen I)

9. Cfr. *Los doce libros de Agricultura de Lucio Junio Moderato Columela* traducidos por Vicente Tinajero. Madrid. Imp. M. Ginesta. *1879*. Libro II, capítulo X (pág. 80).

10. Los primeros científicos que realizaron un análisis microscópico del tejido de las vendas de las momias fueron el químico escocés Thomas Thomson (1773-1852) (Annals of Philosophy, jun. *1834*) y los franceses Dutrochet, Larrey y Costaz (Comptes Rendus de l'Academie des Sciences de Paris, sem. 1 pág, 739, *1837*).

11. Véase Oswald Heer: *Die Pflanzen der Pfahlbauten*. Zürich. *1865 y Ueber den Flachs und Flachscultur in Altherthum*. Zurich. *1872*

12. Cfr. A. García Bellido: *España y los Españoles hace dos mil años según la Geografía de Strábon* op. cit. págs. 118 y 140.

13. Cfr. *Histoire Naturelle de Pline*... op. cit. Libro XVIII, Capítulo XVIII, (pág. 669 del Volumen I)

14. Cfr. Ibidem Libro XIX, Capítulo II (pág. 712)

15. Véase A. de Candolle: *Origin des Plantes Cultiveés* op. cit. págs. 323-328.

16. Teofrasto: *Historia de las Plantas* Introducción, Traducción y notas por José María Díaz-Regañón López. Madrid. Ed. Gredos. *1988*. Libro IV. pág. 252.

17. Véase *Libro de Agricultura*. Su autor el Doctor Excelente Abu Zacaria Iahia aben Mohamed Ben Hamed ebn el Awam, sevillano. Traducido al castellano y anotado por Don Josef Banqueri». Madrid. Imprenta Real. *1802*. Capítulo XXII, Artículo I. págs. 103-107.

18. Cfr. *Histoire Naturelle de Pline*.. op. cit. Libro XIX, Capítulo VIII, (pág. 715, Volumen I)

19. Cfr. Francis Willughby: *A Relation of a Voyage made through a great part of Spain* en J. Ray: *Observation, Topographical, Moral and Physical Made in Journey Through the Low-Countries*.. by Jhon Ray..» London. *1673*. Págs. 411 y 412.

20. Véase la noticia que se dá a este respecto en el libro *El Esparto y su Economía* Ministerio de Industria y Comercio y Agricultura. Madrid. *1950*. Pág. 98.

21. Véase: «Real Cédula de S. M. y Señores del Consejo, por la qual se prohibe la extracción de Esparto del Reyno, y tambien el que se arranquen las atochas que le producen, baxo las penas que se expresan». *1783*

22. Véase: «Real Cédula de S.M. y Señores del Consejo, por la qual en declaración de las dudas, que han ocurrido sobre executar la prohibición de extraher el esparto en rama fuera del Reyno, y el arrancar las atochas que le producen, se permite rozar estas siempre que no se arranquen de raiz; y se sañalan los parages y Provincias por donde se puede extraher el esparto por el medio, puertos, tiempos, condiciones, y paga de derechos que se expresan». *1784*

23. Cfr. Antonio Josef Cavanilles: *Observaciones sobre la Historia Natural, Geografía, Agricultura, Población y Frutos del Reyno de Valencia* Madrid. Imprenta Real. *1795*. Tomo I. págs. 226 y 227.

24. Real Orden de 7 de Septiembre de 1790. Archivo de la Real Sociedad Económica de Amigos del Pais de Valencia. (*1790*, C-20, II Artes, n. 5)

25. Nos referimos al libro *Agricultura General y Gobierno de la Casa de Campo* de Joseph Antonio Valcárcel, que en el Tomo IX (Libro XVI) trata del lino, del cáñamo y del algodón. No obstante, Valcárcel escribió una memoria en 1783 que quedó manuscrita, y que no hemos podido consultar, sobre la cosecha del esparto en Valencia.

26. Véase Gabriel Alonso de Herrera: *Obra de Agricultura copilada de diversos auctores.* Alcalá. Arnao Gillen de Brocar. *1513*. Libro primero, capítulo XXVI. Esta cita tiene cierto interés, ya que la forma tradicional en España de obtener la linaza o semilla del lino era a base de golpearle (se decía tambien «se bate» o «se gimensa» la simiente). En la zona de Levante se hacía un hoyo en el suelo que llegaba por encima de la cintura del obrero, éste, desde dentro, batía en sus orillas por puñados las cajillas de la linaza con una macita de madera. El rastrillado del lino, que había visto Herrera en Arroyomolinos era la última operación que se daba al lino para preparar su hilaza.

27. Los interesados en el desarrollo de la industria textil española durante la ilustración pueden consultar el libro de James Clayburn da Force: *The development of the Spain Textile Industry. 1750-1800.* Berkeley. California University Press. *1965*

28. Cfr. *Lino. Importancia de su cultivo y prácticas en Holanda aplicables a España* Discursos Mercuriales (número 3 de 4 de Noviembre de *1755* y número 8 de 14 de Enero de *1756*)

29. Esta noticia apareció en la Gaceta de Madrid (número 7 de 12 de Febrero de 1765)

30. Véase el *Semanario Económico,* Tomo II. págs 145 y siguientes. *1766*

31. El libro de Marcandier se tradujo al castellano y apareció, no de manera fortuita (el texto de Marcandier llevaba unido el discurso de Campomanes y la imprenta era la misma), el mismo año que el «Discurso sobre el Fomento de la Industria Popular» de Campomanes. El título completo es el siguiente: *Tratado del Cáñamo,* escrito en francés por Mr. Marcandier, traducido al castellano por D. Manuel Rubin de Celis. Van añadidos otros tratadítos relativos al lino y al algodón, y un discurso acerca del modo de fomentar la industria popular en España». Madrid. Imp. de Sancha *1774*.

32. Cfr. Pedro Rodríguez Campomanes: *Discurso sobre el Fomento de la Industria Popular.* Madrid. Imprenta de Antonio Sancha. *1774*. pág. XVIII.

33. Para estas descripciones se han utilizado principalmente las siguientes obras: «Memoria escrita por Don Juan Thomas Pezzetti, vecino y del comercio de la ciudad de Granada, sobre el problema propuesto por la Sociedad de Sevilla acerca de la conveniencia del cultivo de Linos y Cáñamos en Andalucía». Memorias de la Real Sociedad Patriótica de Sevilla. *1779*. págs. 293-356; Joseph Valcárcel: *Instrucción pare el cultivo del lino, con las preparaciones para la hilanza.* Valencia. Imp. F. Burguete. *1781*; Ignacio Jordan de Asso: «Extracto de la obra, que sobre el Cultivo del Lino sacó a luz Juan Seiferth en Dresde año de 1780». Zaragoza. Imp. de Blas Miedes. *1788*; El artículo «Del Lino» de Joseph Valcárcel en su *Agricultura General y Gobierno de la Casa de Campo* Valencia. Imp. de J.E. Cervera. *1793*. Tomo IX. págs. 294-338. Artículo sobre el lino en el *Curso Completo o Diccionario Universal de Agricultura Teórica-Práctica* de Rozier (traducción de Juan Alvárez Guerra). Madrid. Imprenta Real. *1797-1803*; y el artículo «Lino» en la *Agricultura General de Gabriel Alonso de Herrera, corregida según el texto original de la primera edición publicada en 1513 por el mismo autor, y adicionada por la Real Sociedad Económica Matritense.* Madrid. Imprenta Real. *1819*. Tomo III. págs. 178-185.

34. Cfr. el artículo sobre el lino de J. Valcárcel en su *Agricultura General y Gobierno de la Casa de Campo* op. cit. Tomo IX. págs. 298 y 299. Es notable que Valcárcel no quisiera reconocer lo «perpetuo» o vivaz del lino siberiano (*Linum angustifolium*) frente al anual (*Linum usitatissimum*) que era el cultivado en España.

35. La descripción de esta máquina se encuentra en: F. Salvá y Campillo y F. Samponts y Roca: *Disertación sobre la explicación y uso de una nueva máquina para agramar cáñamos y linos.* Madrid. Imprenta Real. *1784*.

36. Véanse varios Memoriales y cartas sobre esta máquina y el Informe de una Comisión nombrada al efecto en Archivo de la Real Sociedad Económica de Amigos del Pais de Valencia (*1785*, C-15, II, Agricultura, n. 1) y la petición de Floridablanca en el mismo Archivo (*1790*, C-20, I Reales Ordenes, n. 1).

37. Además de utilizar algunos de los artículos reseñados en la nota 31, hemos tenido en cuenta los artículos sobre el cáñamo en J.A. Valcárcel: *Agricultura General o Gobierno de la Casa de Campo* op. cit. págs. 338-358; el artículo «Cáñamo» del *Curso Completo o Diccionario Universal de Agricultura Teórica-Práctica;* el artículo «Cáñamo» en la *Agricultura General de Gabriel Alonso de Herrera* op. cit. págs. 185-188 ; Además se han consultado los siguientes: Francisco Fernández Molinillo: *Memoria sobre el cultivo del lino y del cáñamo en secano* Memorias de la Sociedad Económica Matritense. Tomo I. pág. 68. *1780* y Barón de Albalat: *Memoria acerca del cultivo del cáñamo en Valencia.* Memorias de la Sociedad Económica de Valencia. Tomo I. págs. 110-135. *1780*

38. Esta noticia la da el jesuita Martín de Roa en su obra *Historia de Ecija y sus Santos.* Córdoba. *1629*

39. Cfr. P. Rodríguez Campomanes: *Discurso sobre el Fomento de la Industria Popular* op. cit. pág. XXVI y XXVII.

40. Véase Martin de Roa op. cit.

41. Esta despepitadora viene descrita en Simón de Rojas Clemente: *Cultivo y cosecha del Algodón, principalmente en Motril* en *Agricultura General de Gabriel Alonso de Herrera* op. cit. Tomo IV. pág. 220-221.

42. Ibidem.

43. Este tipo de despepitadora está descrita en el artículo dedicado al Algodón por J. A. Valcárcel en su *Agricultura General y Gobierno de la Casa de Campo* op. cit. Tomo IX. págs. 371-373.

44. La palabra muselina viene del francés *mousse* (moho o vello), que se presentaba en las telas de algodón. Sin embargo las muselinas más bellas estaban exentas de esta imperfección.

45. Tambien se había creado en 1750 en Cataluña la *Real Compañía de Barcelona* para comerciar con productos americanos, y el algodón en rama era uno de estos. En relación con las fábricas de algodón catalanas puede consultarse a Esteban Sayró: «Industria Algodonera de Cataluña. Comisión del Gobierno para visitar las fábricas de Cataluña». Madrid. *1842*.

46. Estas opiniones de Simón de Rojas Clemente vienen expuestas de una forma muy literaria en su artículo *Cultivo y cosecha del Algodón, principalmente en Motril* anteriormente citado (págs. 189 y 190)

47. Para información sobre esta fábrica pueden consultarse los libros de Enrique Herrera Oria: *La Real Fábrica de tejidos de algodón estampados de Avila, y la reorganización nacional de esta industria en el Siglo XVIII.* Valladolid. *1922* y de Gonzalo Martín García: *Nacimiento de una industria textil en Avila en el Siglo XVIII. La Real Fábrica de Algodón (1781-1792).* Avila. *1982*.

48. A. J. Cavanilles en su *Observaciones...* op. cit. cita el cultivo del algodón en Elche (Tomo II, pág. 269) y en Altea, donde se cogían por aquella época únicamente 30 arrobas.

49. Todas estas noticias se encuentran en el artículo de Simón de Rojas Clemente antes citado.

50. Estas noticias y otras parecidas se pueden encontrar en la citada obra de Clemente.

51. Véase el artículo sobre el algodón de J. A. Valcárcel antes citado (pág. 377)

52. Véase Victor W. Von Hagen: *Culturas Preincaicas* Madrid. *1976*. págs. 92-94.

53. Cfr. José de Acosta: *Historia Natural y Moral de las Indias.* Sevilla. Juan León. *1590*

54. Véase Ramón Sánchez Flores: *Historia de la Tecnología y la Invención en México.* México. *1980*. pág. 73.

55. Cfr. Antonio de Ulloa: *Descripción Geográfico-Física de una parte de Nueva España* en F. de Solano: *Antonio de Ulloa y la Nueva España.* México. 1987. pág. 55.

56. Cfr. Francisco Hernández: *Historia Natural de Nueva España* México. 1959. Vol.I, pág. 28.

57. Ibidem pág. 168

58. Posiblemente se trate de un *Philodendron Sp.*

59. Todas estas noticias se encuentran en Félix de Azara: Viajes por la América Meridional. (traducida del francés por Francisco de las Barras de Aragón). Madrid. Espasa Calpe. 1923. págs. 91 y 92. La primera edición de esta obra se publicó con el título *Voyages dans l'Amerique Méridionale.* Paris. Imp. Dentu. *1809*.

60. Cfr. Francisco Ximénez: *Quatro Libros de la Naturaleza y Virtudes de las Plantas y Animales que estan recevidos en el uso de Medicina en la Nueva España.* México. Viuda de Diego López Davalos. *1615*.

61. Cfr. J. Acosta op. cit. pág. 253.

62. Cfr. A.J. Cavanilles *Observaciones...* op. cit. Vol. I, pág. 226.

63. Para este tema puede consultarse Ramón María Serrera Contreras: *Lino y Cáñamo en Nueva España.* Sevilla. *1974*

64. Cfr. R.M. Serrera op. cit. págs. 82 y 83.

65. Cfr. Francisco Hernández: *Historia Natural de Nueva España* op. cit. Vol. I, pág. 153.

LA TINTURA Y LAS PLANTAS TINTÓREAS AMERICANAS

ALBERTO GOMIS BLANCO
Facultad de Biología. Universidad Complutense. Madrid.

«Esta semilla es la que se va colocando sobre las pencas de las nopaleras; y con lo que cabe en un cascarón de huevo de gallina hay suficiente para llenar cada planta en toda su extensión: siendo digno de notar, que para alimentarse este animal no la roe, ni ofende al parecer; porque el modo que tiene de nutrirse es chupando el jugo más sustancioso, y abstrayéndoselo insensiblemente por medio de los poros de aquella membrana, que cubre las pencas.»

Jorge Juan y Antonio de Ulloa, *Relación Histórica del Viaje a la América Meridional*, (1748).

Origen y desarrollo de la tintura

La tintura es la técnica por la que las fibras animales y vegetales adquieren, mediante tratamiento con substancias disueltas, una coloración uniforme y duradera. Su origen debe buscarse en la tendencia del hombre primitivo a imitar, primero en su cuerpo y más tarde en sus vestidos, los colores y composiciones que observaba en la naturaleza. Las primeras substancias colorantes que empleó las obtuvo de la tierra y de las materias minerales, pero no debió de pasar mucho tiempo para que aprendiera a extraer agentes tintóreos de los vegetales (en un primer momento de las flores y más tarde de las hojas, frutos, tallos y raíces) y de los animales.

Trabajos históricos y descubrimientos arqueológicos han puesto de manifiesto que algunas de las primeras civilizaciones de China, India, Mesopotamia y Egipto alcanzaron un desarrollo bastante notable de su industria textil y de las técnicas de teñido. Así, se han podido determinar algunas de las substancias que emplearon los egipcios para teñir las vendas de lino con que recubrían las momias. Hacia el 2500 a.C. debían emplear la hierba pastel (*Isatis tinctoria* L.) y la *Indigofera coerula* para el teñido de azules y *Juglans regia* para cosneguir el marrón y el ámbar. En el 2000 a.C. emplearían las raíces de la rubia (*Rubia tinctorum* L.) para teñir de rojo. El azafrán (*Crocus sativus* L.), que tiñe el amarillo, también debió de ser conocido por los egipcios en esta época y sería el colorante más empleado por griegos y romanos[1].

Las invasiones bárbaras acabaron con muchas de las experiencias textiles y tintóreas que habían llevado a cabo los pueblos que les precedieron. Tan sólo en Bizancio se conservó y desarrolló la tintura. Venecia, después de la decadencia de Bizancio, fue la ciudad que más empleó los tintes, y el punto de paso obligado de las técnicas tintóreas a Europa Central y Occidental. Precisamente un veneciano, Giovanni Ventura Rosetti, publicó en 1540 un libro sobre tintes con el nombre de *Plichto dell'Arte dei tintori* en el cual se detallaba el estado de la tintura en la época.

El número y eficacia de los tintes aumentó sobremanera, en el Viejo Mundo, luego de la conquista de América. Las culturas indígenas americanas, muy interesadas en dotar de color toda clase de objetos, emplearon desde época muy temprana una serie de colorantes

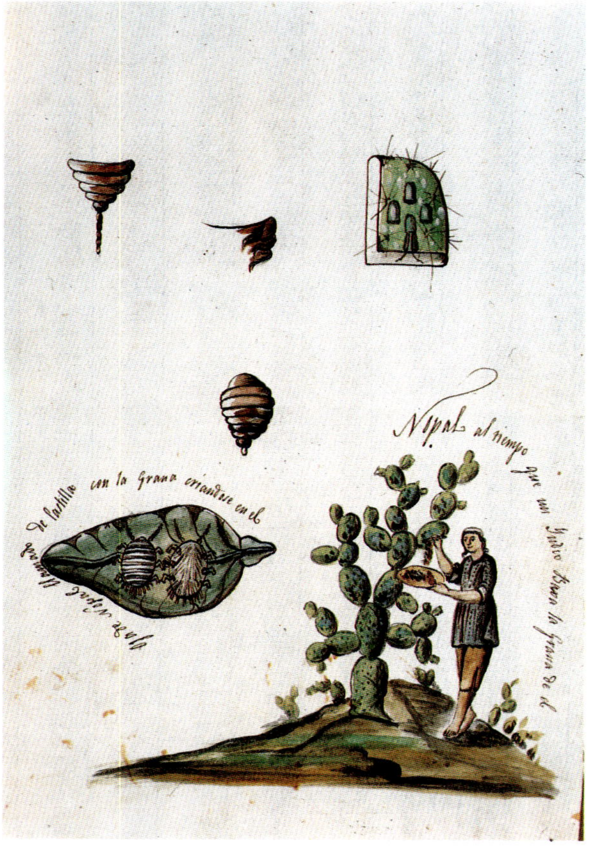

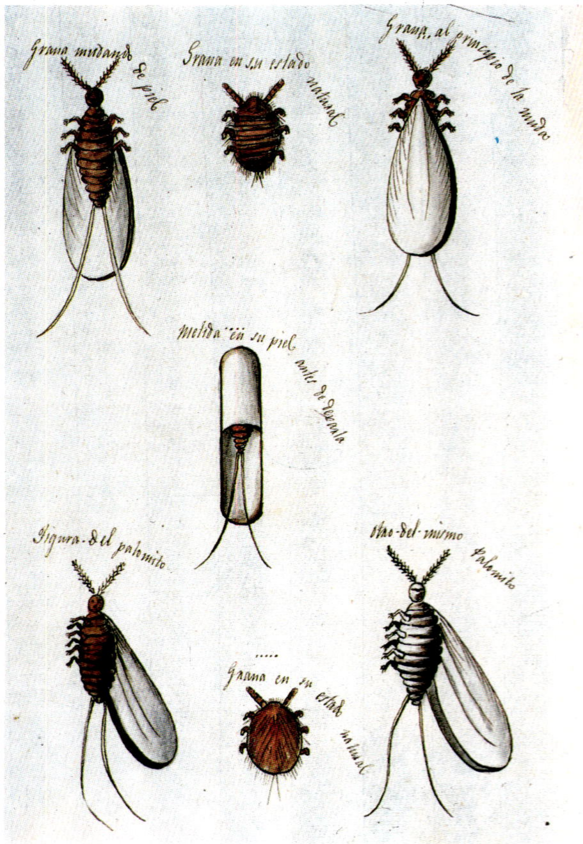

Indio recogiendo la cochinilla de un nopal en Oaxaca (México). Archivo General de Indias, México, 515 A.

Diversos estados del insecto llamado «cochinilla», empleado para fabricar un tinte de color rojo. Archivo General de Indias, México, 515 B.

naturales con los que recubrir sus figuras de culto, edificaciones, adornos, vajillas, textiles, etc. En muchas ocasiones, combinaban las substancias tintóreas que extraían de los vegetales y de los animales con otros objetos vistosos como piedras, conchas, metales y plumas polícromas[2]. En el apartado siguiente se detallan cuáles fueron las principales plantas tintóreas que se hallaron en América y se desconocían en Europa.

Antes de ello, queremos llamar la atención sobre la enorme importancia que tuvieron, durante muchos siglos, los tintes naturales en el teñido de las fibras textiles como el algodón, la lana, el lino y la seda, ya que no sería hasta 1856 cuando el joven químico inglés William Henry Perkin (1838-1907) llevara a cabo la preparación del primer tinte artificial, la *malveina*[3]. Se iniciaría, a partir de ese momento, una carrera por encontrar diversos tintes sintéticos que suministraran todos los colores. Como estos resultaban más baratos, en poco tiempo reemplazaron a los tintes naturales en la industria.

Las plantas tintóreas americanas

La mayoría de los tintes empleados en la América indígena eran desconocidos en Europa y, además, de mayor eficacia. Señalaremos aquí algunas noticias históricas de las plantas tintóreas americanas que, a la postre, tuvieron una mayor importancia industrial. Omitiremos, en cambio, las descripciones botánicas de las mismas, ya que estas pueden encontrarse en un trabajo de Santiago Castroviejo, publicado con ocasión de la exposición «Plantas tintóreas y su uso» celebrada en 1982, titulado *Las plantas tintóreas*[4]. Entre las plantas que comentaremos está el palo de Campeche, el palo de Brasil y el achiote. Incluiremos también el añil ya que, aunque se trate de una planta originaria de las Indias Orientales, se importó desde tierras americanas en cantidades importantes.

El palo de Campeche (*Haematoxylon campechianum L.*) fue, sin duda, el principal colorante que los españoles trajeron a Europa. Antes de la conquista se utilizaba, mediante una sencilla maceración de la madera desmenuzada, en el teñido de telas de un color rojo púrpura. El franciscano e historiador español Bernardino de Sahagún (ca. 1500-1590)[5], que

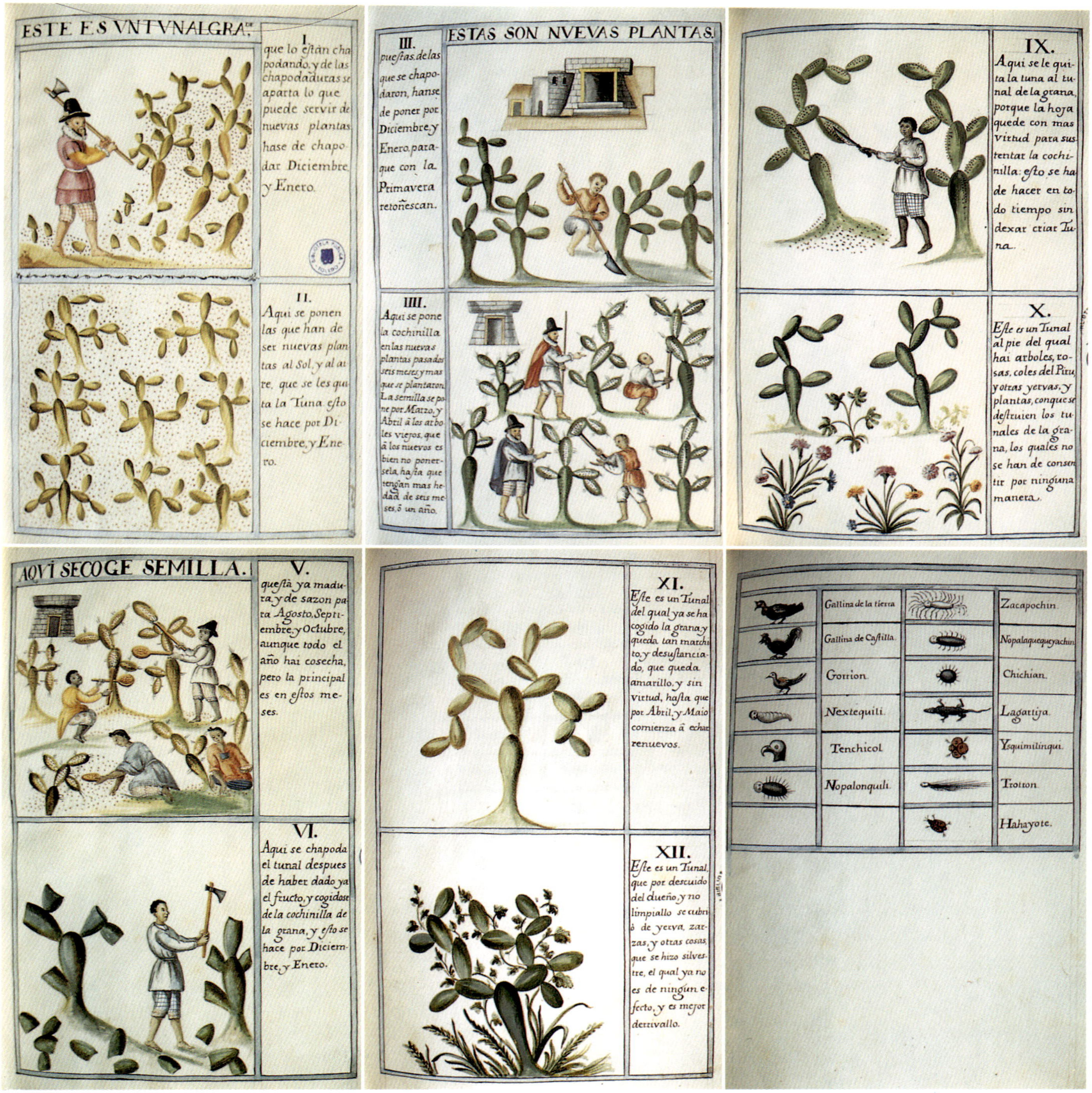

Cultivo de la cochinilla.
Manuscrito. Colección Borbón-Lorenzana.
Biblioteca Pública de Toledo.

Cultivo de la cochinilla. Hans Sloane. A Voyage to the Islands Madera, Barbados, Nieves, S. Christopher and Jamaica. 1707. *Real Jardín Botánico, Madrid.*

Indigófera o planta de añil. P. Pomet. Histoire Generale des Drogues. 1964. *Real Jardín Botánico, Madrid.*

en 1529 fue destinado a México y compuso entre 1558 y 1569 una *Historia General de las Cosas de Nueva España*[6], hace la siguiente descripción del mismo:

> «Hay en esta tierra un árbol grande, de muchas ramas y grueso tronco, que se llama *uitzquauitl*, (que) tiene la madera colorada; de este madero, hendiéndolo hacen astillas, y májanlo y remójánlo en agua, tiñen el agua y hácenla colorada, y este colorado no es muy fino, es como negrestino; pero revolviéndolo con piedra alumbre y con otros materiales colorados hácese muy colorado. Con este color tiñen los cueros colorados, y para hacerle que sea tinta negra mézclanle aceche y otros materiales negros, que revuelven con el agua, y hácese muy negra, y tiñen con ella los cueros de negro.»[7]

La distribución del palo de Campeche corresponde con el área de México y América Central. Su componente tintóreo es la *hemateina*, si bien no se encuentra como tal en el árbol y si bajo la forma de *hematoxilina*[8].

El palo de Brasil (*Caesalpina brasiliensis* Urb.) también sería importado a Europa en grandes cantidades desde la América del Sur, como prueba el hecho de que Pierre Pomet (1658-1699), comerciante en especies y droguero parisino, al publicar en 1694 su *Histoire Generale de Drogues*[9] señalase que vendía cinco tipos de leños rojos con el nombre de palo de Brasil. Los sobrenombraba de Fernambuco, de Japón, de Lamon, de Santa Marta y al quinto, más pequeño y proveniente de las Islas Antillas, de Bresillet. Sin embargo, Pomet ponía especial cuidado en señalar que el verdadero palo de Brasil era el de Fernambuco, que debía

Planta del índigo. Botanical Magazine. Vol. XXXVI. (serie 3). Real Jardín Botánico, Madrid.

Elaboración del añil. P. Pomet. Histoire Generale des Drogues. 1964. *Real Jardín Botánico, Madrid.*

presentarse en bloques pesados, compactos, completamente sanos y sin podredumbres[10]. El palo de Brasil, en estado puro, contiene una combinación incolora, la *brasilina*, que por oxidación se convierte en el auténtico colorante, la *brasileína*[11].

El achiote (*Bixa orellana* L.) fue otro de los colorantes que más se emplearon y que aún hoy en día es utilizado por pueblos que permanecen aislados como los Jíbaros y los Colorados de Ecuador[12].Este arbusto crece en terrenos abiertos de los trópicos y zonas subtropicales de la América austral, siendo sus semillas las que interesan a la tintura, ya que de ellas por maceración se extrae una substancia de color rojo.

En Guatemala el achiote alcanzó gran importancia durante la época colonial, hasta el punto de que el cabildo de la Capital le fijó gravámenes por primera vez el 12 de Enero de 1644[13]. El modo en que se llevaba a cabo la extracción del colorante en Nueva España a principios del siglo XVII era el siguiente:

> «Tomanse los granos bien madurados, y héchanlos en agua caliente, meneándolos siempre a una mano sin cesar hasta que ayan dexado todo el color en el agua, y luego lo dejan assentar y hazen dellas unas tortillitas, casi de la misma manera que suele hacerse en el añir... para usar dél quando se ofrece la necesidad...»[14]

El achiote esta compuesto, además de por diversos ácidos grasos (palmítico, esteárico, arachídico y oleico), por dos substancias colorantes, la *orellina* que es amarilla y soluble en agua y la *bixina* que es roja, insoluble en agua, pero soluble en grasas[15].

Depósitos para la decantación y fermentación del añil. Dictionaire Raisonné des Sciences, des Arts et des Metiers (recueil des Planches). 1751-1780. *Real Jardín Botánico, Madrid.*

Bajo las denominaciones de añil e índigo se engloban una serie de plantas de la familia de las Papilionoideas (*Indigofera tinctoria* L. *Indigofera suffruticosa*, etc.) de las que se extraen substancias que proporcional este color, el sexto de la escala de Newton, comprendido entre el azul y el violeta. Como ya se ha apuntado, en la India se conocían las propiedades tintóreas del índigo desde tiempos antiguos (de ahí toma su nombre), pero fueron los árabes los que generalizaron el vocablo indostán *nil* (azul).

En Méjico la utilización del añil debió de empezar antes de la conquista española. Su cultivo comercial comenzaría en el último cuarto del siglo XVI. El misionero español José de Acosta (1540-1600) en su *Historia Natural y Moral de las Indias*, publicada en 1590, luego de señalar el empleo del añil en la tintura de paños, fijaba en 25.263 las arrobas que en el año 1589 habían llegado procedentes de Nueva España, que, según él, montaron otros tantos pesos[16]. El añil se introdujo, además, en países caribeños como Guatemala y Cuba, desde donde también se exportó a Europa. Victor Manuel Patiño ha señalado que aunque se ha afirmado que fue poco antes de 1581 cuando se descubrió y empezó a beneficiarse el añil en Guatemala, su hallazgo debió de ocurrir en fecha anterior[17].

La cochinilla

Aunque la cochinilla es un insecto, la inclusión en este trabajo, fundamentalmente dedicado a las plantas tintóreas americanas, se justifica en el hecho de que su cría y explotación va ligado al cultivo del nopal americano.

La cochinilla (*Dactylopius coccus* Costa) es un hemíptero homóptero fitófago, perteneciente a la familia de los Coccidos, originario de México, que presenta acentuado dimorfismo sexual. Los machos son blanquecinos, mientras que las hembras son de color rojo sangre.

Durante bastante tiempo no existió certeza acerca de qué eran las cochinillas, pese a ello fue apreciada inmediatamente como agente tintóreo y comenzó su importación. Acosta,

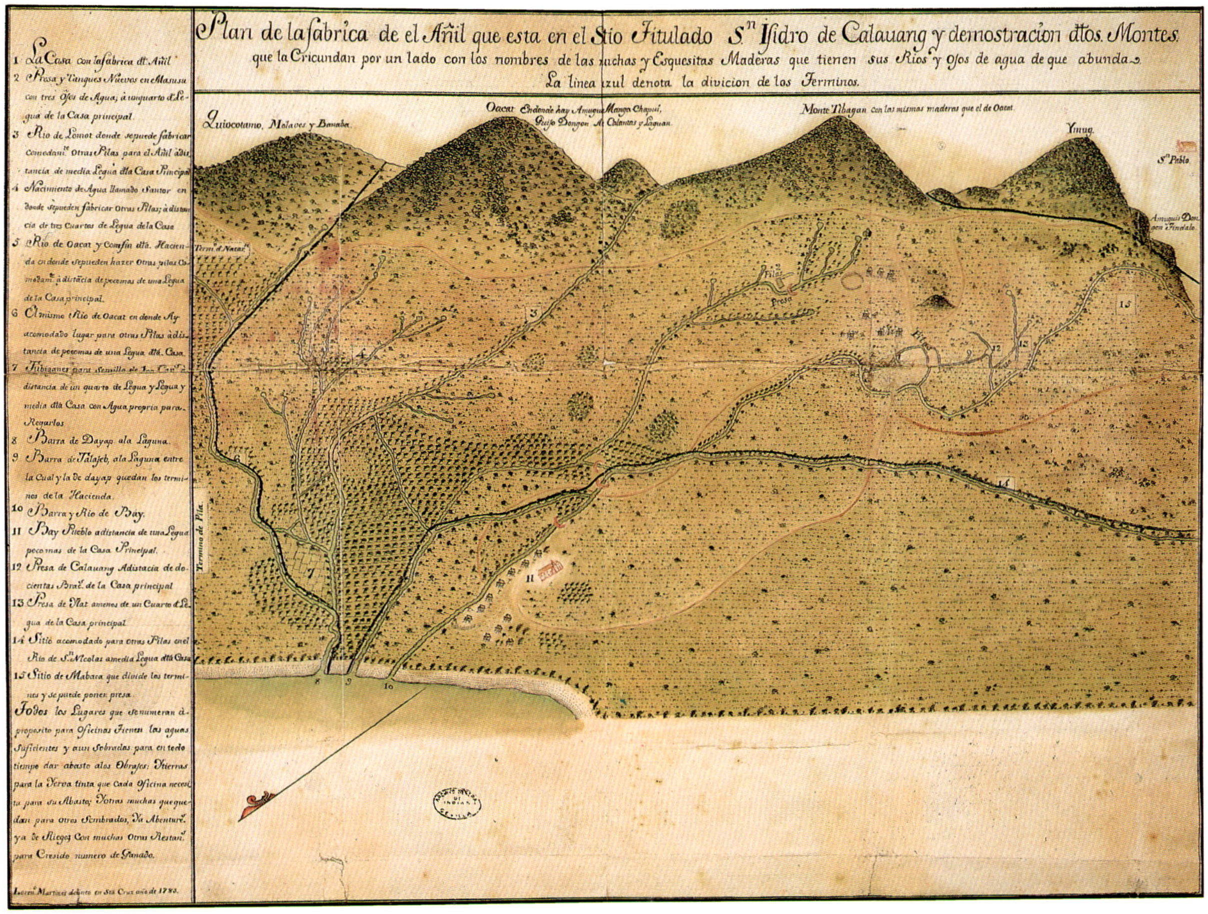

Fábrica de añil en San Isidro de Calavang, cerca del pueblo de Bay, isla de Luzón (islas Filipinas). Lorenzo Martínez Santa Cruz. 1783. *Archivo General de Indias, Filipinas, 122.*

en su *Historia Natural y Moral de las Indias*, al referir los tunales, que era como se denominaban en las regiones por él recorridas los nopales, escribía lo siguiente:

> «Ay otros tunales, que aunque no dan este fruto, lo estiman mucho mas, y lo cultivan con gran cuydado, porque aunque no dan fruta de tunas, dan empero el beneficio de la Grana. Porque en las hojas deste arbol, quando es bien cultivado, nacen unos gusanillos pegados a ella, y cubiertos de cierta telilla delgada: los quales delicadamente cogen, y son la Cochinilla tan afamada de Indias, con que tiñen la Grana fina: dexanlos secar, y asi secos los traen a España, que es una rica y gruesa mercaderia: vale la arroba desta Cochinilla o Grana muchos ducados. En la flota del año de ochenta y siete vinieron cinco mil y seyscientas y setenta y siete arrobas de Grana, que montaron dozientos y ochenta y tres mil y setecientos y cincuenta pesos, y de ordinario viene cada año semejante riqueza.»[18]

La descripción es similar a la apuntada por Sahagún en su *Historia General de las cosas de Nueva España:*

> «Al color con que se tiñe la grana llaman *nocheztli*, que quiere decir, sangre de tunas, porque en cierto género de tunas se crían unos gusanos que llaman cochinillas, apegados a las hojas, y aquellos gusanos tienen una sangre muy colorada; esta es la grana fina. Esta grana es conocida en esta tierra y fuera de ella, y hay grandes tratos de ella; llega hasta la China y hasta Turquía, casi por todo el Mundo es apreciada y tenida en mucho.»[19]

No faltó quienes consideraban a la Cochinilla como el fruto del árbol, y de ahí el nombre de la Grana. Sería el criollo José Antonio de Alzate y Ramírez (1737-1799), figura destacada de la ilustración novohispana, quien en su *Memoria en que se trata del insecto grana o cochinilla* escrita en México en 1777[20], aclararía completamente la naturaleza y medio de propagación de este insecto. Alzate hace la siguiente descripción:

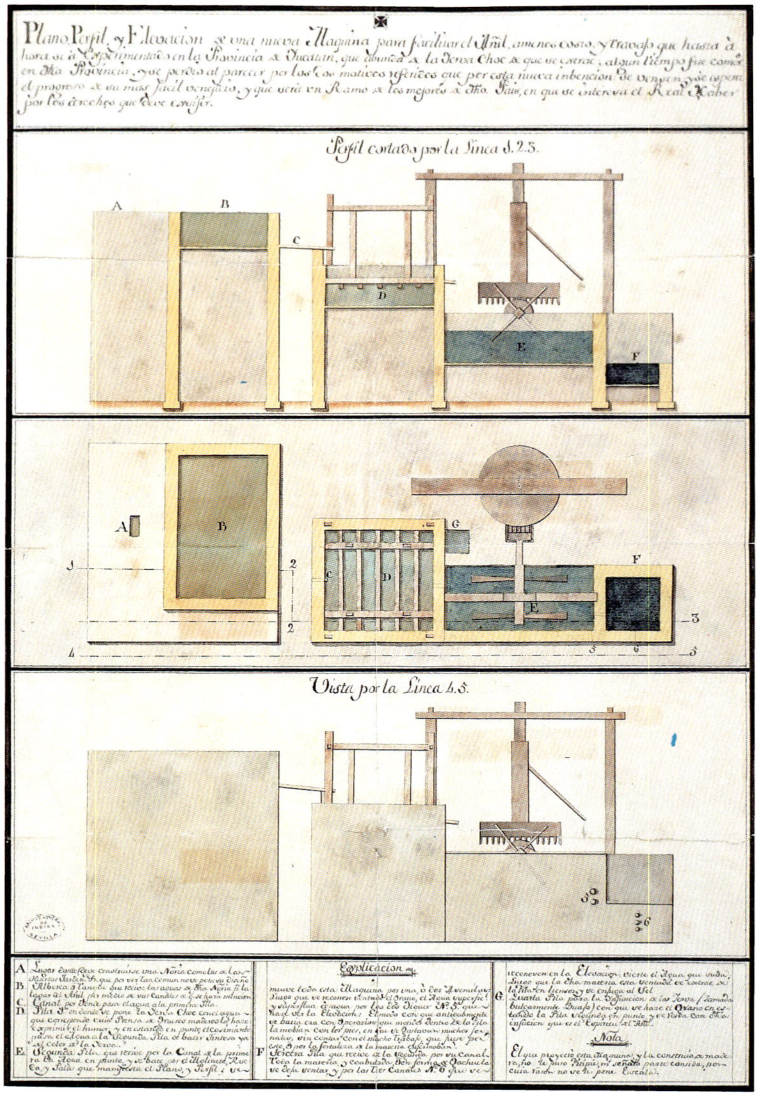

Diseño de una nueva máquina para fabricar el añil, experimentada en la provincia de Yucatán. 1726. *Archivo General de Indias. Ingenios y Muestras, 42.*

Palo de Brasil. P. Pomet. Histoire Generale des Drogues. 1964. *Real Jardín Botánico, Madrid.*

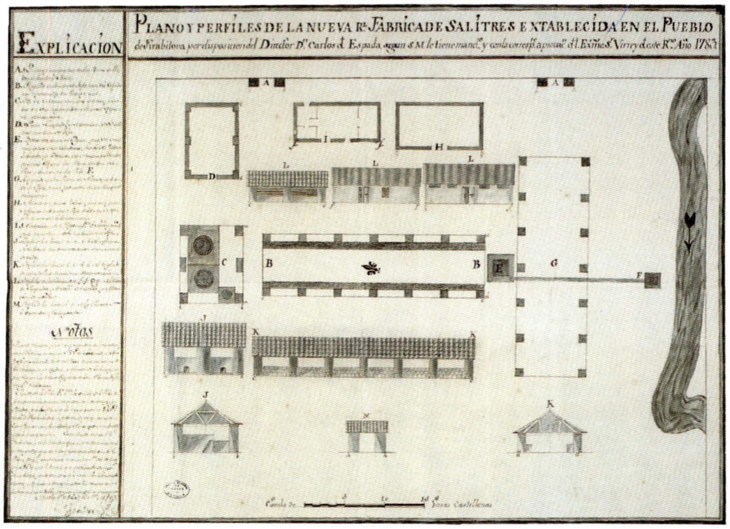

«La grana es uno de aquellos vivientes que los Naturalistas conocen con el nombre de *Progalli-insecto*... Compónese de dos especies de individuos de machos y hembras: los machos son los que vuelan y gozan en su vida de una grande agilidad; las hembras (que son las que interesan a la industria) son una viva imágen del reposo, pues están destinadas á tener por sepulcro el mismo sitio en que coloraron su primera habitación.»[21]

El propio Alzate señala lo que él considera el mejor modo de matarlas (en hornos de poco calor) y de prepararlas. En los tratados sobre tintes que se publican en Europa a lo largo del siglo XVIII, y que más adelante comentaremos, se recogen los cuidados con que deben extraerse los principios colorantes de este insecto que se importaba de América. La aclimatación de la cochinilla en las Islas Canarias, Andalucía, Valencia e Islas Baleares no se emprendería hasta los comienzos del siglo XIX[22]. En las primeras, con indudable éxito.

La tintura después del descubrimiento de América

El hecho de que en América se encontrasen tan importantes colorantes naturales, como los que se han descrito anteriormente, supuso una nueva orientación de las técnicas que se llevaban a cabo en Europa para el teñido de los textiles. Durante el siglo XVI el interés por la tintura no se circunscribió a las ciudades italianas (Venecia, Genova, Florencia, etc.), sino que alcanzó a la mayoría de las naciones europeas. Prueba del interés que había en Espa-

Plano y perfiles de la Real Fábrica de Salitres del pueblo de Firabilova. Carlos Espada. 1783. Archivo General de Indias. La fabricación de añil a partir de la «yerba choc». Los procedimientos para fabricar añil, planta abundante en el Yucatán y Guatemala, fueron durante el Virreinato casi siempre artesanales. En la figura se usa una máquina sencilla, empleada en el Yucatán. Una noria (A) eleva el agua de un pozo hasta una alberca (B), pasando el agua por un canal (C) a la primera pila (D) en la que se pone la materia prima o «yerba choc». En esta pila, una parrilla de gruesos maderos prensan las hojas para facilitar la salida del añil. El agua, con el añil ya disuelto, pasa al segundo depósito (E) donde un molinete, movido por dos acémilas, lo agita o sedimenta. El agua sobrante se elimina por la tobera número 5. En la tercera pila (F) se recoge el añil concentrado, eliminándose el agua que sude o rezuma por (6). El añil se echa en lienzos, donde se exprime, formando panes que se dejan secar al sol. La pequeña pila (G) contiene un concentrado de añil, llamado cuajo o espíritu de añil, del que se añade cierta cantidad a la pila (E) para facilitar la precipitación. Archivo General de Indias, Ingenios y Muestras, 42.

Axiote. Láminas inéditas de la expedición de H. Ruiz y J. Pavón a Perú y Chile. Archivo del Real Jardín Botánico, Madrid.

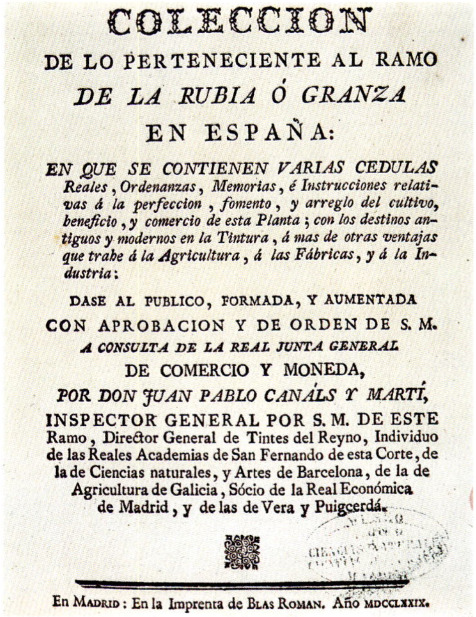

COLECCION
DE LO PERTENECIENTE AL RAMO
DE LA RUBIA Ó GRANZA
EN ESPAÑA:

EN QUE SE CONTIENEN VARIAS CEDULAS Reales, Ordenanzas, Memorias, é Instrucciones relativas á la perfeccion, fomento, y arreglo del cultivo, beneficio, y comercio de esta Planta; con los destinos antiguos y modernos en la Tintura, á mas de otras ventajas que trahe á la Agricultura, á las Fábricas, y á la Industria:

DASE AL PUBLICO, FORMADA, Y AUMENTADA
CON APROBACION Y DE ORDEN DE S. M.
A CONSULTA DE LA REAL JUNTA GENERAL
DE COMERCIO Y MONEDA,
POR DON JUAN PABLO CANÁLS Y MARTÍ,
INSPECTOR GENERAL POR S. M. DE ESTE Ramo, Director General de Tintes del Reyno, Individuo de las Reales Academias de San Fernando de esta Corte, de la de Ciencias naturales, y Artes de Barcelona, de la de Agricultura de Galicia, Sócio de la Real Económica de Madrid, y de las de Vera y Puigcerdá.

En Madrid: En la Imprenta de Blas Roman. Año MDCCLXXIX.

La grana o kermes. Pedacio Dioscorides de Anazarbeo Acerca de la Materia Medicinal y de los venenos mortíferos, traduzido... por el Doctor Andrés Laguna. 1555. *Real Jardín Botánico, Madrid.*

Portada del libro de Juan Pablo Canals y Martí, Colección de lo perteneciente al ramo de la rubia o granza en España,... *Madrid, Imp. Blas Román.* 1779. *Real Jardín Botánico, Madrid.*

Planta de la rubia o granza. F.P. Chaumeton. Flore Medicale. 1814. *Real Jardín Botánico, Madrid.*

ña, en ese momento, por la tintura es la *Cédula*, sancionada por el Rey Felipe II el 18 de Septiembre de 1592, por la que se permitía a las fábricas de paños teñir con la *hierba vollesa*[23].

No obstante, a pesar de lo rápido que se reconoció la importancia de los agentes tintóreos de las plantas americanas, su introducción en Europa se vió dificultada, en un principio, por los intereses económicos de los cultivadores de otros productos naturales, en particular los cultivadores del pastel. Las presiones de estos consiguieron que muchos países decretasen la prohibición de la importación del índigo. La situación mejoraría sensiblemente luego de que el estadista francés Jean-Baptiste Colbert (1619-1683), ministro de Luix XIV y miembro de una familia de comerciantes textiles, promulgara en 1671 una muy importante *Ley*[24] para la historia de la tintura en la que se clasificaba a los tintoreros en finos, bastos y de seda y en la que se prescribía con exactitud cuáles eran los colorantes que debían de emplear cada uno de ellos. El tintorero fino, para los géneros de color sólido, debía de emplear gueda (pastel), zumaque, agalla, rubia, cochinilla, índigo, quermes, reseda y cúrcuma, mientras que los bastos estaban obligados a utilizar palo de Campeche, palo de Brasil, fustete, oricaya, urchilla, achiote, tornasol y azafrán[25].

Veinte años después se publicaba en Barcelona el *Remallet de Tinturas y brev modo de donarlas a totas robas de llanas, teles y fil, ab lo modo de beneficiar alguns ingredients necessaris per les arts de la Tintura y panyeria* de José Moya[26] y en el siglo siguiente, el dieciocho, se publicaría abundante literatura sobre este ramo. La lectura de la misma permite determinar las substancias colorantes que empleaban con preferencias, así como las técnicas que seguían para su preparación. Además de los colorantes americanos apuntados, siguieron siendo muy utilizados algunas plantas tintóreas tradicionales como la gualda (*Reseda luteola* L.), la hierba pastel —o simplemente pastel— (*Isatis tinctoria* L.), La rubia (*Rubia tinctorum* L.) y el zumaque (*Rhus coriaria* L.).

Los más importantes tratados de tintura del siglo XVIII fueron escritos por los químicos franceses Jean Hellot (1685-1766), Claude Berthollet (1748-1822) y Pierre Joseph Macquer (1718-1784). Pertenecieron los tres a la Academia de Ciencias de París, institución que alentada por Colbert había puesto gran interés en el desarrollo de este ramo de la industria. En sus tratados se pone de manifiesto la importancia que tenían las plantas americanas en el teñido de lanas (Hellot), sedas (Macquer) y otros textiles.

Prueba del interés que había en España por la materia es la prontitud con que se traducen estos tratados de tintura al castellano. Así *L'Art de la teinture des laines* de Hellot publicado en París en 1750[27], aparece traducido por Benito de Noboa y Lisasueta dos años después[28]. Otros dos años transcurrieron entre las ediciones francesa y española de los *Ele-*

Palo de Brasil. F.P. Chaumeton. Flore Medicale. 1814. *Real Jardín Botánico, Madrid.*

Palo de Campeche. Joseph Jacobi Plenck. Icones Plantarum Medicinalium. 1788. *Real Jardín Botánico, Madrid.*

mentos del arte de teñir de Berthollet, esta última traducida por Domingo García Fernández[29]. Y ocho años separaron la edición francesa de la obra de Macquer *Art de la teinture en soie*[30] y la castellana aparecida en 1771[31]. Hay que señalar a la Real Junta General de Comercio como la institución que promovió todas estas traducciones en España, así como otras más particulares, pero también de interés para la tintura, como fue la titulada *Memorias sobre la granza, ó rubia, y su cultivo, con la descripción de los molinos para reducirla a polvo* de Duhamel de Monceau[32].

El francés Henri Louis Duhamel de Monceau (1700-1782) fue uno de los autores cuyas ideas agrícolas ejercieron una mayor influencia sobre los ilustrados españoles, y por ello no puede sorprendernos que Juan Pablo Canals y Martí, propietario de la primera «fábrica de indianas» establecida en Barcelona fuera encargado por la Junta de Comercio del examen de la granza que se daba en España. Después de comprobarse que era tan buena como la que venía de otros países y que resultaba más barata, la Junta dispuso que se tradujera las *Memorias* de Duhamel, ya que:

> «Conociendo los Fabricantes y Tintoreros la sobresaliente calidad de nuestra Granza, y la ventaja que logran en su precio, no es dudable, que la preferiràn à la de fuera; y asi se puede esperar, que llegue a ser tanta su abundancia, que no solo baste à proveer todas las Fabricas del Reyno, sino que se pueda hacer de ella un comercio considerable con los Estrangeros, porque su cultivo no tendrà otros limites, que el consumo que encuentre»[33].

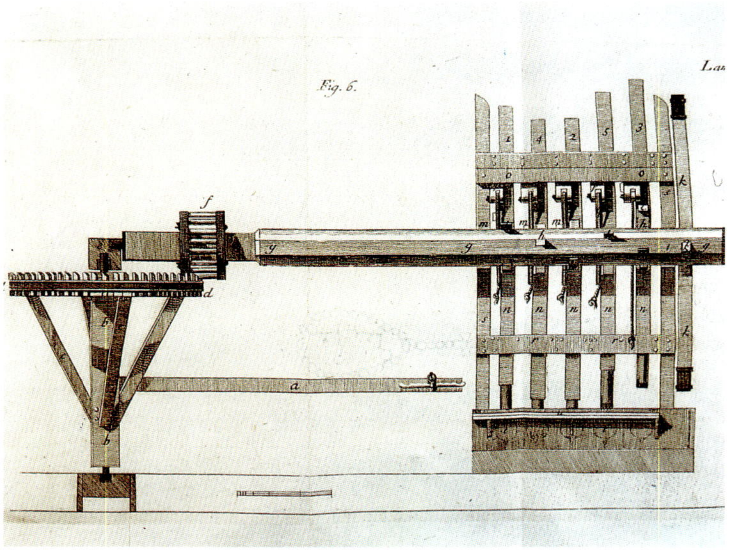

Molino de rubia con sistema de mazos. H.L. Duhamel de Monceau. Memorias sobre la Granza o Rubia y su cultivo, con la descripción de sus molinos para reducirla a polvo. 1763. *Real Jardín Botánico, Madrid.*

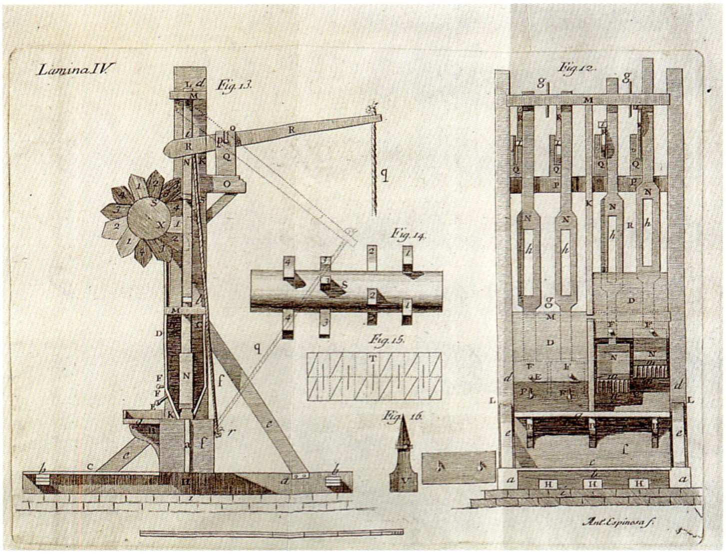

Molino de rubia con sistema de mazos. H.L. Duhamel de Monceau. Memorias sobre la Granza o Rubia y su cultivo, con la descripción de sus molinos para reducirla a polvo. 1763. *Real Jardín Botánico, Madrid.*

También aconsejaba la Junta que se construyeran molinos más perfectos que hasta los que ese momento había, señalando los de Flandes y Corbeil en Francia, descritos por Duhamel, como los modelos a seguir[34].

El propio Canals, que había heredado la fábrica de indianas de sus padres y que con objeto de lograr unos tintes más perfectos había realizado diferentes estudios químicos, publicó en 1779 una *Colección de lo perteneciente al ramo de la rubia ó granza en España*[35], en la que resumiría los aspectos agronómicos, administrativos, mercantiles e industriales de esta planta.

El interés de la Real Junta de Comercio por la tintura no se limitó a la traducción y difusión de las ideas presentes en los tratados extranjeros, sino que también encargó la confección de obras originales en nuestro país. Tal es el caso del *Tratado instructivo y práctico sobre el arte de la tintura: Reglas experimentadas y metódicas para tintar sedas, lanas, hilos de todas clases, y esparto en rama* publicado en 1778 por Luis Fernández[36], maestro tintorero y director de la fábrica de tintes de la ciudad de Valencia.

El *Tratado* de Luis Fernández resulta de gran interés por recoger las instrucciones que debían seguirse para preparar las tintas para cada uno de los tejidos, así como para el uso de cada producto tintóreo y para qué colores. Todo ello acompañado de láminas originales donde se representan las principales operaciones descritas en la obra, el modo de practicarlas y los utensilios con que deben ejecutarse. También en el Tratado figura una lámina en la que se representa la fábrica que bajo su dirección se había instalado en Valencia.

Además, Fernández suministra numerosa información sobre los colorantes naturales que se empleaban en esos momentos en las fábricas españolas de tinte y la procedencia de los mismos. Lo anterior queda recogido en las páginas que dedica a la «Instrucción para saber de donde son los mejores ingredientes, ó materiales que se emplean en el arte de la Tintura, y que pruebas se deben hacer con ellos para saber si están adulterados»[37]. Para no hacer muy larga la relación, anotaremos tan sólo los productos naturales de los que nos hemos ocupado con anterioridad. De los americanos: el añil procedía de Honduras, el achiote de Vera-Paz y Martinica, el palo de Brasil de Fernambuco, el palo de Campeche de Campeche y la cochinilla del Reino de México. De los que se recogían en España señala que la gualda se recogía en muchas provincias, si bien la mejor era la de Extremadura y Cataluña, que la hierba pastel era sembrada por los tintoreros de España y se importaba de Marsella y Languedoc, que el zumaque era frecuente en muchas provincias españolas y se traía de Sicilia, y que la grana kermes igualmente se recogía en diversas provincias, si bien las superiores eran las de Andalucía, Madrid y Extremadura.

Lo hasta aquí apuntado prueba que en las fábricas de tintes españolas estaba generalizado, durante el siglo XVIII, el empleo de las materias colorantes procedentes de América. Tan sólo a comienzos del siglo siguiente se intentaría la connaturalización de la cochinilla,

TRATADO
INSTRUCTIVO, Y PRÁCTICO
SOBRE EL ARTE
DE LA TINTURA:
REGLAS EXPERIMENTADAS Y METÓDICAS para tintar Sedas, Lanas, Hilos de todas clases, y Esparto en rama.
FORMADO
DE ORDEN DEL Ex.mo Sr. D. MIGUEL DE MUZQUIZ, y de la Real Junta General de Comercio, por D. Luis Fernandez, Maestro Tintorero, natural de la Ciudad de Toledo, vecino de la de Valencia, Visitador de los Tintes de esta Ciudad, y su Reyno, Director del de la Real Fábrica que los cinco Gremios mayores de Madrid mantienen en dicha Ciudad; Sócio de Merito y Justicia de la Sociedad Valenciana de Amigos del Pays, y despues Sócio de Merito de la de esta Corte Matritense.

MADRID. M.DCC.LXXVIII.

EN LA IMPRENTA DE BLAS ROMAN.

Con las Licencias necesarias.

Portada del libro de Luis Fernández, Tratado instructivo y práctico sobre el arte de la tintura. *Madrid, Imp. de Blas Román.* 1778. *Biblioteca Nacional, Madrid.*

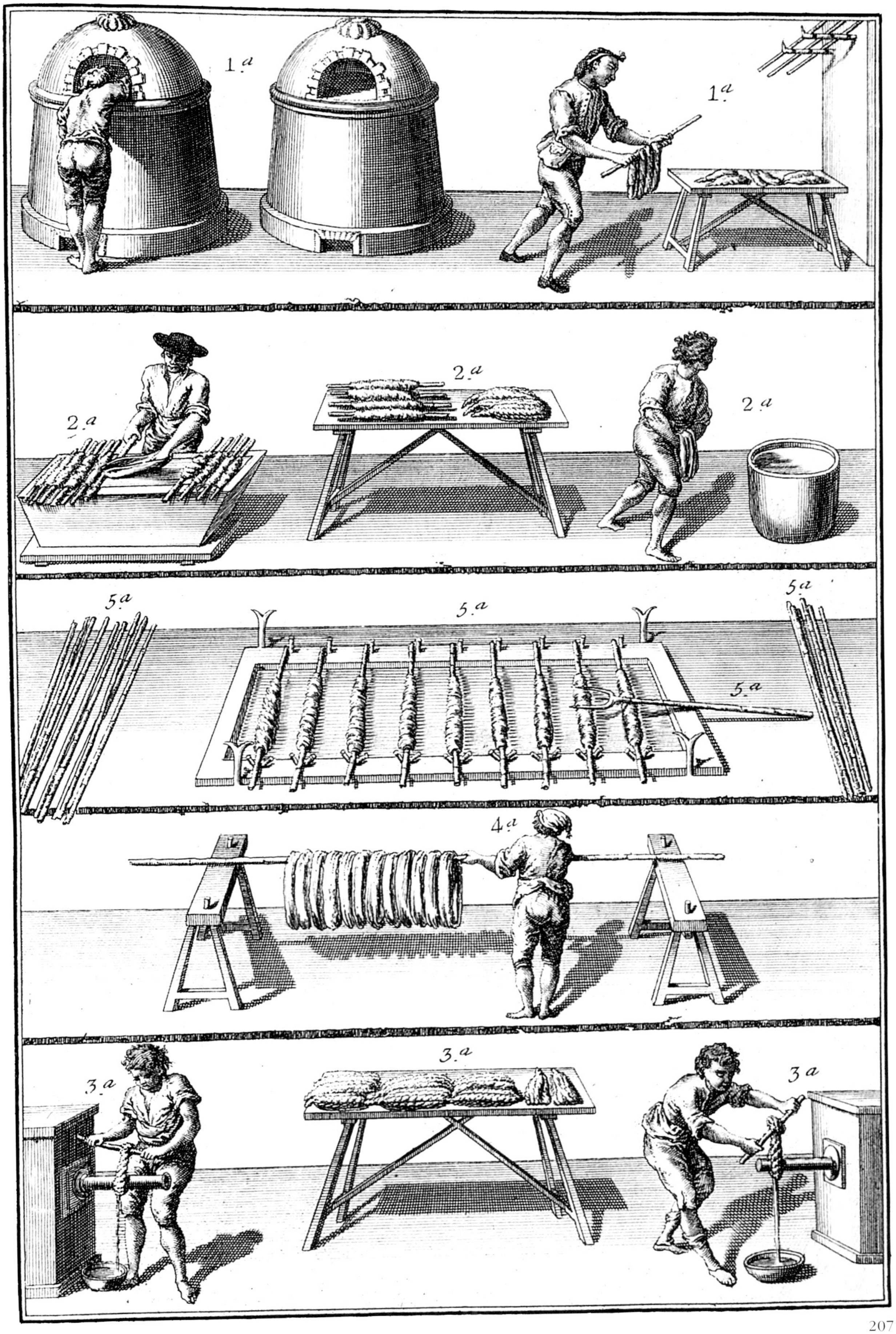

Luis Fernández. Tratado instructivo y práctico sobre el arte de la tintura. *Madrid, Imp. de Blas Román.* 1778. *Biblioteca Nacional, Madrid.*

Establecimiento de tintes.
Dictionaire Raisonné des Sciences, des Arts et des Metiers (recueil des Planches). 1751-1780.
Real Jardín Botánico, Madrid.

lográndose con gran éxito en Islas Canarias y Andalucía. Pascual Madoz señalaba en 1846 que había sido el intendente de Canarias Juan Bautista Antequera, una vez ya jubilado, quien había introducido en las islas, unos veinticinco años antes, las madres del insecto procedente de Cádiz, y que:

> «Su propagación y fomento constituye en el día uno de los ramos primeros de la riqueza, como que á fines de 1845 los dos últimos barcos que estrajeron este art. de Tenerife lo hicieron de 317 qq.; su grana es de la superior y puede competir con la de Cajaca. Los nopales son indigenos y se dan en toda clase de terrenos y hasta los riscos en mucha abundancia.»[38]

Sin embargo, en otras provincias de España, como Madrid, las plantas tintóreas que se recogían eran muy escasas. Sirva de ejemplo, que en el año de 1876, tan sólo se recogieron 2.070 kilogramos de Gualda en el partido de Colmenar Viejo y 138.690 de zumaque en los de Chinchón (138.000) y Torrelaguna (690)[39].

Fábrica de tintes. Dictionaire Raisonné des Sciences, des Arts et des Metiers (recueil des Planches). 1751-1780. *Real Jardín Botánico, Madrid.*

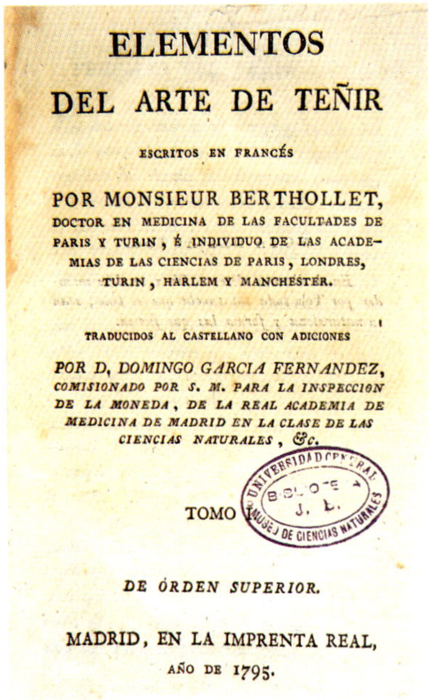

ELEMENTOS
DEL ARTE DE TEÑIR
ESCRITOS EN FRANCÉS
POR MONSIEUR BERTHOLLET,
DOCTOR EN MEDICINA DE LAS FACULTADES DE PARIS Y TURIN, É INDIVIDUO DE LAS ACADEMIAS DE LAS CIENCIAS DE PARIS, LONDRES, TURIN, HARLEM Y MANCHESTER.
TRADUCIDOS AL CASTELLANO CON ADICIONES
POR D. DOMINGO GARCIA FERNANDEZ, COMISIONADO POR S. M. PARA LA INSPECCION DE LA MONEDA, DE LA REAL ACADEMIA DE MEDICINA DE MADRID EN LA CLASE DE LAS CIENCIAS NATURALES, &c.
TOMO I.

DE ÓRDEN SUPERIOR.
MADRID, EN LA IMPRENTA REAL,
AÑO DE 1795.

Portada del libro de Berthollet, Elementos del arte de teñir. *Madrid, Imp. Real.* 1795. *Real Jardín Botánico, Madrid.*

NOTAS

1. El desarrollo histórico de la tintura puede seguirse en: Asensio Fuentes, Antonio. Historia de la tintura. Consideración y aportación social. En: *Catálogo de la exposición plantas tintóreas y su uso.* Madrid, Real Jardín Botánico - C.S.I.C. 1982. pp. 25-39.
   Roquero, Ana y Córdoba, Carmen (1981). *Manual de tintes de origen natural para lana.* Barcelona, Ediciones del Serbal. La historia de los tintes naturales queda recogida en la Sinopsis histórica.

2. Al respecto, puede consultarse: Cabello Carro, Paz. Tintes y colorantes de la América indígena. En: *Catálogo de la exposición plantas tintóreas y su uso.* Madrid, Real Jardín Botánico - C.S.I.C. 1982. pp. 47-71.

3. Tanto los colorantes naturales, como los artificiales, se derivan de hidrocarburos aromáticos, si bien en los naturales es rara la presencia de nitrógeno. El índigo es el único colorante natural, de importancia, que contiene nitrógeno.

4. Castroviejo, Santiago. Las plantas tintóreas. En: *Catálogo de la exposición plantas tintóreas y su uso.* Madrid, Real Jardín Botánico - C.S.I.C. 1982. pp. 97-111.

5. Bernardino de Sahagún, debe tenerse por el primer investigador europeo de la cultura de los indios mexicanos. Nacido en Sahagún (León) a comienzos del siglo XVI, murió en Tlatelolco (Méjico) el 5 de Febrero de 1590. Para profundizar en aspectos biográficos y en su obra recomendamos la edición a cargo de Angel María Garabay de la *Historia General de las Cosas de Nueva España* de Sahagún. Ver nota 7.

6. La obra no se publicó hasta casi trescientos años después de ser escrita. Aquella edición estuvo a cargo de Carlos María Bustamente (1829-1830).

7. Sahagún, Bernardino de. *Historia General de las Cosas de Nueva España.* La dispuso para la prensa en esta nueva edición, con numeración, anotaciones y apéndices Angel María Garibay K. 2ª ed México, Porrua. 1969. 4 tomos.

8. La hematoxilina presenta dos átomos más de hidrógeno que la hemateina. Fue aislada por vez primera, en 1810, por Michel Eugène Chevreul. *Cfr.* Ulmann, Fritz. *Enciclopedia de Química Industrial.* Barcelona, Gustavo Gili. 1935, tomo XII, p. 479.

9. Pomet, Pierre. *Histoire Generale de Drogues, traitant des plantes, des animaux, & des mineraux.* París, Jean-Baptiste Loyson & Augustin Pillon. 1694

10. Cfr. ULmann, Op. cit. Tomo XII, p. 478.

11. Ibídem. p. 119.

12. Cfr. Cabello Carro, op. cit. p. 52.

13. Cfr. García Pelaez, Francisco de Paula. *Memorias para la historia del antiguo reino de Guatemala.* 2ª edición. Guatemala, Tipografía Nacional. 1943, vol. 1º, p. 210.

14. Cfr. Ximénez, Francisco. *Cuatro libros de la naturaleza y virtudes medicinales de las plantas y animales de la Nueva España.* México, Oficina Tip. de la Secretaría de Fomento, pp. 50-51. La transcripción que nosotros presentamos está tomada de la obra de Patiño citada en la nota siguiente. 1888. (pp. 154-155).

15. Cfr. Patiño, Víctor Manuel. *Plantas cultivadas y animales domésticos en América equinoccial.* Tomo III. Fibras, Medicinas, Misceláneas. Cali, Imprenta Departamental. 1967. p. 146.

16. Cfr. Acosta, José de. *Historia natural y moral de las Indias, en que se tratan las cosas notables del cielo, y elementos, metales, plantas, y animales dellas: y los ritos, y ceremonias, leyes, y govierno, y guerras de los Indios.* Sevilla, Juan de León. 1590. p. 255.

17. Esta afirmación figura en la obra de Victor Manuel Patiño citada en la nota 15.

18. Cfr. Acosta, op. cit. pp. 254-255.

19. Cfr. Sahagún, Bernardino de (1969), p. 341.

20. Alzate, Josef Antonio de. *Memoria en que se trata del insecto Grana o Cochinilla, de su naturaleza y série de su vida, como también del método para propagarla y reducirla al estado en que forma uno de los ramos más útiles del Comercio. 1795*

21. *Ibídem.* p. 7.

22. Cfr. Pérez Arcas, Laureano. *Elementos de Zoología.* 5ª edición. Madrid, Fortantet. 1883. p. 455.

23. *Cédula de Felipe II para que se permita a la fábrica de paños teñir con hierba vollesa.* Madrid 18 Septiembre 1592. En la Biblioteca Nacional existe copia manuscrita de dicha Cédula [Ms. 20.260-13].

24. Colbert et d'Albo. *Instruction gènerale pour la teinture des laines, et manufactures de laine de toutes couleurs, pour la culture des drogues ou ingredients qu'on y employe. 1671.*

25. Cfr. Ullmann, Fritz. *Enciclopedia de Química Industrial.* Barcelona, Gustavo Gili. 1935. tomo XIII, pp. 552-553.

26. Moya, José. *Remallet de Tinturas y brev modo de donarlas a totas robas de llanas, teles y fil, ab lo modo de beneficiar alguns ingredients necessaris per les artes de la Tintura y panyeria.* 1691. Barcelona.

27. Hellot, Jean. *L'Art de la teinture des laines et des étoffes de laine en grand et petit teint, avec une instruction sur les déboüillis.* París, Pissot. 1750

28. Hellot, Jean. *Arte de la tintura de las lanas y de sus texidos.* Traducida por Don Benito de Noboa y Lisasueta. Madrid, Herederos de Francisco del Hierro. 1752

29. Berthollet, Claude. *Elementos del arte de teñir.* Traducidos al castellano con adiciones por Domingo García Fernández. Madrid, Imp. Real. 1795.

30. Macquer, Pierre Joseph. *Art de la teinture en soie.* París, Desaint. 1763.

31. Macquer, Pierre Joseph. *Arte de la tintura de sedas.* Madrid. 1771.

32. Duhamel de Monceau, Henri Louis. *Memorias sobre la granza, o rubia, y su cultivo, con la descripción de los molinos para reducirla a polvo.* Madrid, Joachin Ibarra. 1763.

33. Ibidem. p. 9.

34. Ibidem. p. 4.

35. Canals y Martí, Juan Pablo. *Colección de lo perteneciente al ramo de la rubia ó granza en España*, en que se contienen varias cédulas, reales ordenanzas é instrucciones relativas a la perfección, fomento y arreglo del cultivo, beneficio y comercio de esta planta,... Madrid, Blas Román. 1779.

36. Fernández, Luis. *Tratado instructivo y práctico sobre el arte de la tintura: Reglas experimentadas y metódicas para tintar sedas, lanas, hilos de todas clases, y esparto en rama.* Madrid, Blas Román. 1778.

37. *Ibídem.* pp. 205-230

38. Cfr. Madoz, Pascual. *Diccionario geográfico-estadístico-histórico de España y sus posesiones de Ultramar.* 1846. Tomo V, p. 404.

39. El dato está tomado de: Abela y Sáinz de Andino, Eduardo. *Memoria sobre el estado de la agricultura en la provincia de Madrid, y mejoras convenientes para su desarrollo.* Madrid, Aribau y C^{a}, 1876. pp. 43-44.

LAS PLANTAS BARRILLERAS. LA OBTENCIÓN DE LA SOSA Y LA POTASA

JOAQUÍN FERNÁNDEZ PÉREZ
Historia de la Biología. Facultad de Biología. Universidad Complutense. Madrid
IGNACIO GONZÁLEZ TASCÓN
C.E.D.E.X. Ministerio de Obras Públicas y Urbanismo

«La llamada *barrilla fina*, ha producido a la España más millones que las minas de Potosí y de Guanajuato».

Mariano La Gasca, *Memoria sobre las plantas barrilleras*. Madrid. 1817.

La producción de sosa y potasa a partir de los vegetales

En la antiguedad era conocido el «*nitro*». Resulta difícil saber si este nitro o *salitre* es realmente lo que luego se siguió llamando así que era nitrato potásico. Plinio indica que fueron unos mercaderes fenicios de esta sustancia (*«mercatorum nitri»*) los que descubrieron incidentalmente la fabricación del vidrio. Según cuenta, dichos mercaderes al buscar en las orillas arenosas de un río unas piedras para sostener las marmitas donde iban a preparar su comida, y no hallar ninguna en los alrededores, pusieron trozos del nitro que transportaban. Al dar fuego, la consecuencia fué la aparición de un líquido viscoso, el vidrio, resultado de la fundición conjunta de la arena y el nitro[1]. La duda está en saber si era nitro o salitre lo empleado o por el contrario era *natron*. Este último era carbonato sódico, tambien conocido más tarde como *Alkali fijo*, *sosa* o *barrilla*. En otro lugar indica Plinio[2] la posibilidad de obtener el nitro tanto de eflorescencias de la tierra, de aguas nitrosas y de cenizas, lo cual hace pensar que el conocido naturalista romano tenía cierta confusión en relación con la distinción precisa del nitro o salitre (nitrato potásico), del natron o alkali fijo mineral (carbonato sódico) y de la potasa o alkali fijo vegetal (carbonato potásico). Este último se obtenía, como veremos más adelante, a partir de la lexiviación de cenizas vegetales. El *vitrum* o vidrio se obtiene a partir de la fusión de una mezcla compleja que contiene elementos vitrificantes (sílice o anhídrido bórico), fundentes (álcalis) y estabilizantes (cal). Tambien en la obra de Plinio aparece la utilización de las cenizas de vegetales, que podía ser carbonato sódico, o los productos que de ellas se obtenían por lexiviación, carbonato potásico y carbonato sódico, como ingrediente para la fabricación del jabón. Dice el mismo Plinio que el jabón fué un invento de los Galos[3], aunque señala que se utilizaba para aclarar los cabellos. La traducción castellana de Gerónimo Gómez de Huerta de estos párrafos de Plinio es la siguiente:

> «...(El jabón) fué invención de los franceses para enrubiar los cabellos, y házese de sebo y ceniza. Es bonísimo el que se haze de ceniza de haya y sebo de cabra, y hazese de dos maneras espeso y líquido; uno y otro, entre los alemanes, es más usado de los hombres que de las mujeres»[4]

Hoy pocas personas saben que tanto la potasa como la sosa se obtuvieron hasta mediados del Siglo XIX fundamentalemente de la quema de un cierto número de vegetales. Y España, tal vez desde la época de la dominación árabe[5], fué un importante productor, so-

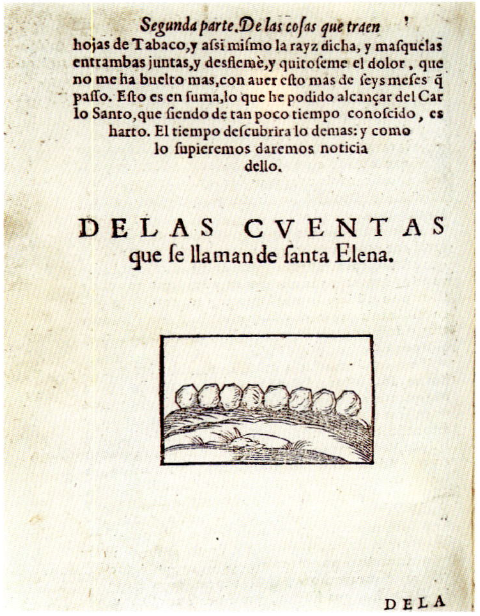
Segunda parte. De las coſas que traen
hojas de Tabaco, y aſsi miſmo la rayz dicha, y maſquelas entrambas juntas, y desflemè, y quitoſeme el dolor, que no me ha buelto mas, con auer eſto mas de ſeys meſes q̃ paſſo. Eſto es en ſuma, lo que he podido alcançar del Carlo Santo, que ſiendo de tan poco tiempo conoſcido, es harto. El tiempo deſcubrira lo demas: y como lo ſupieremos daremos noticia dello.

DELAS CVENTAS
que ſe llaman de ſanta Elena.

DELA

Cuentas de Santa Elena o «cuentas jaboneras».
Nicolás Monardes.
Primera y Segunda y Tercera partes de la Historia Medicinal de las Cosas que se traen de nuestras Indias Occidentales que sirven en Medicina. 1574.
Real Jardín Botánico, Madrid.

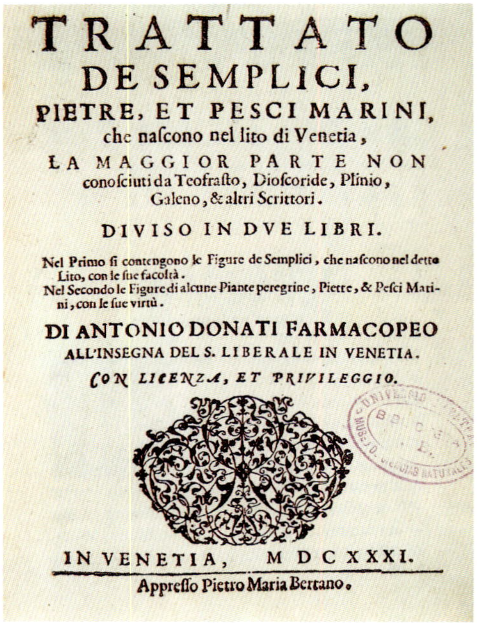
TRATTATO
DE SEMPLICI,
PIETRE, ET PESCI MARINI,
che naſcono nel lito di Venetia,
LA MAGGIOR PARTE NON
conoſciuti da Teofraſto, Dioſcoride, Plinio, Galeno, & altri Scrittori.
DIVISO IN DVE LIBRI.
Nel Primo ſi contengono le Figure de Semplici, che naſcono nel detto Lito, con le ſue facoltà.
Nel Secondo le Figure di alcune Piante peregrine, Pietre, & Peſci Marini, con le ſue virtù.
DI ANTONIO DONATI FARMACOPEO
ALL'INSEGNA DEL S. LIBERALE IN VENETIA.
CON LICENZA, ET PRIVILEGGIO.
IN VENETIA, MDCXXXI.
Appreſſo Pietro Maria Bertano.

Portada del libro de Antonio Donati.
Trattato de Semplici, Pietre et Pesci Marini che nascono nel lito di Venetia. 1631.
Real Jardín Botánico, Madrid.

Grabado de una especie de planta barrillera.
Antonio Donati.
Trattato de Semplici, Pietre et Pesci Marini che nascono nel lito di Venetia. 1631.
Real Jardín Botánico, Madrid.

bre todo, de sosa. Además la sosa de Alicante era considerada como la más indicada para la obtención de buenos cristales, incluso para instrumentos ópticos, y para los mejores jabones duros y blancos.

Mientras que la potasa se podía obtener de las cenizas de casi cualquier tipo de planta herbácea, arbustiva o arbórea, la sosa o *barrilla* solo se obtenía de las llamadas *plantas barrilleras*. Estas plantas viven en salinas, saladares, saladas, salobrales, o marismas. En estas zonas la abundancia de sales solubles de sodio o magnesio es muy elevada, y provoca unos cambios en la vegetación, que no pasan desapercibidos a cualquier observador. Hay saladares costeros y otros interiores. Estos últimos se encuentran en depresiones donde se acumulan aguas de lluvia, que disuelven las sales del suelo, o bien reciben aguas surgentes de gran conductividad. Este tipo de medio es muy selectivo y alberga vegetales altamente especializadas, que estan perfectamente adaptados fisiológicamente a esas condiciones extremas de supervivencia. En algunos casos tienen un sistema de excreción salina mediante glándulas foliares, que eliminan las sales de manera activa. En otros casos tiene la posibilidad de aumentar el contenido de agua en las hojas con el fín de evitar el descenso en el potencial osmótico, que se produce al aumentar excesivamente la concentración salina. Estos dos tipos de resistencia a la salinidad, es decir, la excreción de sal o la dilución de la concentración salina dentro de las células, son los mecanismos que hacen el que las plantas barrilleras sean muy ricas en sales, y tambien el producto obtenido de quemarlas.

La vegetación vivaz de los saladares suele estar constituida por plantas de hojas y tallos carnosos. La colonización del saladar es muy lenta y su vegetación es particularmente vulnerable a ligeros cambios edáficos. Estos se producen por alteraciones del nivel freático, que provocan aumento o disminución de la humedad del suelo y de su salinidad.

Las ensenadas, salinas y saladares litorales tienen una composición florística muy similar a la de los interiores. Por ello hoy se piensa que estos últimos fueron colonizados por plantas que anteriormente vivieron en los primeros.

Estos saladares, que hoy son un ejemplo de adaptación de los vegetales a la salinidad, constituyen un ecosistema específioco y en regresión y por tanto de un gran valor para el estudio de la biología de los vegetales halófitos; pero tambien fueron durante muchos siglos la única fuente para la fabricación de la sosa, que se utilizó para fabricar vidrio y jabón y para blanquear fibras textiles. Este provecho que se sacó hasta la mitad del Siglo XIX, ha desaparecido por completo. No quedan ya artesanos barrilleros, los instrumentos que se utilizaban han desaparecido, no hay ningún dibujo o grabado que nos muestre el proceso de fabricación, y son muy pocos los testimonios escritos sobre el mismo.

Hierba jabonera.
F.P. Chaumeton. Flore Medicale. 1814.
Real Jardín Botánico, Madrid.

En este trabajo trataremos de ofrecer, sobre todo, una recostrucción de esta actividad de los barrilleros, de su decadencia y de las soluciones que se adoptaron en la América Virreinal. Con ello trataremos de reconstruir la historia de una de las industrias españolas tradicionales menos conocida, pero que fué una de las más lucrativas y estimadas hasta el Siglo XIX..

La Potasa

La *sosa* y la *potasa* eran considerados, como se acaba de decir, dos «álcalis fijos» distintos[6]. Empezaremos por hablar de la *potasa*, cuyo nombre de origen alemán ya indica algo de su procedencia y del modo en que se obtenía. *Pottasche* es una palabra alemana compuesta de *Pott* que significa puchero o caldero y *Asche*, que significa ceniza.

La potasa se obtenía quemando plantas. De las cenizas se obtenía por filtración lejía (lexiviación), y ésta se hacía evaporar en calderas de hierro. El producto obtenido de esta forma se conocía con el nombre de *salino*. De esta forma se utilizaba en las fábricas, pero tenía color, que perdía calcinándolo en hornos de reverbero. Al producto blanco resultante se le daba el nombre de *potasa*. Tambien era notorio, el que la misma cantidad de diversos vegetales no proporcionaba la misma cantidad de cenizas, ni tampoco la misma de *salino* o de *potasa*, y el color era tambien distinto. Según las experiencias de Kirwan, Pertuis y Vauquelin[7], los vegetales que daban un mayor rendimiento en *salino* eran, por este orden: la fumaria, el agenjo, el trigo de Turquía, el girasol, las algarrobas, las habas y los tallos de maiz. Naturalmente alguno de estos productos vegetales tenían un valor que no permitía el utilizarlos para la obtención de *salino*. En general se solía recurrir a hojas, tallos o a plantas completas, que se dejaban primero secar para luego proceder a quemarlas. El procedimiento para obtener la lejía era muy sencillo y consistía en llenar un tonel con las cenizas, echar agua por encima hasta que sobrenadaba, dejar reposar durante algún tiempo, y despues permitir salir el líquido abriendo una canilla situada en la base del tonel. Con el paso de esta primera agua la ceniza no queda privada de todo el *salino*, por lo que se echaba nueva agua hasta que no contenía sustancia soluble alguna. Estas aguas poco ricas en *salino* o lejías débiles servían para echarlas sobre cenizas nuevas. Una forma de acelerar el proceso era el realizarlo con agua caliente, con lo que por una parte se aumentaba la eficiencia, pero se encarecía la producción. Como las aguas de las lejías contenían la potasa en disolución, había que evaporarla. Esta operación se hacía en calderas de cobre, donde, a medida que se evaporaba el agua, se hacía caer un chorro de nueva agua de lejía. Cuando el líquido tomaba una consistencia melosa se pasaba a una caldera de hierro colado en la que se terminaba la operación. Como la condensación provocba una adherencia de la pasta en las paredes de la caldera, había que remover y agitar continuamente con espátulas de hierro. Una vez separada del fuego adquiría una consistencia sólida, que se fijaba a las paredes de la caldera. Luego se pasaba rápidamente a unos barriles, en los que se vendía en el comercio con el nombre de *salino* o con el de *sal de vidrio*[8].

La *potasa* obtenida a partir del *salino* en hornos de reverbero tenía muy diferentes calidades según su nombre (potasa de Rusia, potasa de América, perlasa, potasa de Tréveris, potasa de Dantzig, potasa de los Vosgos..etc). Contenía generalmente lo que llamaban «cantidad efectiva de álcali» (carbonato de potasio), sulfato de potasa (sulfato de potasio), muriato de potasa (cloruro potásico), ácido carbónico, residuo insoluble y agua. Las proporciones de estos compuestos era variable. La potasa de América, que tenía menor residuo insoluble, contenía casi un 74 % de carbonato de potasio, 13 % de sulfato de potasio ,0,17 % de cloruro potásico y 12,83 % de ácido carbónico y agua. La menos pura, que era la que se vendía con el nombre de «perlasa» solo tenía un 65,5 % de carbonato[9].

El *salino* y la *potasa* tenían muchos usos. Servían para la fabricación de jabones blandos y para la obtención del vidrio blanco, en las operaciones de curar los lienzos, y en los lavados textiles. Igualemnte eran utilizados en tintes, fundición de algunos metales y en la fabricación del *salitre* (nitrato de potasio), del *alumbre* (sulfato de alúmina) y del *azul de prusia* (ferrocianuro de hierro). La potasa caústica (hidróxido de potasio) se obtenía haciendo reaccionar la potasa con cal («potasa a la cal») y servía como cauterizante de heridas en cirugía. El muriato de potasa, que se llamó tambien *potasana* se utilizaba para la fabricación de pólvora fulminante, que se ponía en los cebos de los fusiles de pistón.

Con el procedimiento de Leblanc tambien se pudieron empezar a preparar potasas, a partir de la calcinación del sulfato de potasio con carbón y creta.

Grabados de especies de plantas barrilleras. Antonio Donati. Trattato de Semplici, Pietre et Pesci Marini che nascono nel lito di Venetia. 1631. *Real Jardín Botánico, Madrid.*

Abajo a la derecha. Escarchada. José Quer. Flora Española o Historia de las Plantas que se crían en España. 1762. *Real Jardín Botánico, Madrid.*

La Sosa

El otro «álcali fijo», la sosa, era un producto químico que se obtenía quemando determinadas plantas. Estas viven en saladares, saladas o salados, salgueros, salobrales o salinas. En España al producto obtenido se le llamaba con mayor frecuencia e indistintamente *sosa, barrilla* o *kali*[10]. En algunos casos la propia planta que se quemaba era llamada tambien sosa y barrilla. Estas plantas recibían otros nombres vulgares, por ejemplo la barrilla era tambien conocida como «barrilla fina» o «barrella» (en Alicante y Valencia), «barrilla de Alicante» (en Sanlucar de Barrameda), «espejuelo» (en Cuevas Overa)... etc.(11).

De todas la más apreciada era la *barrilla fina* (*Halogetum sativus*), que producía pingues beneficios en Alicante, Cartagena y Almería. Es una planta que se presenta espontá-

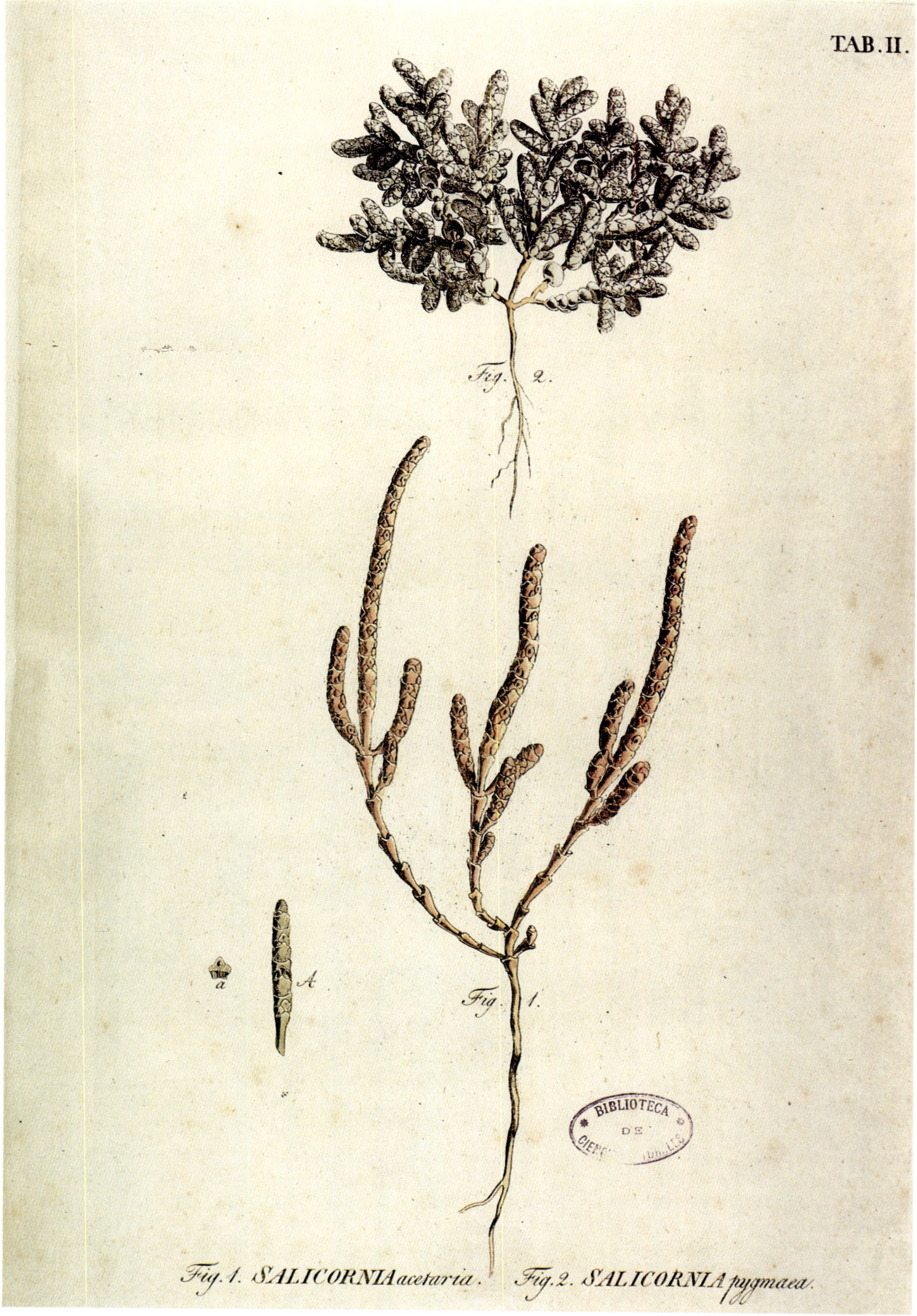

Salicornia Sp.
Pietro Simone Pallas.
Ilustrationes Plantarum Imperfecte vel nondum cognitarum. 1803.
Real Jardín Botánico, Madrid.

Salsola Sp.
Pietro Simone Pallas.
Ilustrationes Plantarum Imperfecte vel nondum cognitarum. 1803.
Real Jardín Botánico, Madrid.

Salicornia.
Pietro Simone Pallas.
Ilustrationes Plantarum Imperfecte vel nondum cognitarum. 1803.
Real Jardín Botánico, Madrid.

Salsola salsa.
J.A. Cavanilles. Icones et descriptiones plantarum. 1791-181.
Real Jardín Botánico, Madrid.

Salsola sativa.
J.A. Cavanilles. Icones et descriptiones plantarum. 1791-1801.
Real Jardín Botánico, Madrid.

nea en todo el litoral mediterráneo desde el reino de Valencia hasta Málaga. En el Siglo XVIII se cultivaba tambien en Herencia, Mota del Cuervo, La Guardia y varios pueblos de la Mancha baja y de la provincia de Toledo. En el reino de Sevilla comenzó a introducirse su cultivo en 1808 a partir de experiencias realizadas en Sanlucar de Barrameda.

El cultivo de la barrilla seguía algunas reglas que conviene indicar[12]. La siembra era clara, de manera que entre las matas quedara suficiente espacio para que estas crecieran y estuvieran bien ventiladas. Se sembraba con semillas. Estas eran obtenidas a fines de Septiembre y los agricultores las cogían con cálices y bracteas, y sólamente las limpiaban antes de la siembra. Esta se hacía entre los meses de Octubre y el de Enero, aunque en la Mancha se hacía entre Marzo y Abril[13]. Para preparar la semilla, que se había tomado envuelta en las cubiertas endurecidas de la flor, pocos días antes de la siembra se apaleaban fuertemente los capullos para que soltaran el grano. *Picada* la simiente, como decían en Valencia, se quitan los palitos que quedaban y se dejaban las hojas secas de la flor. Con esta mezcla de hojas y semillas se desparramaba a vuelo por el campo. Luego se pasaba suavemente una tabla por encima o bien unas ramas, con el fín de fijarla en el terreno. Como la simiente de la barrilla es muy ligera, con el fín de que no cayera en la tierra a pelotones, se solía mezclar con tierra cribada o bien con restos de hoja de la misma planta, y se procuraba hacer la siembra con algo de viento para conseguir una buena dispersión de la semilla[14]. Era necesaria una barchilla de simiente para cinco tahullas de tierra en la región de Novelda[15]. O bien «una barchilla colmada de simiente por fanegada de tierra valenciana; esto es una fanega y cosa de diez celemines todo colmado de Castilla por hanegada de tierra»[16]. Si las condiciones eran idóneas la semilla germinaba en 48 horas.

Convenía darle alguna escarda para eliminar las malas hierbas y para aclararla. Su mayor crecimiento tenía lugar entre los meses de Julio y Agosto. En la huerta de Alicante se le daba un riego en esa época, si bien algunos consideraban perjudicial el hacerlo.

La recolección de la barrilla para quemar se hacía desde mediados de Agosto hasta Octubre. Los valencianos decían, cuando los capullos estaban muy abultados y aparecían muchas flores, que la barrilla estaba *granada* o *en su tiempo*. No se solían coger todas las matas al mismo tiempo, sino aquellas que estaban en sazón. Para ello se arrancaban de raiz y se dejaban tendidas en el mismo sitio. Cuando llovía había que esperar varios días para arrancarlas. Despues de arrancadas se recogían y se apilaban en montones que llamaban *garberones*, (se decía que la hierba se *agarbizona*,) de cerca de un metro y medio de altura y una base de cerca de dos metros. En estos montones las matas se colocaban flojas para que se orearan bien y perdieran la humedad, cosa que se lograba al cabo de doce, quince o más días. Si se pensaban quemar al cabo de mucho tiempo los montones eran más grandes y se llamaban *garberas*. En estos se ponían igualmente las hierbas cortadas huecas y el montón se recubría de heno, paja o aneas. Así se podía mantener la barrilla uno o más años.

En ocasiones se sembraba la barrilla con trigo o cebada, de forma que si el año era muy lluvioso, se perdía la barrilla, por el contrario si era muy seco, se perdía el grano, y si era mediano, se cogía una cosecha mediana de grano y otra mejor de barrilla. A veces se plantaba con adormidera y lo más frecuente era hacerlo con cominos y anís. Esto último se hacía en Alicante, Elche, Novelda, Aspe, Crevillente y Monovar, y los cominos y el anís se recogían en Mayo y Junio, con lo que la barrilla quedaba como único cultivo cuando estaba en sazón.

La única plaga de la que se hablaba a finales del Siglo XVIII y principios del Siglo XIX era la de un pulgón, que no hemos podido identificar[17].

Elaboración de la sosa

La barrilla seca pasaba a ser quemada. Solo contamos en la actualidad con descripciones de esta operación, que aparecen en algunos textos de finales del Siglo XVIII y principios del XIX. De los cuales destacamos el de Mariano La Gasca y dos artículos aparecidos en el Semanario de Agricultura y Artes dirigido a los Párrocos; además de estos artículos, existe una buena descripción en el libro de Joseph Antonio Valcárcel[18].

Las personas encargadas de fundir la hierba eran llamados *quemadores* o *maestros barrilleros*. Estos responsables de la quema se desplazaban desde Valencia a otros lugares

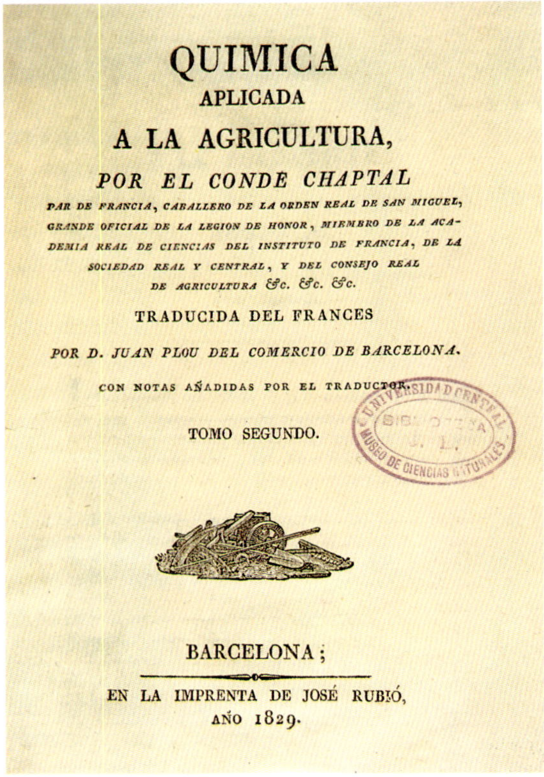
QUIMICA
APLICADA
A LA AGRICULTURA,
POR EL CONDE CHAPTAL
PAR DE FRANCIA, CABALLERO DE LA ORDEN REAL DE SAN MIGUEL, GRANDE OFICIAL DE LA LEGION DE HONOR, MIEMBRO DE LA ACADEMIA REAL DE CIENCIAS DEL INSTITUTO DE FRANCIA, DE LA SOCIEDAD REAL Y CENTRAL, Y DEL CONSEJO REAL DE AGRICULTURA &c. &c. &c.
TRADUCIDA DEL FRANCES
POR D. JUAN PLOU DEL COMERCIO DE BARCELONA.
CON NOTAS AÑADIDAS POR EL TRADUCTOR.
TOMO SEGUNDO.
BARCELONA;
EN LA IMPRENTA DE JOSÉ RUBIÓ,
AÑO 1829.

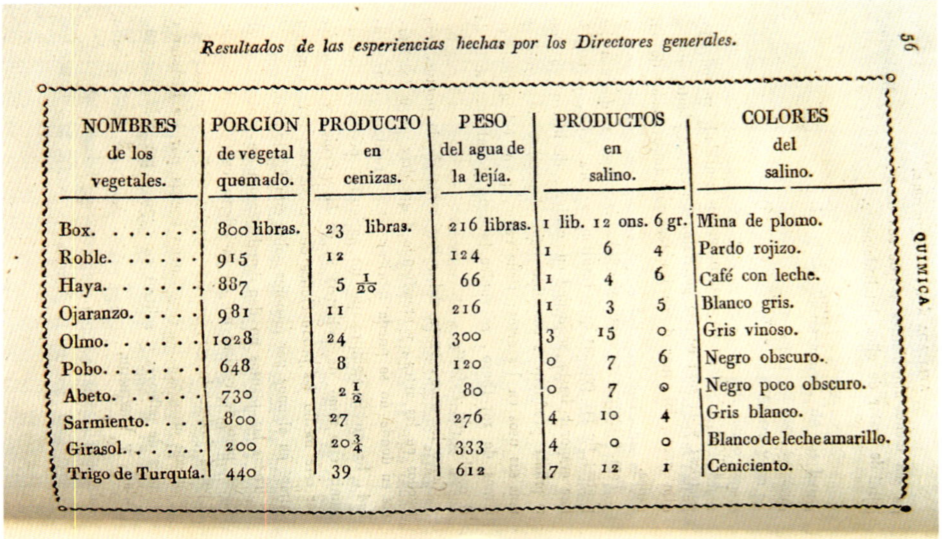
Resultados de las esperiencias hechas por los Directores generales. 56

NOMBRES de los vegetales.	PORCION de vegetal quemado.	PRODUCTO en cenizas.	PESO del agua de la lejía.	PRODUCTOS en salino.			COLORES del salino.
Box.	800 libras.	23 libras.	216 libras.	1 lib.	12 ons.	6 gr.	Mina de plomo.
Roble.	915	12	124	1	6	4	Pardo rojizo.
Haya.	887	5 $\frac{1}{20}$	66	1	4	6	Café con leche.
Ojaranzo.	981	11	216	1	3	5	Blanco gris.
Olmo.	1028	24	300	3	15	0	Gris vinoso.
Pobo.	648	8	120	0	7	6	Negro obscuro.
Abeto.	730	2 $\frac{1}{2}$	80	0	7	0	Negro poco obscuro.
Sarmiento.	800	27	276	4	10	4	Gris blanco.
Girasol.	200	20 $\frac{3}{4}$	333	4	0	0	Blanco de leche amarillo.
Trigo de Turquía.	440	39	612	7	12	1	Ceniciento.

QUIMICA

requeridos para llevar a cabo la operación por todo el reino de Murcia e incluso en el de Sevilla. Necesitaban un *ayudante* y cuatro o cinco peones, todos ellos a sus órdenes.

La temporada de quema era extremadamente dura porque los quemadores y sus ayudantes debían permanecer muy atentos para mantener el fuego y realizar las operaciones pertinentes. Duraba de 28 a 40 horas la quema de barrilla en cada hoyo, por lo que el maestro barrillero y su ayudante se turnaban cada 6 horas, siendo el primero avisado a la menor incidencia que pudiera malograra la operación. Los peones estaban para acercar la hierba que se quemaba y para *hurgar* o *choquear* la masa.

Una de las precauciones más importantes era que la hierba estuviera seca, sin poder estar húmeda o verde, ya que el caldo resultado de la fusión no adquiría entonces la consistencia necesaria. Tambien tenían que esperar un día en el que corriera aire, ya que la combustión lenta y una llama escasa no derretía bien los tallos endurecidos, que entonces se convertían en carbón. Si se formaba carbón había una considerable merma de *metal* y además reducía el valor de la *piedra* resultante. Tambien la combustión lenta aumentaba el número de jornales.

La quema se hacía sobre unos *hoyos* que se abrían en el mismo campo en que se sembraba y recogía la barrilla. Generalmente se buscaba un lugar con terreno suficientemente cohesionado para que no se desprendieran las paredes del hoyo al hacer la operación de hurgar o choquear la piedra. Si no había un terreno a propósito se recurría a recubrir las paredes con tierra gredosa (caliza). Para realizar esta última operación se hacía una zanja circular cuyo diámetro interno fuera el del hoyo, luego se vertía y apisonaba en la zanja la tierra gredosa, y por último se sacaba el alma del molde. Una vez sacada la tierra, el fondo tambien se cubría con la misma tierra gredosa que tenían las paredes.

El hoyo tenía forma de dos troncos de cono enfrentados por sus bases. El diámetro del hoyo era de 4 a 7 pies (aproximadamente 1,11 a 1,95 metros) y tenía de tres a cuatro palmos de profundidad (0,69 a 0.93 metros). Estas medidas tenían mucho que ver con las dimensiones que el maestro barrillero quisiera dar a la piedra. Había piedras de 20, 30, 40 y hasta de 50 quintales (1 quintal son 46,009 kilos). La boca del hoyo era más estrecha que el vientre y además sobresalía unos 10 centímetros. La Gasca señala, que una piedra de 30 quintales exigía un hoyo con una boca que tuviera un diámetro de 3 palmos valencianos y 2 dedos (73,625 cms.) y un vientre con un diámetro de 5 palmos y 4 dedos (232,98 cms.)[19].

Portada del libro del Conde de Chaptal, Química aplicada a la Agricultura. *Barcelona, Imp. José Rubió,* 1829. *Real Jardín Botánico, Madrid.*

Tabla de producción de salino o potasa a partir de diversos vegetales. Chaptal. Química aplicada a la Agricultura. 1829. *Real Jardín Botánico, Madrid.*

La forma de los hoyos tenía mucho que ver con la necesidad de mantener suficiente calor en el interior del hoyo durante la fusión de la hierba. El calor que se producía era mucho. Una boca tan ancha como el vientre no concentraría las llamas y el aire oxidaría demasiado el metal, reduciéndolo en parte a cenizas, y no se formaría una masa uniforme.

Para producir un quintal de piedra eran necesarios cuatro quintales de hierba seca. Cuando la barrilla era sembrada en tierra superior eran necesarios solamente tres quintales y medio para producir un quintal de piedra. En general el número de hoyos que se hacía tenía que ver con la cantidad de hierba que se podía choquear o de piedra que se esperaba obtener.

El traslado de las plantas desde los garberones hasta los hoyos se hacía del siguiente modo: «Seca en su punto la barrilla y prevenido el hoyo, dos hombres con dos palos, que meten por el garberon de la barrilla, lo traen a modo de angarillas al lugar de la quema; y de esta suerte se lleva garberon por garberon al sitio»[20].

Antes de comenzar a quemar la hierba se procedía a dar una calda al hoyo. Una vez sacada la ceniza resultante de lo quemado para dar la calda se llenaba el hoyo de hierba. Esta se colocaba floja, bien sola o alternándola con capas de junco que facilitaba la combustión, y sobresaliendo un palmo fuera del hoyo. Se tenía la precaución de que no quedara enteramente cubierto el hoyo por el lado donde soplaba el aire y por el contrario. Con este proceder se conseguía una combustión pronta, completa y uniforme. En algunos casos la hierba no se depositaba directamente en el hoyo, colocando en la boca del hoyo bien palos verdes, bien unas barras de hierro, con el fín de que la hierba no cayera al fondo sin quemarse. Los quemadores muy diestros no necesitaban este auxilio, y simplemente con la ayuda de una hoz iban colocando la hierba del modo conveniente.

El fuego se pegaba en la zona por donde soplaba el viento y tambien en la coronación del montón. Esta coronación se mantenía hasta concluir la operación. Era muy importante el mantener la combustión ininterrumpidamente, porque sino un enfriamiento del metal producía una piedra poco uniforme. Como se ha dicho antes, lo importante era realizar una combustión manteniendo siempre el copete, y de tal forma que no se produjeran cenizas y carbón, sino materia líquida que caía derretida al hoyo. Esta operación necesitaba de operarios muy experimentados. Los dos grandes peligros durante la quema eran, que soplara demasiado viento, que esparcía la hierba quemada, o que lloviera. Cuando el viento era poco se añadía menos hierba y cuando era excesivo se recurría a construir parapetos con la misma hierba. Cuando llovía se procuraba añadir la hierba del centro de los gaberones.

La última operación, importantísima, era los que los valencianos llamaban la *choca*, que consistía en un hurgoneo y posterior choqueo del metal fundido en el hoyo. Esta se ejecutaba cuando había en el fondo del hoyo cuatro dedos de caldo de barrilla. El objeto era mezclar bien la pasta líquida, expulsar el aire que pudiera contener, y dar una fluidez igual a toda la masa, con lo que su congelación producía una textura uniforme, cosa que se apreciaba mucho en el comercio de la sosa. El *choqueo* se practicaba tres veces a lo largo de la combustión. La primera cuando se había quemado la mitad de la barrilla, la segunda al quemar las tres cuartas partes, y la última al terminar de quemar toda la hierba. La opereación se ejecutaba con unos *hurgones* de palo parecidos al timón de un arado, aunque más delgados, y uno de sus extremos acababa en punta y estaba recubierto con una plancha de hierro. El otro instrumento era la *chueca*. Este instrumento era un madero combado y más grueso en su extremo, que servía para choquear. El extremo de la chueca tenía forma de cama de arado o de cayado. La chueca tenía 7 a 8 pies de longitud (más de 2 metros) y era de madera de pino. Hacia la mitad estribaba sobre un travesaño, que estaba asido a dos pies derechos, de tal forma que la chueca podía moverse hacia delante y hacia atrás y un poco hacia los lados. En algunos lugares la chueca no apoyaba en ningún sitio. La chueca o maza combada se cubría de hierro en su extremo, como los hurgones.

El procedimiento consistía primero en agitar la masa con los cuatro o cinco hurgones, que había por cada hoyo. Se comenzaba por las orillas del hoyo, moviendolos todos al mismo tiempo y respetando el centro del hoyo, donde la hierba todavía no se había quemado bien y se mantenía la combustión. Cuando las orillas se habíann movido, a satisfacción del maestro, se clavaban los hurgones en el centro del hoyo y luego sin separar las puntas los apartaban oblicuamente hacia afuera removiendo suavemente el centro. De esta manera

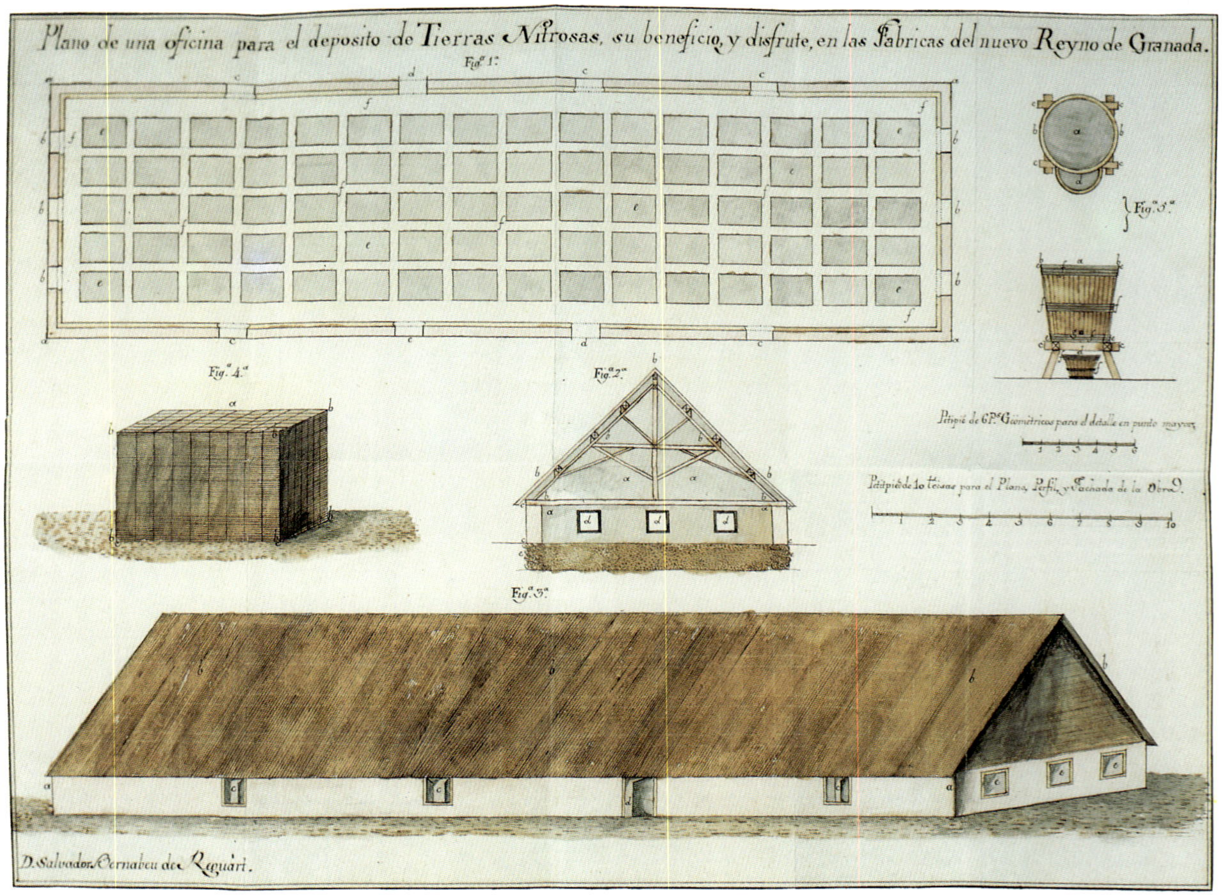

Oficina para el depósito de tierras nitrosas.
En el libro manuscrito de Salvador Bernabeu de Reguart.
Discurso sobre el establecimiento *(sic)* de las fábricas de salitre y pólvora del Nuevo Reino de Granada y causas fundamentales de su decadencia y demostración de su utilidad y ventajas que hacen a los que se han proyectado en la provincia de Quito. 1788-1797.
Archivo General de Indias, Panamá, Santa Fé y Quito, 303.

lo que había en el centro, que llamaban *pie*, quedaba perfectamente quemado y fundido por abajo y por arriba. Al concluir el hurgoneo comenzaba el trabajo con las chuecas. Primero se agitaban las orillas y una vez bien chocadas se proseguía hacia el centro del hoyo. El maestro indicaba el fín del choqueo cuando la materia había quedado enteramente derretida y sin aire interpuesto.

La última *chocada* era la más trabajosa por la mayor cantidad de metal que debía agitarse. Consistía en que no quedaran ampollas de aire, que la hacía desmerecer de su precio de venta. Al finalizar algunos acostumbraban a echar encima uno o dos cántaros de agua y despues cubrían el hoyo con tierra. En otros lugares no vertían agua y echaban la tierra directamente. Así se dejaba la masa, que terminaba de cuajarse en 48 horas, pudiéndose extraerla del hoyo. Cuando la mezcla no era buena se reducía a ceniza o polvo, que llamaban *zorro*. Lo frecuente era dejar la piedra en el hoyo de ocho a quince días, aunque podía dilatarse su extracción por meses e incluso uno o dos años.

La piedra formada tenía la forma del hoyo, de media vara de espesor (0,42 metros). Sus características las resume así La Gasca:

> «Es sólida, de un gris azulado, claro, tirante al blanco, cuyos fragmentos tienen sonido claro casi metálico; agujeritos pequeños por encima, y en el centro un grano bastante fino, seca al tacto, sin olor ingrato, sabor salado alcalino; mojada despide olor urinoso»[21].

Para sacarla del hoyo, se hacía por un lado una zanja más profunda que el hoyo, y por ella se extraía la piedra, dividida, con la ayuda de una gran almadana[22], en tres, cuatro o cinco pedazos (cada pedazo pesaba entre 200 y 300 kilos). Los trozos que pesaban menos de cinco libras (2,3 kilos) no pasaban al comercio, porque en contacto con el aire se esflorecían y reducían a polvo. Los cosecheros los guardaban y los añadían junto a otros restos de cenizas y hojitas y ramitas sobrantes de los garberones, y los fundía de nuevo en otro hoyo.

Factoría con barriles para colar lejías. Dictionaire Raisonné des Sciences, des Arts et des Metiers (recueil des Planches). 1751-1780. *Real Jardín Botánico, Madrid.*

Especies vegetales barrilleras y lugares de cultivo

En España la barrilla se cultivaba en el litoral mediterráneo. Las tierras más apropiadas para su cultivo se llamaban *tierras barrilleras*, que según La Gasca son terrenos «arenoso-calizos con mayor o menor mezcla de arcilla, resultado de la descomposición de rocas de la misma naturaleza, cuales son, por ejemplo, las que forman los cerros de Molinet y S. Julian en las inmedicaiones de Alicante»[23].

No hemos encontrado datos sobre el inicio de este importante cultivo. El nombre «kali», de origen árabe, dado tambien a la barrilla, es un indicio del origen que tuvo su cultivo y elaboración. A continuación damos algunos datos, que aparecen en obras del Siglo XVII y XVIII sobre las plantas barrilleras y su beneficio.

Francisco Ximénez en su obra de 1615 habla de la «yerba llamada Kali de los ára-ves»[24]. La sosa que era exportada a Europa era conocida con el nombre de «sosa o kali de Alicante» y «sosa o kali de Cartagena».

El boticario veneciano Antonio Donati incluía algunas plantas barrilleras en un tratado de simples publicado en 1631[25]. Entre estas cita un *Atriplex* (armuelle), otra a la cual le dá el nombre de «Blanchette Narbonensium», «Kaliminus Penae» y «Kali bianco», e indica que de ella se obtiene una sal, que tenía facultad medicinal; una «Kali Magnum Sedi Medii Folio» o «Soda Gallorum o Itallorum». De esta última dice en su libro, que al quemarla se puede obtener el «ceneri di Alicante» (ceniza de Alicante) para fabricar vidrio y una sal que se llama «Alchali»[26].

El mercader y especiero Pierre Pomet a finales del Siglo XVII dice:

> «La sosa se obtiene de una planta que crece a lo largo del mar, que los botánicos llaman Kali y los obreros que la queman la María»[27].

Sin embargo, Willughby, el naturalista ingles, que visitó nuestra península en el año 1664, y recorrió los reinos de Valencia, Murcia y Granada, nada dice de este original cultivo. Por el contrario, le llamó la atención, el que sólamente en Madrid se veían abundantes vidrios en las ventanas[28]. Nada dice tampoco del cultivo de la barrilla Gabriel Alonso de Herrera en su «Obra de agricultura compilada de diversos autores» de 1513, a pesar de sus reconocidas raices de autores hispanoárabes. Todo ello hace del origen y desarrollo del cultivo de la barrilla un enigma histórico, que convendría desentrañar. Es muy posible que la obtención de lejías para fabricar jabón casero, o jabón para lavar lanas, se hacía a partir de cenizas obtenidas de muy diversos vegetales. Tal vez la caida del comercio de sosa o de natrum del oriente, fué la causa de la extensión del cultivo en España y en otros paises desde finales del siglo XVI. En el Siglo XVII, como se acaba de ver, la sosa que se exportaba de España era bien conocida y apreciada.

El botánico francés Antoine de Jussieu, despues de sus herborizaciones por España a principios del Siglo XVIII, fué el primero que publicó la descripción y una lámina de una planta, que comentaba se daba espontáneamente y era cultivada en Alicante y Cartagena y de la que se sacaba la célebre barrilla de Alicante.[29].

El viajero inglés Joseph Townsed dá importantes noticias sobre la barrilla cuando habla de su recorrido por Alicante y Cartagena. Por ejemplo dice, en relación con la barrilla lo siguiente:

> «The most important production of this country (Cartagena), and the most valuable article of commerce is barilla, a species of pot-ash, procured by burning a great variety of plants almost peculiar to this coast, such as *soza*, *algazul*, *suzon*, *sayones*, *salicornia* with barilla[30]. It is used for making soap, for bleaching, and for glass.»[31]

Como puede comprobarse Joseph Townsend (1739-1816), reputado mineralólogo y geólogo, comete el error de confundir la sosa con la potasa.

Tambien el diplomático y viajero francés Jean François Bourgoing comentó que la barrilla era «una producción particular de los reinos de Valencia y Murcia»(32).

La extensión del cultivo de plantas productoras de sosa al reino de Granada, Sevilla[33], Aragón[34] y a la amplia zona de La Mancha[35], es un fenómeno de la segunda mitad del Siglo XVIII. La agricultura española en este siglo trató, entre otras cosas, de diversificar y rotar cultivos más rentables económicamente, y el de la barrilla, parece indudable, como se verá más adelante, que lo era. Tambien vino motivado el desarrollo de su cultivo, muy posiblemente, por la demanda nacional, europea y americana del producto, y por las excelentes perspectivas económicas que auguraba su producción. No sabemos mucho sobre la extensión en fanegas que tuvo el cultivo a finales del siglo XVIII, y sólo hay algunos datos escasos de las cantidades exportadas. Las noticias que se pueden recopilar sólamente indican los lugares donde se cultivaba, y en ocasiones la especie que se sembraba, que no siempre era la misma.

Las especies cultivadas eran las siguientes:[36]

Halogetum sativus (barrilla fina)
Salsola soda (salicor)
Salsola kali (barrilla borde y barrilla pinchuda)
Salsola vermiculata (barrilla carambillo)
Bassia prostrata (barrilla sisallo)
Salsola webii (barrilla salada)
Salsola papillosa (barrilla salada)
Hammada articulata (barrilla tamojo)
Salsola opossitifolia (barrilla zagua)
Salsola genistoides (barrilla escobilla)
Arthrocnemum macrostachyum (salicornia garbancillo)
Haloplepis amplexicaulis (salicornia enana)
Salicornia ramosissima (polluelo)
Sarcocornia perennis (polluelo ramoso)
Sarcocornia fruticosa (sosa alacranera)
Suaeda maritima (matilla, mata, sosa negra y sosa azuleja)
Suaeda vera (sargadilla)
Atriplex halimus (armuelle)
Halimione portulacoides (armuelle sayón)
Atriplex glauca (armuelle saladilla)
Atriplex hortensis (armuelle piqueres)
Messembryanthemum nodiflorum (algazul)
Messembryantemum crystalinum (?) (escarchada)
Aizoon canariensis (?) (pata o patilla)
Aizoon hispanicarum (?) (gazula)
Heliotropium europeum (?) (hierba berruguera)

Otras plantas se utilizaron para fabricar sosa o para adulterarla, como el llanten desparramado, o las algas *Zostera marina*, *Zostera mediterranea* y el sargazo.

En Canarias se utilizó la *escarchada*, que se llamaba así por las innumerables vejiguillas cargadas de sal, que a manera de escarcha cubren toda la superficie de la planta. Tambien se le conoció con los nombres de *barrilla de Fuerteventura y Lanzarote*. Se cree originaria de Africa. Según cuenta La Gasca los marroquíes utilizaban sus cenizas para los tintes de lanas, y allí lo aprendió D. José García Duran, presbítero de Lanzarote, durante su cautiverio, y al ser liberado llevó las semillas a Canarias. Luego, los isleños aprendieron a reducirla a piedra mezclándola con el aguazul o algazul. Tambien se cultivaban en Canarias otra planta: la *pata*, que no era de tan buena calidad como la mezcla de aguazul y escarchada.

Los fraudes en la elaboración de la barrilla

Tenemos algunos datos sobre la adulteración de la barrilla, que para algunos fué un fenómeno, para este cultivo e industria, aún más pernicioso que la elaboración, por diversos procedimientos, de la sosa artificial a partir del cloruro sódico. En muchas ocasiones la impericia de los «peritos» provocaba el rechazo de las sosas menos adulteradas, ya que en estas se presentaba un polvo deleznable a su alrededor. Por el contrario las más adulteradas con arena, salitre, vidrios y cenizas de otras plantas, se presentaba mucho más compacta y era clasificada como de buena calidad.

La barrilla llevaba generalmente, y era admitido, arena, salitre y algunas cenizas de plantas barrilleras que no eran la barrilla fina. En general la barrilla podía adulterarse con mezclas vegetales, mezclas minerales o bien vegeto-minerales[37].

Los vegetales que se añadían se acostumbraba a mezclarlos durante la combustión y eran tambien salinos. Estos eran los conocidos por los labradores y comerciantes del ramo como sosa, salicor, aguazul, gazul y salitre; y eran el tamojo, el algazul, los almajos, la barrilla pinchuda, la barrilla borde, la sosa prima, la sosa blanca, la sosa parda, la sosa alacranera, el garbancillo, la matilla, la escobilla, y las conocidas como salado en muchos lugares y en otros como sosa fina, sosa basta, saladilla..etc. En Elche y Alicante acostumbraban añadirle hierba berruguera. El Almería añadían limonios, que en Valencia llamaban colechas (collejas) y en Granada oreja de liebre, capitana o siempreviva. En otros lugares se mezclaba tambien suzón o zuzón, los sosones y los llantenes de arena y marítimos. En el reino de Valencia se les añadía el *collechó* o *collejón* (especies de *Brassica* y *Sysimbrium*), y en el de Sevilla la *roqueta*. La Gasca decía que «una indagación más prolija descubriría que se emplean generalmente al efecto todas las plantas de hojas crasas». En ocasiones las adiciones llevaban algunos colorantes que perjudicaban seriamente la fabricación del cristal o el blanqueo textil para los que iban destinadas, y este era el lugar donde se descubrían los fraudes.

Los fraudes no eran fáciles de detectar, y había algunos productores, que simplemente con el ánimo de no desacreditarse no añadían mezclas. Muchas veces las mezclas que se consideraban fraudulentas, como es el caso de la barrilla que llevaba *sapina* (*Salicornia alpina*), tamojo y carambillo, eran muy apreciadas en el mercado presentadas de otra manera. Por ejemplo la sosa que se hacía en Egipto se extraía apartir de la sapina, el aguazul y el llanten desparramado.

Otro importante producto que adulteraba la barrilla era el *salitre* (nitrato de potasio) del reino de Valencia. Lo había de dos tipos *de hoguera* y *de hoyo*. El salitre de hoguera se obtenía de la incineración al aire libre del junco de esteras. El salitre de hoyo procedía de la combustión de la zostera (*Posidonia* y *Zostera*), del junco de esteras, del sargazo y de otras algas marinas. Esta combustión se practicaba por lo general en zanjas, o bien en un plano en la arena de la misma playa donde van a parar las algas arrojadas por el mar. Tambien se hacía en los saladares. El procedimiento de obtención era transportar las algas y otros residuos de la orilla de la playa, solear durante algunos días, y tras formar unos márgenes de arena, darle fuego por un lado. Así resulta el salitre. De estas combustiones resultan unas piedras ligeras, esponjosas, y de color blanco. Se picaban hasta dejarlas reducidas a granos pequeños, y en esta forma se vertían poco a poco en el hoyo durante la combustión de la barrilla. Casi todos los cosecheros de barrilla añadían una quinta o una sexta parte de salitre. El efecto que producía en la piedra era darle consistencia y blancura. En caso de no añadirle el salitre la piedra de barrilla pura al cabo de pocos meses se reducía a polvo.

La barrilla con la adición de salitre era evidentemente una barrilla muy impura. La sosa que se hacía, a partir del sargazo vejigoso, en las costas de Normandía (*soude de Varec*) y en las costas del Oeste de Inglaterra (*kelp*), era considerada la de peor calidad en los mercados. Esta sosa contenía una gran cantidad de sal marina y arena. Se consideraba fraudulenta e inadmisible la barrila elaborada en España que llevaba hasta la mitad de salitre, y, al parecer, les era rentable la merma en su precio de venta al comprobarse su naturaleza salada[38].

Factoría de jabón.
Dictionaire Raisonné des Sciences, des Arts et des Metiers (recueil des Planches).
1751-1780.
Real Jardín Botánico, Madrid.

Los productos minerales que se le adicionaba a la barrilla eran la arena, el *serriche* o espato barítico, tierras de los campos y caminos, pedazos de vidrio viejo y desperdicios de herrerías. Como decía La Gasca: «Por desgracia el caldo de la barrilla es susceptible de recibir hasta más de una mitad de su peso de todos estos ingredientes (los citados anteriormente) sin que pueda distinguirse con un examen superficial»[39]. En general, estas mezclas aumentaben el volumen y peso de la piedra con un considerable deterioro de las propiedades esperadas por los consumidores. Por ejemplo, cuando se trataba de utilizarla en la confección del jabón, era necesario separar primero estas materias minerales del álcali o sosa.

El serriche fué causa de una protesta generalizada en los compradores ingleses. En el pueblo de Vera en el año 1798 se comenzó a añadir a la barrilla durante la quema una piedra machacada y pasada por una criba, que sustituía a la adición tradicional de arena[40]. Con esta adición se conseguía «sujetar» la barrilla y aumentar considerablemente su peso. La noticia de esta adición tan eficaz provocó la peregrinación de muchos barrilleros a dos cerros de la cercana jurisdicción de Cuevas, que tenían abundante serriche (espato barítico), para proveerse de tan beneficiosa piedra. Los comerciantes ingleses llamaron rápidamente la atención sobre este fraude, ya que los fabricantes de jabón echaban a perder sus calderas al añadirle esta barrilla adulterada. La administración prohibió con penas muy duras la realización del fraude, si bien con escaso éxito. Los compradores, al comprobar la insuficiencia de las medidas, pasaron a analizar la barrilla, que podía distinguirse de la no adulterada en el color y en su mayor peso.

Sin embargo, a veces, con trozos pequeños se hacía difícil descubrir la adulteración, y se acabó por rechazar la barrilla de Vera. Clemente, con mucha razón, decía:

> «Si por desgracia se hubiese extendido a Alicante y otras partes el funesto exemplo de Vera, se habría envilecido uno de nuestros mejores ramos de exportación, y largos años hubieran de pasar antes que recobrase la estimación perdida»[41].

El fraude en la elaboración de la barrilla era un problema de caracter cuantitativo. Y en opinión de La Gasca lo que se debía reprender era el abuso en la cantidad de materia que se añadiera. Desde tiempo inmemorial se añadía arena y sosa de sargazo o salitre de los valencianos, con objeto de dar consistencia a la piedra e impedir que se redujera a polvo, consiguiendo así que se conservara dos años. Además servía para facilitar el transporte, que se hacía llevandola en redes realizadas con cordetas, apenas sin torcer, de esparto. El mayor perjuicio se producía en la fabricación de jabón y el blanqueo de lienzos, ya que la presencia de arena en la barrilla, y sobre todo, si ésta estaba limpia, no afectaba la fabricación de vidrios.

La otra solución era intentar prohibir completamente la adulteración, para lo cual hubiera sido necesario, como decía La Gasca : «Mudando (...) el modo de transportar las barrillas; es decir, transportándola en cajones, sacos, toneles..etc., como se hace con la sal común, salitres y otras sales»[42]. Con la ausencia de arena y salitre se conseguiría, según La Gasca, una riqueza del cincuenta por ciento de «subcarbonato de sosa», superior a la de las sosas artificiales francesas, que tenían solo el treinta y dos o treinta y tres por ciento[43]. Esta lucha por la pureza de la barrilla, su alta estima por los fabricantes de lentes y vidrios diáfanos de instrumentos de astronomía[44] y la abolición de los derechos de aduanas de su exportación, hacían prever a La Gasca la posibilidad de mantener el comercio de la «sosa de Alicante», e incluso competir ventajosamente con las nacientes sosas artificiales.

La elaboración del jabón y el vidrio en América. El tequesquite

La noticia más antigua que hemos encontrado sobre plantas utilizadas en América para hacer funciones de jabón es la que se llamó *cuentas xaboneras* de las cuales dice lo siguiente Nicolas Monardes:

> «Embiáronme una caxeta hecha de corcho llena de cuentas muy redondas y negras con mucho lustre que parecen hechas de ébano; y son de un fruto que lleva un árbol no muy grande, más encorvado que derecho, al modo de carrasca, y lleva la hoja como Helecho; y lleva un fruto redondo del tamaño de una nuez, cubierto con una carnosidad pegajosa, la qual quitada queda una cuenta redonda, y tan redonda que no puede ser más, de color negra, durísima que si no es con martillo, o cosa durísima no se puede quebrar.
>
> Sirve este fruto en lugar de Xabón, en tanto que hazen más efecto dos o tres destos con agua caliente para enxabonar y limpiar la ropa, que haze una libra de xabón; que así alça su espuma y haze todos los efectos que haze el xabón, y así se van gastando poco a poco hasta quedar solamente las cuentas, que son sobre que se funda este fruto, las quales se horadan y se hazen dellas muy lindos rosarios, que parecen propiamente de ébano..»[45].

Tambien Francisco Ximénez hace alusión a lo que llamaban los mexicanos *tequixquitl* , *tequixquilit* o *tequesquite* y que él, incorrectamente, identificó con el nitro o salitre. Esta substancia aparecía en las orillas de los ríos y lagunas despues de retirarse el agua. Dice Ximénez:

> «..bárrese pues con escovas, o cójese con las manos, grandíssima cantidad, del muy verdadero salitre, de las lagunas de la Nueva España, quando por el estío se secan, y del blanquecino quaxado en granos como de sal común y se guarda para lo que fuere necessario entre año, y ay mucha abundancia en todas las lagunas mayormente en esta de México..»[46]

Según comentaba tambien Ximénez el tequesquite «levanta espuma de la misma manera que lo haze el jabón».

Ximénez conocía y utilizó el Dioscorides anotado por Andres Laguna, ya que, al tratar en su obra del *alumbre* (sulfato doble de potasio y aluminio hidratado), conocido por

Fig. 2.

Corte de una pieza de jabón.
Dictionaire Raisonné des Sciences, des Arts et des Metiers (recueil des Planches). 1751-1780.
Real Jardín Botánico, Madrid.

los mexicanos con el nombre de «*tlalxocotl*», comete el mismo error que su precedesor y dice que se hace «de la hierba llamada Kali de los árabes»[47]. Tal vez la confusión reinante en esta obra y en sus anotaciones en relación con el nitro, la espuma de nitro y el alumbre fueron causa de los errores de Ximénez, por otra parte tan acertado en la mayor parte de su obra.

El error llega hasta el Siglo XVIII. Antonio de Ulloa al hablar de las lagunas de la ciudad de México dice lo siguiente:

> «De la tierra de estas lagunas, como de las otras dos que estan contiguas, cuando el estío está seca, que se atraviesan en carruajes, sin ser necesario usar de las calzadas, se saca un sal mixto que llaman *tequesquite* el cual tiene mucha parte de salitre y alguna de sal común. Usanlo mucho, particularmente para ciertas comidas, por el gusto picante que les comunica...(..). Tambien sirve el *tequesquite* para las tinturas. Su consumo debe ser grande, mediante que en los mercados lo llevan las indias a vender en abundancia»[48].

El tequesquite realmente es carbonato de sosa[49], es decir natron o sosa. El metalúrgico del Siglo XVIII José Garcés y Eguía, que desarrolló un procedimiento para la fundición de menas de plata con tequesquite, es muy explícito al describir su proceso de amalgamación:

> «El álkali mineral nativo, que los antiguos mexicanos conocieron como *tequixquilit*, y hoy por corrupción se llama *tequesquite*, es el agente principal de mis operaciones, por reunir en sí todas las dotes precisas para una buena fundición. Es el fundente de las tierras y piedras, pues (como todos saben), con arena y tequesquite se fabrica el vidrio,..»[50].

Son pocas las noticias que se tienen en relación a las fábricas de jabones y de vidrio en América durante la época colonial. En 1543 Hernando de Pavía solicitaba «se le diese permiso para traer a la Nueva España los maestros, calderas y aparejos o más cosas convenientes para el beneficio del aceite, jabón y cerveza»[51], lo cual no quiere decir que fuera el primer pretendiente a fabricar jabones. La primera fábrica de vidrio empezó a montarse en Puebla en 1543 por Rodrigo de Espinosa, pero el vidrio que se obtenía era de poca duración ya que el material utilizado era pedernal y a falta de sosa se utilizaba tequesquite[52]. No es de extrañar que ese vidrio fuera de escasa calidad, ya que en la metrópoli tampoco debería ser muy bueno, y la utilización de tequesquite no sería la principal causa de sus defectos. Las fábricas más modernas de vidrio en la Nueva España se hicieron a finales del XVIII[53]. En el Real Apartado, que era una dependencia de la Casa de Moneda de México, se fabricaban cornamusas y redomas de vidrio para la sublimación y el apartado del oro[54].

El viajero y aventurero calabrés Giovani Francesco Gemelli Carreri durante su viaje por Nueva España en 1697, nos ha dejado el siguiente relato:

> «Llegué, con la canoa, hasta la aldea de *Iztacalco*, que en lengua mexicana significa *casa blanca*[55]. Hervida el agua de su laguna con tierra llamada *tequisquite*[56], o de salitre, y colada por un tubo, se hace con ella sal»[57].

Francisco de Ajofrín en el Siglo XVIII al hablar de la fábrica de jabón de Puebla de los Angeles dice lo siguiente:

> «Aunque no hay aceite en abundancia[58] ni barrilla, hacen un jabón muy rico del modo siguiente: echan las horruras de manteca de puerco, grasa y jamón en una gran caldera o paila a fuego lento; se derrite y estando en su punto, echan lejía compuesta de cal, tequesquiste, que es sal de tierra, y agua; la cual lejía corta la grasa, la coagula y hace que las horruras de la manteca vayan al fondo, y sale el jabón blanco, duro y terso, sin más olor y ni cosa que fastidie»[59].

En el Virreinato del Perú tambien había fábricas de jabón en Piura y en Mendoza[60]. Sabemos que se utilizaba barrilla, que se llamaba allí *lico*, y que se daba con abundancia en Saña[61]. Del otro componente, el sebo[62], hay más noticias. Los «Guasos» obtenían el sebo, según cuentan Jorge Juan y Antonio de Ulloa, de la siguiente manera: una vez derribada la res «con gran prontitud (el Guaso) la mata, dessuella, saca el Sebo, y Grassa, (...), concluido ésto carga a las ancas del Cavallo el Sebo envuelto en el Pellejo», luego, «El Sebo lo enzurronan en los mismos Cueros para conducirlo a la Ciudad, y venderlo allí; la Grassa la derriten, y fundida la ponen en pellejos de Carnero».

En relación a plantas barrilleras americanas hay muchos menos datos. La falta de noticias sobre la fabricación de piedras de sosa a partir de plantas barrilleras contrasta con la abundancia de datos sobre «plantas jaboneras». Por ejemplo, en la relación de utilidades de plantas que se describieron durante la Expedición al Virreinato del Perú entre 1777 y 1788 se enumeran 14 plantas, que eran susceptibles de actuar como plantas «jaboneras». Entre estas estan el «jaboncillo» (*Momordica operculata*) y la «jabonera» (*Sapindus saponaria*)[63].

Una mención sobre una planta, tenida por barrillera en la Nueva España, es la que hace La Gasca, al citar la que llama *Salicornia Neei*[64]. Esta planta, que estaba en el herbario de Luis Neé en el Real Jardín Botánico, tenía una nota que decía: «*Schuru* o *Sjuru* vulgo, se pronuncia esguru. Las cenizas se usan para hacer jabón y barrilla»[65].

Puede decirse que en la América Virreinal, y sobre todo en la Nueva España, el tequesquite, más parecido al natrón por su origen, sustituyó a la barrilla en la elaboración de jabones y vidrios y en las manufacturas textiles. Queda por saber si el comercio de tequesquite se extendió a otros virreinatos americanos, o si en estos últimos el jabón se elaboró con lejía de cenizas, o con lico como ocurrió en Saña.

La producción, rendimiento y exportación de la barrrilla

No son muchos los datos con los que contamos para dar estimaciones muy concluyentes sobre la producción anual de barrilla, el rendimiento económico que tenía este tipo de cultivo, el consumo interno, o la cantidad que se exportaba. Sin embargo, con los pocos que contamos podemos hacer una aproximación, y lo que es más importante, podemos resumir algo de lo que se ha podido conocer hasta ahora con el fín de dejar abiertas futuras investigaciones sobre este imporatnte aspecto de la historia económica de España.

Sin duda, cuando Mariano La Gasca decía, que la barrilla fina «ha producido a la España más millones que las minas de Potosí y de Guanajuato»[66] exageraba bastante. Pero sus palabras eran una forma de expresar su malestar ante la escasa atención científica, que se había prestado en España a las plantas barrilleras, a pesar de su importancia económica. Tambien este comentario pretendía destacar la decadencia de su producción, tras la Guerra de la Independencia, y el peligro inminente de la aparición en los mercados de la competencia de la sosa artificial, que comenzaba a producirse en algunos paises europeos.

Los datos que poseemos de la producción del Siglo XVIII son escasos, y referidos al reino de Valencia. Según Cavanilles[67] la producción valenciana era de 332.700 arrobas anuales, siendo las ciudades y pueblos de mayor producción Alicante, Pinós, Dolores y Crevillente.

La Gasca dá las cifras de exportación de barrilla, que le proporcionó el Jefe del Departamento de la Balanza de Fomento y Comercio, en el quinquenio que fué desde 1802 a 1806. En esos años la exportación por los puertos de Cataluña, Alicante, Cartagena, Málaga y Sevilla (excluyendo Cádiz y Aguilas) fué de 581.708 arrobas anuales. Esta cifra no contradice la de Cavanilles. Considerando que el quintal valía 90 reales (la arroba 22,5 reales) esta exportación podría suponer 13.088.430 de reales. La Gasca calculaba que si a esas cantidades se añadían las exportaciones de otras sosas, del aguazul, del salicor, de los almajos, del salitre, y de la que saldría de contrabando, el monto de la exportación llegaría a 40 millones de reales. Igualmente indica que en 1803 se exportaron a Inglaterra 498.216 arrobas (11.209.860 reales), cuyos beneficios unidos a los de la lana, servían, según el, para pagar todas las importaciones que se recibían de aquel pais[68]. A Francia se exportaban alrededor de 20 millones de reales (888.888 arrobas), casi el doble que a Inglaterra[69].

Townsend da unas cifras de exportación por el puerto de Cartagena de 150.000 quintales, es decir 600.000 arrobas[70]. Según este viajero cada quintal pagaba 17 reales de impuesto (aproximadamente el 18,88 % del valor). Dicho impuesto, según Townsend, era causa de la bajada en las exportaciones, que hacía que los franceses tuvieran que recurrir a los mercados de Sicilia, que era el otro lugar productor de barrilla de gran calidad[71]. Tambien indica Townsend que la exportación de barrilla a Inglaterra que salía por el puerto de Alicante era de 7.375 fardos en 1784 y de 2.957 fardos en 1785. Es difícil conocer el peso del fardo, pero teniendo en cuenta su costo en libras, la exportación a Inglaterra era de 181.029 arrobas en 1784 y de 94.027 arrobas en 1785[72]. Estas cifras estan muy por debajo de las reseñadas más arriba para el año 1803. Al parecer el gravamen de este puerto fué hasta 1790 de sólo 114 maravedíes y tres cuartos por quintal, pero luego lo subió a 442, con lo que se igualó al de Cartagena[73]. Con ello se repartieron ambos puertos la exportación de barrilla a Inglaterra. Bourgoing sólamente indica que en Valencia, por las mismas fechas que Townsend, se recogían 25.000 quintales de sosa, es decir 100.000 arrobas, que se exportaban a Francia y a Inglaterra, y 16.000 arrobas de aguazul, que se exportaban a Marsella[74]..

Los datos de la producción de Aragón son que en 1787 se produjeron 35.000 arrobas, que supusieron 55.000 pesos[75], lo cual indica que el precio en Aragón por quintal era el mismo que dá La Gasca para el reino de Valencia, es decir, 90 reales. En Cataluña la producción era de 64.000 arrobas y en Canarias de 800.000 arrobas[76]. Estas cifras de producción de las Islas Canarias son, seguramente, un disparate.

En 1815 la exportación había sufrido un descenso muy preocupante, solo se exportaron 27.932 arrobas, y el precio había bajado a más de la mitad (40 reales el quintal)[77]. En 1834 se volvía a las cifras de finales del Siglo XVIII. Efectivamente por el puerto de Alicante salieron ese año 338.160 arrobas[78]. En 1843, según el Diccionario de Madoz, salieron 1.564 arrobas y en 1844 fueron 2.436. Estas cantidades no coinciden con otras obtenidas a partir de material documental (76.416 en 1843 y 84.388 en 1844)[79]. La gran baja se hizo notar, todavía más, cuando se desarrolló, entre 1861 y 1865, el procedimiento de Ernest Solvay de obtención de sosa artificial (*sosa Solvay*).

Con esta escasez de datos difícilmente puede estimarse la importancia que tuvo en el contexto económico español estas exportaciones. No hay ningun dato de la producción que se quedaba en España y servía para nuestras fábricas textiles, de jabón y de vidrio.

En relación con los precios, ya hemos indicado la baja de los mismos tras la guerra. Bien podría estar motivado por la aparición de sosa artificial en los mercados[80], pero tam-

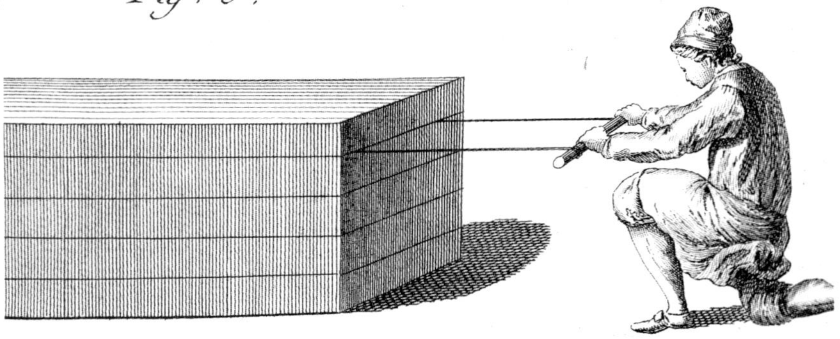

Corte de jabón duro. Dictionaire Raisonné des Sciences, des Arts et des Metiers (recueil des Planches). 1751-1780. *Real Jardín Botánico, Madrid.*

bien pudo ser consecuencia de la baja en la calidad o de la creciente adulteración de la barrilla fina. En algunos lugares hubo oscilación de precios. Por ejemplo en Nijar el precio del quintal varió entre 40 y 110 reales.

El rendimiento que tenía este tipo de cultivo es otra incógnita difícil de desentrañar en su totalidad. Sabemos la cantidad de piedra de sosa que producía una fanega de tierra, según un agricultor de la época[81]. Cada fanega producía, según el mismo, 36 quintales de piedra. Si tenemos en cuenta que una fanega tiene 6.430 metros cuadrado, y el quintal son 46,009 kilogramos, la producción por metro cuadrado era de 0,25 kilogramos de piedra. Teniendo en cuenta que 4 partes de hierba seca daban 1 de piedra[82], la producción de hierba seca era de 1 kilogramo por metro cuadrado. Estos datos los he contrastado con los que que me ha proporcionado Ernesto Fernández Sanmartín[83] sobre la producción de hierba húmeda en un saladar próximo a Málaga. En éste la producción de hierba húmeda de *Salicornia* sp. es de 20,8 kilogramos por metro cuadrado, que dá 3,68 kilogramos de hierba seca. Estos datos darían una producción por fanega de 128,5 quintales de piedra, lo cual indica que los datos del agricultor de Nijar, puede ser que se queden cortos. La productividad era de medio real por metro cuadrado, que era una cifra apreciable para la época.

La cantidad de simiente que se necesitaba por fanega para sembrar era de 8 a 12 celemines y costaba 42 reales. También sabemos las labores que había que dar a la tierra para cultivar la barrilla y el número de operarios, que se necesitaban para fabricar la piedra; pero todos estos datos, si tenemos en cuenta que no tenemos ninguno fidedigno de la producción que había de hierba húmeda por fanega, son insuficientes para acercarnos de manera precisa a los rendimientos agrícolas de este cultivo.

La caida definitiva de la exportación de barrilla debió coincidir con el desplazamiento del procedimiento de Leblanc por el de Solvay. Efectivamente la exportación por el puerto de Alicante fué en 1862 de sólo 4.864 arrobas, en 1865 de 2.732 arrobas y en 1870 de 376 arrobas[84]. Es muy posible que continuara todavía el cultivo y la extracción de la barrilla para el suministro de la elaboración casera de jabones, pero la sosa artificial, obtenida por el procedimiento Solvay acabó con la obtenida a partir de las plantas barrilleras.

NOTAS

1. Cfr. *Histoire Naturelle de Pline,* avec la traduction de M.É. Littré»Paris. J.J. Dubochet. 1850. Tomo II. pág.530. Los egipcios ya obtuvieron vidrio hacía el 1.500 a.J.C. y lo utilizaron para recubrir y proteger piezas de orfebrería.

2. Ibidem págs. 365-368.

3. El texto de Plinio es así: «Prodest et sapo: Galliarum hoc inventum rutilandis capillis: fit ex sebo cinere» (Cfr. *Histoire Naturelle..* op. cit. pág. 530)

4. Cfr. *Historia Natural* de Cayo Plinio Segundo traslada y anotada por el Licenciado Gerónimo de Huerta» (libros 26 a37) en Francisco Hernández: *Obras Completas.* México. Universidad Nacional de México. 1976. Tomo V. págs. 55 y 56.

5. Se habla del álkali (o ceniza de la salicornia) en el *Libro de Agricultura.* Su autor el Doctor excelente Abu Zacaria Iahia Aben Mohamed ben Ahmed ebn el Awam, sevillano» traducido por J.A. Banqueri. Madrid. Imprenta Real. 1802. Tomo II pág. 107. Hay uan edición facsimil primorosamente editada en 1988 por el Ministerio de Agricultura Pesca y Alimentación.

6. A finales del Siglo XVIII se conocían seis especies de álcalis: la potasa, la sosa, la barita, la estronciana, la cal y el amoniaco. Las importantes industrialmente eran la sosa (alcali fijo mineral), la potasa (alcali fijo vegetal) y el amoniaco, pues las demás eran solamente tierras alcalinas y éstas tenían la cualidad de formar jabones con los aceites. De estos tres álcalis los fijos eran la sosa y la potasa porque resisten la acción del fuego, por el contrario el álcali volátil o que se evapora era el amoniaco.

7. Estos datos los proporciona J.B. Chaptal: *Química aplicada a la Agricultura* Traducida por Juan Plou. Barcelona. José Rubio. 1828. pág. 58.

8. Véase A. Lavoisier: *Arte de fabricar el salino y la potasa* Traducción de J.M. Munarriz. Segovia. 1795. Este libro apareció extractado con el título «Extracto del arte de fabricar el salino y la potasa, traducido y aumentado por Don Juan Manuel Munarriz, Capitan de Artillería en Segovia, año de 1795. Semanario de Agricultura y Artes. Vol. I, págs 233-239, 247-252, y 258-261

9. Estos resultados de Nicolas Louis Vauquelin aparecen en J.B. Chaptal *Química aplicada a la Agricultura* op. cit. pág. 60.

10. No son muy abundantes los artículos relacionados con la barrilla, aunque en la mayoría de los tratados de química o de artes e industrias de la época se hacía alusión a ella, si bien, los detalles sobre su elaboración son bastante imprecisos. Este es el caso, por ejemplo, del artículo «*Soude*» de la «Encyclopedie Methodique. Arts et Métiers Mécanique». Paris. Panckoucke. Tomo VII. Citemos como artículo más importante sobre la descripción de las plantas barrilleras y la elaboración de la sosa o barrilla de Alicante el de Mariano La Gasca: *Del cultivo y aprovechamiento de la barrilla, salicor, algazul, sosa y otras plantas saladas,* que es una adición en la *Agricultura General de Gabriel Alonso de Herrera.* Madrid. Imprenta Real. 1818. págs. 228-311. Hay tambien un folleto del mismo La Gasca titulado *Memoria sobre las plantas barrilleras de España.* Madrid. Imprenta Real. 1817. Este folleto es exactamente igual que el artículo antes citado, salvo unas páginas introductorias «al lector» donde explica como entre 1810 y 1813, cuando era médico militar, y estando su regimiento por tierras de Cuevas Overa, Orihuela y Murcia, comenzó a estudiar las plantas productoras de sosa. La dificultad que supone el encontrar este folleto nos mueve a citar las páginas del que se encuentra inserto en la edición de la Agricultura de Herrera, que acabamos de reseñar. Tambien revisten interés los siguientes artículos: *Carta sobre el cultivo y provechos de la barrilla* (de un agricultor de Níjar llamado Manuel Eusebio García). Semanario de Agricultura y Artes. 1799. Tomo V. págs. 3-11; Claudio Boutelou: *Del nombre y cultivo de la planta llamada vulgarmente* salicor *en la Mancha* Seminario de Agricultura y Artes. 1806. Tomo XII. págs. 113-118 y 137-142; Joseph Antonio Valcárcel: *Agricultura General, y Gobierno de la Casa de Campo* Valencia. José Estevan y Cervera. 1795. Tomo X. págs. 28-40; Rozier: *Curso Completo o Diccionario Universal de Agricultura* Traducido por Juan Alvarez Guerra. Madrid. Imprenta Real. 1799; La edición iniciada en 1842, del mismo traductor, incluye un apartado, que no aparece en la primera edición, sobre la elaboración de la barrilla, que es copia casi literal de parte del artículo de La Gasca, y, como es frecuente, no cita la procedencia. Por último hay que señalar que el viajero y diplomático Jean François Bourgoing señala, aunque de manera muy escueta, algunos datos sobre la elaboración de la barrilla en su «Nouveau Voyage en Espagne ou Tableau de l'etat de cette Monarchie» Paris. Regnault. 1788. Vol. II. pág. 53

11. Véanse para la diferente nomenclatura de la barrilla los artículos antes citados.

12. Véase M. La Gasca: *Del cultivo de la barrilla..* op. cit. págs. 235-242.

13. Véase C. Boutelou. *Del nombre y cultivo de la planta llamada vulgarmente* salicor *en la Mancha* op. cit.

14. Véase J. Valcárcel: *Agricultura..* op. cit. Tomo X. pág. 33.

15. Cfr. M. La Gasca op. cit. pág. 239.

16. Cfr. J. Valcárcel op. cit. pág. 33.

17. Véase M. La Gasca op. cit. pág. 242.

18. Se trata de los artículos que se han señalado en la nota 8.

19. Cfr. M. La Gasca op. cit. pág. 244.

20. Cfr. J. Valcárcel op. cit. pág. 35.

21. Cfr. M. La Gasca op. cit. pág. 247.

22. Cfr. J. Valcárcel op. cit. pág. 37.

23. Cfr. M. La Gasca op. cit. pág. 237.

24. Cfr. Francisco Ximénez: *Quatro libros de la Naturaleza, y Virtudes de las Plantas, y Animales* que estan recevidos en el uso de Medicina en la Nueva España. México. Diego López Davalos. 1615. pág. 202.

25. Se trata del libro del farmaceútico veneciano Antonio Donati titulado: *Trattato de Semplici, Pietre et Pesci Marini, che nascono nel lito di Venetia, la maggior parte non consciuti da Teofrasto, Dioscoride, Plinio, Galeno, & altri Scritori.* Venecia. Pietro Maria Bertano. 1631.

26. Dice así «..abbrucciasi ancora detta pianta, della qual poi si fanno ceneri di Alicanto per formar vetri: & si fa un sale detro Alchali» (Cfr. A. Donati op. cit. pág. 54)

27. Cfr. Pierre Pomet: *Histoire Generale des Drogues.* Paris. Loyson & Pillon. 1694. pág. 167.

28. Es extraño que Willughby no dé noticia de este cultivo, que era muy notable en aquella época en el levante español, y sobre todo por la importancia que tenía la sosa en el comercio inglés. La noticia sobre la abundancia de vidrios en abril puede verse en la pág. 419 de la obra de Francis Willughby A relation of a Voyage made throgh a great part of Spain en John Ray: «Observations, Topographical, Moral and Physical Made in a Journey Trough the Low-Countries, Germany, Italy and France». London. 1673.

29. Véase Antoine de Jussieu: *Histoire du Kali d'Alicante.* Memoires de l'Academie des Sciences. 1717. págs. 73-78.

30. En el original escrito así.

31. Véase Joseph Townsend: «A Journey trough Spain in the Years 1786 and 1787, with particular attention to the Agriculture, Manufacture, Commerce, Population, Taxes, and Revenue of that country. And remarks in passing trough a part of France». London. C. Dilly. 1791. Vol. III. págs. 121-167. Existe una traducción en castellano, cuya edición ha sustituido, sin justificarlo, el título original por el de «Viaje por España en la época de Carlos III (1786-1787)». Madrid. Ed. Turner. 1988.

32. Véase Jean Francois Bourgoing: «Nouveau Voyage en Espagne ou Tableau de l'etat actuel de cette monarchie». Paris. Regnault. 1788. Vol. II. págs. 51 y 52.

33. En Andalucía se estaba introduciendo el cultivo de la barrilla a finales del Siglo XVIII y principios del XIX. El salicor (*Salsola soda*) y la mata (*Suaeda marítima*) eran muy abundante en todas las marismas del Guadalquivir desde Sanlucar hasta Sevilla. Sin embargo, indica La Gasca, los privilegios del duque de Medinaceli sobre dichas marismas impedía su aprovechamiento.

34. En Aragón el cultivo y aprovechamiento de las plantas barrilleras tuvo lugar a mediados del Siglo XVIII. Ignacio de Asso en su *Historia de la Economía Política de Aragón* (Zaragoza. Francisco Magallón. 1798), así lo indica. La Gasca indica que en Aragón se usaba para quemar el carambillo (*Salsola vermiculata*).

35. Sobre el cultivo de plantas barrilleras en la zona de la Mancha puede verse el artículo ya citado de Claudio Boutelou *Del nombre y cultivo de la planta llamada* Salicor..

36. Esta lista está confeccionada con las plantas barrilleras que aparecen en el artículo de La Gasca «Del cultivo y aprovechamiento de la barrilla...», que venimos citando. Pero la nomenclatura binomial se ha actualizado, conservando los nombres vernáculos utilizados en la obra de La Gasca. Esta actualización ha sido posible gracias a la consulta de las pruebas de imprenta del Volumen II de la excelente *Flora Ibérica* que viene editando desde el año 1986 el Real Jardín Botánico, y que me ha permitido consultar mi distinguido amigo, y actual director de dicho Jardín, Santiago Castroviejo Bolivar. En aquellas en que aparece una interrogación, se ha respetado, al no poderlas identificar con precisión, la nomenclatura, seguramente desfasada, de Mariano La Gasca. Joseph Townsend indica además de la barrilla otras plantas: aguasul, salicor, barilla punchosa (soda colorada o Salsola Kali), sosa prima, sosa blan, sosa gorda, sosa leñosa, y hyerba de la plata, que se quemaban tambien en la zona de Alicante (*A Journey trough Spain..* op. cit. pág. 201)

37. Bourgoing en su *Nouveau voyage en Espagne* (op. cit. Vol. II. pág. 53) habla de la falsificación de la sosa con otras hierbas.

38. Todos los datos que venimos dando aparecen en un apartado titulado «De las mezclas y fraudes que se cometen en la elaboración de la barrilla» del tan citado artículo de La Gasca.

39. Cfr. M. La Gasca op. cit. pág. 253.

40. Véase Simón de Roxas Clemente: «Sobre el *Serriche* con que se acostumbra adulterar la barrilla en Vera y su comarca». Semanario de Agricultura y Artes. 1805. Vol. XI. número 452. págs. 129-131.

41. Cfr. Ibidem pág. 130.

42. Cfr. M. La Gasca op. cit. pág.

43. Cfr. Louis Jacques Thenard: *Traité de Chimie elémentaire, théorique et pratique.* Vol. II. pág. 403.

44. La Gasca indica que el fabricante de instrumentos de precisión Dollond, tal vez John, había realizado un dictamen en el que indicaba que la barrilla de Alicante era la que servía para obtener vidrios más diáfanos, a pesar de su regular pureza.

45. Cfr. Nicolas Monardes: «Primera y Segunda y Tercera Partes de la Historia Medicinal de las cosas que se traen de nuestras Indias Occidentales que sirven en Medicina». Sevilla. Alonso Escrivano. 1574. págs.105 y 106. Tal vez este fruto sea el mismo que describe Rochefort como *Savonnier*, e indica que el fruto era llamado en las Antillas francesas «Pomme de Savon» y que tambien las raices tenían esta virtud de hacer espuma con agua (Véase Charles Cesar de Rochefort: «Histoire Naturelle et Morale des Antilles de L'Amerique». Roterdam. Arnout Leers. 1665. Article V.).

46. Cfr. Francisco Ximénez: *Quatro Libros de la Naturaleza y Virtudes* op. cit. pág. 203

47. En la anotación de Andres Laguna al Dioscorides se dice «prepárase el alumbre llamado Catino, de la ceniza de una yerva salada, llamada kali en arábigo, de la qual suele hazerse el vidrio». Es muy posible que las confusas noticias de Ximénez en este tema provengan de esta fuente, tambien inexacta. (Cfr. Pedacio Dioscorides: *Acerca de la Materia Medicinal.* Traducido y anotado por Andres Laguna. Salamanca. Mathias Gast. 1566. pág. 549.

48. Cfr. Antonio de Ulloa: *Descripción de una parte de Nueva España* (pág. 119). Este documento escrito por Ulloa durante su estancia en Nueva España entre 1776 y 1778 se encuentra en la cuidada edición de Francisco de Solano, que incluye un estudio preliminar y la correspondencia privada del virrey Bucareli y Ulloa: *Antonio de Ulloa y la Nueva España* México. U.N.A.M. 1987.

49. El tequesquite de Texcoco contiene 25,10 % de Carbonato sódico y 37,59 % de Cloruro sódico. Esta noticia la dá Modesto Bargalló en su excelente libro *La Minería y la Metalurgia en la América Española durante la Epoca Colonial.* México. Fondo de Cultura Económica. 1955. pág. 345. El tequesquite en costras contiene cristales de decahidrato de carbonato de sodio, y en menor cantidad sal marina y otras sales. El polvo que originan al eflorescer, que es arrastrado por el viento, y que sería el que se barría, contiene, en el caso del de Texcoco, hasta un 50 por ciento de carbonato de sodio.

50. Véase Joseph Garcés y Eguía: *Nueva Teórica y Práctica del Beneficio de los Metales de Oro y Plata por Fundición y Amalgamación* México. Mariano de Zúñiga. 1802. En esta obra en el capítulo dedicado al «Cultivo de los tequesquites» dice que el mejor de todos los tequesquites para la fundición era el que se presentaba despojado de arena, pero unido a sal marina.

51. véase R. Mercedes, Vol. II, exp. 547, f.222, Archivo General de la Nación de México.

52. Cfr. Mariano Fernández de Echeverría y Veyta: *Historia de la Fundación de la Ciudad de Puebla de los Angeles* Edición de Efraín Castro. Puebla. 1962. págs. 304-305.

53. Véase Ramón Sánchez Flores: *Historia de la Tecnología y la Invención en México.* México. Fomento Cultural Banamex. 1980. pág. 219.

54. Ibidem pág. 228

55. En el original en italiano aparece *Istacalco. Iztacalco* significa en náhuatl casa de la sal, pero *Iztaccalco* es casa blanca.

56. En el original italiano aparece *Techischite*, cuando lo correcto es *Tequixquitl.*

57. Véase Giovanni Francesco Gemelli Careri: *Viaje a la Nueva España* con un estudio preliminar, traducción y notas de Francisca Perujo. Universidad Autónoma de México. México. 1983. pág. 105. Las consideraciones de las dos notas anteriores estan tomadas de esta cuidada edición, que es una traducción del Tomo VI del libro de Gemelli *Giro del Mondo* (edición de 1728), que trata de su diario del viaje que realizó por el nuevo mundo.

58. Ya el padre Acosta comentaba que «Olivas y Olivares tambien se han dado en Indias, digo en México y Pirú, pero hasta oy no ay molino de azeyte ni se haze, porque para comer las quieren más y las sazonan bien. Para azeyte hallan que es más la costa que el provecho, assí que todo el azeyte va de España». Véase Joseph de Acosta: *Historia Natural y Moral de las Indias.* Sevilla. Juan de León. 1590.

59. Véase Francisco de Ajofrín: *Diario del viaje que por orden de la Sagrada Congregación de Propaganda Fide hice a la América Septentrional en compañía de Fray Fermín de Olite, religioso lego y de mi provincia de Castilla.* (1763). Biblioteca de la Real Academia de la Historia de Madrid. 9/3419.

60. Noticias sobre fábricas de jabón, aunque muy escuetas se encuentran en Jorge Juan y Antonio de Ulloa: «Relación Histórica del Viage a la América Meridional». Madrid. Antonio Marín. 1748. Vol. II. págs. 144 y 352.

61. En la descripción de la ciudad de Saña en el virreinato del Perú se dice: «Lábrase (en Saña) mucha sosa o barrilla que allí llaman *lico*, de que hacen las lejías, y sacan mucho sebo de las cabras que compran en la provincia de Piura para engordarlas en esta». Véase este término en Antonio Alcedo y Bejarano: «Diccionario Geográfico Histórico de las Indias Occidentales o América. Es a saber de los reynos del Perú, Nueva España, Tierra Firme, Chile y Nuevo Reyno de Granada» (con un estudio preliminar de Ciriaco Pérez Bustamante).B. A. E. Ed. Atlas. Madrid. 1967. (4 vols.) Tomo III. pág. 343. La primera edición de la obra de este ilustrado quiteño se publicó en Madrid entre 1786 y 1789.

62. Cfr. J. Juan y A. Ulloa op. cit. Vol. II. págs. 143, 312, 319, 349 y 352.

63. Una lista más completa de estas plantas utilizadas en el lavado puede encontrarase en el Apendice VI de la Memoria de Licenciatura inédita de Elena González Alonso: «La Utilidad de la Flora Americana en los textos florísticos de la Real Expedición Botánica a los Virreinatos del Perú y Chile (1777.1788)».

64. Cfr. M. La Gasca op. cit. págs. 281 y 282.

65. No hemos podido comprobar si existe aún el pliego en el Real Jardín Botánico, y con esta anotación que señala Mariano La Gasca.

66. Cfr. M. La Gasca op. cit. pág. 229.

67. Los datos de Cavanilles estan sacados de su conocido libro *Observaciones sobre Historia Natural, Geografía, Agricultura, Población y Frutos del Reyno de Valencioa.* Madrid. Imprenta Real. 1795-1797 (2 Volúmenes).

68. Estos datos aparecen en una nota a pie de página en el artículo de M. La Gasca (op. cit.) págs. 250-251.

69. Cfr. Anselmo Payen: *Curso de Química Elemental e Industrial* (Traducido por Antonio González Bustamante y Miña). Madrid. Vda. de Calleja. 1842. Tomo I. pág. 277.

70. Véase J. Townsend op. cit.

71. Ibidem.

72. Ibidem.

73. Ibidem.

74. Véase J.F. Bourgoing: *Nouveau voyage en Espagne.*. op. cit. Vol. II. págs. 51-53

75. Cfr. Ignacio Jordán de Asso. *Historia de la Economía Plítica de Aragón*. Zaragoza. F. Magallón. 1798. pág. 117.

76. Cfr. M.La Gasca op. cit. pág. 251.

77. Ibidem.

78. Véase J. Piqueras: *La Agricultura valenciana de exportación y su formación histórica.* Madrid. Instituto de Estudios Agrarios, Pesqueros y Alimentarios. 1985. págs. 29-32. Estos datos estan extraidos del legajo 2151 de la Sección de Hacienda del Archivo Histórico Nacional.

79. Cfr. J. Piqueras op. cit. pág. 31.

80. Como consecuencia de la revolución de 1789 Francia cesó sus relaciones comerciales con varios paises y se encontró privada de algunos materiales esenciales como la sosa y la potasa. Ambas eran importadas de otros paises. La Convención hizo un llamamiento a químicos y manufactureros, y por un decreto de la sociedad de salud pública, se determinaba: «que todos los que hubiesen planteado establecimientos u obtenido privilegios de invención para extraer sosa de sal marina (único proceder del que pueden obtenerse grandes resultados) estaban obligados a manifestar en el término de veinte días, a una comisión de químicos, la situación de sus establecimientos, la cantidad de sosa que podían expender en el comercio, y la época en que empezarían sus suministros». De todos los procedimientos que examinó la comisión que formó la Convención se adoptó definitivamente uno, que fué el propuesto por Leblanc y Dizé, que consistía en la fabricación de sulfato de sosa y la conversión de esta sal en sosa pura artificial. La primera noticia aparecida en España sobre el procedimiento elegido por la Convención para elaborar la sosa artificial es la de F. Leblanc: *Del modo de preparar la sosa y usarla* Semanario de Agricultura y Artes. 1804. Vol. XVI. págs. 182-187.

81. Este dato está tomado de una *Carta sobre el cultivo y provechos de la barrilla* publicada en el Semanario de Agricultura y Artes. Vol. V. número 105 de 1799. Se refiere esta carta a la producción de barrilla en Nijar.

82. Este rendimiento de un quintal de barrilla por cuatro quintales de hierba seca, y en las condiciones más favorables por tres quintales y medio, lo da Mariano La Gasca en su artículo, tan profusamente citado, en este trabajo.

83. Esta experiencia se ha realizado recientemente y los resultados no coinciden con los del agricultor de Nijar del Siglo XVIII, sobre todo porque la *Salicornia* utilizada tiene mayor productividad que la barrilla

84. Estos datos los dá J. Piqueras (op. cit) y estan elaborados a partir del legajo 2.220 de la Sección de Hacienda del Archivo Histórico Nacional.

LA DIFUSIÓN DEL CAFÉ POR EUROPA Y AMÉRICA

IGNACIO GONZÁLEZ TASCÓN
C.E.D.E.X. Ministerio de Obras Públicas y Urbanismo
JOAQUÍN FERNÁNDEZ PÉREZ
Facultad de Biología. Universidad Complutense de Madrid

> «A la industria y aplicación de este extranjero (un agricultor irlandés) se debe el cultivo del café en esta provincia: su empeño en solicitar granos frescos se malograba porque los conseguía siempre tarde, perdida ya la fecundidad y virtud de la semilla, hasta que logró, 10 años hace, dos plantas de La Martinica, las que manejó con sumo cuidado para coger el primer fruto y después lo sembró en su huerta: tiene tres mil árboles, de los cuales sacó en los primeros años mucha utilidad.»
>
> Francisco Requena. *Descripción de Guayaquil* en 1774.

Las noticias del café en Europa. Su expansión por Asia

El cafeto (Coffea arabica) es un árbol de unos seis metros de altura máxima, que se supone originario de Etiopía, donde crece de manera espontánea en altitudes próximas a los mil metros, y de cuyo fruto maduro se extraen las dos semillas o granos de café.

Para su desarrollo requiere climas cálidos y húmedos, análogos a los que son aptos para el cultivo de la caña de azúcar o el cacao, y su reproducción se logra de maneras muy diversas; mediante semillas, esquejes, estacas, acodos, injertos o plantones.

A partir de las semillas del fruto, ya en época medieval se preparaba en algunos países islámicos la infusión del café, fechándose el primer documento árabe en que se cita, hacia el año 900 d.C.

El árbol que lo produce, llamado cafeto, pertenece a la familia de las Rubiáceas, y de sus flores, blancas y de fragancia parecida al jazmín, se forma el fruto que contiene dos semillas que conocemos como granos de café[1].

Sobre el origen de la palabra café existe una cierta ambigüedad, pues aunque se reconoce generalmente que procede de la voz árabe «qahwa», el uso de esta palabra era ya frecuente antes de que los árabes la aplicasen al café.

Así, «qahwa» se aplicaba a vino, porque quitaba el apetito de comer, y se extendió al café porque quitaba el sueño. Resulta pues razonable pensar que los árabes asimilaran el nombre «Kaffa» —una región de Etiopía— por encontrarlo parecido al epíteto dedicado al vino[2].

A pesar de la importancia que tuvo el café en el mundo oriental islámico, era todavía una infusión desconocida en la Europa renacentista, siendo el médico de Augsburgo Leonhart Rauwolff, de viaje en la ciudad siria de Alepo, quien hacia 1580 evocaba la bebida del café, «tan negra como la tinta»[3].

En el primer diccionario impreso de la lengua española, escrito por Sebastián de Covarrubias, y publicado en 1611, no se recoge todavía la palabra café[4].

Hacia 1615 algunos comerciantes venecianos comienzan a importar cantidades cada vez mayores de café oriental, utilizado principalmente con fines medicinales; pronto surge

Planta del café. P. Pomet. Histoire Generale des Drogues. 1694. *Real Jardín Botánico, Madrid.*

El cafeto. Pierre van Der Aa (Impresor). La Galerie Agreable du Monde. *Leiden, Universidad de Leiden. S. XVIII.*

en Europa la afición a la bebida del café, aunque encontrando una aceptación muy desigual. Para abastecer la creciente demanda, las potencias marítimas que emergen con el declinar naval español —Holanda e Inglaterra sobre todo— establecen un potente imperio mercantil marítimo, que en lo que se refiere al café, imposible de cultivar en climas europeos, les obliga a competir duramente a través de sus respectivas Compañías de Indias Orientales para abastecerse en el puerto de Moka (Yemen) a orillas del Mar Rojo, enclave que alcanzó gran importancia en la exportación del café a finales del siglo XVII[5].

Buscando alternativas a los rígidos, y políticamente inestables mercados orientales —sometidos a conflictos larvados o patentes entre el Imperio Otomano y los imanes del Yemen— los holandeses llevaron a finales del siglo XVII —a pesar de la rigurosa prohibición que existía— plantas del café de Yemen y las aclimataron en Java (hoy Indonesia).

Son de nuevo los holandeses quienes en 1690 llevan semillas de café desde Java al Jardín Botánico de Amsterdam, desde donde posteriormente llegaron, a través de rutas complicadas, a América.

En España, la costumbre de beber café sufrió un doble retraso consecuencia por un lado de su lejanía de los centros productores de Arabia, y por otro del arraigo que ya a finales del siglo XVI tenía el chocolate, bebida prestigiosa en la Corte y en la calle, y que gozaba de buen predicamento también entre clérigos y doctores.

La introducción y el desarrollo del café en América

Ante la dificultad de aclimatar el cafeto en Europa, las grandes potenciales coloniales con intereses en Asia y América (España, Holanda, Francia, Inglaterra) trataron de extender el cultivo del cafeto.

Su introducción en América, la llevó a cabo la Compañía Holandesa de las Indias Occidentales en 1682 en su colonia de Surinam, desde donde más tarde se extenderá por las Guayanas y Venezuela[6].

Una de las plantas que los holandeses habían traído de las Indias Orientales, fue obsequiada por el burgomaestre de Amsterdam —con motivo de la firma del Tratado de Utrecht en 1714— a Luis XIV, quien ordenó que se cultivara en su Jardín Botánico.

El gran puerto cafetero de Moka, en Arabia. Pierre Van der Aa (Impresor). La Galerie Agreable du Monde. *Leiden, Universidad de Leiden. S. XVIII.*

Los frutos de esta planta permitieron obtener nuevos arbustos, que se llevaron desde el «Jardin des Plantes» de París a La Martinica, colonia francesa de las Antillas; tras una primera tentativa fracasada en 1716, un marino francés, Gabriel Mathieu de Clieux, logra en 1720 aclimatar el cafeto en la isla, extendiéndose su cultivo más tarde por Haití[7].

La Compañía francesa de las Indias lo introdujo con éxito en 1718 en la isla de la Reunión, y el caballero Nicolás Llanes fue el primero que plantó café en Jamaica.

El cafeto llegó a Puerto Rico en 1736, aclimatándose con rapidez en los lugares en los que el cultivo del cacao había fracasado a causa de las violentas tormentas que asolaban periódicamente a la isla; hacia 1760 era ya uno de los principales productos de exportación de la isla[8].

A su implantación contribuyeron en buena medida hacendados franceses procedentes de Haití, y más tarde personas huídas de la Revolución Francesa; pero sobre todo su difusión se vió favorecida por las enfermedades que a mediados del siglo XVIII arruinaron las plantaciones de café en Ceilán y las Indias Orientales, obligando a buscar nuevos cafetales en América[9].

En 1768 la Corona Española dió una Real Orden dispensando al café de pagar impuestos durante cinco años a fin de fomentar su implantación; sus efectos fueron claramente beneficiosos, pues en 1776 había casi dos millones de cafetos en Puerto Rico, que se convirtieron en nueve millones en 1830. A finales de la administración española, se dedicaba en Puerto Rico a cafetales el doble de superficie de cultivo que a la caña de azúcar.

Hacia 1748 el cafeto se cultiva en Cuba procedente de Santo Domingo, siendo su introductor José Antonio Gelabert; más o menos por estas fechas, se comienzan a plantar cafetos en las regiones de Cumaná y Caracas.

Más tardía fue su introducción en la costa Pacífica. En Guayaquil, una de las regiones productoras de cacao de mejor calidad, los primeros cafetales los cultivó un irlandés hacia 1764 a partir de plantas de La Martinica, según testimonio del ingeniero Francisco Requena, quien nos dice además que en 1774 había ya tres mil árboles[10].

A finales del siglo XVIII el cafeto era casi desconocido en las Islas Filipinas, ya que tan sólo existían plantas en el Jardín Botánico de Manila. Sin embargo su difusión posterior fue muy rápida, al contar con la ayuda de un aliado imprevisible, un pequeño mamífero (Paradosciurus musanga) que se alimenta de las bayas maduras del fruto y expele los granos no digeridos, aptos para la germinación.

Bastante tardía —hacia 1774— fue la introducción del café en Brasil, que se atribuye al fraile franciscano José Mariano da Conceiçao Veloso, del convento de San Antonio, quien recibió las primeras semillas de un amigo suyo holandés llamado Hoppman[11].

Ingenios y máquinas en la manufactura del café

Una vez recolectados a mano los granos de café maduros, se iniciaban una serie de procesos industriales que en el siglo XIX eran los siguientes[12]:

La separación de la pulpa carnosa o descerezado.

Tras la recolección de los frutos (llamados «cerezas», por el color rojo de las bayas) que había de realizarse necesariamente a mano cuando estuviesen maduros, se iniciaba un proceso cuya finalidad última era obtener el grano limpio y sin cáscara.

La primera operación, llamada «descerezado», consiste en separar mecánicamente la cereza o parte carnosa del grano.

Para ello existían dos procedimientos; el que describimos en primer lugar es más rústico y requiere mucho tiempo, pero en contrapartida no se necesita casi maquinaria. Por el contrario, el que expondremos en segundo lugar, es mucho más breve y técnicamente superior; es el que se utilizó en las grandes haciendas cafeteras en el siglo XIX.

En el procedimiento rústico, los frutos se extienden en patios soleados, removiéndolos cada cierto tiempo hasta que se sequen totalmente, lo que ocurre aproximadamente al cabo de unos 25 días.

Cuando la semilla está tan dura como un grano de maíz seco, se echa el fruto en pilones de madera, majándolo con una manija, para eliminar la cáscara exterior y liberar las dos semillas o granos de café.

El procedimiento industrial, mucho más rápido, consiste en descerezar el café mediante una máquina llamada «despulpadora», operación que ha de realizarse —al igual que ocurre con la caña de azúcar— en el mismo día que se recolecta si ello es posible.

Las bayas recogidas se hacen pasar entre un cilindro de madera, forrado con una plancha de cobre (que a finales del siglo XIX se convierte en un cilindro de fundición) y dos láminas o navajas ajustadas, que arrancan la parte carnosa, quedando los granos sólo con babas adheridas que hacen al grano resbaladizo.

La fermentación.

En este proceso, que sólo tiene lugar en el procedimientos que hemos llamado industrial, se trata de eliminar las babas de pulpa que han quedado adheridas a los granos de café después del descerezado. El procedimiento más habitual consistía en echar los granos despulpados en albercas llenas de agua.

El proceso duraba uno o dos días, y permitía eliminar los granos defectuosos, que flotaban en la superficie.

Variedad de cafeto. H. Ruiz y J. Pavón. Flora Peruviana et Chilensis. 1798-1802. *Real Jardín Botánico, Madrid.*

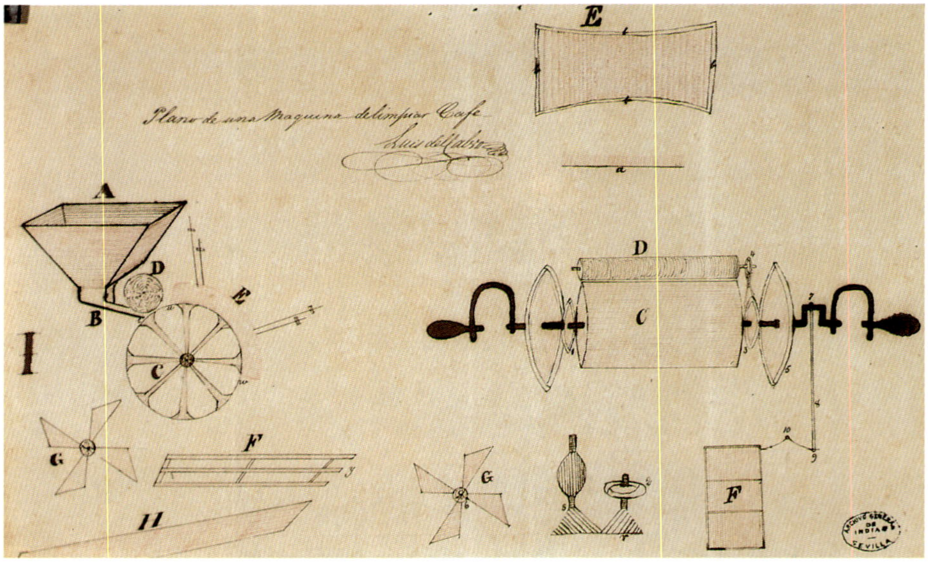

Plano de una máquina para descascarillar café, por Luis de Calvo. 1823. Archivo General de Indias, Ingenios y Muestras, 115.

Cafetales en Los Llanos.
E. André. América Equinoccial. En: «América Pintoresca». Barcelona, Montaner y Simón, 1884. pag. 589. Biblioteca Nacional, Madrid.

El secado.

Cuando los granos ya han perdido las babas adheridas a su cáscara, se sacan de las albercas y se ponen a secar al sol, o en espacios cerrados y calentados con estufas. Se tiene ahora un grano con la cáscara dura pero no resbaladiza, que se puede ya descascarillar.

El despergaminado.

Una vez que se ha eliminado la pulpa carnosa de la baya, es preciso quitar la película dura que envuelve a los granos y que se llama pergamino.

Esta operación se realizaba también utilizando varios procedimientos; mediante un pilón o mortero análogo al que se emplea con el arroz, o mediante unas máquinas llamadas despergaminadoras.

El descascarillado con el mortero es un proceso manual muy simple, pero también tiene una eficacia muy pequeña; se usó sólo en explotaciones muy atrasadas y de escasa producción.

Entre los ingenios empleados para eliminar la cáscara, llamada pergamino, había varios tipos; la máquina más antigua, movida manualmente, era la «descascarilladora de cilindros», muy sencilla y de la que tenemos una buena descripción realizada por Luis del Calvo en 1823[13].

El café que se quería despergaminar se colocaba en una tolva, análoga a las empleadas en los molinos harineros, y desde ella caen los granos por una canaleta entre dos cilindros o rodillos (C y D) de la máquina, fragmentándose la cáscara al pasar entre ellos. Uno de los rodillos (C) es metálico y estriado; el otro (D), es liso, de madera recubierta de cuero para evitar que se rompa el grano. El rodillo de madera tiene un diámetro que es la cuarta parte del metálico con estrías.

La cáscara rota al pasar entre los cilindros queda parcialmente adherida al grano; para eliminar estos residuos se dispone una carda metálica (E) obligándose a pasar el grano entre ésta y el cilindro (C).

Al salir de la carda por «w» el grano suelto, pero mezclado con las cáscaras, cae sobre un cedazo móvil (F) y mientras pasan, la hélice aventadora (G) elimina las cáscaras. Del cedazo móvil (F) el grano cae en el fijo e inclinado H, que separa en dos tamaños o calidades los granos.

Finalmente (en Z) el grano el café está ya dispuesto para ser ensacado.

Otra máquina, llamada a veces «retrilla», cobró un auge creciente en la segunda mitad del siglo XIX, llegando a convertirse en la máquina más importante en la industria del café.

Esta despergaminadora o retrilla funcionó casi siempre aprovechando la fuerza motriz del agua mediante una rueda vertical de grandes dimensiones, provista de cangilones, el tipo de rueda industrial más característico y de mejor rendimiento desde el siglo XVI hasta la aparición de las turbinas[14].

El cultivo del café en Guatemala.
La Ilustración Española y Americana. 1877.
pág. 349.
Hemeroteca Municipal, Madrid.

Una plantacion de café en Las Nubes.

Protegiendo un cafetal jóven contra los rayos solares.

Operacion de trasplantar el café jóven, en Antigua.

Un cafetal en completo desarrollo, en Las Nubes.

Recoleccion de café en Las Nubes (2.000 metros sobre el nivel del mar).

Recoleccion de café en San Isidro (500 metros sobre el nivel del mar.)

Operacion de secar y limpiar el café en grano.

Embarque de café para la exportacion, en Champerico.

Esta rueda vertical trasmitía, mediante un engranaje, la potencia a un eje vertical, el cual arrastraba dos muelas solidariamente unidas a él, de manera que al girar las muelas dejen un pequeño espacio —del orden de cuatro milímetros— entre la superficie de la muela móvil y la solera del canal con la finalidad de evitar el aplastamiento total del grano.

Las muelas o ruedas eran de madera maciza, bastante pesadas, y para evitar su excesivo desgaste, en las últimas décadas del siglo XIX iban forradas con una llanta metálica.

La máquina está accionada por una rueda hidráulica de cangilones, que hace girar las muelas de piedra a una velocidad de 12 a 15 vueltas por minuto.

El café ya despergaminado se descarga por dos trampillas hecha en el fondo del canal sobre el que giran las muelas.

Estas retrillas, provistas de muelas dispuestas de manera similar a los molinos de aceite, son sustituídas a finales del siglo XIX por maquinaria más moderna y eficaz, de procedencia extranjera, y así lo recoge Nicolás Sáenz en 1895[15].

Entre los nuevos modelos destaca la Smout de Gordon, que consistía en un eje con acanaladuras en espiral que giraba dentro de un cilindro de hierro con rebordes longitudinales, a una velocidad entre 80 y 100 revoluciones por minuto. El café con el pergamino entraba por un extremo de la máquina y salía por el otro trillado, contando además con un aspirador que eliminaba los fragmentos del pergamino, y hacía innecesario aventar el café mediante ventiladores o exponiéndole al aire[16].

El aventado del grano

La última operación consiste en aventar el grano, para eliminar el pergamino triturado en la retrilla.

En las instalaciones más rústicas este aventado se realizaba a mano, pero en general se empleaban aventadoras similares a las utilizadas para los cereales.

Tras esta operación el café queda ya dispuesto para ser enfardado en sacos, listos para ser enviados a los lugares de consumo. Queda tan sólo la operación de tostado, que se realizaba a la temperatura de 250 grados, y en cuyo proceso —que produce varias reacciones químicas— el grano de café se hincha hasta casi duplicar su volumen, disminuye mucho su peso y surge el aroma y la fragilidad que caracteriza al grano apto ya para ser molido y preparar como él una taza de café.

Todas estas máquinas adquieren especial relieve en el siglo XIX en Puerto Rico, donde el cafeto, más resistente a los agentes atmosféricos que el cacao, cobra una importancia creciente como producto de exportación.

Un ejemplo bien documentado de molino de despergaminar el café del tipo «retrilla», no es hoy bien conocido gracias a las excavaciones y estudios realizados recientemente por especialistas en arqueología industrial en una Hacienda de Puerto Rico. Sus orígenes se sitúan cuando en 1821 llegó a Puerto Rico un funcionario de la Corona español, Salvador Vives, que tras haber servido durante años a la administración española en Venezuela, se afincó en Ponce[17].

Tras su muerte, continuó al frente del negocio familiar su hijo Carlos, quien decidió continuar algunas obras para mejorar la hacienda, entre ellas la instalación de un molino hidráulico de rueda motriz vertical de cangilones para la fabricación de harina de maíz.

Lograda la preceptiva autorización para utilizar las aguas del río Canas —que obtuvo en 1847— tanto para riegos agrícolas como para obtener energía industrial para moler el maíz, se realizaron las obras de captación y el acueducto que llevaba el agua a la factoría, y la instalación de un potente molino para transformar el maíz en harina.

El canal, realizado en mampostería y ladrillo, era relativamente corto (alrededor de 340 metros) aportaba sin embargo caudales importantes (alrededor de 70 litros/segundo) y tenía arriostrados los cajeros, tal y como se hacía también en algunos molinos de España, para evitar su rotura a causa del empuje hidrostático[18].

La rueda de cangilones tenía unos cinco metros de diámetro, y una anchura de 0,80 metros, siendo la potencia estimada de 6 caballos.

Esta máquina, inicialmente diseñada para moler maíz, sufrió una transformación en una fecha indeterminada de la segunda mitad del siglo XIX, cuando se construyó en la Hacienda un nuevo molino hidráulico para el maíz, empleando en lugar de una rueda hidráulica

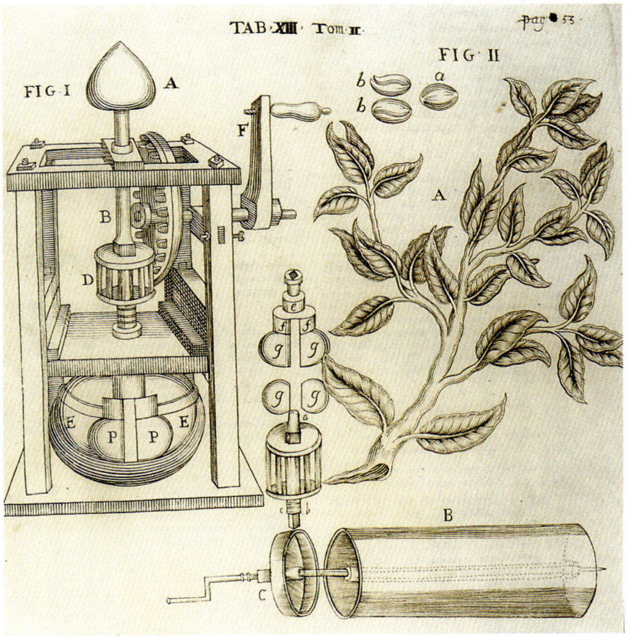

Cafeto y molinillo de café. J.J. Mangeti. Bibliotheca Chemica Curiosa.

Vista panorámica de un Cafetal. C.F. Martius. Flora Brasilensis. 1840-1906. *Real Jardín Botánico, Madrid.*

una turbina movida también por el agua, que constituye el hallazgo de un eslabón perdido en el campo de la historia de las turbinas a reacción[19].

El café en la vida cotidiana

Desde su generalización por el imperio turco, el café, consumido en establecimientos públicos, constituyó el lugar por excelencia en el que se desarrollaban cotilleos sociales y conspiraciones políticas, al calor de los efectos excitantes de la bebida.

No es pues de extrañar, que sultanes otomanos como Amurat III y Mohamet IV prohibieran bajo penas severas el acceso a establecimientos en los que se despachaba café, pues en ellos se reunían políticos descontentos.

El primer café europeo se estableció en Marsella, quizá por influencia de los caballeros de la Orden de Malta, que en sus largas estancias en Oriente habían desarrollado el gusto por la bebida.

En 1630 se estableció en París el café Renard, donde acudía el mundo elegante y levantisco de la Fronda.

No obstante, el establecimiento más célebre de París fue el café Procopio —fundado por un siciliano llamado así— donde años más tarde se reunían escritores, filósofos y conspiradores. Entre la parroquia del café se encontraron personas como Voltaire, Diderot, Holbach, reformadores del pensamiento humano y fermento de la revolución de 1789.

En España, debido al arraigo social que tuvo el chocolate (consumido en establecimientos especializados o chocolaterías), la afición por beber café es bastante tardía; los primeros cafés célebres fueron «La Fontana de Oro» y el de Lorenzini.

Más café que en ninguna otra parte del mundo se bebía en Inglaterra en el siglo XVII, y de hecho, cuando el té se comienza a vender en Londres —en 1657— se hace en el Café de Garway.

Londres contó, ya en el siglo XVII, un café que con el tiempo adquirirá enorme importancia en el mundo de las finanzas y los seguros.

Nos referimos naturalmente al café que abrió hacia 1687 Edward Lloyd y que se convirtió con gran rapidez en lugar de cita de todos los personajes que se hacían a la mar. Con el tiempo, ya en el siglo XVIII, este café se transformó en una de las mayores compañías de seguros de todo el mundo —la Lloyd—, y así ha llegado hasta hoy.

Hacia 1700, según fuentes de época, Londres contaba con dos mil cafés, un café de media por cada 200 personas.

Un café de Madrid a mediados del siglo XIX.
El Museo Universal. 1861, *pág. 229. Hemeroteca Municipal, Madrid.*

A partir de entonces, se comienza a implantar una nueva bebida —el té— que se importa de diversos países asiáticos a través del mayor monopolio mundial del té, la English East India Company, que operó hasta 1858.

Alemania, que a diferencia de Francia, Holanda o Inglaterra, carecía de colonias en las que introducir el café, y de una gran flota comercial, se vió obligada a recurrir a intermediarios. Tras un intento de mantener la cerveza como bebida nacional, y dado los altos costos del café se recurrió a un sucedáneo de inferior calidad, la achicoria, que aunque consumida con resignación, fue durante gran parte del siglo XVIII un sustituto barato del café. Se preparaba este brebaje a partir de la raíz de la achicoria silvestre, cortada en trozos pequeños y secándola en estufas análogas a las empleadas en el secado del café.

Los trozos desecados se tostaban luego añadiendo un dos por ciento de manteca para darles un lustro parecido al del café. Finalmente se molían para obtener un polvo que es el sucedáneo del café.

Muchos intelectuales fueron gran bebedores de café, algunos de ellos entusiastas, como Fontenelle o Voltaire; otros en cambio —como el escritor Balzac—, le acusaba de enloquecerle el pensamiento.

Revolucionarios como León Trotsky pasaron en el Café Central de Viena, horas interminables de espera de la revolución rusa.

El café prestó también su nombre a periódicos y diarios políticos, casi siempre de matiz liberal.

El primero del que tenemos noticias, se editó en Milán en 1764 con el título «Il caffè», y fue editado por los hermanos Verri para difundir ideas reformistas[20].

En España, se publicó desde el primero de agosto de 1813 al 14 de mayo de 1814 el «Duende de los Cafeés», diario político de ideas exaltadas que desapareció con el regreso del rey absolutista Fernando VII[21].

A lo largo del siglo XIX los cafés se convertirán en toda Europa en lugares acogedores donde es posible pasar una tarde de tertulia sin un costo excesivo; será en el siglo XX, con la ocupación del centro de las ciudades por instituciones bancarias, cuando se arrasan, sin casi dejar rastro, estos establecimientos apacibles y cotidianos que llamamos en todo el mundo los cafés.

NOTAS

1. *Diccionario Enciclopédico Hispano-Americano.* Tomo Cuarto, voz café. Barcelona, Montaner y Simón Editores, 1888.

2. Hattox, Ralph S. *Coffee and Coffeehouses. The Origins of a Social Beverage in the Medieval Near Est.* Washington, University of Washington, 1985. Págs. 18-19.

3. Bitterli, Urs. *Le café dans l'histoire européenne. Swissair Gazette* 1/1988.

4. Sebastián de Covarrubias. *Tesoro de la Lengua Castellana o Española.* Madrid, Luis Sánchez, 1611.

5. Una vista interesante del puerto de Moka, en la península arábica, puede verse en Pierre van der Aa (impresor) *La Galerie Agreable du Monde,* tomo primero de Arabia, lámina sexta. Leide, Universidad de la Ciudad. (siglo XVIII).

6. La fecha de 1682 que figura en la Enciclopedia Británica, no coincide con la de 1714, que proporciona Marco Palacios (véase nota 9).

7. Díaz Hernández, Luis Edgardo. *Castañar, una Hacienda Cafetalera en Puerto Rico (1868-1930).* Río Piedras, 1983. Págs. 78-79.

8. Fonfrías, Ernesto Juan. *Vocabulario del cafetal.* San Juan Bautista de Puerto Rico, 1975.

9. Palacios, Marco. *Coffee in Colombia, 1850-1970. An economic, social, and political history.* Cambridge, University Press, 1980.

10. Descripción Histórica y Geográfica de la Provincia de Guayaquil en el Virreinato de Santa Fe, para acompañar al Mapa general de su distrito e inmediaciones, hecha por el ingeniero extraordinario don Francisco Requena. Año 1774. Estudio crítico y notas de María Luisa Cuetos. Sevilla, 1984. Pág. 56.

11. Ellis, Myriam. *O Café. Literatura e História.* Sao Paulo, 1977. Pág. 27.

12. La descripción de los procesos utilizados en la industria del café en la segunda mitad del siglo XIX, con pequeñas variaciones puede seguirse a través de las memorias sobre el cultivo del café de José Manuel Restrepo (Bogotá 1856), Francisco Ospina (Bogotá, 1872), Mariano Ospina (Bogotá 1880) y Nicolás Sáenz (Bogotá 1895), reeditadas con el título de *Memorias sobre el cultivo del café* en Bogotá, 1952.

13. Una descripción de esta máquina de cilindros para descascarillar café figura en el plano «Ingenios y Muestras número 115», que se custodia en el Archivo General de Indias, en Sevilla.

14. Sobre la evolución y rendimiento de las ruedas hidráulicas puede verse la obra, ya citada *Fábricas Hidráulicas Españolas.* Madrid, 1987. Págs. 481-503.

15. Sáenz, Nicolás. *Memoria sobre el cultivo del cafeto o guía para la fundación de un cafetal en Colombia, incluyendo los cultivos accesorios de plátano, cañas y pastos.* Bogotá, 1895.

16. Arango, Mariano. *Café e industria. (1850-1930).* Bogotá, Carlos Valencia Editores, 1981. Pág. 176.

17. Baralt, Guillermo A. *La tecnología hidráulica de la Hacienda Buena Vista en Ponce, Puerto Rico. (1833-1904).* Seminario de Antiguas Obras Hidráulicas en América. México, 1988.

18. Es posible estimar el caudal transportado a partir de la sección del canal (aproximadamente cuadrada, de 45 cm. de lado) y de la pendiente, que estimamos por analogía en 5 milésimas. Con estos datos, el caudal aportado sería de 70 litros/segundo.

19. Blanco, Francisco Javier. *La turbina hidráulica Barker-La Cour de la Hacienda Buena Vista. Ponce, Puerto Rico.* Seminario de Antiguas Obras Hidráulicas en América. México, 1988. En este trabajo se atribuye el descubrimiento e identificación de la turbina a Robert Johnson, especialista en tecnología de la Smithsonian.

20. Chadwick, Owen. *The Italian Enlightenment,* dentro de la obra de varios autores *The Enlightenment in National Context.* Cambridge, University Press, 1981. pág. 96.

21. Véase *Conversación del Duende de los Cafées* y «Contestación al Miserable Duende de los Cafees sobre sus imposturas y calumnias contra el Superintendente de la Fábrica del Tabaco de Sevilla Don José Espinosa» en la Hemeroteca Municipal de Madrid, sigs. A/262 y A/907.

LA REMOLACHA AZUCARERA

MANUEL MARTÍN RODRÍGUEZ
MIGUEL GIMÉNEZ YANGUAS
Universidad de Granada

«Deseando siempre la Real y Benemérita Sociedad de Amigos del País cumplir con la elevada misión para que la que fué creada, trata de fomentar la riqueza agrícola de la famosa Vega de Granada, en otros tiempos tan rica y floreciente, y patrocina la idea de cambiar el cultivo actual por el de la remolacha, que tan pingües rendimientos ocasiona en países menos favorecidos por la naturaleza que el nuestro para las producciones del campo... tanto por el producto principal, el azúcar, como por las consecuencias que el cultivo y elaboración industrial se derivan sería altamente ventajoso a la localidad adoptar el expresado cultivo, cuyos beneficios habían de ser tangibles colectiva e individualmente en no muy largo plazo.»

Informe dado por una Comisión nombrada por la Real Sociedad Económica de Amigos del País de la Pronvincia de Granada sobre el cultivo de la remolacha en esta vega. Granada. Imp. de I. Ventura Sabatel. 1879.

La remolacha y el azúcar de remolacha. Antecedentes históricos

La remolacha (beta vulgaris) es una planta que crece espontáneamente en el litoral mediterráneo y en la India oriental, y que muy probablemente fue cultivada también por los antiguos egipcios y otros pueblos desde tiempos muy antiguos. Sin embargo, el descubrimiento del azúcar contenido en su raíz data de mitad del siglo XVIII cuando Marggraf, después de realizar estudios sobre diversas plantas en su laboratorio de Berlín, dio a conocer sus investigaciones en 1747, en la que se describía minuciosamente cómo había encontrado azúcar en la raíz de tres especies de remolachas y cómo se podía obtener en el laboratorio mediante un largo procedimiento de prensado de remolachas, filtración y sedimentación de los jugos, cocción del jarabe y purificación final del azúcar obtenido.

Al morir Marggraf, su discípulo Achard continuó las investigaciones, abandonando ya el laboratorio y centrando sus trabajos en dos frentes complementarios: la obtención de una remolacha rica en azúcar y el diseño de un proceso industrial de obtención del azúcar a gran escala. A estos efectos, adquirió una hacienda en Cunern (Silesia), en la que para 1802 ya había obtenido una remolacha de una gran riqueza sacária y construido una fábrica azucarera con capacidad para trabajar 3.500 kgs diarios de remolacha. Tanto sus métodos de cultivo como los de fabricación son los que, con muy pocas variaciones, subsisten aún en nuestros días.

Junto a estos dos grandes científicos, suele considerarse a Koppy como el primer gran empresario del azúcar de remolacha, al haber sido éste el primero en obtener resultados económicos positivos en su fábrica de azúcar construida en 1806, en la que se trabajan diariamente 7.000 kgs de remolacha, con unos rendimientos de 3.41 libras de azúcar y 2.97 libras de jarabe por quintal de remolacha.

Sin embargo, pese a que estos descubrimientos científicos iniciales se realizaron en Alemania, fue en Francia donde se desarrolló la industria de remolacha a gran escala, debido al bloqueo continental impuesto por napoleón hasta 1813, que impidió el comercio con Inglaterra, país por el que se canalizaba hasta el resto de Europa la mayor parte de azúcar de

Azucarera de remolacha de Santa Juliana en Armilla (Granada). 189.

caña procedente de las Antillas. Napoleón se convirtió en el gran protector del azúcar de remolacha, dictando varios decretos por los que se prohibía el consumo de azúcar colonial, se mandaba la plantación de remolachas en todo el imperio, y se ordenaba la construcción de cuatro grandes fábricas imperiales y la creación de cinco escuelas especiales de estudios azucareros. En este clima, no sólo se potenció la fabricación sino que se incentivó el perfeccionamiento técnico de la industria, con el descubrimiento, entre otras innovaciones, del poder decolorante del carbón de huesos o negro animal, realizado por Figuier en 1812.

A partir de entonces, la industria del azúcar de remolacha fue abriéndose camino en Europa, aunque lentamente y no sin dificultades, ya que si, por un lado existía interés en que se expansionara para sustituir así a las importaciones coloniales, por otro, los gobiernos no querían renunciar a los importantes ingresos fiscales que se obtenían de los azúcares importados. Mientras la producción azucarera de las colonias europeas fue suficiente para abastecer el consumo creciente de sus respectivas metrópolis, el conflicto se resolvió, normalmente, en contra de los intereses remolacheros, pero cuando la alta elasticidad-renta de la demanda del azúcar hizo insuficientes las plantaciones de caña transoceánicas, todos los países europeos, pero especialmente Francia y Alemania, adoptaron una política decidida de fomento al azucar de remolacha. En 1825, ya exitían en Francia 100 fábricas, que producían unas 2.600 tms de azúcar de remolacha. En la campaña 1880-81, la producción europea de azúcar de remolacha se elevaba a 1.750.000 tms de azúcar bruto. Y en 1883, la producción de azúcar de remolacha superaba ya, por vez primera en la historia, a la de azúcar de caña.

La introducción de la remolacha en España

Mientras en Europa se desarrollaba esta potente industria remolachera, en España se seguía consumiendo el azúcar de caña procedente de sus colonias (Cuba, Puerto Rico y

Interior de la sala de fabricación de la Azucarera de remolacha «La Vega» construida en el año 1904 en Atarfe (Granada).

Aparato para concentrar los jugos con evaporador tubular. 1876.. Catálogo del Fabricante «Compaigne de Fives-Illes».

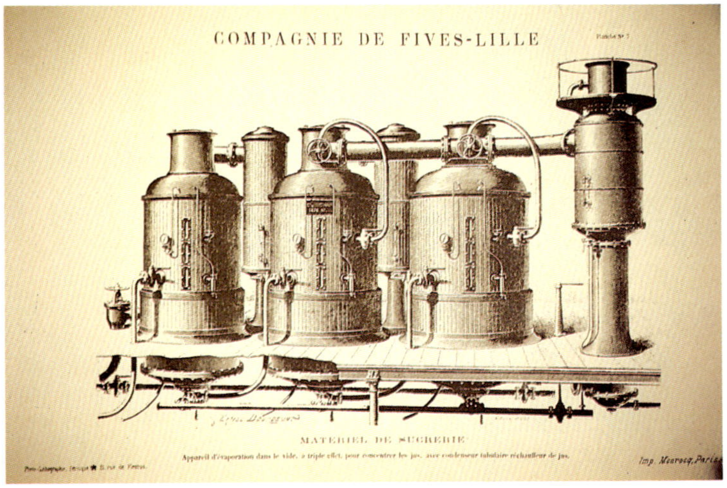

Filipinas). El consumo peninsular de azúcar representaba un porcentaje insignificante de la producción de estas tres islas y no era de temer, por tanto, un posible desabastecimiento. Unido esto a la política de reciprocidad de comercio entre la metrópoli y sus colonias, se explica bien el considerable retraso con que se introduce la remolacha en España. Serían necesarios, a un tiempo, el conflicto bélico hispano-cubano y la crisis agraria de la penúltima década del siglo XIX para hacer cambiar la situación y para que aparecieran diversas iniciativas en este sentido.

La primera de ellas y, en definitiva, la que estaba llamada a tener mayor éxito, fue la de Juan López-Rubio, iniciada en la Vega de Granada en 1878. En este año, bajo el patrocinio de la Real Sociedad Económica de Amigos del País de la Provincia de Granada, distribuyó semilla de remolacha gratuitamente entre 152 labradores, de 48 pueblos distintos. El cultivo de la planta se realizó en circunstancias y con cuidados diferentes, y aunque en algunos plantíos no se obtuvo nada, o muy poco, el resultado global de la experiencia fue muy positivo.

Animado por ello, y aprovechando la facilidad de sus relaciones con los químicos e ingenieros franceses y alemanes que prestaban sus servicios en las fábricas de azúcar de caña del litoral granadino, se decidió a construir una fábrica de azúcar de remolacha en las proximidades de Granada, junto a la vieja Acequia Gorda, que había servido históricamente para proveer de energía hidráulica a la industria granadina. Las obras del Ingenio de San Juan, que así se llamó esta fábrica, comenzaron el 6 de abril de 1882 y concluyeron siete meses más tarde, el 6 de noviembre de ese mismo año. La maquinaria fue servida por la Compañía Fives-Lille, de París, y la semilla de remolacha que se cultivó simultaneamente con la construcción de la fábrica, fue proporcionada por la casa Marcherez, también de París.

Al día siguiente de la finalización de las obras, la fábrica se puso en funcionamiento. Aunque su capacidad era de 100 tms/dia, en la primera campaña de 1882-83 sólo trabajó 1.329 tms de remolacha, con una producción de 66.000 kgs de azúcar, de excelente calidad. El rendimiento industrial apenas alcanzó un 5 por 100, que era muy bajo comparado con el 9 por 100 que se conseguía por entonces en las fábricas europeas, pero ello fue debido no tanto a deficiencias en el proceso industrial como a la composición química de la remolacha sembrada, que a partir de los años siguientes comenzaría a ir sustituyéndose por otra más adecuada a las características del suelo y del clima de la comarca.

Simultáneamente a la experiencia de López Rubio en Granada, el conde de Torres Cabrera intentaba también aclimatar el cultivo de la remolacha en su Colonia Agrícola de Santa Isabel, situada en la localidad cordobesa de Alcolea. Consta que con anterioridad a 1878 ya se habían hecho en ella ensayos previos de cultivo de remolacha, pero no fue hasta esa fecha cuando se distribuyó la semilla entre los colonos, que no prestaron demasiada atención a su cultivo, por lo que la remolacha creció sin labores, sin abonos y casi sin riesgos. Sin embargo, inmediatamente después, Torres Cabrera, convencido de que su proyecto era importante, situó al frente de la Colonia al ingeniero agrónomo José Martí, quien desde entonces tuvo a su cargo el hacer de la remolacha el principal cultivo de la misma.

Después de realizados los ensayos necesarios, Torres Cabrera construyó una pequeña fábrica que hizo su primera campaña en 1882-83, es decir, el mismo año en que comenzó sus trabajos el Ingenio de San Juan. Su capacidad de molturación era de unas 20 tms diarias, pero ese año no trabajó más allá de 600 tms, con un rendimiento industrial inferior al 5 por 100. A diferencia del Ingenio de San Juan que dispuso desde el primer momento del *sistema de difusión*, utilizado comunmente en las grandes fábricas europeas, la fábrica de la Colonia de Santa Isabel comenzó haciendo uso de la *maceración*, aunque en la campaña siguiente se montó ya una batería de difusores de la casa Fives Lille, que permitió trabajar 50 tms/dia.

La fábrica de Torres Cabrera arrastró una vida muy precaria, sin llegar a producir efectos inducidos significativos sobre la región y sin provocar el nacimiento de nuevas fábricas azucareras en la misma, tal como cabía esperar de acuerdo con lo sucedido en otras partes, hasta su cierre definitivo en 1904, fecha en la que fue aportada por su propietario a la Sociedad General Azucarera de España.

El Ingenio de San Juan, en cambio, en condiciones muy difíciles, debido a la depresión del mercado mundial del azúcar en los años inmediatamente siguientes a su entrada en funcionamiento, no sólo consiguió sobrevivir sino que sirvió de estímulo a la creación de una potente industria remolachera en la Vega de Granada. En la campaña 1884-85, Fernando Guerrero, un ingeniero francés vinculado familiarmente a Granada, puso en funcionamiento una segunda fábrica de azúcar, y en la de 1890-91, pese al desastre de la Bolsa de Magdeburgo, el mercado mundial más importante del azúcar, se construyeron ocho nuevas fábricas. Con ello, la capacidad instalada total ascendía a 2.185 tms de remolacha por día, lo que permitía llegar a trabajar más de 200.000 tms en una campaña de 100 días.

A partir de 1891, la industria remolachera comenzó a extenderse a otras regiones españoles. Málaga y Almería, primero, y Madrid, Oviedo y Zaragoza, inmediatamente después, tuvieron fábricas de remolacha antes de la pérdida de las reliquias del imperio. Después de ocurrir este hecho, y perderse por tanto nuestra principal fuente de abastecimiento de azúcar, una auténtica fiebre por la construcción de fábricas azucareras se desató en diferentes regiones españoles, pero fundamentalmente en Granada y Aragón, que llevó en muy pocos años a un exceso de capacidad que amenazaba con arruinar a toda la industria. Para conjurar este peligro, de entre las diferentes fórmulas intentadas, en 1903 terminó imponiéndose la creación de una gran empresa, la Sociedad General Azucarera de España, que con las aportaciones de la mayor parte de las fábricas existentes dispuso de más del 90 por 100 de la potencia instalada. A partir de esta fecha, la industria y la producción de remolacha se convirtió en una actividad fuertemente intervenida, en la que los intereses de la Hacienda Pública, de los fabricantes de azúcar y de los agricultores comenzaron a librar una dura batalla que estaba llamada a durar mucho tiempo.

Variedad de remolacha azucarera francesa. J. Dureau. Tratado del cultivo de la Remolacha azucarea. *Traducción de Wladimir Guerrero. Granada.* 1891.

Variedad de remolacha azucarera alemana semi-tardía. J. Dureau. Tratado del cultivo de la Remolacha azucarera. *Traducción de Wladimir Guerrero. Granada.* 1891.

La remolacha

Desde los primeros tiempos de las investigaciones relativas a la remolacha, se tuvo la certeza de que uno de los primeros objetivos a conseguir consistía en la obtención de *variedades* adaptables a los distintos terrenos y climas, a fin de conseguir altos rendimientos sacáricos. Mientras que Vilmorín (París) había puesto en práctica, a partir de 1850, la selección de variedades en función de la densidad del jugo de la remolacha, por entender que para densidades altas existía una relación casi perfecta entre densidad de jugo y riqueza de azúcar, Knauer (Groebers) había seguido, a partir de 1860, un camino totalmente distinto, al intentar una selección basada en los caracteres exteriores de la planta, por entender que el color de las hojas y cuello, la forma de la raíz, la dureza de la carne y otros eran muy representativos de la calidad de la remolacha. Años despues, sin embargo, ambos estuvieron de acuerdo en que la selección debía llevarse a cabo atendiendo tanto a la densidad de los jugos como a los caracteres externos, y sobre esta base fue como ellos mismo consiguieron sus mejores variedades, lográndose así posteriormente elevar el contenido en azúcar de la remolacha por encima del 20 por 100.

El *terreno* es fundamental en el cultivo de la remolacha. Según Dureau, uno de sus más destacados tratadistas, «una buena tierra de remolacha debe ser accesible al aire y a la luz, ser fiable, fácil de trabajar, suficientemente higrométrica, cálida, activa, presentar una capa arable profunda, que las raíces puedan penetrar con facilidad, debe estar exenta de piedras, descansar sobre un subsuelo permeable, de composición análoga en lo posible a la de la capa superior». En general, los depósitos diluvianos, en los que arcilla, arena y caliza se encuentran mezclados en proporciones parecidas, con gran riqueza en humus, se han considerado desde siempre los terrenos más aptos.

El *clima* también es de una gran importancia. No bastan sólo unas determinadas condiciones de lluvia y temperatura, sino que es necesario que éstas se distribuyan de forma adecuada a lo largo de los tres periodos clave de la vida de la remolacha: el periodo de siembra y nacimiento ha de ser humedo y cálido; el de desarrollo propiamente dicho, húmedo y cálido; y el de maduración, seco y cálido.

La remolacha requiere de unas *labores* muy esmeradas. Se comienza por realizar labores profundas durante el otoño, de modo gradual y hasta alcanzar una profundidad de unos 30 centímetros. De esta forma, el terreno queda expuesto a la intemperie durante todo el invierno, volviéndose friable y esponjoso, y adquiriendo la humedad suficiente como para garantizar las condiciones de vida necesarias a las semillas que deben germinar durante la primavera. La siembra se efectúa normalmente con máquinas sembradoras, bien por el sistema de chorrillo, bien por el de golpe, bien por el de monograno, que es el más frecuente actualmente. Es muy importante la separación de las semillas, que oscila alrededor de 40 cms entre surcos y de 25 cms entre las semillas de cada surco, ya que de la mayor o menor distancia que exista entre ellas depende la forma de las raíces, la absorción de agua del terreno por las mismas, el tiempo de maduración, el contenido en azúcar, y el peso de la cosecha. Con la siembra pueden simultarnearse otras labores, como las de fertilización, tratamientos fitosanitarios y aplicación de herbicidas.

Poco tiempo después de la siembra las semillas comienzan a germinar, y a los 6-10 días aparecen las primeras plantas. Es entonces cuando debe procederse a la escarda y al aclarado, en su caso. El desarrollo de la remolacha es más o menos rápido y favorable según las condiciones atmosféricas. El peso de la raíz y de las hojas crece durante todo el desarrollo de la planta hasta su completa madurez. Al final de esta etapa, comienzan a amarillear las hojas, inclinándose hacia abajo y obscureciéndose progresivamente, siendo todo ello síntoma de la madurez de la remolacha. Pese a ello, la raíz puede aumentar considerablemente de peso durante algún tiempo después.

Aparato para la cristalización del azúcar en vacío (Tacha). *L. Walkhoof.* Traité complet de Fabrication et raffinage du sucre de betteraves. *Tomo II. París.* 1874.

La recolección comprende un conjunto de operaciones encaminadas a la extracción de las raíces y a su posterior preparación para su entrega en fábrica. El descoronado consiste en la eliminación de hojas y coronas, mediante alguno de los sistemas mecánicos actualmente existentes. El arranque de la remolacha se realiza mediante diferentes sistemas, que pueden clasificarse en fijos rotativos, oscilantes o en alguna combinación de los anteriores. La limpieza es la operación mediante la que se elimina la tierra adherida a la remolacha, con sistemas de cadena de varillas, rotativos o vibratorios. Antes de la mecanización de estas operaciones, el arranque y la limpieza, como las restantes labores del cultivo de la remolacha, eran muy laboriosas y necesitaban de grandes cantidades de mano de obra.

Aunque la rentabilidad de la remolacha depende, como la de los demás cultivos de su precio de venta y de sus costes de producción, tradicionalmente se ha asociado a la misma una alta rentabilidad en términos sociales, debido, precisamente, a la alta demanda de mano de obra requeridas tanto en las labores de cultivo como en el proceso de fabricación. Así, mientras el cultivo de los cereales en regadío exige unas 40 horas por hectárea, el cultivo de la remolacha requiere cerca de 500. En esto radica el alto valor añadido derivado de la remolacha y la importancia de los efectos económicos que genera en todas las regiones donde se cultiva.

La fabricación de azúcar de remolacha

La tecnología básica de la fabricación del azúcar de remolacha estaba practicamente definida a finales del siglo XIX. Con posterioridad, sólo se han añadido pequeñas innovaciones que han afectado al tipo de energía utilizada o que han tenido como finalidad exclusivamente la automatización de determinados procesos para abaratar los costes de producción. En la descripción que a continuación se hace del proceso, se prescindirá de estas innovaciones, tratando de identificar las fases más importantes del proceso.

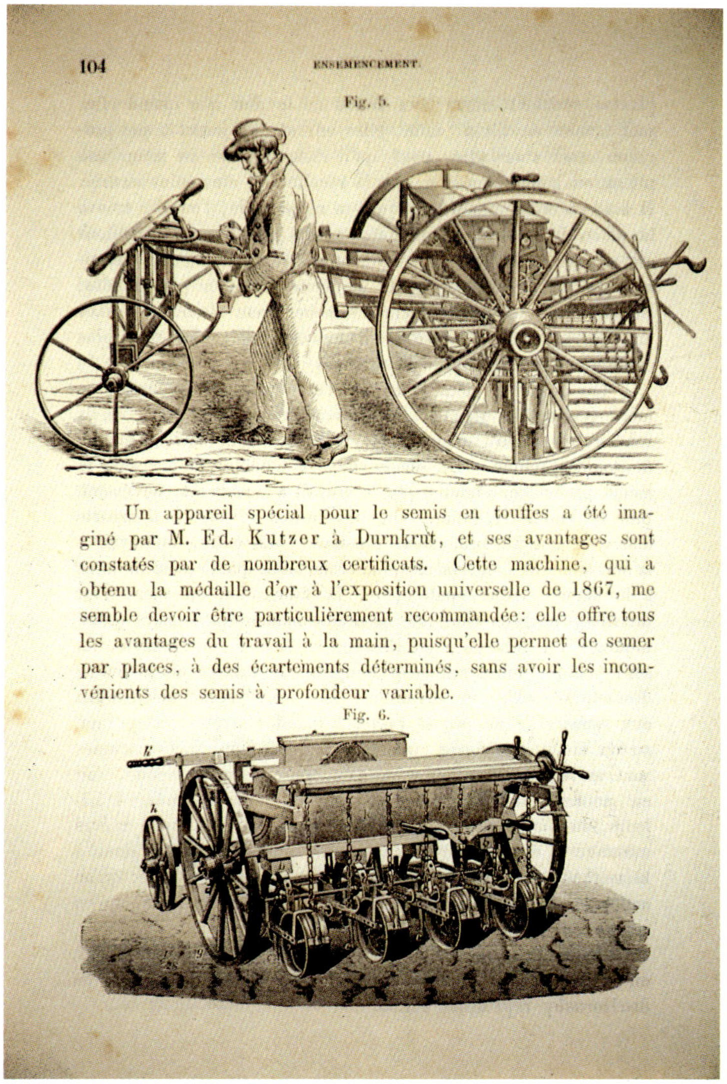

104 ENSEMENCEMENT.

Fig. 5.

Un appareil spécial pour le semis en touffes a été imaginé par M. Ed. Kutzer à Durnkrut, et ses avantages sont constatés par de nombreux certificats. Cette machine, qui a obtenu la médaille d'or à l'exposition universelle de 1867, me semble devoir être particulièrement recommandée: elle offre tous les avantages du travail à la main, puisqu'elle permet de semer par places, à des écartements déterminés, sans avoir les inconvénients des semis à profondeur variable.

Fig. 6.

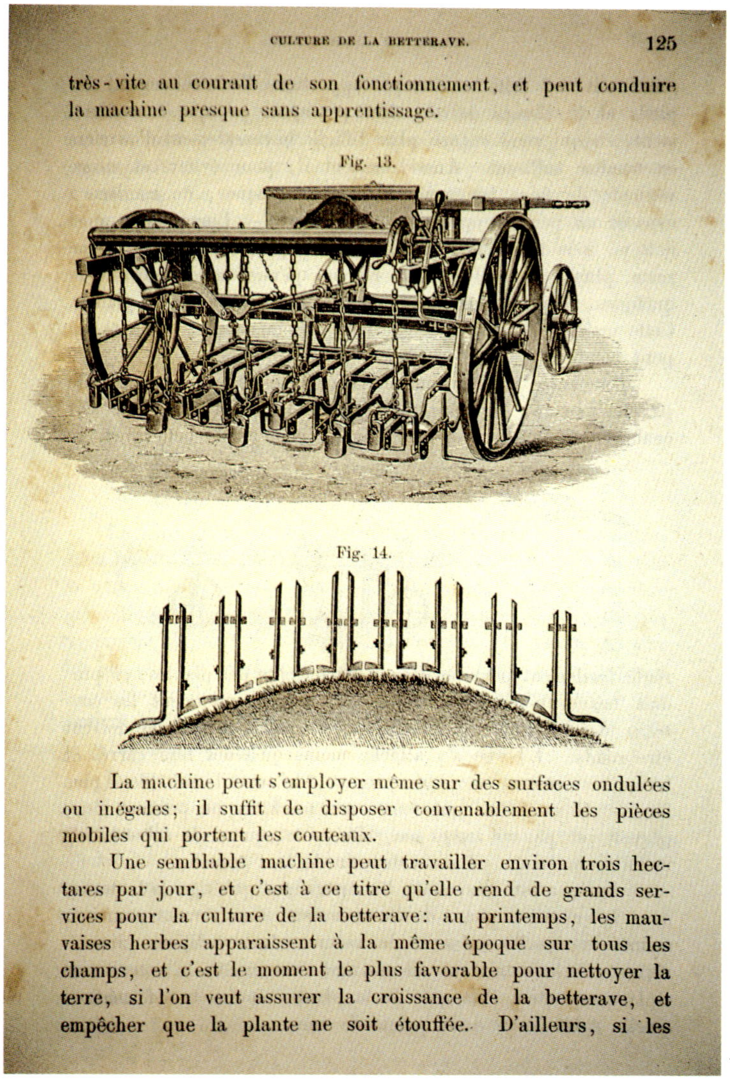

CULTURE DE LA BETTERAVE. 125

très-vite au courant de son fonctionnement, et peut conduire la machine presque sans apprentissage.

Fig. 13.

Fig. 14.

La machine peut s'employer même sur des surfaces ondulées ou inégales; il suffit de disposer convenablement les pièces mobiles qui portent les couteaux.

Une semblable machine peut travailler environ trois hectares par jour, et c'est à ce titre qu'elle rend de grands services pour la culture de la betterave: au printemps, les mauvaises herbes apparaissent à la même époque sur tous les champs, et c'est le moment le plus favorable pour nettoyer la terre, si l'on veut assurer la croissance de la betterave, et empêcher que la plante ne soit étouffée. D'ailleurs, si les

Máquina sembradora de remolacha. L. Walkhoff. Traité complet de Fabrication et raffinage du sucre de betteraves. *Tomo I. París.* 1874.

Arado de cuchillos multiple para cortar raíces en campos de remolacha. L. Walkhoof. Traité complet de Fabrication et raffinage du sucre de betteraves. *Tomo I. París.* 1874.

Mediante la operación de *lavado*, que originariamente fue una de las que más dificultades entrañó, se libera a la remolacha de la tierra, piedrecillas y demás suciedad adherida, utilizando para ello unos lavadores de remolacha, que primero fueron de tambor y posteriormente de molinillo. Las remolachas limpias son elevadas y llevadas a un plano inclinado por el que caen a una báscula automática.

De la báscula, las remolachas son conducidas al siguiente paso del proceso, para su *trituración*. En el cortarraices se divide la remolacha en tiras muy finas, de diferente sección según el perfil de las cuchillas empleadas. De aquí cae la *coseta* (remolacha cortada en el molino) a un transportador de cinta que la conduce a la batería de difusión.

La *extracción del jugo* de la remolacha se realiza desde 1865 por el procedimiento de difusión, basado en la propiedad que tienen las membranas, bañadas a ambos lados por líquidos o soluciones acuosas, de producir un cambio mutuo de componentes. Si a un lado de una de estas membranas semipermeables se encuentra una solución azucarada y en el otro hay agua, el azúcar atraviesa la membrana y se acumula en el agua, en tanto ésta última penetra simultáneamente en la región de solución azucara, diluyéndola. El procedimiento, que tenía sobre el de presión de la remolacha anteriormente utilizado, el proporcionar un mayor rendimiento en la extracción de jugos, obligaba a un movimiento forzado de los mismos a través de una batería de difusores y al empleo de agua a una temperatura entre 80 y 90 grados que permitía conseguir una temperatura media de 50 grados en la mezcla con la coseta fría, necesaria para facilitar la operación de ósmosis. Realizada ésta, la coseta queda dividida en dos partes: el jugo de la difusión, que representa un 96% de la remolacha trabajada, y la pulpa, que representa el 4% restante.

El jugo procedente de la batería de difusión es un líquido turbio, de color oscuro y bastante viscoso. Al contacto con el aire se ennegrece y puede adquirir una consistencia gelatinosa si se le deja mucho tiempo en reposo. Químicamente es una mezcla muy compleja en la que se contienen la sacarosa y otros hidratos de carbono, diversos ácidos orgánicos, grasas, materias albuminoides, componentes minerales y otras impurezas. Para eliminar todas estas impurezas, es necesario proceder a la purificación de los jugos, lo que se hace en varias fases sucesivas.

En primer lugar, se hace pasar el jugo por unos aparatos en forma de criba, que retienen los restos de coseta y demás materias sólidas que le acompañan, enviándolo después hasta los precalentadores, en los que alcanza una temperatura entre 80-85 grados. El jugo caliente se dirige entonces a unas calderas, en las que tiene lugar la llamada *defecación*, que constituye la primera fase purificación de los jugos. En ella, los jugos se mezclan en las llamadas encaladoras con lechada de cal o cal viva, disolviéndose estos componentes en proporciones variables y quedando el exceso en suspensión. El jugo de la difusión, antes ácido, queda ahora alcalino, y tienen lugar una serie de precipitaciones y descomposiciones que continúan posteriormente en las fases de carbonatación y evaporización.

La segunda fase de la purificación de los jugos es la *carbonatación*, que tiene como finalidad, en primer lugar, precipitar el exceso de cal y, en segundo, descomponer los sacaratos formados. La operación consiste en añadir cal a los jugos defectados, bien previamente en unos malaxadores, bien directamente en los llamados carbonatadores, en los que se les hace borbotar en gas carbónico, siendo ésta la carbonatación propiamente dicha. Es normal efectuar dos carbonataciones sucesivas, y no es raro efectuar todavía una tercera. La segunda carbonatación se efectúa con ahidrido carbónico después de adicionar al jugo de la primera una cantidad menor de cal, y la tercera, en su caso, se lleva a cabo sobre el jugo filtrado de segunda carbonatación, sin adicionarle nueva dosis de cal, mediante gas carbónico.

El jugo carbonatado se conduce a los *filtros prensa*, en los que se separaban del jugo carbonatado las espumas húmedas, las cuales contienen mezcladas con el carbonatado cálcico, todas las impurezas del jugo de difusión. El jugo que sale de los filtros prensa se somete a una segunda filtración y el retenido por las espumas se recupera por lavado a fin de obtener el máximo aprovechamiento posible. Las espumas desazucaradas se descargan abriendo las prensas y dejándolas caer por tolvas en transportadores que les conducen al extremo del llamado puente de espumas.

La transformación del jugo en jarabe y masa cocida consiste en concentrar los jugos por evaporación del agua, y entraña una serie de operaciones en las que tiene lugar una complicada cadena de efectos físico-químicos. Como el jugo contiene bicarbonato cálcico, antes de conducirlo a la evaporación es necesario calentarlo fuertemente en los llamados hervidores, para separar por filtración el precipitado de carbonato producido, que dañaría a las calderas de evaporación de producirse en éstas. La evaporización del agua se realiza en dos fases: en primer lugar, se efectúa la llamada evaporización del jugo para convertirlo en jarabe, y después se hace la cocción del jarabe para obtener una masa cocida, en la que se encuentra ya cristalizada la mayor parte del azúcar.

La *evaporización del jugo* se realiza en el llamado aparato de triple efecto, o en las baterías de cuadruple efecto, mediante la utilización múltiple del vapor a baja presión o en el vacío. El vacío mayor se dispone en la última caja, haciéndole decrecer sucesivamente hasta la primera, en la que todavía hay alguna presión. El jugo pasa de una caja a otra en virtud de su vacío convirtiéndose en jarabe en la cuarta. El jarabe es un líquido denso, de color amarillo oscuro, del que se obtienen alrededor de 25 kgs por cada 100 kgs de remolacha trabajada. Antes de someterse al proceso de cocción, se hace borbotar en ahindrido sulfuroso para conseguir su decoloración. Y el agua concentrada en los recintos de caldeo, caliente y muy pura, se purga convenientemente para ser usada en otras fases del proceso de fabricación.

El jarabe debe someterse a una ulterior *cocción* para obtener azúcar cristalizada. Desde el punto de vista físico, es ésta una operación similar a la de evaporización, por lo que se utilizan el mismo tipo de aparatos, que en este caso se denominan tachas. Todavía caliente, tal como sale de la tacha, la masa cocida tiene el aspecto de una magma cristalino mezclado

Portada de un catálogo de un fabricante de máquinas de vapor para Fábricas de Remolacha.

con la miel, en el que los cristales de azúcar, coloreados de amarillo, se distinguen perfectamente en la masa de miel.

La *extracción del azúcar de la masa cocida* constituye la fase final del proceso de fabricación. La masa cocida se descarga de la tacha en los llamados cristalizadores o malaxadores, siendo conducida después a las turbinas o centrifugadoras, en las que se obtiene por un lado el azúcar bruto y por otro la miel. Esta última puede destinarse a la obtención de azúcar de segundos productos, sometiéndola a un nuevo proceso de filtración, cocción en las tachas de mieles, y centrifugación. El azúcar así obtenido oscila alrededor del 15 por 100 de la remolacha trabajada. Además, con el azúcar de segundos productos se obtiene en la centrifugación una miel de calidad peor y mucho más impura que la miel de primeros productos, de la que ya no se recupera el azúcar, sino que se utiliza como melazas para otros fines.

Así pues, en la fabricación del azúcar de remolacha, además de ésta se obtienen tres importantes subproductos: la pulpa, que se utiliza en la alimentación del ganado; las espumas, que se han utilizado tradicionalmente como abono, ya que devuelven a la tierra todas las materias que absorbe la remolacha durante su crecimiento; y las melazas, que se destinan a la producción de alcoholes.

La producción de remolacha y de azúcar de remolacha en España

Como ya se ha dicho, España fue uno de los últimos países europeos en introducir el cultivo de la remolacha azucarera. Hasta 1882, fecha en que se construyó la primera fábrica de azúcar de remolacha en Granada, el mercado nacional se había abastecido fundamentalmente con importaciones procedentes de las reliquias del Imperio, complementadas con una corta producción de azúcar de caña que se obtenía en la propia metrópoli, a lo largo de una estrecha franja costera en las provincias de Almería, Granada y Málaga.

A medida que las relaciones con las colonias se fueron haciendo más difíciles, las perspectivas para el azúcar de remolacha fueron mejorando, no sólo porque se preveía que el mercado nacional terminaría reservándose a la producción interior sino porque se conocía que ésta no se podría aumentar mucho con el azúcar de caña, que había alcanzado ya sus límites geográficos dentro del territorio nacional. Por ello, a los quince años de haberse construido la primera fábrica de azúcar de remolacha, y alcanzado ya la cifra de 53.000 tms. Esta producción, sumada a la caña de azúcar, permitía abastecer el 90 por 100 del consumo nacional, que en el año 1898 era de 81.500 tms.

La pérdida de las colonias, unida a la fuerte protección arancelaria existente para azucar extranjero, produjo una elevación de los precios del azúcar y un aumento extraordinario de los beneficios de las 18 fábricas de azúcar de remolacha construidas en esos años. A causa de ello, en solo tres años, de 1899 a 1902, se construyeron 31 nuevas fábricas, con una capacidad de molturación de 13.000 tms/dia. En 1903, la capacidad de producción de las fábricas españolas, incluidas las de caña y remolacha, era ya de 200.000 tms, es decir, más del doble del consumo nacional.

Este exceso de capacidad se resolvió, según se dijo, con la creación de la Sociedad General Azucarera, una sociedad de nueva creación que compró el patrimonio de más del 90 por 100 de las empresas existentes, a cambio de dinero y de acciones de la sociedad. La fórmula no produjo los resultados previstos, ya que inmediatamente se crearon nuevas sociedades azucareras, incluso por los mismos que habían vendido sus anteriores empresas a la Sociedad General Azucarera. Fue necesaria entonces una ley que en 1907 prohibió el establecimiento de nuevas fábricas por un periodo de tres años, ampliables a otros tres en un radio de 80 kms de las fábricas ya establecidas. Pese a esta medida, en 1913, al finalizar el periodo de prohibición, la producción de azúcar se había incrementado en un 60 por 100 y las fábricas tenían acumulados unos altísimos stocks de azúcar.

A partir de entonces, la política azucarera tuvo como objetivo, por un lado, tratar de asegurar la rentabilidad de los agricultores y de fabricantes, por otro, garantizar el abastecimiento del mercado nacional a los precios más bajos posibles, y, finalmente, incrementar la recaudación por el impuesto sobre azúcares que entonces era uno de los capítulos más sustanciosos del presupuesto de ingresos y utilizando al mismo tiempo el impuesto para im-

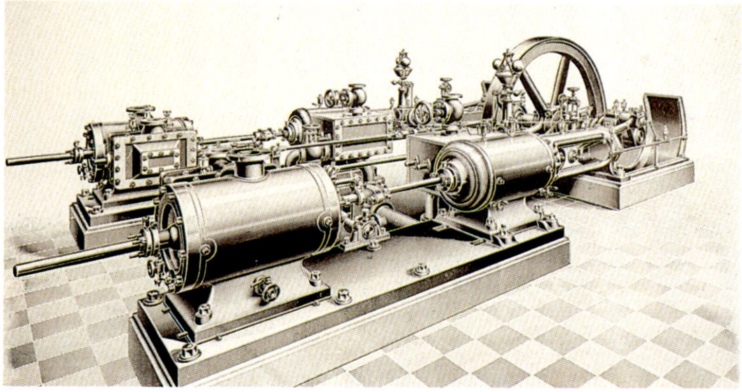

Máquina de vapor horizontal con bomba de vacío.

Máquina de vapor motriz con dos bombas de aire.

Máquina de vapor horizontal con tres bombas de doble efecto para impulsar líquidos.

Centrífugas para separar el azúcar de las melazas.

pedir la entrada de azúcares extranjeros, mucho más baratos que los españoles, debido a una mayor productividad agrícola e industrial. Eran demasiados objetivos, a la vez, y por ello los errores fueron muy frecuentes. Con todo, la industria fue desarrollándose rápidamente, de forma que al final de Segunda República se había alcanzado una producción de 275.000 tms, suficientes para abastecer el consumo nacional, que por entonces era de 11.5 kgs por habitante.

Después de la Guerra Civil se continuó con el sistema arbitrado por la Ley de Azúcares de 1935, que establecía una regulación de la campaña azucarera, determinando las cantidades de remolacha a producir en cada zona del territorio nacional así como los precios de la remolacha con arreglo a una escala de densidad. Sin embargo, la producción de 1935 ya no volvería a alcanzarse hasta 1952. En este año, se dedicaron al cultivo de remolacha en toda España cerca de 200.00 has, con una producción de más de 4.000 tms. Las principales zonas productoras fueron Aragón, Andalucía, Castilla la Vieja y León. Había un total de 40 fábricas de azúcar de remolacha, de las que 18 estaban en el Ebro, 10 en el Duero, 10 en el Sur y 2 el Centro. El rendimiento industrial de la remolacha era ya del 12.4 por 100.

En vísperas de la integración de España en la Comunidad Económica Europea, la superficie dedicada a la remolacha azucarera oscilaba en torno a las 200.000 hectáreas, de las que una tercera parte era de secano y el resto de regadío, siendo el rendimiento agrícola medio de unos 375 Qm por Ha., lo que representaba un incremento muy notable con respecto a décadas anteriores. La distribución regional de esta superficie había cambiado notablemente con respecto a la que había sido tradicional en España, correspondiendo un 50 por 100 a la zona del Duero, un 40 por 100 a la zona Sur y el 10 por 100 restante a las zonas del Centro y del Ebro. La producción de azúcar de remolacha estaba alrededor de un millón de toneladas, con un rendimiento industrial de la remolacha del 12.5 por 100.

Si se compara esta situación con la de los países de la Comunidad Económica Europea en esas mismas fechas, el resultado era claramente desfavorable para el nuestro en términos de rendimientos medios, medidos por cantidad de Tms de azúcar por Ha. Mientras la media de la Comunidad Económica era de 6.5 tms de azúcar por ha, la de España era de 4.7. Queda, pues, un largo camino por recorrer antes de que el sector remolachero español pueda equipararse al comunitario, y el periodo transitorio de adhesión ha de ser necesariamente suficiente para ello.

PRODUCCIÓN DE REMOLACHA Y DE AZÚCAR DE REMOLACHA EN ESPAÑA

Año	Superficie (Miles Ha)	Rendimiento (Qm Ha)	Producción remolacha (Miles Tm)	Producción azúcar (Miles Tm)
1882			3	0,1
1883			8	0,6
1884			21	1,7
1885			27	2,0
1886			33	2,5
1887			35	2,5
1888			38	2,7
1889			50	3,5
1890			170	11,3
1891			210	13,9
1892			145	11,6
1893			170	14,1
1894			135	11,9
1894			85	7,0
1896			200	18,4
1897			410	41,0
1898			480	52,8
1899			491	51,7
1900				60,7
1901				59,5
1902				67,3
1903				94,9
1904				78,7
1905				69,0
1906				81,5
1907				95,0
1908				108,3
1909				85,9
1910				71,1
1911				86,1
1912				138,8
1913				148,7
1914				140,4
1915				101,3
1916				111,5
1917				119,6
1918				123,5
1919				117,1
1920				142,2
1921				159,7
1922				130,3
1923				164,4
1924				216,3
1925				200,3
1926				250,8
1927				221,7
1928				230,5
1929				223,7
1930				249,5
1931				315,8
1932				276,3
1933				226,1
1934				296,2

Año	Superficie (Miles Ha)	Rendimiento (Qm Ha)	Producción remolacha (Miles Tm)	Producción azúcar (Miles Tm)
1940	64,3		1350	151,2
1941	66,7		1359	44.9
1942	47,8		931	77,7
1943	56,9		1083	111,7
1944	62,0		1182	135,7
1945	58,2		958	98,0
1946	71,3		1526	159,0
1947	65,1		1213	118,3
1948	93,2		1987	239,0
1949	92,8		2212	146,5
1950	86,6		1385	156,6
1951	109,8		2436	274,9
1952	178,7		4136	513,9
1953	118,1		2378	287,4
1954	90,9		1854	238,9
1955	97,8		2266	290,1
1956	112,1		2743	360,4
1957	102,1		2285	299,3
1958	132,6		3207	402,7
1959	144,4		3918	475,2
1960	144,7	242	3507	447,2
1961	158,5	274	4350	513,2
1962	166,0	211	3506	417,9
1963	116,4	232	2703	346,0
1964	144,1	231	3328	443,0
1965	145,9	251	3664	478,1
1966	157,2	255	4000	526,9
1967	171,4	250	4283	541,4
1968	179,7	253	4543	638,9
1969	181,8	274	4980	693,8
1970	221,0	245	5415	691,2
1971	199,0	322	6412	941,0
1972	207,0	252	5212	534,8
1973	189,8	290	5501	637,1
1974	141,8	282	3989	525,8
1975	200,2	317	6337	844,4
1976	292,9	347	10167	1276,1
1977	252,8	329	8307	1101,7
1978	235,2	353	8291	1037,3
1979	165,6	309	5124	657,0
1980	183,3	377	6908	768,0
1981	217,8	365	7941	881,0
1982	259,3	350	9085	1018,0
1983	249,0	371	9619	1141,0
1984	220,1	367	8095	1153,0
1985	180,4	367	6619	976,0
1986	196,4	395	7746	1007,6
1987	179,4	442	7937	991,1

Fuente: M. Martín, *Azúcar y descolonización, Granada, 1982*; Asociación Nacional de Fabricantes de Azúcar; Ministerio de Hacienda, *Memorias sobre el Estado de la Renta de Aduanas*; Sindicato Nacional de Azúcar; Ministerio de Agricultura, *Anuarios de Estadística Agraria.*

Vista de la nave central de una azucarera francesa construida por la compañía Fives-Ille. 1880. *Catálogo del Fabricante «Compaigne de Fives-Ille».*

LA MANUFACTURA DEL CAUCHO

IGNACIO GONZÁLEZ TASCÓN
C.E.D.E.X. Ministerio de Obras Públicas y Urbanismo
JOAQUÍN FERNÁNDEZ PÉREZ
Facultad de Biología. Universidad Complutense de Madrid

Asimismo el caucho, no es solamente extraído del «hevea», sino también del «urceola elástica», del «commiphora madagascarensis» y de un gran número de otras plantas de la familia de los euforbios, de las ortigas (ficus cecropia), de los cucurbitáceos (carica) y de las campanuláceas (lobelia).

Alexander von Humboldt, *Ensayo Político sobre el reino de la Nueva España,* Libro IV, capítulo IX.

La gutapercha y el caucho: técnicas extractivas del látex

Muchos vegetales poseen unos vasos (llamados laticíferos) por los que circula un jugo de color blancuzco que llamados «látex», nombre con el que los pueblos que hablaban latín designaban a la leche.

Sólo unas pocas de estas plantas suministran, cuando se les practica una incisión en la corteza, un jugo o látex abundante y útil, del que el caucho y la gutapercha son los más importantes desde el punto de vista industrial.

La gutapercha (voz que se deriva de la lengua malaya «guetah», goma y «perca», árbol del que se extrae) se obtiene mediante el sangrado de ciertos árboles que crecen en las Indias Orientales, sobre todo en la Península de Malaca, en Sumatra y en Borneo.

La recolección del látex de la gutapercha se hace del mismo modo que en los árboles del caucho, realizando una incisión en la corteza del árbol y recogiendo el líquido que fluye en vasijas de coco o de palma.

Su principal uso en el siglo XIX fue para recubrir los cables eléctricos submarinos, por sus excelentes características como aislante bajo el agua; por el contrario, su gran inconveniente, es que expuesto al aire y a la luz se alteraba con rapidez transformándose en una especie de resina quebradiza.

La gutapercha no se benefició en América colonial, y por ello no nos extenderemos sobre su importancia; el caucho por el contrario ocupa un lugar destacado en la historia de la cuenca del Amazonas, que es tanto como decir, de una gran parte de América del Sur.

La voz «caucho» es americana, y con el significado de algo impermeable denota ya en época prehispánica una de sus propiedades más útiles, y que como veremos generó un amplio comercio entre Europa y América en el siglo XIX.

Se obtenía mediante el sangrado de algunas plantas que crecen en regiones tropicales de América Central y del Sur, y fue conocido y empleado por diversas culturas prehispánicas —mayas y aztecas— que dominaban las técnicas extractivas y utilizaban sus propiedades mecánicas —sobre todo su gran elasticidad— para fabricar diversos instrumentos como pelotas que usaban en sus juegos, al menos desde el siglo XIII d.C.

Los pueblos establecidos en América antes de la conquista, realizaban incisiones en la corteza de los árboles del caucho en sentido vertical, y fijaban en la extremidad inferior de la abertura una vasija que se sujetaba a la corteza del árbol mediante arcilla húmeda o atándola con bejucos o con hilo de pita.

Arboles de hule o goma elástica en Aguná:, Guatemala. Protegidos por su sombra crecen árboles de cacao de dos años. La Ilustración Española y Americana. 1891. *vol. I:, pág. 388. Hemeroteca Municipal:, Madrid.*

El contenido de estos recipientes se vertía en cubetas de grandes dimensiones, en las que por evaporación del líquido acuoso se cuajaba el caucho.

Aunque son muchas las variedades utilizadas para obtener caucho[1], las dos más conocidas desde un punto de vista histórico son la «Castilloa elástica», que empleaban los indígenas de América Central, y que fue la que conocieron en primer lugar los españoles, y la «seringa», (Hevea brasiliensis), propia de la gran cuenca del Amazonas (parte de Brasil, Perú y Bolivia actuales).

Para obtener el caucho sólido a partir de la emulsión lechosa, se calentaba el látex en recipientes de arcilla, hasta que se prodùcía la coagulación, y adoptaba la forma de la vasija que lo contenía.

Uso que los indígenas daban al caucho

Los aztecas conocían y utilizaban las propiedades del caucho, fabricando pelotas elásticas para jugar al frontón, deporte al que eran muy aficionados, según nos describe pocos años después de la conquista el cronista López de Gómara[2]:

Arbol del caucho. F.P. Chaumeton. Flore Medicale. 1814. *Real Jardín Botánico, Madrid.*

«Otras veces iba Moctezuma al tlachtli, que es el trinquete para pelota. A la pelota la llaman ullamaliztli, la cual se hace de la goma del ulli, que es un árbol que se cría en tierras calientes, y que al punzarle llora unas gotas gruesas y muy blancas, que se cuajan muy pronto, las cuales, juntas, mezcladas y tratadas, se vuelven más negras que la pez, y no tiznan. De aquello redondean y hacen pelotas, que aunque pesadas, y por consiguiente duras para la mano, botan y saltan muy bien, y mejor que nuestras pelotas de viento.»

Más adelante, nos explica en que consistía el juego:

«Es este tlachtli o tlachco, una sala baja, larga, estrecha y alta, pero más ancha de arriba que de abajo, y más alta por los lados que por los frentes, hechas así a propósito para estos juegos. Lo tienen siempre muy encalado y liso; ponen en las paredes de los lados unas piedras como de molino, con su agujero en medio que pasa a la otra parte, por donde rara vez cabe la pelota. El que emboca por allí la pelota, lo cual acontece muy raramente, porque hasta con la mano cuesta trabajo, gana el juego, y son suyas, por costumbre antigua, y ley entre jugadores, las capas de cuantos miran cómo juegan en aquella pared por cuya piedra y agujero entró la pelota, y en la otra, que serían las capas de la mitad de los que estaban presentes.»

Cuando esto ocurría, añade López de Gómara, «decían los mirones que tal individuo —el que les dejaba sin capas— debía de ser ladrón o adúltero, o que moriría pronto.»

No sólo los aztecas jugaban con pelotas de caucho; su fabricación fue práctica corriente entre otros muchos pueblos indígenas americanos, tanto de México como de las cuencas de los ríos Amazonas y Orinoco.

Los indios Acaxees, establecidos en uno de los lugares más fragosos de la Sierra Madre, en el valle de Topia (México), fueron hábiles jugadores de pelota, que fabricaban con caucho; pero realmente, los mejores jugadores se encontraban entre los indios «otomacos», establecidos en las riberas del río Orinoco, y de cuyas actividades nos ilustra el padre Joseph Gumilla[3].

«Tienen su saque de pelota, y su rechace con tanta formalidad y destreza, que ni los más diestros Navarros les harán ventaja. Lo singular es, así la pelota, como el modo de jugarla: la pelota es grande, como una bola de jugar el mallo, formada de una resina, que llaman «caucho», que a leve impulso rebota tan alto como la estatura de un hombre: el saque y rechazo ha de ser con sólo el hombro derecho, y si toca la pelota en cualquiera otra parte del cuerpo, pierde una raya: causa maravilla ver ir y venir, rechazar y revolver la pelota diez, doce, y más veces, sin dejarla tocar el suelo.»

Eran sin embargo las mujeres otomacas, las que jugaban con furia a la pelota, empleando palas robustas:

«... con su garrote recio, de tres palmos de largo, con el cual, con ambas manos juntas, rechazan la pelota con tal violencia, que no hay Indio que se atreva a meter el hombro a repararla... y raro día hay, que no salga algún Indio deslomado de los pelotazos furiosos de las «otomacas», que celebraban con risadas estas haberías.»

Además de fabricar pelotas de juego, el látex se empleó en algunas ocasiones en la fabricación de objetos decorativos o de artículos de regalo.

Dos años después de la publicación en Madrid de la obra de Joseph Gumilla, el científico francés Charles Marie de la Condamine, una vez concluídas las experiencias geodésicas que habían motivado su aventura americana, decide realizar su viaje de regreso, en 1743, descendiendo por el río Amazonas, a fin de embarcarse hacia Europa desde el puerto de Cayena.

De su paso por el territorio de los omaguas, situado en la cuenca alta del Amazonas, nos dejó una interesante observación sobre el uso del caucho[4]:

«Los portugueses del Pará aprendieron de los omaguas a hacer de la misma materia bombas o jeringas, que no necesitan de émbolo: son huecas, de figura de una pera, con un agujero en su punta. Llénase su hueco de agua, y apretándolas, sale el agua por el agujero con violencia, como de una jeringa. Esta alhaja es muy usada entre los omaguas en sus fiestas.»

Nativos de Tabatinga, dedicados a la recolección del caucho. J. Crévaux. De Cayena a los Andes. *En: «América pintoresca». Barcelona, Montaner y Simón,* 1884. *pág. 229. Biblioteca Nacional, Madrid.*

Preséntanla por cortesía a los convidados, siendo el uso de ella un preliminario indispensable en sus banquetes.»

El propio La Condamine publicó años después —en 1751— la primera memoria sobre el caucho descubierto en Cayena por el Sr. Fresneau[5], quince años después de la expedición científica en la que participaron, como es bien sabido, los españoles Jorge Juan y Antonio de Ulloa.

Sobre el procedimiento empleado por los aborígenes americanos para fabricar peras de caucho a mediados del siglo XIX nos informa Luis Figuier[6]:

> «Los indígenas confeccionan además moldes de arcilla plástica, representando masas piriformes de figuras de animales o de pies de hombres. Bañan muchas veces estos moldes groseros en el cautchuc algo espeso, y cuando el depósito es abundante, lo dejan endurecer, y en este estado, rompen luego el molde, sacando la arcilla interior por el cuello de la botella, ora por medio de golpes repetidos, ora por un sencillo lavado en agua.»

Quizá el uso más importante que los aborígenes dieron en América al látex, fue su empleo para impermeabilizar telas y capotes que utilizaban para protegerse del agua.

De su uso en la Nueva España, escribe el jesuíta Clavijero, quien residió en México hasta que el rey Carlos III expulsó a su orden en América en 1767:

> «La resina elástica llamada por los mejicanos «olin» o «oli», y por los españoles «ule», sale del olquahuitl, árbol elevado, de tronco liso y amarillento... El ule cuando sale del árbol, es blanco, líquido y viscoso: después amarillea, y finalmente toma un color de plomo negruzco, que conserva siempre...

Esta resina, cuando está condensada, es la sustancia más elástica de todas las conocidas. Con ella hacían los mejicanos balones, que aunque más pesados que los de aire, tienen más ligereza y bote. Hoy, además de este uso, lo emplean en (impermeabilizar) sombreros, zapatos, y otros objetos, impenetrables al agua.»[7]

El uso del látex como producto capaz de impermeabilizar tejidos lo recoge también el fraile capuchino Ajofrín[8]:

«En estos campos de La Antigua (Antigua ciudad de Veracruz), se cría el hermoso y copudo árbol que llaman «ule», cuya goma es utilísima para fabricar lienzo encerado, que llaman ule, como el árbol, del que se hacen vestidos para tiempo de agua. No se abre el ule como el encerado.»

De nuevo insiste Ajofrín en las ventajas del ule americano sobre el encerado de Europa cuando escribe sobre la industria del impermeable establecida en el siglo XVIII en Orizaba[9]:

«Fabrican el lienzo encerado que llaman «ule», porque lo componen de la resina y jugo del árbol llamado ule, y he hablado antes. Es más suave que el encerado de la Europa el ule y no se corta, y también defiende mejor del agua.»

El interés europeo en el caucho: primeros usos

Hasta mediados del siglo XVIII, el caucho no despertó el interés de los europeos, debido sobre todo a la dificultad de su manejo, y a la escasa estabilidad de sus propiedades.

A finales del siglo XVIII, el caucho brasileño —el mejor del mundo— comenzó a cobrar importancia creciente.

Ante la dificultad de emplear el látex como impermeabilizante una vez endurecido —debido a la ausencia de disolventes baratos aplicables a escala industrial— el ejército portugués comienza a enviar desde Lisboa a la ciudad de Belém —capital del caucho brasileño de la Amazonía— las botas y zapatos de sus soldados para darlos un baño de látex y hacerlos impermeables al agua.

Tras los portugueses, fueron los comerciantes de Nueva Inglaterra los que comenzaron a encargar a las factorías portuguesas de Belém calzado confeccionado con caucho o seringa, con tanto éxito, que en 1839 esta ciudad exportó 450.000 pares de zapatos[10].

Un uso completamente nuevo al caucho se lo dió el químico inglés Joseph Priestley en 1770.

Mientras los españoles y franceses adoptaron el nombre aborigen americano (caucho, caoutchouc), el mundo anglosajón prefirió un término —rubber—, el mundo anglosajón adoptó un término —rubber— derivado de una de sus primeras aplicaciones en Europa, la que Priestley le encontró como goma para borrar (for rubbing) las marcas de un lápiz sobre el papel, procedimiento que se impuso pronto frente a los tradicionales borradores elaboradores con de migas de pan.

Sin embargo, la difusión del caucho en Europa en el siglo XVIII estuvo muy limitada, sobre todo por la dificultad de encontrar un procedimiento adecuado que permitiese reelaborar y emplear en usos industriales las grandes bolas de caucho que desembarcaban en los principales puertos europeos procedentes de las selvas tropicales americanas, y de manera muy especial de Brasil, que pronto se convirtió en el primer proveedor mundial de caucho.

Durante el siglo XVIII el único disolvente de cierta utilidad fue la trementina extraída de las coníferas, que tiene el inconveniente de que seca con dificultad, y de resultar además excesivamente cara para emplearla en la fabricación de productos a gran escala.

A lo largo del siglo XIX se producirán sin embargo una serie de avances tecnológicos en su manufactura que abren al caucho un futuro prometedor y lo convierten en una materia prima básica, de la importancia estratégica del petróleo o del carbón mineral.

El primer logro significativo se produce a partir de 1820, cuando Thomas Hancock, empleando una máquina trituradora consigue transformar las bolas de caucho en una masa homogénea que permite fabricar planchas, y mediante arrollamiento de éstas, tubos de caucho, efectuándose las uniones o empalmes entre las distintas piezas mediante la aplicación del calor en los bordes que se quieren soldar.

El sangrado del árbol del caucho. Fotografía. Biblioteca Nacional, Madrid.

Las incisiones transversales se sucedían hasta que dejaba de salir caucho.

Hancock consiguió asimismo que los nativos de Sudamérica substituyeran las tradicionales bolas de caucho que enviaban desde Brasil por caucho en forma de tubos, que él, mediante una máquina o torno, cortaba en espiral obteniendo un hilo continuo de caucho sin necesidad de realizar muchas uniones; así pudo iniciar la fabricación de tejidos elásticos y correas para la industria, usando una urdimbre de hilo de caucho y una trama de hilo tradicional.

En la misma década de los veinte, Charles Mackintosh descubrió un disolvente del caucho más barato y eficaz que la trementina, la nafta que se obtenía del alquitrán de la hulla, un subproducto barato que se obtenía en la industria del gas del alumbrado.

Utilizando este disolvente, en 1824 abría Mackintosh la primera fábrica de impermeables (que desde entonces se asocian a su nombre) aplicando una capa de caucho disuelta en nafta sobre una de las caras de dos telas que posteriormente se unían dejando en el interior la capa tratada con caucho. Ahora ya no era necesario enviar los productos que se querían impermeabilizar a América, sino que se podía importar el caucho y emplearlo en las factorías europeas de los países más desarrollados.

De este modo se obtenía una tela impermeable sin ninguna cara pegajosa, pues la mayor limitación que tenía el caucho por entonces, era su sensibilidad a la temperatura, reblandeciéndose con el calor y agrietándose cuando se sometía a un frío intenso.

El estudio científico de las plantas caucheras

Las primeras noticias de carácter científico sobre la naturaleza y las propiedades de los árboles caucheros, llegan a Europa con las descripciones y relatos que tuvieron su origen en la expedición científica dirigida por Charles Marie de la Condamine.

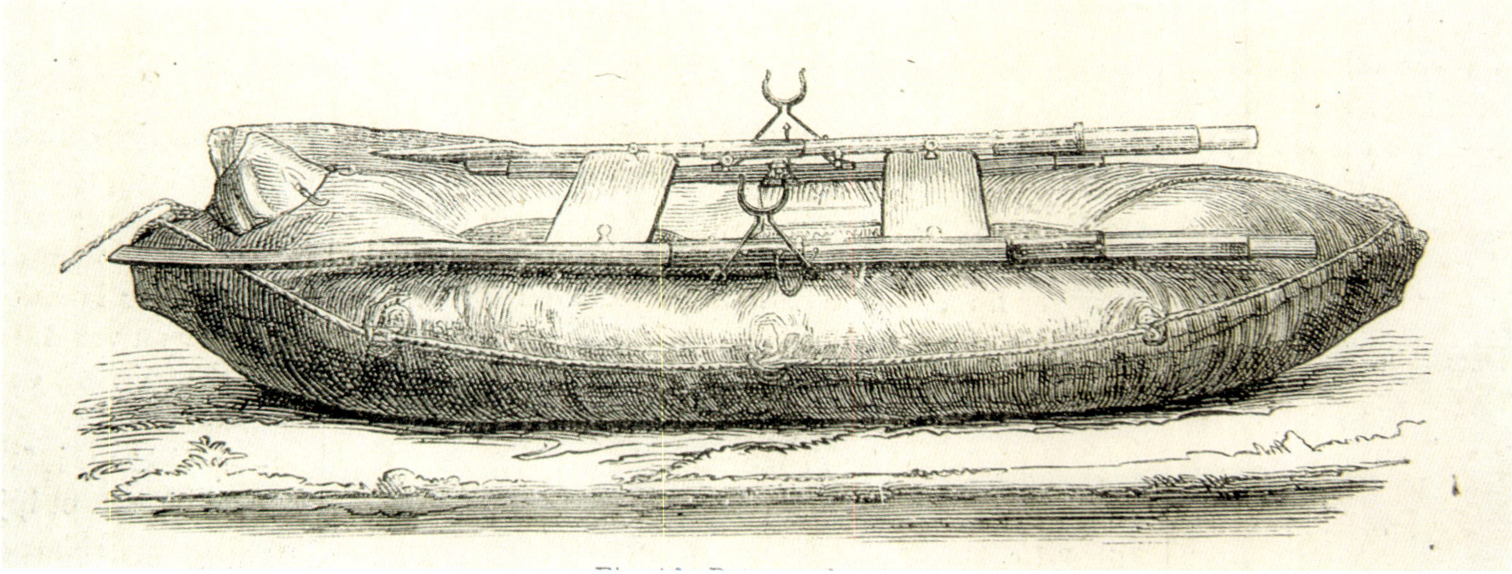

Bote de caucho.
La Ilustración Española y Americana. 1872
Hemeroteca Municipal.

En su viaje a la América Meridional, cuya finalidad principal era establecer con exactitud la longitud de un grado de meridiano en el Ecuador, los viajeros realizaron otras muchas observaciones de interés, entre ellas la descripción de las plantas del caucho.

Warren Dean, conocido estudioso del caucho brasileño, señala la equivocación que entre los dos árboles del caucho más importantes tuvo La Condamine[11].

Su primer contacto con los árboles productores de látex tuvo lugar en el Ecuador, donde en realidad vió los árboles que hoy conocemos como «Castilloa elástica», y que llamó, tal y como se hacía allí, «caoutchouc».

Años más tarde, en su viaje fluvial de regreso a Europa, La Condamine descendió el curso de Amazonas, donde encontró de nuevo otros árboles del caucho, que creyó eran los mismos que había visto en Ecuador.

En realidad era otra variedad, que los portugueses llamaban «seringa», es decir «jeringa», quizá porque los omaguas (de quienes los portugueses aprendieron su utilidad) fabricaban grandes cantidades de jeringas de regalo.

Esta «seringa», es la planta que hoy conocemos como «Hevea brasiliensis», aunque durante mucho tiempo permanecieron identificadas en una denominación común ambas plantas.

La sospecha de que ambas plantas eran diferentes se acrecentó en 1785, cuando Jean Baptiste Lamark recibió los primeros ejemplares secos de «seringa», aunque no pudo estar seguro de que se trataba de una especie diferente, ya que las plantas carecían de flores.

La certeza de que la «seringa» era un árbol realmente diferente no se alcanzó hasta 1807, por F.G. Sieber; para entonces la industria del caucho iniciaba un despegue económico que no hará sino aumentar a lo largo de los siglos XIX y XX.

La estabilización del caucho. El vulcanizado

Quizá el descubrimiento más importante, el que confirió al caucho una importancia excepcional como materia prima estratégica, fue el lograr su estabilidad frente a los cambios de temperatura y humedad, manteniendo sin embargo sus propiedades elásticas y mejorando su resistencia al desgaste.

Fue el norteamericano Charles Goodyear (1800-1860), tras varios años dedicados a tratar de mejorar las características mecánicas y la estabilidad del caucho, quien descubrió de manera accidental, en 1839, que al añadir en una estufa caliente azufre y albayalde al caucho, este mantenía inalterables sus propiedades elásticas frente a los cambios de temperatura y humedad ambiental.

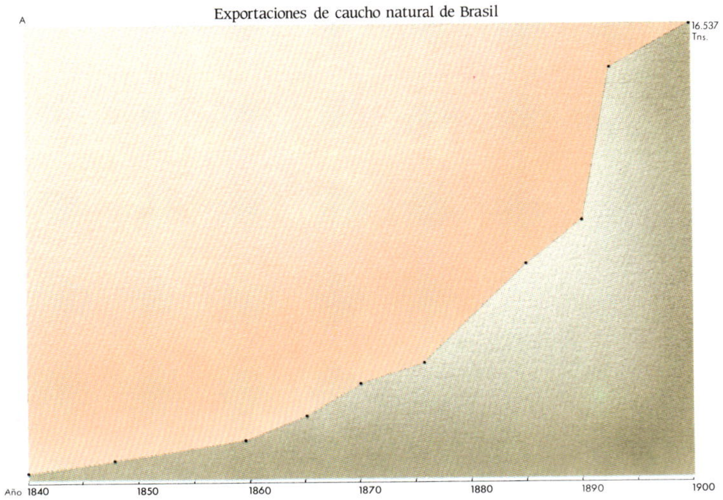

Warren Dean
Brazil and the struggle for rubber

Siringueiro subiendo a un árbol del caucho.

Mejor inventor que hombre de negocios, el descubrimiento que permitió a avispados industriales enriquecerse en pocos años, no le causó a él sino amargura y ruina económica, muriendo en 1860 completamente endeudado. Nos dejó sin embargo un conjunto de escritos acerca de sus descubrimientos[12].

El nuevo procedimiento, que conocemos como vulcanización del caucho, provocó en pocos años cambios drásticos; la demanda del caucho se disparó con rapidez, y Brasil, se convirtió en el casi único proveedor de caucho a nivel mundial, aumentando espectacularmente sus exportaciones según se pone de manifiesto en el diagrama adjunto[13].

A los usos tradicionales del caucho —fabricación de prendas impermeables y calzado de agua— se abrieron a partir de mediados del siglo XIX nuevos usos industriales.

Juntas para máquinas de vapor, topes para los vagones del ferrocarril, correas de transmisión, constituyeron sus principales aplicaciones.

La industria eléctrica, que experimenta un gran auge en la segunda mitad del siglo XIX, requirió grandes cantidades de caucho para el aislamiento de los cables básicos para el telégrafo; a finales del XIX, la aparición de vehículos de motor abre un nuevo y vastísimo campo a la fabricación de neumáticos.

Michelin (1895) y Dunlop (1900) se convertirán en dos gigantes de una industria que hasta hoy no ha hecho sino aumentar.

Frente a la demanda que se dispara en los países desarrollados en los orígenes de la Revolución Industrial, se encuentra una relativamente rígida oferta, ya que Brasil ostenta en el siglo XIX el monopolio casi exclusivo de la producción de caucho, con el agravante adicional que en Brasil el caucho se obtiene de árboles selváticos, fracasando reiteradas veces los intentos realizados para obtener plantaciones cultivadas de caucho en este país[14].

Ante la imposibilidad de lograr su cultivo en Brasil, y requeridos por la demanda creciente de la industria, los intentos de aumentar la producción se encaminaron a lograr la aclimatación de las plantas que producen caucho en otras regiones del mundo y a tratar de conseguir la obtención de caucho sintético.

En 1861, un brasileño, João Martins da Silva Coutinho, recomendó el cultivo del caucho al gobierno provincial de Pará. Y aunque de momento no se le hizo ningún caso, en 1867 Silva Countinho fue enviado a París para tomar parte en la Exposición Universal de París de 1867, y allí formó parte de un jurado que evaluó diversas muestras de caucho presentadas al concurso, demostrando que el «Hevea brasiliensis» es el de mejor calidad.

Gracias a los informes publicados por Silva Coutinho, James Collins de Londres se interesó en el estudio del caucho, y sus artículos llamaron la atención de Clements R. Markham, quien propuso su cultivo en la India.

Tras un primer envío de plantas a Calcuta que fracasó, —las plantas no prendieron— se hizo un nuevo intento con plantas de vivero enviadas desde Brasil, que fue culminado por el éxito. En pocas décadas, las plantas de caucho se extendieron por regiones tan apartadas de Brasil como Singapur o Java. A finales del siglo XIX la producción de los países asiáticos comienza a ser significativa y hacia 1913 el caucho obtenido de plantas cultivadas en el Sudeste asiático desplaza completamente la producción tradicional del Brasil.

En los últimos años del siglo XIX y los primeros del XX, todos los imperios coloniales siguen la senda señalada por los ingleses; en Africa, los belgas se apresuran a cultivar la «Hevea brasiliensis» en el Congo, los alemanes en sus colonias, mientras que los portugueses introducen la planta del caucho en Mozambique.

En Asia, los franceses aclimatan esta planta industrial en Camboya y la Conchinchina, mientras que los españoles y norteamericanos lo hacen en las Islas Filipinas.

En cuanto a los intentos de obtener el caucho sintético, las investigaciones sobre la composición química del caucho natural permitieron aislar en el siglo XIX el isopreno, capaz de ser reconvertido en una substancia análoga al caucho mediante polimerización.

Las mejores en la obtención del caucho sintético continuaron en el siglo XX, y durante la Primera Guerra Mundial científicos alemanes fabricaron unas 2300 toneladas de caucho sintético para cubrir sus necesidades en la industria bélica; pero todavía hoy día, la producción de caucho de origen natural representa una cuota importante del total consumido en todo el mundo.

NOTAS

1. Existe una gran variedad de plantas capaces de segregar látex a partir del cual es posible obtener el caucho. El Diccionario Enciclopédico Hispano-Americano, en la voz «caucho» proporciona las siguientes plantas como adecuadas para la fabricación del caucho.
«Ficus elástica», que se encuentra en las Indias Orientales, en Java y en Gabón. «Ficus indica», que crece en la América Meridional. «Artocarpus integrifolia», abundante en Méjico, Indias Orientales e Islas Molucas. «Hevea Guyanensis», también llamada «Siphonia elástica», que abunda en América Central y en Brasil, y que es considerada la que proporciona caucho de mayor calidad. «Siphonia Brasiliensis», originaria del Brasil. «Siphonia Guyanensis», «siphonia paucifolia», «siphonia discolor», «siphonia lutea», «siphonia rigidifolia», «siphonia apiculata», «siphonia pruceana», todas ellas de la familia de las euforbiáceas. «Urseola elástica», que crece en el archipiélago Indico. «Micrandia major», cultivada en algunas regiones de Asia. «Periploca graeca», cultivada en la isla Reunión. «Vahea gummifera», abundante en Madagascar y en Reunión. «Castilloa elástica», utilizada en Méjico y las Antillas. «Hancorina elástica» en Brasil, Malasia y Archipiélago Indico. «Landolphia speciosa», cultivada en el Gabón. Otras plantas de menor importancia, pero también aptas para obtener caucho son «Willughbeia edulis», «Ciranchum ovalifolium» y algunos «Toxicopholea».

2. López de Gómara, Francisco. *Historia General de las Indias.* (2 vols.). Zaragoza, 1554. Existe edición moderna, Madrid, Editorial Iberia, 1982. Vol. II, págs. 137-8.

3. Gumilla, Joseph. *El Orinoco ilustrado. Historia Natural, civil y geographica de este gran río y de sus caudalosas vertientes...* Madrid, Manuel Fernández, 1741. Págs. 105 a 107.

4. Charles M. de la Condamine. Viaje a la América Meridional por el río de las Amazonas. Barcelona, Editorial Alta Fulla, 1986. Págs. 37-38. Es edición facsímil de la publicada en Amsterdam en 1745.

5. «Memoire sur une résine élastique, nouvellement découverte à Cayenne par M. Fresneau». Publicado en «Memoire de l'Academie Royale des Sciences, año 1751, págs. 319-33.

6. Figuier, Luis. Los grandes inventos científicos e industriales. París, Librería Hachette, 1861. Pág. 412.

7. Francisco Saverio Clavigero. *Historia Antigua de Mégico.* (2 vols.). Traducida del italiano por José Joaquín de Mora. Londres, R. Ackerman, Strand, 1826.

8. Francisco de Ajofrín. *Diario del viaje a la Nueva España.* Selección, introducción y notas de Heriberto Moreno García. México, Secretaría de Educación Pública, 1986. Pág. 145.

9. Francisco de Ajofrín, op. cit. pág. 151.

10. Warren Dean, *Brazil and the struggle for rubber.* Cambridge, University Press, 1987. Pág. 9.

11. Warren Dean, *«Brazil and the struggle for rubber.* Cambridge, University Press, 1987. Pág. 10.

12. Gum- Elastic and Its Varieties. Dos Volúmenes, 1853 y 1855.

13. Warren Dean, op. cit. pág. 169.

14. Las razones del fracaso del cultivo del árbol del caucho en la Amazonía —la acción de un hongo parásito de las hojas del árbol— han sido puestas de manifiesto por Warren Dean en su libro *Brazil and the Struggle for Rubber,* Cambridge University Press, 1987.

LAS PLANTAS ORNAMENTALES ORIUNDAS DE AMÉRICA

ERNESTO FERNÁNDEZ SANMARTÍN

«Los indios mexicanos han conservado por las flores el mismo gusto, que ya en sus tiempos había observado Cortés en ellos. Un ramillete era el regalo más precioso que se hacía a los embajadores que visitaban la corte de Moctezuma. Este monarca y sus predecesores habían reunido gran número de plantas raras en los jardines de Ixtapalapa. El famoso «árbol de las manitas», el cheirostemon descrito por el señor Cervantes, y del cual no se conoció en mucho tiempo sino un sólo individuo de remota antigüedad, parece indicar que los reyes de Toluca cultivaban también árboles que eran extranjeros para aquella parte de México.»

Alexander von Humboldt, *Ensayo Político sobre el reino de la Nueva España.* Libro II, cap, VI.

Si las plantas llamadas útiles han sido siempre motivo de búsqueda y recolección, las ornamentales han quedado casi siempre en un segundo plano de interés. Eran en definitiva un adorno. Adorno que sólo podían permitirse las clases sociales a las que sobraba dinero para adquirirlas y lugares para plantarlas. Piénsese que la mayoría de los jardines que hoy día son públicos fueron primitivamente privados, a título de ejemplo: Maria Luisa, Generalife, Aranjuez, Señorío de Bértiz, Cristina-enea, Kew, Schönbrunn, etc., etc. Actualmente en los países europeos, el nivel de vida de la mayoría de la población, y la decisión en muchos casos de los poderes públicos, ha popularizado multitutd de plantas ornamentales, y ha extendido enormemente su comercio.

Vamos en primer lugar a definir qué son plantas ornamentales y cuál es su «utilidad» (más allá de su comercio). En segundo lugar haré una breve cronología de su estudio e introducción en Europa, para terminar con un catálogo de unas doscientas plantas ornamentales americanas seleccionadas fundamentalmente por su frecuencia en nuestros jardines.

Plantas ornamentales

Son aquellas que utilizamos con fines de adorno en nuestros jardines, calles y balcones. Por supuesto que la única finalidad no es el adorno, incluso en muchos casos éste es secundario. Recordemos que la fotosíntesis vegetal tiende a disminuir los niveles de bióxido de carbono atmosféricos y a aumentar los de oxígeno. Por otro lado modifican el microclima, crucial en las ciudades, no sólo porque dan sombra sino porque la transpiración foliar aumenta la humedad atmosférica.

No menos importancia tiene la posibilidad de servir de asiento a multitud de animales, principalmente pájaros, lo que sin duda mejora el «ecosistema urbano».

Todo esto es bien sabido y no es necesario extenderse, pero sí añadir una función que cumplen las plantas ornamentales —principalmente los árboles— que podemos llamar histórica. Se trata de esos ejemplares singulares, que crecen con nosostros, que existían ya y que nos sobreviven, y que forman, por tanto, parte de nuestra historia personal.

Podría añadirse otra función, importante muchas veces, que es la de tapar de nuestra vista, algunos edificios horrendos. Desgraciadamente la tecnología actual permite la construcción de edificios tan grandes, que si son feos, no hay árbol suficientemente grande (y de rápido crecimiento) que los esconda a nuestra vista.

Finalmente, hay que hacer notar en este apartado, que muchas de las plantas ornamentales pueden tener una utilidad de las llamadas clásicas, y que muchos de los árboles «útiles» se plantan también como ornamentales. Ejemplos de lo primero son la acacia blanca, jacaranda, pitas, etc. Ejemplos de lo segundo son el aguacate, la pacana, el papayo, el chirimoyo, etc.

Cronología breve

La introducción de plantas ornamentales en Europa es siempre un apéndice de la de plantas útiles (caña de azúcar, maiz, tomate, quinina, etc). A partir del «descubrimiento», para los europeos, de América, se inicia la exploración del nuevo continente y las plantas comienzan a llegar a los jardines botánicos europeos para su aclimatación y difusión. Hagamos una breve reseña de estas exploraciones.

Ya en el siglo XVI Bernardino de Sahagún (1499-1590) recogió información botánica en el «jardín botánico» de Moctezuma en Oaxtepec. Martín del Barco estuvo en Paraguay en 1573 y observó plantas como la sensitiva y la pasionaria. Nicolás Monardes (1507-1588), que se dedicaba al comercio con las Indias, publica en Sevilla hacia 1570, un estudio sobre las plantas medicinales de las Indias Occidentales, logrando aclimatar algunas plantas americanas en su jardín. Pero la expedición más importante de este siglo fue la del médico de Felipe II, Francisco Hernández, a México y cuyo resultado fue una monumental obra en 16 volúmens sobre la Historia Natural de los países visitados, en gran parte perdida en el incendio de la Biblioteca del Escorial en 1671.[1]

En el siglo XVII, C. Plumier y los ingleses J. Tradescant y H. Sloane realizan estudios de la flora americana. Así, ya en 1635, J. Cornut describía 79 plantas de América del Norte (entre ellas la acacia blanca) observadas en los jardines dirigidos por los Robin en París.[2]

En el siglo XVIII se producen la mayoría de las grandes expediciones botánicas a América que traen consigo el estudio y la recolección de ejemplares que son posteriormente aclimatados en Europa. Hacia 1707 los franceses Feuillée y Frézier exploran las costas de Chile y Perú, y en 1735 una expedición dirigida por La Condamine (con participación naval española: Jorge Juan y Antonio de Ulloa) lleva como botánico a Joseph de Jussieu, que permaneció muchos años en América estudiando su flora y enviando estudios, semillas, plantas, etc., a Europa.[3]

La primera gran expedición española (1754) es la que lleva como botánico al sueco Löfling, discípulo de Linneo, que desgraciadamente no puede culminarla porque muere al poco tiempo en las proximidades del Orinoco.[4] Desde 1761 se encuentra en Nueva Granada (Colombia) José Celestino Mutis que inicia una ingente obra botánica que se culmina con la realización de la Real Expedición Botánica del Nuevo reino de Granada en 1783 (en la que se describen varias bignonias, el melio, etc. y se realizan cerca de 7000 excepcionales dibujos de plantas).[5] Aproximadamente por la misma época 1778-88 tiene lugar la expedición de Hipólito Ruiz, José Antonio Pavón y Joseph Dombey a Perú y Chile en la que determinaron y recolectaron una enorme cantidad de plantas (entre ellos las Araucaria, Guzmania sp.)[6]

La expedición de Martin Sessé a Nueva España (Méjico) en 1787 contó como segundo al botánico mejicano V. Mociño, cuyos primeros objetivos eran la creación allí de un jardín botánico y una cátedra de botánica. De hecho puede considerarse a Mociño el primer profesor de botánica de América. Finalmente, entre las expediciones españolas, hay que citar la de Malaspina en 1789, que fue encargado por Carlos IV de circunvalar la Tierra, y en la que se recolectarán varios miles de plantas de América y del resto del Mundo.[7]

Pero durante el siglo XVIII no sólo hubo expediciones españolas a América. Así en 1755 el holandés Joseph Jacquin[8] fué enviado por el emperador austriaco a las Antillas a recoger plantas para los espléndidos jardines del Palacio de Schönbrunn. En 1766 Francia envía una expedición mandada por Louis Antoine de Bougainville[9] que exploró las costas atlánticas y pacificas de América del Sur, observando en Brasil la hermosa trepadora que lleva su nombre: la buganvilla.

Por la misma época 1768-71 se desarolla la expedición de Cook[10] en la que viajan como destacados botánicos Joseph Banks y Daniel Solander. Posteriormente Banks se convierte en uno de los más famosos botánicos del mundo al dirigir el Kew Garden de Londres. Este jardín botánico ya había recibido muchas plantas americanas, de «aficionados» americanos como John Bartram (1699-1777) o Alexander Garden (1733-91, a quien Linneo dedicó la Gardenia)[11] responsable de la introducción de un árbol tan conocido ahora en nuestros jardines como el magnolio. Este intercambio (o envío) era tan activo que Sherard publica en 1767 su *Hortus britanno-americanus* donde se describen 85 árboles americanos cultivables en Inglaterra.[12] Citemos finalmente la expedición (1785) de los franceses Michaux[13] a América del Norte y la de Alexandor von Humboldt[14] de 1799 a 1804 a gran parte de la América española.

Los jardines botánicos

Todo el trabajo de exploración, estudio, recolección y envio de plantas tenía necesidad de un lugar para aclimatarlas. Los llamados jardines botánicos. A finales del siglo XVI y en el XVII se establecen varios jardines botánicos (Leyden, Leipzig, Padua, Pisa, Bolonia, Montpellier...) y en 1635 se crea en Paris el Jardín Real de las Plantas Medicinales donde trabajan los Robin Jean y Vespasien, que ya en 1635 plantaron la primera acacia blanca (*Robinia pseudoacacia*).[15]

Pero es sobre todo en el siglo XVIII cuando se crean la mayoría de los jardines botánicos: Viena (1754), Madrid (1755), Londres (Kew) (1759) Canarias (1788), etc., etc.[16] recalquemos que en este siglo se fundan los dos más importantes (o los únicos que propiamente pueden llamarse así) jardines botánicos españoles: el Real Jardín Botánico de Madrid, primero en Migas Calientes y posteriormente en su actual emplazamiento del Paseo del Prado. Pero más importancia tiene para las plantas ornamentales el Jardín de Aclimatación de La Oratava en Tenerife, en 1788, puesto que se pretende aclimatar en él las plantas americanas que no pueden resistir el clima de Madrid.[17]

Hasta ahora hemos hecho un repaso histórico de exploraciones y jardines que podríamos decir de iniciativa oficial pero no hay que menospreciar la importancia de lo que podemos llamar iniciativa privada en la introducción de plantas ornamentales americanas en Europa. A título de ejemplo puede citarse el caso de una planta tan conocida y extendida como la fucsia que fue introducida en Europa a finales del siglo XVIII[18]. Al parecer un horticultor inglés la vió en la ventana de un marino, y lo convenció para que se la diera porque le gustó mucho y era para él desconocida. A partir de ella obtuvo muchos ejemplares que distribuyó a partir del año siguiente.

Otro ejemplo señero es la aclimatación en dos jardines de Málaga (San José y la Concepción) de plantas de todo el mundo, muchas de ellas americanas, por parte de la familia Heredia.

CATÁLOGO DE LAS PRINCIPALES PLANTAS ORNAMENTALES ORIUNDAS DE AMÉRICA

Magnolia grandiflora. Botanical Magazine. Vol. XLV.

Fam. Araucariaceas

La araucaria de Chile, pechuén o pino de Chile, es la *Araucaria araucana* (Molina) K. Koch (sin. *A. imbricata* Pavón) motivo de polémica en la expedición de Ruiz, Pavón y Dombey[19]. Cuando éstos llegaron a Chile ya era conocido el «pino chileno» y utilizado como palo mayor en los barcos de vela. El primero en localizarlo fue Pavón que lo consideró dentro del género *Pinus*, Lamarck *Dombeya* y Antoine de Jussieu *Araucaria*. Posteriormente Cavanilles y Ruiz la consideraron género *Araucaria* que ha prevalecido. Todas estas polémicas entre botánicos franceses y españoles (y éstos entre sí) no fueron precisamente académicas.

La araucaria chilena es un bonito árbol plantado en muchos jardines españoles inconfundible por sus hojas (3-4 cm. por 1 cm.) duras, de color verde brillante, que terminan en una aguda espina y se disponen helicoidalmente en las ramas.

Fam. Pinaceas

Más de una decena de pinos oriundos de América del Norte (incluido Méjico) se cultivan en Europa: *Pinus strobus, P.lambertiana, P.aristata*, etc., etc., pero el más abundante en la península es el pino de Monterrey, *Pinus radiata* D. Don (sin. *P. insignis* Dougl.), originario de California y profusamente utilizado en repoblaciones forestales en el Pais Vasco, Cantabria, Asturias y Galicia. Fácilmente reconocible por sus acículas en haces de tres.

Entre los abetos verdaderos (género *Abies*, de piñas erectas) y las piceas o abetos falsos (género *Picea*, de piñas péndulas) se cultivan en Europa una veintena de especies. El *Abies procera* Rehd. (sin *A. nobilis* Lindl.) conocido como abeto azul de Oregón por sus hojas blanco-azuladas es el más corriente. Entre las piceas, *Picea pungens* Engelm (picea del Colorado) de hojas grisáceo-azuladas (var. «glauca») es la más común; *P. sitchensis* (Bong.) Carr., picea de Alaska, es un importante árbol forestal en Inglaterra.

Tradescantia virginica.
Botanical Magazine.
Vol. III.

Parecidos a las piceas son las tsugas y pseudotsugas. Entre las primeras *Tsuga canadensis* (L.) Carr., entre las segundas *Pseudotsuga douglasii* Carr., conocida como «abeto de Douglas» y «pino de Oregón», oriundo de las Montañas Rocosas, de madera muy apreciada.

Fam. Taxodiaceas

Ahuehuetes y secuoyas son las grandes aportaciones americanas a nuestra flora ornamental. El ahuehuete, *Taxodium mucronatum* Ten., oriundo de Méjico y Guatemala, es un árbol corpulento, de hojas de 1-2 cm. en posición dística, en ramillas colgantes. Conocido también como «ciprés de Moctezuma» (porque supuestamente Hernán Cortés pasó bajo un árbol de esta especie la «noche triste»), en Tule[20], cerca de Oaxaca, existe un ejemplar de 12 m. de diámetro (unos 42 m. de circunferencia) al que se le calculan unos 4000 años. (El mejor ejemplar español se encuentra en el Parterre del Retiro. Magnífico bosquete en el Parque de Málaga). La otra especie de ahuehuete introducida es el *T. distichum* (L.) Richards. llamado también «ciprés de los pantanos» o «ciprés calvo», oriundo del Sur de Estados Unidos y Méjico. Muy parecido al anterior, de copa más cónica, menos corpulencia, y hoja caduca (a lo que elude uno de sus nombres vulgares). Plantados en lugares pantanosos, orillas de ríos, etc. desarrollan nudosidades respiratorias (neumatóforos). Ejemplares en el Retiro (Lago del Palacio de Cristal).

Las secuoyas son árboles gigantescos muy extendidos por jardines tanto públicos como privados de toda Europa. La *Sequoiadendron giganteum* (Lindl.) Buch., conocida como secuoya gigante o Welingtonia, tiene las hojas de unos 5-6 mm. imbricadas alrededor de las ramillas a las que recubre completamente. Es oriunda de la Sierra Nevada de California donde existen ejemplares famosos: «General Sherman»[21] de 83 m. de altura y 24 de perimetro, y los hay de más de 100 m. de altura. En España hay que destacar el bosquete existente cerca de la Puebla de Don Fadrique[22] (Granada) con algún ejemplar que sobrepasa los 63 m., pero hay ejemplares aislados en otros muchos jardines: Retiro, El Pardo, La Granja, Monasterio de Silos, Jardín de Ayete (San Sebastián), Jardín de Bértiz y Palacio de la Diputación (Navarra), etc., etc.

La secuoya roja, *Sequoia sempervirens* (D.Don) Erid., fácil de distinguir de la Welingtonia por sus hojas aciculares de 1,5-2 cm. dispuestas en dos hileras planas (que recuerdan las del tejo), es también un árbol gigantesco oriundo de California, donde el ejemplar «Howard Libbey»[23] tiene 112 m. de altura. Corriente también en nuestros jardines, es relativamente abundante en el Retiro.

Fam. Cupresaceas

El ciprés de Monterrey, *Cupressus macrocarpa* Hartw., también llamado de California o de Lambert, es el más corriente de los cipreses oriundos de California. Se diferencia del ciprés común (*C. sempervirens*) por sus hojas (escuamiformes) más grandes, que desprenden olor a limón al frotarlas y sus conos más poligonales.

Muy extendidos en Europa son también los cipreses de hojas verde-azuladas entre los que el más abundante es el *C. glabra* Sudw. (sin. *C. arizonica*). También es corriente *C. lusitanica* Mill. (sin. *C. glauca*) de hojas más verdosas. Todos oriundos de California y Méjico y con una gran cantidad de variedades de cultivo.

Otras Cupresáceas corrientes en Europa son las tuyas, sobre todo la *Thuja occidentalis* L. procedente de Canadá y EE.UU., frecuentemente confundida con los cipreses. Menos frecuente es la *Thuja plicata* D. Don o tuya gigante oriunda de California y Canadá. Cada vez más extendidos son los falsos cipreses como el *Chamaecyparis lawsoniana* (Murr.) Parlatore y los cipreses híbridos como *Cupressocyparis × leylandi* (Jacks. y Dallim.)

Fam. Podocarpaceas

Los podocarpos son coníferas que no nos recuerdan el estereotipo de la familia. Hay varias especies oriundas de Chile (*Podocarpus andinus, P. salignus, P. nubigenus*) que son raras en nuestros jardines. La especie más abundante en la península es oriunda de Asia (*P. neriifolius*).

Fam. Magnoliaceas

Dos árboles bellísimos venidos de América del Norte son de esta familia: el magnolio y el tulipero. El primero, *Magnolia grandiflora* L. es abundantísimo en toda clase de jardines desde el siglo XVIII. Alcanza hasta 25 m. y tiene hojas perennes de 8-16×5-9 cm. de un verde lustroso, con flores grandes (20-25 cm.) y blancas.

El tulipero, *Liriodendron tulipifera* L. es oriundo del Este de Canadá y EE.UU. Menos abundante que el magnolio es sin embargo corriente en Europa y relativamente escaso en España, llega a unos 20 m. de altura con un follaje verde claro de hojas tetralobuladas inconfundibles.

Fam. Anonaceas

El chirimoyo, *Annona cherimola* Mill. es propiamente un árbol frutal, (siendo la chirimoya una de las frutas más exquisitas venidas de América tropical) pero cuyo follaje de hojas oval-lanceoladas lo hace muy adecuado como árbol ornamental, como ocurre en el Mediterráneo español.

Fam. Lauraceaas

El aguacate, *Persea gratissima* Gaertn (sin. *P.americana* Mill.) es un árbol frutal que en muchas localidades mediterráneas se planta como ornamental por su porte (hasta 20 m.) y sus elegantes hojas perennes elipticolanceoladas (de 10-20 cm.) de color verde brillante. Oriundo de Méjico su nombre procede del azteca «ahuacatl» que significa testículo por la semejanza de éstos con sus frutos.

Fam. Piperaceas

Las peperomias (*Peperomia spp.*) son plantas «de maceta»muy utilizadas en interiores en los climas fríos. Su nombre alude a «peperi», pimienta en griego, planta perteneciente también a esta familia.

Son plantas de 30-50 cm. de follaje suculento, estriado o manchado de tonalidades diferentes de verde. Proceden de Méjico, América Central y Brasil.

Fam. Ninfeaceas

La *Victoria amazonica* Poeppig (Sow.) (sin. *Victoria regia* Lindl.) es una

Jacaranda ovalifolia.
Botanical Magazine.
Vol. XLIX.

Liriodendron tulipifera. Botanical Magazine. Vol. VIII.

planta acuática verdaderamente impresionante por sus hojas de 2-3 metros de diámetro y el borde doblado formando como una bandeja flotante. Descubierta en 1801 en el río Marmora (afluente del Amazonas) por Thadeus Haenke se perdieron sus descripciones siendo redescubierta y descrita más tarde por D'Orbigny. Las primeras semillas que germinaron en Europa lo hicieron en el Kew Garden en 1846. El género fue dedicado a la reina Victoria de Inglaterra.[24]

Fam. Berberidaceas

La mahonia *Mahonia aquifolium* (Pursh) Nutt. es un arbusto de hojas perennes con 5-9 foliolos de color verde-oscuro, rojo en algunas variedades. Conocido como «uva de Oregón» por su procedencia.

Fam. Hamamelidaceas

El ocozol *Liquidambar styraciflua L.* es un bonito árbol oriundo de América del Norte de hojas caducas, palmeadas, con 3-7 lóbulos, que en otoño adquieren un color rojizo. No demasiado corriente en España aunque parece adaptarse bien (he visto Ocozoles en calles y jardines de San Sebastián, Madrid y Málaga). El nombre genérico hace referencia a sus olorosas hojas que producen un líquido ambarino que parece ser balsámico.

Fam. Platanaceas

El plátano de sombra (*Platanus* × *hispanica* Mill.) (Sin. *P.* × *acerifolia* (Ait.) Willd. y *Platanus hybrida* Brot.) es uno de los árboles ornamentales más abundante. Híbrido obtenido en España hacia 1650[25] del plátano occidental o de América del Norte (*P. occidentalis*) y el de los Balcanes y Asia Menor (*P. orientalis*).

Fam. Fagaceas

Varias especies del género *Nothofagus* oriundas de Chile y Argentina. Conocidas como hayas australes y robles americanos. Por este último nombre es conocido también el roble rojo oriundo de América del Norte (*Quercus rubra* du Roi, sin. *Q. borealis* Michx.) bastante corriente como ornamental y en repoblaciones.

Fam. Juglandaceas

La pacana o nogal americano (*Carya illinoensis* Koch.), espléndido árbol muy corriente en la costa mediterránea como ornamental y por sus frutos (nueces pequeñas de cáscara lisa). Sus hojas son compuestas de 9-17 foliolos y procede de América del Norte. El nombre genérico procede del griego «Karyon», nuez.

Fam. Saxifragaceas

Aunque las hortensias más comunes son oriundas de China y Japón, hay algunas especies (*Hydrangea arborescens, H. quercifolia*) procedentes de América del Norte, y que se cultivan en nuestras latitudes.

Fam. Fabaceas (Leguminosas)

Muchos árboles ornamentales son de esta familia. En general se trata de especies muy rústicas y resistentes a la sequía que se han adaptado muy bien en la Península.

La falsa acacia, o acacia de flores blancas (*Robinia pseudoacacia* L.) es uno de los árboles ornamentales más corriente. El género fue dedicado por Linneo a Jean Robin[26] (1550-1629), jardinero de Henri IV y Louis XIII. Su hijo Vespasiano Robin (1579-1662) plantó (con semillas importadas por su padre de Virginia en 1601) la primera falsa acacia en el «Jardín des Plantes» de Paris. Existen más de veinte variedades cultivadas en toda Europa, por su rápido crecimiento, capacidad de fijar taludes, follaje abundante de hojas folioladas y preciosa floración primaveral de racimos densos blancos. Tiene además una magnífica madera y es muy resistente a la sequía lo que unido a su rusticidad hace que además de encontrarse como ornamental en nuestros jardines y calles se haya utilizado en repoblaciones. Existe en muchos lugares como espontánea.

La acacia de tres espinas (*Gleditsia triacanthos* L.) es un magnífico árbol ornamental fácilmente reconocible por sus hojas de 14-36 foliolos pequeños (2-4 cm.), sus grandes legumbres (30-40 cm.) y sobre todo sus grandes espinas (una larga, dos pequeñas perpendiculares en la base). Estas espinas eran utilizadas como puntas de flecha por los indios en su país de origen, América del Norte. De apreciada madera es rústica y resistente a la sequía. Menos abundante que la falsa acacia, alcanza un mayor tamaño.

La tipuana (*Tipuana tipu* Kuntse) es un árbol de rapidísimo crecimiento con espléndidas flores amarillas. Procedente de Brasil, Argentina y Bolivia es fácilmente reconocible por sus frutos grandes en

Calceolaria sp.
H. Ruiz y J. Pavón.
Flora Peruviana et
Chilensis. 1798-1802.
Tomo I.
Real Jardín Botánico,
Madrid.

Datura arborea.
H. Ruiz y J. Pavón.
Flora Peruviana et Chilensis. 1798-1802.
Tomo II.
Real Jardín Botánico, Madrid.

Plumeria bicolor.
H. Ruiz y J. Pavón.
Flora Peruviana et Chilensis. 1798-1802.
Tomo II.
Real Jardín Botánico, Madrid.

sámara (como los arces) y hojas con foliolos que recuerdan la falsa acacia. El género fue creado por Bentham en referencia, al parecer al río Tipuani de Bolivia.

La parquinsonia (*Parkinsonia aculeata* L.) es un arbolito oriundo de América tropical, conocido también como «palo verde mejicano» por el color de su tronco y ramas (que son espinosas). Arbol de rápido crecimiento, en pocos años tiene una copa caediza de largas hojas con diminutos foliolos. Flores amarillas y legumbres finas, largas y arrosariadas. El género está dedicado a John Parkinson, farmaceútico londinense autor de «Paradisis Terrestris» y «Theatrum Botanicum», (1567-1629).[27]

El carambuco (*Acacia farnesiana* Willd.) arbolito que debe su nombre al hecho de haber florecido por primera vez (en Europa) en los jardines del Palacio Farnesio de Roma. De inflorescencias amarillas como las mimosas, es oriunda de Méjico y otras zonas tropicales del globo.

La famosa sensitiva (*Mimosa púdica* L.) es oriunda de América tropical. Espectacular por el inmediato cierre (o movimiento) de sus pequeños foliolos al tocarla. Es un arbolito de flores esféricas rosadas que en España sólo he visto en invernaderos.

El árbol de Santo Tomás (*Bauhinia spp.*) procede de América tropical y puede encontrarse en algunos jardines de nuestra costa mediterránea. De flores amarillas y hojas con dos lóbulos que recuerdan la huella de un rumiante (estos dos lóbulos son la causa de que Linneo dedicara este género a los hermanos Jean y Gaspard Bauhin célebres botánicos del siglo XVI).[28]

La *Poinciana gilliesii* Wall. Hook es un arbusto procedente de Argentina y Uruguay espectacular por sus flores de pétalos amarillos en las que los largos estambres rojos sobresalen. Las casias (*Cassia alata, C. carymbosa*) son arbustos muy corrientes de hojas pinnadas y flores en racimos erectos. El árbol del coral (*Erythrina crista galli* L.) es un arbusto o arbolito espinoso de grandes flores rojas en inflorescencias terminales, oriundo de Brasil. El nombre genérico hace referencia al color de la flor, «eritros».

Fam. Mirtaceas

La *Feijoa sellowiana* Berg. es un arbolito de 5 o 6 m. de altura muy decorativo por sus hojas verde-oscuras por el haz, blanco-tomentosas por el envés, que se cultiva sobre todo por sus frutos comestibles que recuerdan el sabor de la piña y que son bayas de 4-6 cm.

Oriundo del Sur de Brasil, Paraguay, Uruguay y Argentina, el género está dedicado al autor del «Teatro Crítico Universal», Benito Feijoo (1676-1764).[29]

Fam. Onagraceas

Las fucsias o «pendientes de señora» son plantas herbáceas o arbustivas muy extendidas y conocidas. Una de las más corrientes (y progenitora de muchas variedades) es la *Fuchsia macrostemma* Ruiz y Pavón, (sin. *F. magellanica* Lamk.) descrita en la expedición de estos botánicos a Chile (describieron también *F. apetala, F. serratifolia, F. corybiflora* y *F. simplicicaulis*) y que fue la primera fucsia introducida en Europa, a finales del siglo XVIII. Al parecer el horticultor inglés James Lee observó en la ventana de un marino (se supone) una planta que desconocía y que le gustó tanto que porfió con su dueño para que se la diese o vendiese. Conseguido esto, obtuvo rápidamente muchas plantas que comenzó a distribuir al año siguiente. Hacia 1840 llegaron a Europa otras muchas especies de este género, que está dedicado al botánico alemán del siglo XVI Leonard Fuchs.[30]

Lo verdaderamente característico de las fucsias son sus flores de cálices colgantes, solitarias o en racimos, con sépalos de colores que contrastan con los de los pétalos, rojo sobre azul, amarillo y rojo, dos tonos de rojo, etc., etc.

Fam. Rutaceas

El zapote blanco (*Casimiroa edulis* Llave) se cultiva por sus frutos, del tamaño de naranjas, dulces pero algo sosos. Por la belleza de su follaje de hojas grandes y palmeadas (5 foliolos). Procede de las altiplanicies centroamericanas. Unicamente como ornamental, se cultiva la especie *C. tetrameria* Millsp., llamada mami o matasano, de fruto amargo e indigesto.

El género está dedicado a Casimiro Gómez Ortega (1741-1810) primer catedrático del Jardín Botánico de Madrid.[31]

Fam. Anacardiaceas

El pimentero falso *Schinus molle* L. es un árbol de hasta 15 m. procedente de los Andes peruanos, de ramas caedizas y hojas pinnadas perennes con foliolos de 5 cm. Sus frutos recuerdan a la pimienta, y su resina es usada como goma de mascar. Muy rústico, resiste la helada y la sequía, siendo muy utilizado como planta ornamental. Fue introducido en California hacia 1830 por los frailes franciscanos.

Mas raro es el *Schinus terebinthifolius* Roddi. conocido como pimentero de Brasil, de hojas y foliolos más grandes que el anterior. También de la misma familia es el zumaque de Virginia *Rhus typhina* corriente en Europa pero escaso en España. Es un arbolito cuyas espigas florales se cubren al madurar los frutos de color rojizo muy decorativo, contrastando con su denso follaje de hojas pinnadas.

Fam. Aceraceas

Varias especies de arces americanos se plantan en Europa, de ellos en España el más abundante es el negundo (*Acer negundo* L.), oriundo del Este de Norteamérica, que fue introducido en Inglaterra en 1688[32]. Sus hojas de 3-7 foliolos y disámaras en racimos colgantes son una estampa corriente en calles y jardines. La variedad más corriente es la «VARIEGATUM» (1845 Toulouse) de hojas marginadas de blanco.

Otros arces americanos introducidos en Europa son el arce sacarino (*A. saccharinum* L.), arce de Pensilvania (*A. pensylvanicum* L.) arce de Oregón (*A. macrophyllum* Pursh.), y el arce azucarero (*A. saccharum* Marsh.).

Fam. Tropeolaceas

Las capuchinas (*Tropaeolum majus* L.) son plantas muy corrientes de hojas de color verde pálido y grandes flores amarillo-naranjas. Son oriundas de Perú, Ecuador y Brasil; introducidas en Europa ya en el siglo XVII. El nombre genérico viene del griego «tropaio» que significa trofeo.

Guzmania tricolor.
H. Ruiz y J. Pavón.
Flora Peruviana et
Chilensis. 1798-1802.
Tomo II.
Real Jardín Botánico,
Madrid.

Aechmea paniculata.
H. Ruiz y J. Pavón.
Flora Peruviana et Chilensis. 1798-1802.
Tomo III.
Real Jardín Botánico, Madrid.

Tillandsia tetrantha. H. Ruiz y J. Pavón. Flora Peruviana et Chilensis. 1798-1802. *Tomo III. Real Jardín Botánico, Madrid.*

Fam. Vitaceas

Las parras (*Cissus rombifolia*, sin. *Rhoicissus vitis*) muy utilizadas como trepadoras en interiores y exteriores, tienen gran diversidad de hojas según las variedades. La especie citada es una de las más comunes y procede de América del Sur.

La parra virgen (*Parthenocissus quinquefolia* Planch.) procedente de América del Norte es una de las trepadoras más utilizadas en jardinería. De hoja caduca, con cinco foliolos, éstos toman color rojizo antes de caerse. El nombre latino es un resumen de sus señas: «parthenos» y «cissus» en griego significan respectivamente, virgen y yedra (alusión a su capacidad trepadora). Quinquefolia en latín tiene un significado obvio.

Fam. Euforbiaceas

El pascuero, o flor de pascua, o estrella de Navidad, (*Euphorbia pulcherrima* Willd.), originario de Méjico y América Central es una de las plantas que más éxito han tenido. Su floración espléndida (aunque lo llamativo son las grandes brácteas rojas que rodean a las verdaderas flores que son muy pequeñas y amarillas) en Diciembre-Enero permite utilizarla como planta emblemática en Navidad (Pascuero). Si en macetas e interiores es una planta de 30-40 cm. en exteriores (Costa mediterránea) se convierte en un arbusto de hasta 5 metros, de crecimiento rápido. Es además muy rústico, aceptando toda clase de suelos y circunstancias.

El nombre del género «EUPHORBIA» fue dado por Dioscórides y según Plinio estaba dedicado a Euphorbus, médico de Juba, rey de Mauritania, que al parecer fué el primero que empleó la savia de euforbia como medicamento.[33]

Existen variedades de pascueros con bracteas de tonalidades diferentes de rojo, blanco y rosa. Mucho menos corriente es la *E. cotinifolia* también originaria de Méjico, de hojas rojo-cobre (verdes en la otra especie).

Fam. Araliaceas

El *Oreopanax salvinii* es un árbol oriundo de Méjico del que sólo he visto un ejemplar (Parque Picasso de Málaga) europeo. Aunque por su escasez, (y por tanto poco significativo como ornamental), debiera dejarlo fuera de este catálogo, su rara belleza me incitan a incluirlo. Quizá coopero así a su extensión. Es fácil de reconocer por sus grandes y perennes hojas palmeadas con lóbulos profundamente hendidos.

Fam. Pasifloraceas

La pasionaria o rosa de pasión (*Passiflora caerulea* L.) es una conocida trepadora de flores azuladas en las que los misioneros[34] encontraron parecido con los instrumentos utilizados para martirizar a Jesucristo en su Pasión. Las flores son ciertamente originales pero nunca he podido constatar el parecido.

La planta es oriunda de Perú y Brasil siendo muy corriente en las zonas templadas europeas. Parecida es la *P. edulis* Sins. cuyos frutos son la granadilla o maracujá.

Fam. Caricaceas

El papayo (*Carica papaya* L.) es sin duda un árbol frutal (que ya era cultivado antes de la llegada de Colón)[35], del que se empiezan a hacer ahora plantaciones en Málaga y Granada), pero lo cito aquí por haberlo visto en algunos jardines como planta ornamental. Dado su rápido crecimiento, permite tener en 2-3 años un arbolito muy decorativo.

Fam. Salicaceas

El chopo híbrido del Canadá (*Populus×canadensis* Moench.) se obtuvo hacia 1700[36] por cruzamiento del chopo americano (*P. deltoides*) y el europeo (*P. nigra*). Existen numerosísimas variedades de este híbrido de gran vigor y rápido crecimiento. Es el más corriente en repoblaciones, cultivos, alineaciones en calles, etc.

Fam. Begoniaceas

Las begonias (*Begonia sp.*) proceden de muchos lugares del Mundo. Muchas (de las más de 400 descritas) son originarias de América del Sur. El género está dedicado a Michel Begón gobernador francés de Santo Domingo en el siglo XVII y que fue gran aficionado a la botánica.[37]

Fam. Bombacaceas

El palo borracho rosado, *Chorisia speciosa* St. Hill, es una de las grandes aportaciones de la flora americana. Es un árbol que puede alcanzar hasta 15 ó más metros, tronco (que acumula agua) verdoso con grandes espinas, hojas palmeadas con cinco foliolos y grandes flores rosadas. Su floración durante el mes de Noviembre coincide con la caida de la hoja, quedando el árbol convertido en una gran masa rosada. Oriundo del Sur de Brasil y Noroeste de Argentina supongo que fué introducido en Málaga a finales del siglo XIX por la familia Heredia, siendo muy abundante en calles y jardines. Desgraciadamente es escaso fuera de Málaga (un ejemplar en los Jardines del Alcazar de Sevilla, Jardín de la Orotava y al parecer en el Jardín Botánico de Valencia) y teniendo en cuenta su belleza, rapidez de crecimiento y rusticidad, puede recomendarse su plantación en toda la costa mediterránea.

El barrilito o palo borracho amarrillo, *Chorisia insignis* H.B.K., tiene las flores amarillas y el tronco mucho más abombado, resultando más original aún que la otra especie. Procede de Perú, Argentina y Brasil. Un sólo ejemplar grande en Europa (en Málaga). Desgraciadamente, ni he visto, ni tengo noticias de ninguno más.

Fam. Malvaceas

El malvavisco (*Malvaviscus arboreus* Cav.) es un arbusto o arbolito a veces, muy parecido al pacífico rojo, del que se diferencia porque sus flores apenas se abren. Sus hojas son perennes, con el borde serrado y de color verde brillante. De la roja corola sobresale el tubo formado por los estambres, sobre el que se encuentran los cinco pistilos. Es oriundo de Méjico.

El abutillón (*Abutillon spp.*) es un arbusto no muy corriente del que varias especies proceden de América tropical. Flores colgantes de diferentes colores según las especies y variedades.

Fam. Fitolacaceas

El ombú o bella sombra (*Phytolacca dioica* L.) es un árbol de gran tamaño y rápido crecimiento que presenta unas características raices sobresalientes del

Alstromeria peregrina.
H. Ruiz y J. Pavón.
Flora Peruviana et
Chilensis. 1798-1802.
Tomo III.
Real Jardín Botánico,
Madrid.

suelo en los ejemplares viejos. Su denso follaje (bella sombra), de hojas ovaladas de 10-12 cm., lo hace muy apropiado para zonas cálidas. Corriente en España, es oriundo de Argentina. El nombre hace referencia a «phyton», planta; «lacca», de laek, término indio debido a la goma laca obtenida de sus frutos; y dioica porque tiene flores unisexuales.

Fam. Portulacaceas

La portulaca (*Portulacca grandiflora* Hook.) es una plantita de hojas crasas y vistosas flores amarillas y rojas. Muy resistente a la sequía se utiliza como tapizante. Oriunda de Brasil es conocida también como verdolaga.

Fam. Cactaceas

El número de especies de cactáceas oriundas de América es enorme y como muchas de ellas pueden cultivarse en maceta y necesitan pocos cuidados, se han puesto de moda, aunque parece que están siendo sustituidas por los bonsais. Una moda sustituye a otra y siempre hay horteras sin gusto ni criterio que la siguen.

La mayoría pertenecen a los géneros, *Cephalocereus, Cereus, Echinocactus, Echinocereus, Echinopsis, Epiphyllum, Mammillaria, Opuntia, Notocactus* y *Trichocereus*. Pero la especie más ampliamente distribuida en los paises mediterráneos es la chumbera, *Opuntia ficus-indica* (L.) Mill. oriunda de Méjico, utilizada por sus frutos (higos chumbos), como límite de propiedades y como ornamental.[38]

Otro cacto que puede verse en algunos jardines españoles es el cirio o céreo (*Cereus peruvianus* Tabern.), de forma columnar, puede alcanzar varios metros. A pesar de su nombre es oriundo de Argentina y Brasil.

Fam. Nictaginaceas

Una de las trepadoras más extendida es la buganvilla, de pequeñas flores amarillas en grupos de tres y cada una con una bráctea que es lo verdaderamente llamativo de la flor. Estas brácteas son de color violeta en *Bougainvillea glabra* Choisy y rojas en *B. spectabilis* Wild. Ambas de hoja perenne y crecimiento rápido, están ya ligadas al paisaje mediterráneo. Oriundas de Brasil donde las recolectó el navegante francés Louis A. de Bouganville (1729-1811).[39]

El dondiego de noche *Mirabilis jalapa* L. es una planta tan corriente que incluso se ha hecho espontánea, creciendo como ruderal. Sus hojas de color verde brillante y sus rojas flores que se abren al atardecer (de ahí su nombre) la hacen muy decorativa. El nombre genérico hace referencia a «admirable». Es oriunda de Méjico.

Fam. Apocinaceas

El frangipani o plumaria, *Plumeria rubra* L. es un arbusto de gruesas ramas que se ramifican dicotómicamente. Las hojas son lanceoladas y al caer dejan una clara cicatriz. Existen variedades de flores blancas, rojas, etc. Procede de Méjico y América Central, y el género está dedicado al botánico francés Charles Plumier (siglo XVII).

La tevetia, *Thevetia peruviana* (Pers.) Schum., es un arbusto procedente de América tropical cuyas flores amarillas tienen un largo tubo corolino. El género está dedicado al monje francés André Thevet (1502-1509) viajero por Brasil y Guayana.[40].

Fam. Caprifoliaceas

La abelia (*Abelia floribunda* Dec.) es un arbusto procedente de Méjico de hojas pequeñas (3 cm.) perennes y de color verde-rojizo. Flores de color blanco. El género está dedicado al doctor Clarke Abel, médico de Lord Amherst, embajador en China hacia 1817.[41]

Fam. Oleaceas

Uno de los fresnos más corriente en nuestras calles y jardines es el fresno americano (*Fraxinus americana* L.) de grandes hojas con 7 foliolos de 15×7 cm. Oriundo del Este de Norteamérica.

Fam. Convolvulaceas

Las campanillas (*Ipomea purpurea* L., *Ipomea acuminata* Roem.) son trepadoras de grandes flores azules o rojas, oriundas de América tropical.

Fam. Hidrofilaceas

La vigandia (*Wigandia macrophylla* Schlecht) es un arbusto de grandes (30-50 cm.) hojas pilosas con inflorescencias de flores de color violeta. Procede de Venezuela y el género está dedicado al Obispo pomerano John Wigand (1523-1587).[42]

Fam. Borraginaceas

Los heliotropos son herbáceas de las que existen varias especies cultivadas y una enorme cantidad de variedades. Sus flores son pequeñas, en ramilletes terminales, y los colores varían entre blanco, lila grisáceo, violeta. Proceden de Perú y el género *Heliotropium* del griego «helios», sol, y «tropo», movimiento, debe su nombre a la creencia de que seguían al sol.

La especie más corriente es *H. peruvianum*[43] L. Ruiz y Pavón describieron el *H. corymbosum* y el *H. incanum*, cultivados también en Europa.

Fam. Solanaceas

La importancia de esta familia en relación con las llamadas plantas útiles es enorme: patata, tomate, pimiento, tabaco, etc.,etc. Sin duda las solanáceas americanas que utilizamos como ornamentales no pueden compararse con ellas pero su número es considerable y su importancia no menos apreciable.

El jazmín del Paraguay (*Brunfelsia calycina* Benth.) es un arbusto de gran belleza por sus flores azuladas que con el tiempo mudan a blanco, por lo que coexisten en él flores de varios colores. El género está dedicado al botánico Otto Brunfels (siglo XVI), monje cartujo que publica en 1530 las primeras buenas láminas de plantas.[44]

La dama de noche *Cestrum nocturnum* L. es un arbusto de hojas perennes y flores amarillas, pequeñas, poco vistosas, muy aromáticas cuando se abren al atardecer. Oriundo de América tropical es una planta muy corriente. Otras especies del género son también arbustivas pero no tan aromáticas. Así, el *C. fasciculatum* Miers. de flores violeta; el *C. parqui* L'Her. de flores amarillas, *C. aurantiacum* Lindl., *C. diurnum* L., *C. purpureum* Lindl, todos oriundos de América del Sur y Central.

El trompetero *Datura candida* (Pers.) Safford. es un arbusto muy decorativo de 3-4 metros con grandes flores

Heliconia rostrata.
H. Ruiz y J. Pavón.
Flora Peruviana et Chilensis. 1798-1802.
Tomo III.
Real Jardín Botánico, Madrid.

Fuchsia spp.
H. Ruiz y J. Pavón.
Flora Peruviana et Chilensis. 1798-1802.
Tomo III.
Real Jardín Botánico, Madrid.

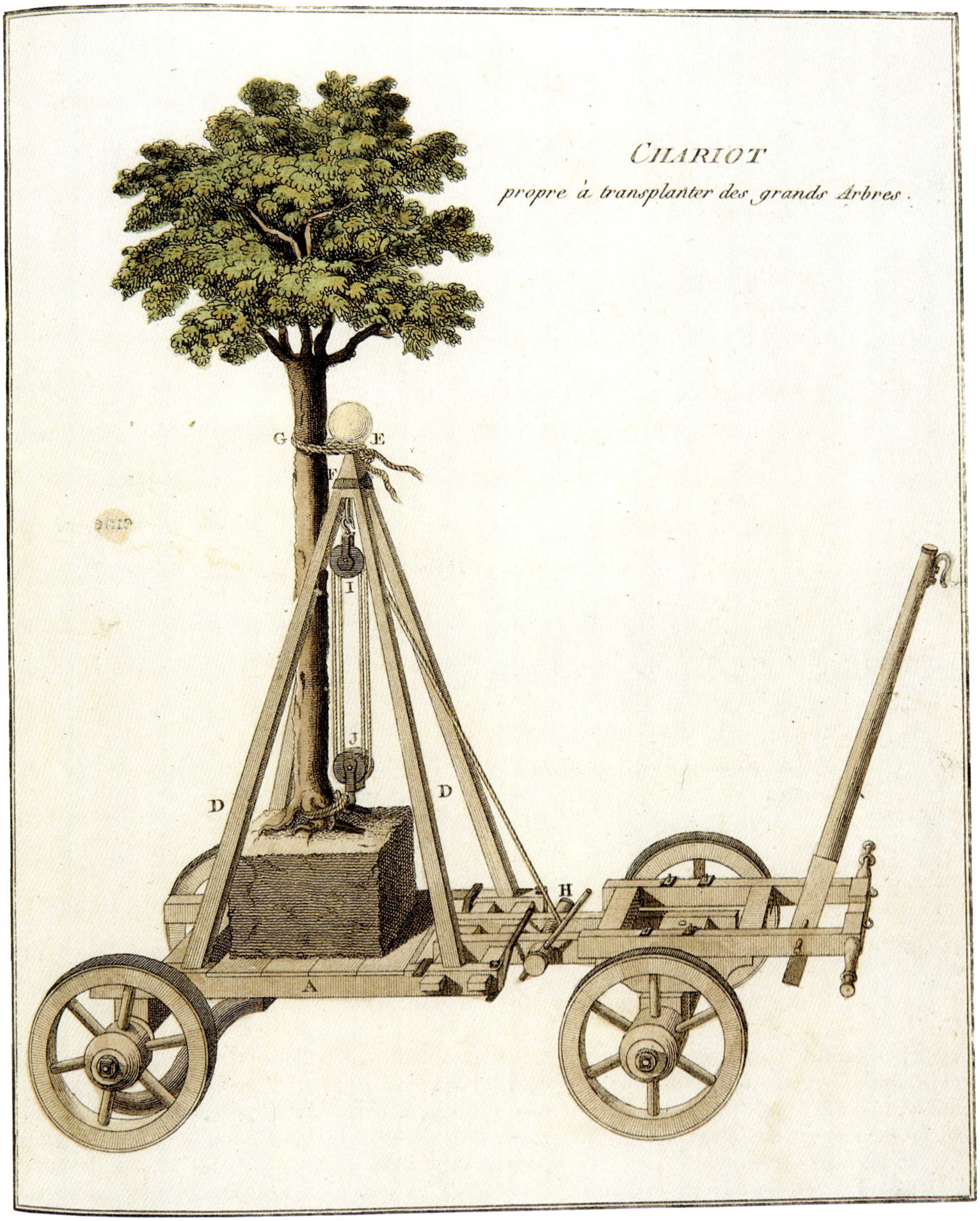

Carro para trasplantar árboles. Rey Desplanazu. Oeuvres d'Agriculture et d'Economie Rurale. 1801. *Real Jardín Botánico, Madrid.*

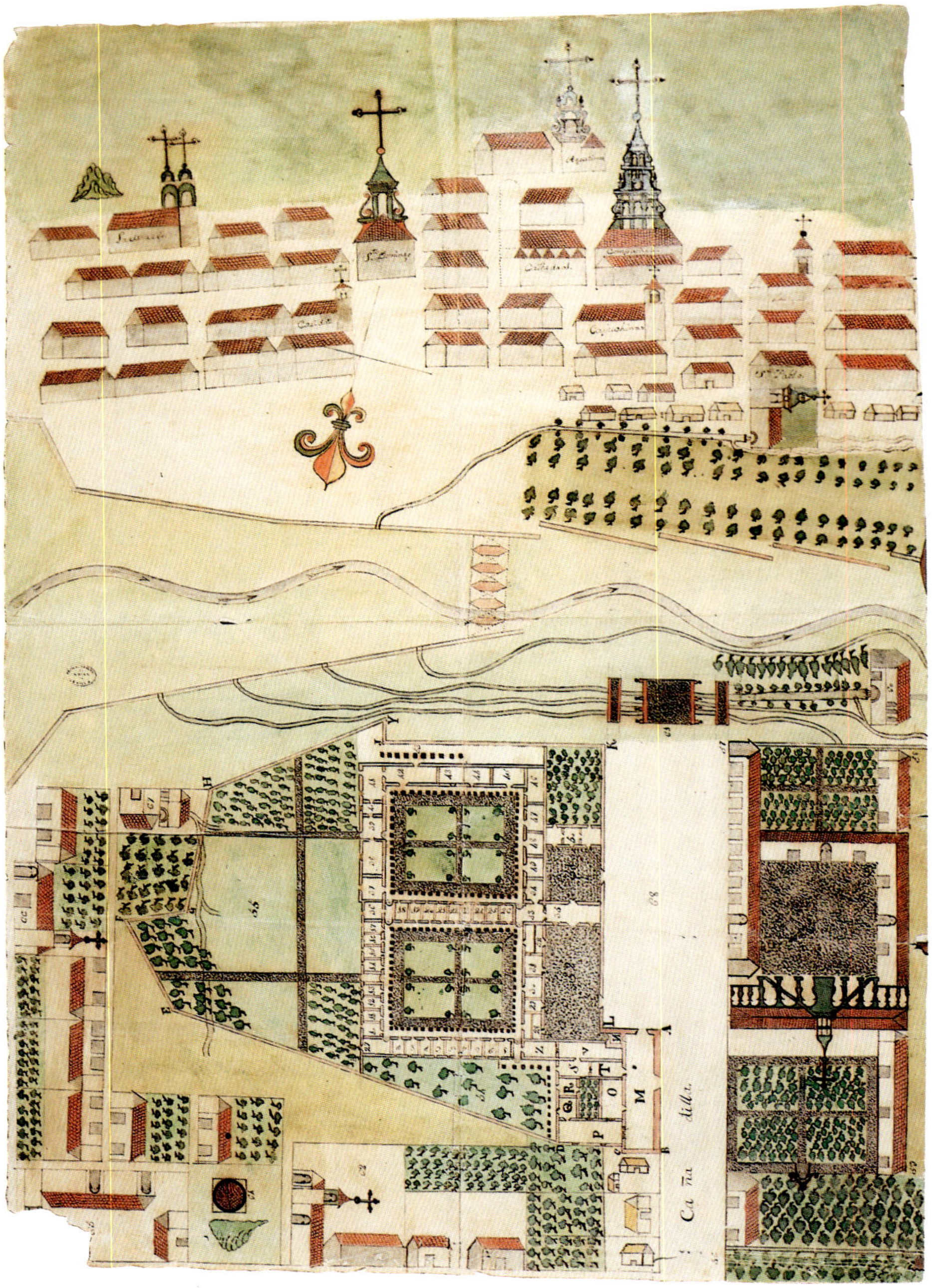

Plano de los alrededores y convento de los carmelitas descalzos de San Rafael de Santiago de Chile. 1773. *Archivo General de Indias, Perú y Chile, 257.*

blancas colgantes que parecen trompetas. Oriundo de Perú y Chile. Se cultivan también algunas otras especies del género, también arbustivas y con flores blancas, amarillentas o rosadas.

La fabiana (*Fabiana imbricata* Ruiz y Pavón) es un arbusto poco corriente de aspecto de brezo por sus pequeñas y escuamiformes hojas y sus florecitas blancas. Descrito por Hipólito Ruiz y José A. Pavón en su expedición y dedicado al arzobispo aficionado a la botánica Francisco Fabiano.[45]

El gandul (*Nicotiana glauca* Grah.) es un arbolito que se ha hecho espontáneo en la costa mediterránea. Es capaz de crecer, y rápido, en los lugares más insospechados. De hojas verde pálido y flores amarillas, es oriundo de Argentina y Brasil, y se utiliza en algunos jardines por su rápido crecimiento y rusticidad.

Las petunias cultivadas (*Petunia* × *hybrida* Hort.) son híbridos obtenidos de progenitores oriundos de América del Sur (*P. axillaris, P. violacea*). Son plantas herbáceas muy extendidas con corola (de diversos colores) en forma de embudo.

La *Solandra grandiflora* Swartz, es una trepadora o arbustiva de grandes flores como trompetas. Parecidas son *S. longiflora* Tussac., y *S. nitida* Zucc. de flores amarillentas. Todas oriundas de Jamaica y América Central. El género está dedicado a Daniel-Charles Solander (1763-1782), sueco, discípulo de Linneo, que viajó con Joseph Banks y el capitán Cook.[46] Aparte de las especies «útiles» del género, *Solanum*, es muy corriente

Victoria regia.
Botanical Magazine.
Vol. LXXIII.

el *S. jasminoides* Paxt., originaria de América del Sur, trepadora de flores blanco-azuladas que recuerdan al jazmín.

Fam. Escrofulariaceas

La planta del coral (*Russelia equisetiformis* Schlecht. Cham.) es un arbusto de 1-2 m. oriundo de Méjico de pequeños hojitas y flores tubulares colgantes, de color rojo.

Las calceolarias son pequeñas herbáceas (alguna leñosa) de originales flores amarillas, rojas, etc. en forma de recipiente. De hecho el nombre genérico dado por Linneo viene de «calceolus», zueco, si bien es posible que se lo dedicase al botánico italiano del XVI, F. Calceolari. Proceden de Perú y Chile y varias fueron descritas por Ruiz y Pavón: *Calceolaria alba, C. bicolor, C. corymbosa, C. flexuosa, C. rugosa* y la *C. pavonii* dedicada a J. A. Pavón.[47]

Fam. Bignoniaceas

La aportación de esta familia a la flora ornamental es considerable, dos especies arbóreas, jacaranda y catalpa, y varias de trepadoras.

La jacaranda (*Jacaranda mimosaefolia* Don.) es un bellísimo árbol de hasta 10 ó más metros de hojas con numerosos foliolos divididos a su vez, que caen al final del invierno o bien entrada la primavera. Entonces se produce la floración, quedando el árbol sin hojas pero lleno de flores tubulares de color violeta que configuran el paisaje urbano de ciudades como Málaga y Sevilla donde son muy abundantes. Al final del verano suele haber una segunda floración y entonces contrastan las flores con el follaje. Oriunda de Brasil el nombre del género es el autóctono.

Algunas especies reciben en Brasil el nombre de «palisandro» por su madera muy apreciada en ebanistería.

La catalpa (*Catalpa bignonioides* Walt.) oriunda de América del Norte es un árbol de 20 o más metros muy abundante. De grandes hojas (10-20 cm.) acorazondas, su floración primaveral es espléndida. Son grandes inflorescencias con flores blancas (manchadas de marrón) tubulares de 4-5 cm. El nombre genérico es el dado por los autóctonos.

Varias trepadoras muy utilizadas en nuestros jardines son de esta familia. Oriundas de Méjico y en general América tropical se pueden citar: *Bignonia unguis-cati* Gentry, de flores amarillas, *Pyrostegia ignea* (Vell.) Presl., de flores rojas, *Tecoma alata* DC. y *T. stans* (L.), de flores amarillas.

Fam. Acantaceas

El beloperone (*Beloperone guttata* Braud.) es un arbusto con inflorescencias cuyas bracteas florales rosadas son muy decorativas. Las afelandras (*Aphelandra spp.*) y fitonias (*Fittonia sp.*) son típicas «plantas de interior» de decorativas hojas con las «nerviaciones» muy marcadas.

También se cultivan arbustos de los géneros *Justicia sp.* y *Jacobinia sp.* cuyas inflorescencias recuerdan el conocido acanto. Son originarias de América tropical.

Fam. Verbenaceas

La duranta (*Duranta repens* L.) es una planta muy utilizada para setos bajos (para delimitar arriates), por sus hojas perennes y tupidas. Oriunda de América tropical, se reconoce por las espinas que hay en las axilas de las hojas, que tienen el borde serrado. Las hay verdes, matizadas, etc. El género está dedicado al médico y botánico Castor Durantez (¿-1590).[48]

La lantana (*Lantana camara* L.) es un arbusto vigoroso, resistente y de rápido crecimiento. Lo más característico son sus flores en cabezuelas de unos 5 cm. con pétalos de varios colores. Oriunda de Sudamérica, es muy corriente.

La hierba luisa (*Aloysia triphylla* Britt., sin. *Lippia citriodora* H.B.K.) es un arbusto muy común, oriundo de Chile y Perú, de pequeñas flores blancas y hojas verde-pálidas de olor parecido a limón. Usos medicinales como tónico, estomacal, etc.

El citaroxilo o bella sombra (*Citharexylum spinosum* L.) es un árbol oriundo de América tropical. Raro (sólo conzco un bosquete, en el Parque de Málaga) pero bello con sus inflorescencias en espigas péndulas, que luego tienen frutos muy decorativos. El nombre genérico hace referencia («Kithara», «xylon») a la bondad de su madera para fabricar instrumentos musicales.

Fam. Labiadas

La *Salvia splendens* Sellow. Schult. es la más corriente de las salvias originarias de América. Es oriunda de Brasil y tiene las flores rojas en racimos terminales densos que permanecen durante mucho tiempo.

Otras salvias americanas que cultivamos son: *S.grahami* Benth., *S. involucrata* Cav., *S. patens* Hort.

Fam. Asteraceas (Compuestas)

Las dalias son herbáceas conocidísimas, oriundas de Méjico. Existen muchísimas variedades obtenidas a partir de *Dahlia pinnata* Cav. (sin. *D. variabilis* Desf.) de grandes flores en capítulos de colores diversísimos. El género está dedicado a Andreas Dahl (1751-1789) botánico sueco, discípulo de Linneo. Parece que los aztecas utilizaban los tubérculos de dalia como alimento. Los primeros ejemplares de dalias llegaron a Europa hacia finales del siglo XVIII.[49]

La gallardia (*Gaillardia pulchella* Faug.) es una herbácea de grandes flores de variados colores (existen muchas variedades) oriunda de Méjico. El género está dedicado a M. Gaillarde aficionado a la botánica (siglo XVIII). Las primeras gallardias fueron importadas hacia finales del XVIII.[50]

El girasol (*Helianthus annuus* L.), además de su uso como planta «útil» se utiliza también como ornamental. Oriundo del Oeste de América del Norte. Las especies de girasoles más utilizadas como ornamentales son : *H. argophyllus* A. Gray, de Tejas, *H. decapetalus* L., de Canadá y *H. rigidus* Desf., de América del Norte.

La montanoa (*Montanoa bipinnatifida* Koch.) o margaritero es un arbusto de hojas perennes grandes (15-25 cm.) profundamente lobuladas. Flores amarillas en capítulos densos. Oriunda de Méjico, el género está dedicado al político de esa nacionalidad Montano.

Los claveles de Indias (*Tagetes erecta* L. y *T. patula* L.) son plantas herbáceas con flores en capítulo, grandes, solitarios y pedunculados, de colores diversos pues existen muchas variedades. Son plantas muy extendidas y que proceden de Méjico. El nombre genérico se lo dió Linneo derivado de Tagus, divinidad etrusca.

El llamado «geranio de California» nombre equívoco por tratarse de una Asterácea es el *Senecio petasitis* Sims., arbusto de unos 2 m. de hojas perennes grandes (15-30 cm.). Las flores son pequeñas, amarillas y situadas en inflorescencias terminales. Planta oriunda del Sudoeste de Méjico, el género *Senecio* corriente en la flora europea debe su nombre a Plinio. Derivado de «senex», viejo, por los pelos blancos de los frutos que recuerdan (¿?) los cabellos de una persona canosa (¿vieja?).[51]

Se puede citar también la rudbequia (*Rudbeckia sp.*) de flores amarillas y *Zinnia elegans* Jacq. de flores de variados colores. Menos comunes.

Fam. Liliaceas

La mayoría de las Liliáceas ornamentales proceden de Africa. Entre las americanas se puede citar el dasilirio (*Dasylirion serratifolium* Baker) que procede de Méjico. Hojas 60 × 2.5 cm. y pequeñas espinas marginales. Flores blancas en panícula densa.

Muy rara pero originalísima es la *Beaucarnea recurvata* Lem. (sin. *Nolina tuberculata* Hort.). Por sus hojas recuerda un cordiline o dracena, pero el tallo sobresale de forma abombada en el suelo. Oriunda de Méjico.

Fam. Agavaceas

La pita (*Agave americana* L.), oriunda de Méjico, está naturalizada en la costa mediterránea, donde se utiliza como ornamental y para delimitar propiedades. Existen muchas variedades y otras especies del género pero menos corrientes.

La furcrea (*Furcrea selloa* C. Koch var. *marginata* Trel.) es muy parecida a la pita. Oriunda de Colombia tiene las hojas con el borde amarillento y el tronco llega a 40-50 cm. de diámetro si se van cortando las hojas inferiores. Dedicada al químico francés A.F. Furcroy.

Las yucas son oriundas de Méjico, Sur de Estados Unidos y en general América Central. La más corriente es la *Yucca elephantipes* Regel. de más de 5 m. de altura y cuyo tronco se ramifica a partir de 1.5-2 m. en 4-6 ramas al final de las cuales se encuentran las hojas (50-80 cm.) que terminan en una espina aguzada. Grandes inflorescencias (más de 50 cm.) de flores blancas. A la base ensanchada alude el nombre específico. De rápido crecimiento y rusticidad son capaces de padecer las peores condiciones de trato.

Menor porte tienen otras especies, también corrientes como *Y. aloifolia* L. y *Y. gloriosa* L.

Fam. Amarilidaceas

El lirio de los Incas (*Alstroemeria aurantiaca* L.) procede de Chile. Con de-

Helecho tropical en los invernadores del Real Jardín Botánico de Madrid. La Ilustración española y americana. 1872. Hemeroteca Municipal, Madrid.

corativas flores rosadas al final de un tallo floral de cerca de 1 m., tiene unas curiosas hojas en las que, debido a una torsión, el haz se convierte en el envés.

El género lo dedicó Linneo al barón Clas Alströmer quien vio por primera vez una alstromeria (pero la *A. pelegrina*) en 1760 en el jardín del cónsul sueco en Cádiz, enviándole semillas a Linneo que por lo visto las conservó durante el invierno en su propio dormitorio.[52]

Fam. Orquidaceas

Las originales flores, por su morfología y colores, de las orquídeas, las hacen muy cotizadas como plantas europeas de interior. Una de las más típicas es la catleya (*Cattleya sp.*) de la que existen una veintena de especies sudamericanas y un sinfín de variedades. Otras orquídeas cultivadas y oriundas de América pertenecen a los géneros *Mittonia, Masdevallia, Odontoglossum, Oncidium*.

Fam. Bromeliaceas

Las Bromeliáceas son típicas plantas de interior cada vez más extendidas. La *Aechmea fasciata* Baker es oriunda de Brasil, tiene una vistosa inflorescencia rosada con bracteas espinosas. El género está representado por más de 100 especies sudamericanas, muchas de ellas cultivadas.

El género *Guzmania* procede de América Central y se caracteriza por las hojas de color rojo vivo que crecen alrededor de la flor. Una de las especies más corriente es *G. linguiata* Mez. El nombre deriva del farmaceútico A. Guzmán.

Otras Bromeliáceas ornamentales pertenecen a los géneros *Nidularium, Neorgelia y Tillandsia*.

Fam. Musaceas

El único género importante como ornamental oriundo de Sudamérica es

Heliconia. El tallo está formado por la base de las hojas. La inflorescencia es ciertamente original: con brácteas naranjas o rojas en forma de barco que alternan a uno y otro lado del eje floral. Entre las más corrientes, *H. wagneriana* Petersen, *H. psittacorum* L. y *H. rostrata* Ruiz y Pavón, una de las más bellas, oriunda del Perú, que puede llegar a superar los 3 m., con hojas de 2-3 m. e inflorescencias colgantes.[53]

Fam. Cannaceas

La caña de Indias es una herbácea de 1 m. o más de altura de grandes hojas lanceoladas con una inflorescencia terminal de flores grandes y variados colores. El híbrido *Canna × generalis* Bailey del que se cultivan muchas variedades se obtuvo de progenitores sudamericanos. Es una planta de jardín muy corriente.

Fam. Marantaceas

Las calateas y marantas (*Calathea sp., Maranta sp.*) son arbustos brasileños cada vez más corrientes, de decorativas hojas de tonalidades diversas de verde con manchas en las nerviaciones y un largo peciolo.

Fam. Commelinaceas

La *Setcreasea purpurea* Boom. se cultiva en macetas y es oriunda de Méjico. De hojas de color rojo oscuro y pequeñas flores rosas es planta resistente y rústica. La tradescantia o pamplina, *Tradescantia virginiana* L., es oriunda de Florida y tiene las hojas verdes matizadas de blanco.

Fam. Poaceas (Gramíneas)

El carrizo de la Pampa (*Cortaderia selloana* Ash.) es un matorral denso de hojas estrechas de unos 2 m. de longitud. Las flores se agrupan en densas panículas plumosas. Oriunda de Argentina, el nombre genérico alude a lo cortante del borde de las hojas.

Fam. Arecaceas (Palmaceas)

La palma real (*Roystonea regia* (H.B.K.) O.F. Cook) es una palmera oriunda de Cuba que desgraciadamente sólo puede verse en unos pocos jardines de la costa mediterránea. De elegante belleza, tiene el tronco liso y de color gris claro. Sus hojas pinnadas alcanzan hasta 8 m.

La palma reina (*Arecastrum romanzoffianum* Beec., sin. *Cocos romanzoffiana* Chamss.), mucho más corriente[54], procede de Argentina y Uruguay. De tronco liso y grisáceo, sus hojas pinnadas llegan a 5-6 m. con los foliolos finos y poco rígidos. Conocida en los viveros como «cocotero plumoso», sus frutos son dátiles anaranjadas de unos 4 cm. en grandes racimos. La chamadorea (*Chamaedorea elegans* Mart.) llamada también cañera o cañífera por sus tallos que recuerdan la caña de bambú es una palmerita de hojas pinnadas oriunda de Méjico. Muy corriente en macetas para interiores, donde su porte no suele llegar al metro, en los jardines es un arbusto de 2 m. o más.

Entre las palmeras de hoja palmeada, la palma azul de Méjico (*Erythea armata* Wats.), de tronco robusto y grisáceo, hojas verde-azuladas, y flores en largos espádices colgantes de más de 5 m.

Las palmeras sabal (*Sabal blackburniana* Glazebe.) también de hojas palmeadas pero con un nervio medio muy arqueado. Menos corriente, es oriunda de América Central.

Las guachintonias (*Washingtonia filífera* H. Wendl. y *W. robusta* H. Wendl.) son palmeras muy corrientes de hoja palmeada, crecimiento rápido y poco exigentes. Oriundas de California y Arizona, el nombre genérico está dedicado al presidente estadounidense homónimo. La especie «robusta» es de tronco más delgado y adquiere más altura, que la «filífera» que es paradójicamente más robusta.

Fam. Araceas

La diefembaquia (*Diffembachia picta* Schott.) es un arbusto de grandes hojas verdes con manchas blancas muy corriente como planta de interior. Procede de Brasil. Se cultivan otras muchas especies de este género así como muchas variedades. Todas sudamericanas.

La monstera (*Monstera deliciosa* Liebn., sin. *Philodendron pertusum*) es un arbusto trepador que alcanza hasta 4-5 m. De grandes hojas de color verde oscuro con el limbo perforado en el centro y los bordes profundamente hendidos. Oriunda de América Central.

Los anturios (*Anthurium spp.*) son oriundos de Colombia. Son inconfundibles sus inflorescencias que llevan una espata membranosa de colores variados según las especies.

El *Spathiphyllum floribundum* (Lind. et André) tiene una inflorescencia que queda apenas envuelta por una espata blanca. Oriundo de Colombia se utiliza mucho como planta de interior.

Los caladios (*Caladium spp.*) son plantas herbáceas sudamericanas de los que existen infinidad de variedades. Sus hojas acorazonadas, grandes, con las nerviaciones muy marcadas, presentan toda clase de tonalidades.

Los singonios (*Syngonium spp.*) se cultivan por sus grandes hojas verde oscuras. Oriundos de América Central.

NOTAS

1. Taton, R. *Historia general de las Ciencias,* Vol. II págs. 801-802. Ed. Destino. Barcelona, 1972.
2. Ibid. pág. 448.
3. Taton, R. op. cit. pág. 802.
4. Steele, A.,R. *Flores para el Rey, La expedición de Ruiz y Pavón y la Flora del Perú,* págs. 31-37. Ed. Serbal. Barcelona, 1982.
5. Mutis, José Celestino, *Escritos botánicos,* págs. 24-25. Ed. Biblioteca de Cultura andaluza. Sevilla 1975.
6. Stelle, op. cit. págs. 48 y sigts.
7. Taton, op. cit. pág. 803-804.
8. Ibid., pág. 740.
9. Ibid., pág. 742.
10. Ibid., pág. 742.
11. Ibid., pág. 813.
12. Taton, op. cit. pág. 739.
13. Ibid., pág. 739.
14. Ibid., pág. 804.
15. Ibid., págs. 451-452.
16. Steele, op. cit. pág. 37.
17. Castilla, Faustino, *El Jardín Botánico de la Oratava.* pág. 4. Ed. Everest. Leon 1984.
18. Nicholson, G, *Dictionaire pratique d'horticulture et de jardinage.* Vol II, págs. 440-445. Paris 1882.
19. Steele, op. cit. págs. 110-114.
20. Graf, A.,B., *Trópica, Color Cyclopedia of Exotics plants and trees,* pág. 1097. Rohers Company, New Jersey, 1981.
21. Mitchell, A., *Arboles de Europa,* pág. 111. Ed. Omega. 1985.
22. Moro, R., *Arboles de España,* pág. 28. Ed. Omega. 1988.
23. Mitchell, op. cit. pág. 109.
24. Lötschert, W. y Beese, G., *Plantas tropicales.* págs. 84-85. Ed. Omega. 1982.
25. Mitchell, op. cit. pág. 364.
26. Nicholson, op. cit. Vol IV. págs. 512-515.
27. Nicholson, op. cit. Vol III. pág. 696.
28. Ibid., Vol I. pág. 323.
29. Ibid., Vol V. pág. 772.
30. Ibid., Vol II. págs. 440-445.
31. Ibid., Vol I. pág. 521.
32. Mitchell, op. cit. pág. 467.
33. Nicholson, op. cit. Vol II. pág. 353.
34. Ibid., Vol III. pág. 699.
35. Lötschert, op. cit. pág. 229.
36. Mitchell, op. cit. pág. 242.
37. Nicholson, op. cit. Vol I. pág. 327.
38. Ibid., Vol III. pág. 571.
39. Ibid., Vol I. pág. 396.
40. Ibid., Vol V. pág. 242.
41. Ibid., Vol I. pág. 10.
42. Ibid., Vol V. pág. 537.
43. Ibid., Vol II. pág. 622.
44. Ibid., Vol I. pág. 423.
45. Guinea López, E., Vidal Box, C. *Parques y jardines de España,* pág. 320. Ed. M. Educ. y Ciencia. Madrid 1969.
46. Nicholson, op. cit., Vol V. pág. 59.
47. Ibid., Vol 1. págs. 456-460.
48. Ibid., Vol II. pág. 249.
49. Ibid., Vol II. pág. 144.
50. Ibid., Vol II. pág. 453.
51. Ibid., Vol IV. pág. 745.
52. Blunt, W., *El Naturalista, Vida, obra y viajes de Carl Von Linné,* pág. 200. Ed. Serval. 1982.
53. Lötschert, op. cit. pág. 122.
54. Ayora, A.,Bueno, M., Fernández, A., Fernández, E., Sarasola, L., Valero, J.A., *Flora Ornamental de Málaga,* pág. 134. Málaga 1988.

Arbol de la noche triste (Taxodium mucronatum), el ahuehuete) *de Hernán Cortés.*
La Ilustración Española y Americana. 1872.
Hemeroteca Municipal, Madrid.

CATÁLOGO DE OBJETOS DE LA EXPOSICIÓN

I. AZÚCAR DE CAÑA

I.1.
Mordaza utilizada para extraer el jugo de la caña de azúcar. Fotografía de Miguel de la Quadra-Salcedo.

I.2.
Molino de caña de azúcar movido por un rodezno. Sacado del libro: Pseudo Juanelo Turriano. *Los Veintiún Libros de los Ingenios y de las Máquinas.* (S. XVI). Maqueta realizada bajo la supervisión de Ignacio González Tascón y Joaquín Fernández Pérez, en el taller de Félix Moyano.

I.3.
Prensa de viga para extraer el jugo de la caña molida. Sacada del libro: Pseudo Juanelo Turriano. *Los Veintiún Libros de los Ingenios y de las Máquinas.* (S. XVI). Maqueta realizada bajo la supervisión de Ignacion González Tascón y Joaquín Fernández Pérez, en el taller de Félix Moyano.

I. 4.

I.4.
Trapiche de tres mazas. Sacado del libro de Charles Cesar de Rochefort. *Histoire Naturelle et Morale de Iles Antilles.* Rotterdam. Chez Arnout. *1665.* Maqueta realizada bajo la supervisión de Ignacio González Tascón y Joaquín Fernández Pérez, en el taller de Félix Moyano.

I.5.
Modelo de trapiche para obtener el jugo de la caña de azúcar. Pangasinases. Centro de Luzón. Filipinas (Siglo XIX. Madera, 48×48 cms. Col. Exposición de Filipinas, *1887.* Museo Nacional de Etnología, n.º inv. 6383.

I. 5.

I. 6.

I.6.
Ingenio azucarero cubano. Maqueta realizada bajo la supervisión de Ignacio González Tascón y Joaquín Fernández Pérez, en el taller de Félix Moyano.

I.7.
Moldes cerámicos para purgar el azúcar de caña. Reproducción de las formas sevillanas realizada por la ceramista Marga Piñán.

I.8.
Panes de azúcar del norte de Africa. Cortesía de Doña Carmen Téllez y de Doña Rosalía Ramírez.

I.9.
Panes de azúcar mexicanos. Cortesía de Don José Luis Crespo de las Casas.

I.10.
Panela de azúcar brasileña. Colección Miguel de la Quadra-Salcedo.

I.11.
Alambique para destilar ron. Museo de la Farmacia Hispana. Facultad de Farmacia. Universidad Complutense, Madrid. sn.

I.12.
Alvaro Reynoso. *Ensayo sobre el cultivo de la caña de azúcar.* Madrid. Imp. Rivadeneyra. *1865*. Real Jardín Botánico.

I. 10.

I.13.
Gulielmi Pison. *Medicina Brasiliensis.* s.l., s.e., s.f. Real Jardín Botánico.

I.14.
Charles Cesar de Rochefort. *Histoire Naturelle et Morale des Iles Antilles.* Rotterdam. Chez Arnout Leers. *1665*. Real Jardín Botánico.

I.15.
Chenu. *Encyclopedie d'Histoire Naturelle.* París, Libraire Firmin Didot Frères. *1873*. Vol. II. Real Jardín Botánico.

I.16.
F.P. Chaumeton. *Flore Medicale.* París. CLF. Panckoucke, Editeur. *1814*. Tomo V. Real Jardín Botánico.

II. AZÚCAR DE REMOLACHA

II.1
Plano de la Azucarera de San Isidro de Granada. Colección Miguel Giménez Yanguas.

II.2.
Fábrica Azucarera de Remolacha «Santa Juliana» en Granada. Fotografía de J. Bertuchi. Colección Miguel Giménez Yanguas.

II.3.
Vista de una nave interior de la Fábrica Azucarera de Remolacha «Santa Juliana» en Granada. Fotografía J. Bertuchi. Colección Miguel Giménez Yanguas.

II.4.
Sala de evaporación y vacío de la Fábrica Azucarera de Remolacha «Santa Juliana» en Granada. Fotografía de J. Bertuchi. Colección Miguel Giménez Yanguas.

II. 5.

II. 7.

II.5.
Aparato de destilación fraccionada para la fabricación de alcohol a partir de melazas azucareras. Colección Miguel Giménez Yanguas.

II.6.
Polarímetro-sacarímetro. Servía para calcular la riqueza en azúcar de los jugos de remolacha y caña. Colección Miguel Giménez Yanguas.

II.8.
Pequeño caballito de vapor que actuaba como bomba para trasegar jugos. Colección Miguel Giménez Yanguas.

II.9.
Máquina de vapor compresor de aire. Servía para inyectar aire en el horno donde se quemaba el azufre para la obtención del SO_2 en la sulfitación del jugo de remolacha, que se hacía para decolorar. Colección Miguel Giménez Yanguas.

II.10.
J. Dureau. *Tratado del cultivo de la Remolacha azucarera*. Traducción de Wladimir Guerrero. Granada. s.e. *1891* Real Jardín Botánico.

II.11.
L. Walkhof. *Traité complet de fabrication et raffinage du sucre de betterares.* París. Librairie F. Savy. *1874.* Tomo I. Biblioteca de Miguel Giménez Yanguas.

II. 9.

II.7.
Centrífuga de laboratorio. Servía para separar el azúcar de la melaza. Colección Miguel Giménez Yanguas.

II.12.
L. Walkhof. *Traité complet de fabrication et raffinage du sucre de betterares.* París. Librairie F. Savy. *1874.* Tomo II. Biblioteca de Miguel Giménez Yanguas.

III. PLANTAS INDUSTRIALES

TABACO

III.1.
Anduyo de hojas de tabaco prensado. Colección Miguel de la Quadra-Salcedo.

III.2.
Prensa de cigarros de la famosa casa cubana «Partagás». Colección Miguel de la Quadra-Salcedo.

III.3.
Portador indígena de cigarros. Colección Miguel de la Quadra-Salcedo.

III.4.
Caja conteniendo jabones con olor a tabaco. Colección Tabacalera S.A.

III. 1.

III. 2.

Ill. 5.

Ill.5.
Muestrario de labores de tabacos. Colección Tabacalera S.A.

Ill.6.
Picadora de tabaco. Colección de Romul Gavarró.

Ill.7.
Picadora de tabaco. Maqueta realizada sobre modelo original por Tabacalera SA.

Ill. 6.

III. 8.

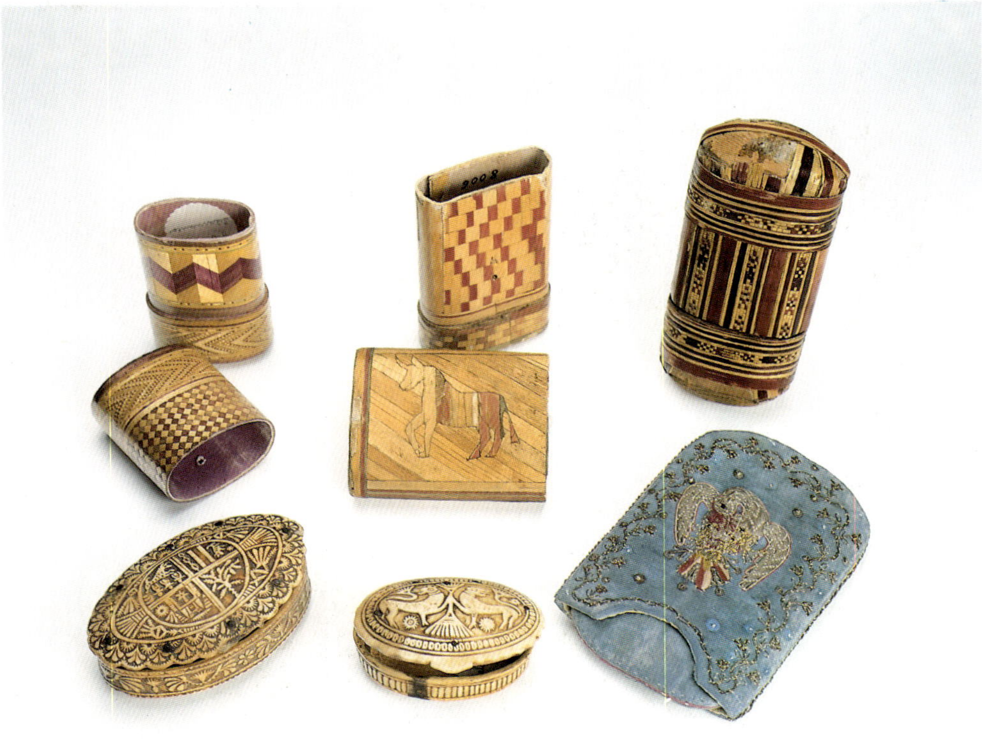

III. 9-10.

III.8.
Cajas de cerillas. Museo Nacional del Pueblo Español.

III.9.
Cajas de rapé. Museo Nacional del Pueblo Español.

III.10.
Petacas. Museo Nacional del Pueblo Español.

III.11.
Tabaquera con decoración tallada que representa diversas escenas de la vida cotidiana. Ilocanos. Centro de Luzón. Filipinas (Siglo XIX). Bambú, 27×13'5 cms. Col. Exposición de Filipinas, *1887*. Museo Nacional de Etnología, n.º inv. 2501.

III.12.
Bolsa para llevar el tabaco y los útiles de fumar, Bontoc. Norte de Luzón. Filipinas (siglo XIX). Paja, bejuco y nito, 13×8 cms. Col. Exposición de Filipinas, *1887*. Museo Nacional de Etnología, n.º inv. 1337.

III.13.
Pipa rústica. Museo Nacional del Pueblo Español.

III.14.
Boquilla para cigarros finos.

III.15.
Cuaco o pipa. Tinguian. Norte de Luzón. Filipinas (Siglo XIX). Raíz de caña, 11'5×2 cms. Col. Exposición de Filipinas, *1887*. Museo Nacional de Etnología, n.º inv. 4451.

III. 22-23-24-25.

III.16.
Cuaco o pipa que representa la cabeza de un carabao. Ifugao. Norte de Luzón. Filipinas (Siglo XIX). Madera, 6×9 cm. Col. Exposición de Filipinas, *1887*. Museo Nacional de Etnología, n.º inv. 1996.

III.17.
Pliego de herbario de *Nicotiana tabacum* (Tabaco). Real Jardín Botánico.

III.18.
Nicotiana tabacum. Expedición de Hipólito Ruiz y José Antonio Pavón *(1778-1787)*. Autor: José Gabriel Ribera. Real Jardín Botánico, leg. IV-1839.

III.19.
Antonio Lavedan. *Tratado de los usos, abusos, propiedades y virtudes del tabaco, café, té y chocolate.* Madrid, Imp. Real. *1796*. Real Jardín Botánico.

III.20.
Nicolás Monardes. *Primera y Segunda y Tercera partes de la Historia Medicinal de las Cosas que se traen de nuestras Indias Occidentales que sirven en Medicina.* Sevilla. Casa de Fernando Díaz. *1580.* Real Jardín Botánico.

III.21.
Dictionaire Raisonné des Sciences, des Arts et des Metiers (recueil des Planches). París, *Panckonacke. 1751-1780.* Real Jardín Botánico.

PLANTAS TEXTILES

III.22.
Rueca. Museo Nacional del Pueblo Español.

III.23.
Devanadera. Museo Nacional del Pueblo Español.

III.24.
Espadadora de cáñamo Museo Nacional del Pueblo Español.

III.25.
Rastrillo para lino y cáñamo. Museo Nacional del Pueblo Español.

III. 26.

III.26.
Pangüijan, aparato utilizado para desfibrar el abacá. Tagalog. Centro de Luzón. Filipinas (Siglo XIX). Madera, hierro y bambu, 210×123 cms. Col. Exposición de Filipinas, *1887*. Museo Nacional de Etnología, n.º inv. 3815.

III.27.
Algodón americano coyuche despepitado y olvillo de algodón hilado sin teñir. Etnia *huabes* de San Mateo del Mar en Oaxaca (México). Colección Ana Roquero.

III.28.
Manada de esparto seco.

III.29.
Cerros de lino.

III.30.
Cerros de cáñamo *corazón*.

III.31.
Cuerdas de esparto, cáñamo y pita.

III.32.
Ovillo de algodón hilado.

III.33.
Telar de cintura de Guatemala. Colección Ana Roquero.

III.34.
Lienzo de Algodón teñido con caoba y lodo ferruginoso. Etnia *shipibio* del Poblado de San Francisco del Departamento de Loreto (Perú). Colección Ana Roquero.

III.35.
Vara y media teñida con cochinilla. Comunidad de *salasacas* de Penileo en Tuncurahua (Ecuador). Colección Ana Roquero.

III.36.
Huipil tejido en telar de cintura con algodón sin teñir. Etnia *huabes* de San Mateo del Mar en Oaxaca (México). Colección Ana Roquero.

III.37.
Jaspe de algodón tejido en telar colonial y teñido con añil. Realizado por Don Chilo Ovalle de Salcajá (Guatemala). Colección Ana Roquero.

III.38.
Nasa para pescar. De uso común en Filipinas. (Siglo XIX). Junco y alambre, 33×21 cms. Col. Exposición de Filipinas, *1887*. Museo Nacional de Etnología, n.º inv. 2923.

III.39.
Nasa para pescar en fango o en aguas poco profundas. De uso en Filipinas. (Siglo XIX). Caña y bejuco, 49×20 cms. Col. Exposición de Filipinas, *1887*. Museo Nacional de Etnología, n.º inv. 3037.

III.40.
Trampa para pescar. Pangasinanes. Centro de Luzón. Filipinas. (Siglo XIX. Caña, 22×15 cms. Col. Exposición de Filipinas, *1887*. Museo Nacional de Etnología, n.º inv. 2933.

III.41.
Trampa para pescar en aguas profundas. De uso común en Filipinas. (Siglo XIX). Caña, 25×15 cms. Col. Exposición de Filipinas, *1887*. Museo Nacional de Etnología, n.º inv. 2927.

III.42.
Sombrero. Visaya. Islas Visayas. Filipinas. (Siglo XIX). Hoja de palma y caña, 42×11 cms. Col. Exposición de Filipinas, *1887*. Museo Nacional de Etnología, n.º inv. 1268.

III.43.
Pliego de Herbario de *Linum usitatissimum* (lino). Real Jardín Botánico.

III.44.
Pliego de Herbario de *Stipa tenacissima* (Esparto). Real Jardín Botánico.

III.45.
Pliego de Herbario de *Cannabis sativa* (Cáñamo). Real Jardín Botánico.

III. 29-30.

III. 31.

III.46.
Pliego de Herbario de *Gossypium hirsutum* (Algodón). Real Jardín Botánico.

III.47.
Estampa 1ª de la memoria de F. Salvá y F. Sampons: *Disertación sobre la explicación y uso de una nueva máquina para agramar cáñamos y linos.* Catálogo General de la Calcografía, n.º 1696.

III.48.
Estampa 1ª de la memoria de F. Salvá y F. Sampons: *Disertación sobre la explicación y uso de una nueva máquina para agramar cáñamos y linos.* Catálogo General de la Calcografía, n.º 1697.

III.49.
Agave. Expedición de Hipólito Ruiz y José Antonio Pavón *(1778-1787).* No consta autor. Real Jardín Botánico, leg. IV-1970.

III.50.
Joaquín Ribera. *Hiladura y tisaje. Atlas.* Barcelona. Est. Tip. F. Nacente. *1887.* Real Jardín Botánico.

III.51.
Abate Rozier. *Curso completo o Diccionario universal de agricultura,...* Madrid. Imp. Real. *1801.* Real Jardín Botánico.

III.52.
L'Agronome, ou la maison rustique. París. Chez La Compagnie del Libraires. *1770.* Real Jardín Botánico.

III.53.
Antonio José Cavanilles. *Observaciones sobre la Historia Natural, geografía, agricultura, población y frutos del Reyno de Valencia.* Madrid. Imp. Real. *1795.* Real Jardín Botánico.

III.54.
Jacob Christian Schaeffer. *Wersuche und Muster ohne alle lumpen oder doch mit eien geingen zusctze derselben Paier au machen.* Regensburg. s.c. Real Jardín Botánico.

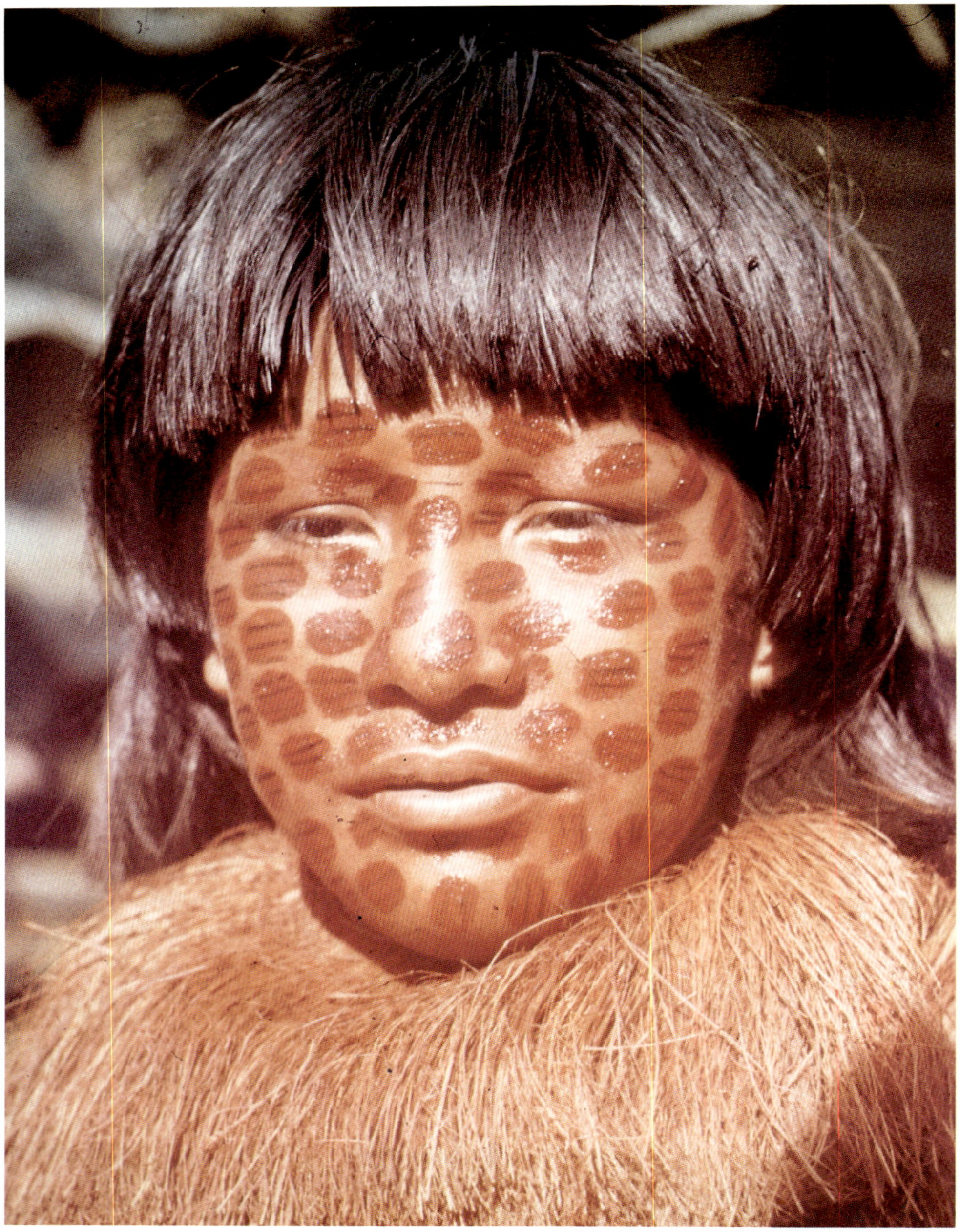

III. 66.

III.59.
F.P. Chaumeton. *Flore Medicale.* París. CLF. Panckoucke, Editeur. *1814.* Tomo IV. Real Jardín Botánico.

III.60.
Abu Zacaria Iahia. *Libro de Agricultura.* Madrid. Imp. Real. *1802.* Real Jardín Botánico.

III. 65.

III.55.
J.A. Cavanilles. *Quarta dissertatio botánica.* París. Apud. Franciscum Amb. Didot. *1787.* Real Jardín Botánico.

III.56.
Dictionaire Raisonné des Sciences, des Arts et des Metiers (recueil des Planches). París, Panckonacke. *1751-1780.* Real Jardín Botánico.

III.57.
Abate Rozier. *Curso completo o Diccionario universal de agricultura,...* Madrid. Imp. Real. *1801.* Real Jardín Botánico.

III.58.
Hans Sloane. *A voyage to the Islands Madera, Barbados, Nieves, S. Christopher and Jamaica.* London. Hans Sloane. *1707.* Vol. II. Real Jardín Botánico.

PUENTES DE HAMACA

III.61.
Hamaca. Ticuna. Río Putumayo y Amazonas. Perú-Brasil, *1933.* Fibra de *tucum,* 320×145 cms. Col. Iglesias. Museo Nacional de Etnología, nº inv. 7.945.

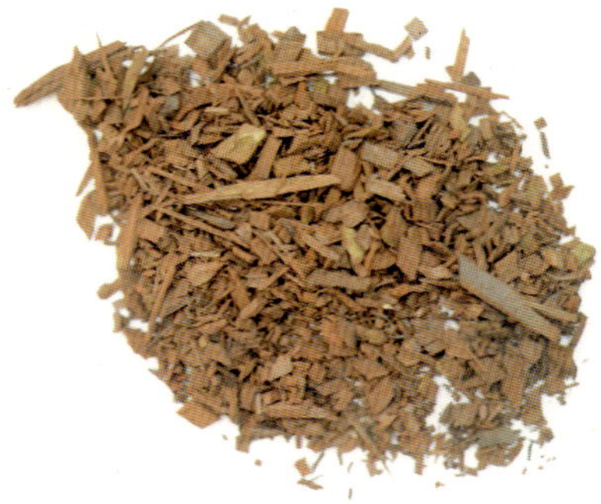

III. 68.

III.62.
Colección de Planos de la Inspección General de Obras Públicas de las Islas Filipinas. *1871.* Biblioteca de la Escuela Superior de Ingenieros de Caminos, Canales y Puertos. Universidad Politécnica de Madrid.

III.63.
M. Frezier. *Relation de voyage de la mer du sud aus côtes du Chily et du Perou,...* París, Chez Nyon, Chez Didot, Chez Quillau. *1732.* Real Jardín Botánico.

TINTES

III.64.
Añil de El Salvador utilizado por Don Chilo Ovalle en Salcajá (Guatemala) Colección Ana Roquero.

III.65.
Semillas de axiote *(Bixa orellana)* de Venezuela. Colección Ana Roquero.

III.66.
India peba del río Cutuhé teñida con axiote. Fotografía de Miguel de la Quadra-Salcedo.

III.67.
Palo Brasil. Colección Ana Roquero.

III.68.
Palo Campeche. Colección Ana Roquero.

III.69.
Pan de cochinilla elaborado por la comunidad de *Salasacas* de Pelileo en Tuncurahua (Ecuador). Colección Ana Roquero.

III.70.
Tenates de caña y de palma utilizados para que paran las hembras de la cochinilla, una vez clavados en las pencas de nopal con un chapixtle (especie de pua). Etnia *zapotecos* de Oaxaca (México). Colección Ana Roquero.

III.71.
Corteza de caoba utilizada para teñir. Etnia *shipibio* del Poblado de San Francisco en el Departamento de Loreto (Perú). Colección Ana Roquero.

III.72.
Copa de vidrio con quermes mineral. Museo de la Farmacia Hispana. Facultad de Farmacia. Universidad Complutense, Madrid. n.º 1739.

III.73.
Pliego de Herbario de *Isatis tinctorea* (Hierba pastel). Real Jardín Botánico.

III.74.
Pliego de Herbario de *Rubia tinctorea* (Rubia). Real Jardín Botánico.

III.75.
Pliego de Herbario de *Indigofera tinctorea* (Añil). Real Jardín Botánico.

III.76.
Pliego de Herbario de *Reseda luteola* (Gualda). Real Jardín Botánico.

III.77.
Bixa orellana. Expedición de Hipólito Ruiz y José Antonio Pavón *(1778-1787)* Autor: Francisco Pulgar. Real Jardín Botánico, leg. IV-805.

III.78.
M.P. Schützenberger. *Traité des matiéres colorantes*. París. Victor Masson et fils. *1867.* Real Jardín Botánico.

III. 70.

III.79.
Berthollet, *Elementos del arte de teñir.* Madrid, Imp. Real. *1795.* 2 tomos. Real Jardín Botánico.

III.80.
Juan Pablo Canals y Martí. *Colección de lo perteneciente al ramo de la rubia o granza en España,...* Madrid, Imp. Blas Román. *1779.* Real Jardín Botánico.

III.81.
H.L. Duhamel de Monceau. *Memorias sobre la Granza o Rubia y su cultivo, con la descripción de sus molinos para reducirla a polvo.* Madrid. Joaquin Ibarra. *1763*. Real Jardín Botánico.

III.82.
P. Pomet. *Histoire Generale des Drogues.* París. Chez Estienne Ducastin. *1694.* Real Jardín Botánico.

III.83.
Dictionaire Raissoné des Sciences, des Arts et des Metiers (recueil des Planches). París, Panckonacke. *1751-1780.* Tomo II. Real Jardín Botánico.

III.84.
Hans Sloane. *A Voyage to the Islands Madera, Barbados, Nieves, S. Christopher and Jamaica.* London. Hans Sloane. *1707.* Vol. I. Real Jardín Botánico.

III.85.
Louis Feuille. *Journal des observations physiques, mathematiques et botaniques.* París. Chez Jean Mariette. 1725. Real Jardín Botánico.

PLANTAS BARRILLERAS

III.86.
Maestros quemadores de Barrilla. En el hoyo se quemaban las plantas barrilleras y los operarios removían el producto fundido con *hurgones* y luego apelmazaban en caliente con las *chocas*.

III.87.
Pliego de Herbario de *Salicornia neei* (Esgurú). Real Jardín Botánico.

III.88.
Pliego de Herbario de *Halogetum sativus* (Sosa o barrilla). Real Jardín Botánico.

III.89.
Pliego de Herbario de *Suaeda maritima* (sosa o azuleja). Real Jardín Botánico.

III.90.
J.A. Cavanilles. *Icones et descriptiones plantarum.* Madrid. Ex Regia Typographia. *1794.* Real Jardín Botánico.

III. 95.

III.91.
Pietro Simone Pallas. *Illustrationes Plantarum Imperfecte vel nondum cognitarum.* Lipsiae. Sumtibus Godofredi Martini. *1803.* Real Jardín Botánico.

III.92.
Antoni Donati, *Trattato de Semplici, Pietre et Pesci Marini che nascono nel lito di Venetia.* Venecia. Appresso Pietro Maria Bertano. *1631.* Real Jardín Botánico.

III.93.
Mariano La Gasca. *Memoria sobre las plantas barrilleras de España.* Madrid. Imp. Real. *1817.* Real Jardín Botánico.

III.94.
Conde de Chaptal *Química aplicada a la Agricultura.* Barcelona. Imp. José Rubió. *1829.* Real Jardín Botánico.

CAUCHO

III.95.
Semillas de caucho utilizadas como alimento por la etnia nómada *macus* del río Tiquié (Amazonía). Colección Miguel de la Quadra-Salcedo.

III.96.
Bola de caucho de Quelchatenango (Guatemala). Colección Ana Roquero.

III.97.
Gran carota fabricada con hojas de tabaco forrada de caucho, utilizado por los siringueiros del río Baupés (Amazonía). Colección Miguel de la Quadra-Salcedo.

III.98.
Latex de caucho. Instituto de Polímeros, CSIC.

III.99.
Crepé de caucho. Instituto de Polímeros, CSIC.

III.100.
Hoja de caucho ahumada. Instituto de Polímeros, CSIC.

III.101.
Caucho en bloque. Instituto de Polímeros, CSIC.

III.102.
Tiras de caucho.

III.103.
Lámina de un bote de *goma elástica* desmontable de la monografía de Juan Manuel Lombera: *Modelo de un bote de Goma Elástica adquirido en New York.* Madrid. Imprenta Nacional. *1850.* Biblioteca Joaquín Fernández.

IV. ALIMENTARIAS

MOLINERÍA Y CEREALES

IV.1.
Rodezno de molino harinero. Colección Romul Gavarró.

IV.2.
Maqueta de molino de viento para triturar diversas materias. Colección Romul Gavarró.

IV.3.
Mortero para descascarillar el arroz. De uso común en Filipinas. (Siglo XIX). Madera, 68×37 cms. Col. Exposición de Filipinas, *1887*. Museo Nacional de Etnología, n.º inv. 3822.

IV.4.
Modelo de aparato, llamado *juncuy*, utilizado para limpiar el arroz. Tagalog. Centro de Luzón. Filipinas. (Siglo XIX). Madera y caña, 50×27'5 cms. Col. Exposición de Filipinas, *1887*. Museo Nacional de Etnología, n.º inv. 2873.

IV.5.
Bilao, bandeja para limpiar el arroz. De uso común en Filipinas. (Siglo XIX). Caña y bejuco, 63×45 cms. Col. Exposición de Filipinas, *1887*. Museo Nacional de Etnología, n.º inv. 2897.

IV.6.
Medida de volumen para cereales. Museo Nacional del Pueblo Español.

IV.7.
Sellos de pan. Museo Nacional del Pueblo Español.

IV. 1.

IV. 4.

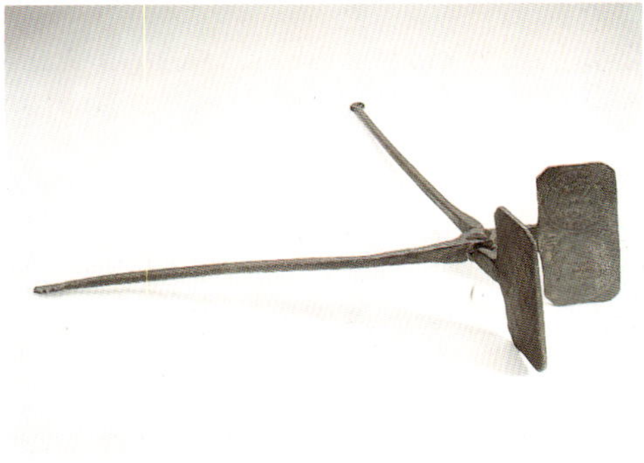

IV. 9.

IV.8.
Pintadera de panadería. Museo Nacional del Pueblo Español.

IV.9.
Hostiario. Museo Nacional del Pueblo Español.

IV.10.
Hordeum vulgare. Láminas de «La Ceres Hispánica» de Mariano La Gasca. Real Jardín Botánico.

IV.11.
Triticum aestivum. Láminas de «La Ceres Hispánica» de Mariano La Gasca. Real Jardín Botánico.

IV.12.
Juan Cristóbal Manzanares. *Disertación y descripción de una nueva máquina o volvedor,..* Madrid. Imp. José Doblado. *1777.* Real Jardín Botánico.

IV.13.
José Antonio Valcárcel. *Agricultura general y gobierno de la casa de campo,...* Valencia, Imp. Jose Esteban Dolz. *1765.* Tomo II. Real Jardín Botánico.

IV.14.
Fernando Ortiz Cañavate. *Contestación al interrogatorio sobre el cultivo de cereales, olivo, vid y agrios e industrias derivadas.* Madrid. Est. Tip. Minuesa de los Rios. *1881.* Real Jardín Botánico.

IV.15.
E.A. Duchesne. *Traité du maïs ou blé de Turquie,...* París. Madame Huzard-Bailliere. *1833.* Real Jardín Botánico.

IV.16.
Abate Rozier. *Curso completo o Diccionario universal de agricultura,...* Madrid. Imp. Real. *1801.* Real Jardín Botánico.

IV.17.
Real Sociedad Económica de Amigos del País de Valladolid. *Trillo económico.* Madrid. Imp. de la Compañía. *1816.* Real Jardín Botánico.

IV.18.
Matthieu Bonafus. *Histoire Naturelle, agrícole et économique du Maïs.* París. Madame Huzard. 1886. Real Jardín Botánico.

PLANTAS COMESTIBLES

IV.19.
Chuños y *tuntas* obtenidos después de tratar las papas en la América Andina. Colección Miguel de la Quadra-Salcedo.

IV.20.
Tabo, recipiente de coco con *taña.* El cocotero tiene una gran importancia, no sólo económica, en la vida del filipino. De él se aprovecha la savia, las hojas, las fibras, la carne y la cáscra de su fruto. Con ésta última se fabrican los más diversos útiles, recipientes, elementos del ajuar doméstico, juguetes, etc. Visaya. Isla de Cebú. Filipinas. (Siglo XIX). Col. Exposición de Filipinas, *1887.* Museo Nacional de Etnología, nº inv. 2577.

IV.21.
Covit, recipiente para recoger la *tubâ* del cocotero. Esta es la savia que se obtiene sangrando las flores aún sin desarrollar de éste árbol. Visaya. Isla de Samar. Filipinas (Siglo XIX). Bambú, caña y bejuco, 75×10 cms. Col. Exposición de Filipinas, *1887.* Museo Nacional de Etnología, nº inv. 2882.

IV.22.
Cuadro al óleo de 1'5×1 m., representando frutos de Hubaya, Zeresa y Helanaba.

IV. 19.

IV.23.
Cuadro al óleo de 1'5×1 m., representando un fruto de pepino.

IV.24.
Solanum variegatum. Expedición de Hipólito Ruiz y José Antonio Pavón *(1778-1787).* Autor: Francisco Pulgar. Real Jardín Botánico, leg. IV-341.

IV.25.
F.P. Chaumeton. *Flore Medicale.* París. CLF. Panckoucke, Editeur. *1814.* Tomo I. Real Jardín Botánico.

IV.26.
F.P. Chaumeton. *Flore Medicale.* París. CLF. Panckoucke, Editeur. *1814.* Tomo II. Real Jardín Botánico.

IV.27.
F.P. Chaumeton. *Flore Medicale.* París. CLF. Panckoucke, Editeur. *1814.* Tomo III. Real Jardín Botánico.

IV. 36-38.

IV.28.
F.P. Chaumeton. *Flore Medicale.* París. CLF. Panckoucke, Editeur. *1814.* Tomo IV. Real Jardín Botánico.

IV.29.
Miguel de Cuevas. *Notice sur l'origine de la pomme de terre.* Jersey. Chez F. Romeil. *1834.* Real Jardín Botánico.

IV.30.
Rey Desplanazu. *Oeuvres d'Agriculture et d'Economie Rurale.* París. Chez Meurant. *1801.* Real Jardín Botánico.

IV.31.
José Cadenas. *Curso elemental de Agricultura aplicada a la Isla de Cuba.* La Habana. La Moderna Poesía. *1896.* Real Jardín Botánico.

IV.32.
F.L. Gilii y G. Xuarez. *Observazzioni Fitologiche supra alcune Piante Exotiche.* Roma. Stamperia di Arcangelo Casaletti. *1790.* Real Jardín Botánico.

IV.33.
Simón de Rojas Clemente. *Ensayo sobre las variedades de la vid común que vegetan en Andalucía.* Madrid. Imp. de Villalpando. *1807.* Real Jardín Botánico.

IV.34.
Alcide d'Orbigny. *Voyage dans l'Amerique Meridionale.* París. Chez P. Bertrand. *1839.* Real Jardín Botánico.

IV.35.
Voyage de Humboldt et Bompland. Sexieme parte. Botanique. Plantes équinoxiales. París. Chez F. Schoell. *1808.* Real Jardín Botánico.

CACAO Y CHOCOLATE

IV.36.
Semillas de cacao. Colección Miguel de la Quadra-Salcedo.

IV.37.
Frutos de vainilla. Colección Miguel de la Quadra-Salcedo.

IV.38.
Frutos de cacao. Colección Miguel de la Quadra-Salcedo.

IV.39.
Canela. Colección Miguel de la Quadra-Salcedo.

IV.40.
Chocolatera boliviana. Colección Miguel de la Quadra-Salcedo.

IV.41.
Chocolateras españolas con sus molinillos. Museo Nacional del Pueblo Español.

IV.42.
Chocolate elaborado en México. Colección Miguel de la Quadra-Salcedo.

IV.43.
Chocolate elaborado en la Chocolatería «El Indio» (fundada en 1847) de Madrid.

IV.44.
Indígena arrojando el chocolate. Facsímil del Códice «Mendoza» (circa 1553). Biblioteca de Miguel de la Quadra-Salcedo.

IV.45.
Niccolo Lemery. *Dizionario overo trattato universale della droghe semplici.* Venecia. Stamperia dell'Hertz. 1737. Real Jardín Botánico.

IV. 44.

IV. 48.

CAFÉ

IV.46.
Molinillo de café. Museo Nacional del Pueblo Español.

IV.47.
Granos de café de diferentes calidades sin tostar.

IV.48.
Trillo despergaminador de café movido por una rueda hidráulica vertical. Sacado de uno que funcionó en la Hacienda «Buena Vista» de Magüeyes (Isla de Puerto Rico) en 1851. Maqueta realizada bajo la supervisión de Ignacio González Tascón y Joaquín Fernández Pérez, en el taller de Félix Moyano.

IV. 46.

IV. 51.

IV.49.
Coffea racemosa. Expedición de Hipólito Ruiz y José antonio Pavón (1778-1787). Autor: Isidoro Gálvez. Real Jardín Botánico, leg. IV-432.

IV.50.
Nicolau Joaquim Moreira. *Breves consideraçoes sobre a Historia e cultura do cafeiro e consumo de seu producto.* Río de Janeiro. Typographia do Imperial Instituto Artístico. *1873.* Real Jardín Botánico.

MANDIOCA

IV.51.
Rascador de yuca utilizado por los indios tukanos, tesanos, kubeos y baniwas del río Baupés (Amazonía). Colección Miguel de la Quadra-Salcedo.

IV.52.
Tipití utilizado para exprimir el jugo de la yuca. Colección Miguel de la Quadra-Salcedo.

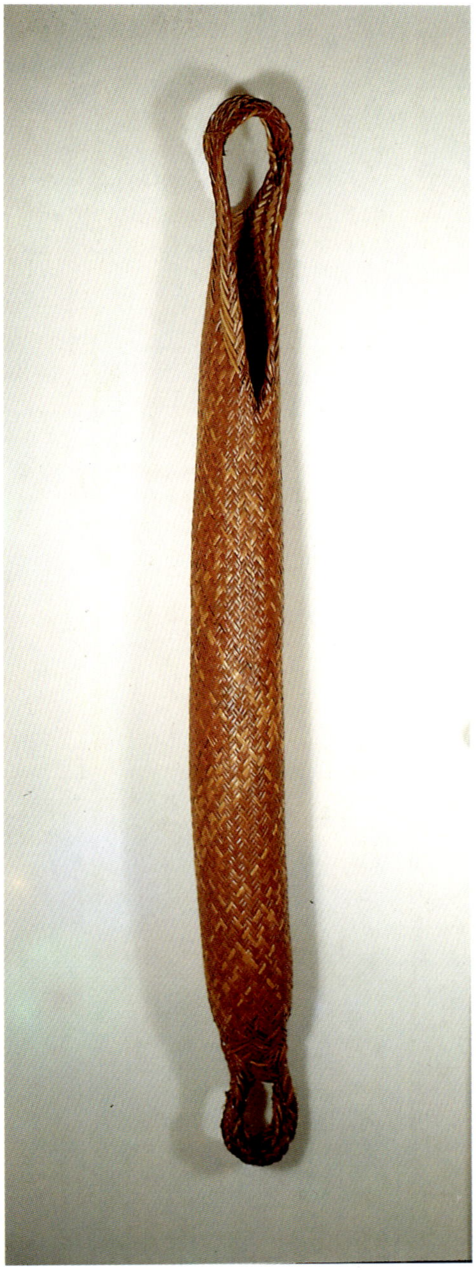

IV. 52.

IV.53.
Raíz de yuca.

IV.54.
Tipití, exprimidor para extraer el jugo de la yuca amarga. Cubeo. Alto Carajy y Baupés. Colombia-Brasil, 1933. Paja de *arumà,* 97 cms. Col. Iglesias. Museo Nacional de Etnología, n.º inv. 7662.

IV.55.
Raymond Jacquot, *Berthe* Nataf. *La Manioc et son utilisation alimentaire.* París. Hermann y Cia. *1936.* Real Jardín Botánico.

VI. PLANTAS ORNAMENTALES

VI.1.
Calceolaria pinnata, C. salicifolia. Expedición de Hipólito Ruiz y José Antonio Pavón *(1778-1787).* Autor: Isidoro Gálvez. Real Jardín Botánico, leg. IV-45.

VI.2.
Alstroemeria purpurea. Expedición de Hipólito Ruiz y José Antonio Pavón *(1778-1787).* Autor: Francisco Pulgar. Real Jardín Botánico, leg. IV-560.

VI.3.
Botanical Magazine. Vol. III. 1. 105. Real Jardín Botánico.

VI.4.
Botanical Magazine. Vol. VIII. 1. 275.. Real Jardín Botánico.

VI.5.
Botanical Magazine. Vol. XLV. 1. 1952. Real Jardín Botánico.

VI.6.
Botanical Magazine. Vol. XLIX. 1. 2327. Real Jardín Botánico.

VI.7.
Botanical Magazione. Vol. LXXIII. 1. 4275-4278. Real Jardín Botánico.

VI.8.
Crisp. Passaeus. *Hortus floridus in quo variorum & minus vulgarium florum Icones...* Arnhemy. Apud. Joannem Janssonium. 1614. Real Jardín Botánico.

VII. PLANTAS MEDICINALES

VII.1.
Botiquín homeopático del Dr. Wilmar Schawbe, Leipzig. (Siglo XIX). Museo de la Farmacia Hispana. Facultad de Farmacia. Universidad Complutense, Madrid. n.º 3426.

VII.2.
Caja de madera para medicamentos. *Flor de Arnica.* Museo de la Farmacia Hispana. Facultad de Farmacia. Universidad Complutense, Madrid. n.º 1341.

VII.3.
Caja de madera para medicamentos. *Flor de Rosarum.* Museo de la Farmacia Hispana. Facultad de Farmacia. Universidad Complutense, Madrid. n.º 1342.

VII.4.
Albarelo para guayaco. Cerámica de Aragón (Siglo XVIII). Museo de la Farmacia Hispana. Facultad de Farmacia. Universidad Complutense, Madrid. n.º 508.

II.5.
Bote para contener quina. Cerámica de Alcora (Siglo XVIII). Museo de la Farmacia Hispana. Facultad de Farmacia. Universidad Complutense, Madrid. n.º 2914.

VII.6.
Pildorero de metal para gragear con azúcar. Museo de la Farmacia Hispana. Facultadde Farmacia. Universidad Complutense, Madrid. n.º 106.

VII.7.
Mortero de marfil. (Siglo XVIII?). Museo de la Farmacia Hispana. Facultad de Farmacia. Universidad Complutense, Madrid. n.º 2788.

VII.8.
Cajón utilizado para transportar quinas. Real Jardín Botánico.

VII.9.
Pliego de herbario de *Erythroxylon coca* (Coca). Real Jardín Botánico.

VII.10.
Pliego de herbario de *Chinchona lanceifolia* (Quina). Real Jardín Botánico.

VII.11.
Chinchona lanceifolia. Expedición de José Celestino Mutis. No consta autor. Real Jardín Botánico, Icon. VII A. n.º 2854.

VII.12.
Quina de los Humalíes. Heinrich von Bergen. *Verusch einer Monographie der China.* Hamburg. *1826.* Real Jardín Botánico.

VII.13.
Erythroxylon coca. Expedición de Hipólito Ruiz y José Antonio Pavón *(1778-1787).* Autor: Isidoro Gálvez. Real Jardín Botánico, leg. IV-7171.

VII.14.
José Quer. *Disertación physico-botánica sobre la pasión nefrítica.* Madrid. Imp. Joaquin Ibarra. *1763.* Real Jardín Botánico.

VII.15.
Cristóbal Acosta. *Tratado de las Drogas y medicinas de las Indias Occidentales.* Burgos. Martín Victoria Imp. *1578.* Real Jardín Botánico.

VII.16.
Francisco Ximenes. *Quatro Libros de la Naturaleza, y las virtudes de las plantas y animales que estan receuidos en el uso de Medicina en la Nueva España,...* México. Casa de la Viuda de Diego López Davalos. *1615.* Real Jardín Botánico.

VII.17.
Francisco Xavier Balmis. *Demostración de las eficaces virtudes nuevamente descubiertas en las raíces de dos plantas de Nueva España especies de Agave y Begonia.* Madrid. Joaquín Ibarra. *1794.* Real Jardín Botánico